Leitfäden der Informatik

Rais G. Bukharaev
Theorie der stochastischen Automaten

Leitfäden der Informatik

Die Leitfäden der Informatik behandeln

- Themen aus der Theoretischen, Praktischen und Technischen Informatik entsprechend dem aktuellen Stand der Wissenschaft in einer systematischen und fundierten Darstellung des jeweiligen Gebietes.
- Methoden und Ergebnisse der Informatik, aufgearbeitet und dargestellt aus Sicht der Anwendungen in einer für Anwender verständlichen, exakten und präzisen Form.

Die Bände der Reihe wenden sich zum einen als Grundlage und Ergänzung zu Vorlesungen der Informatik an Studierende und Lehrende in Informatik-Studiengängen an Hochschulen, zum anderen an „Praktiker", die sich einen Überblick über die Anwendungen der Informatik(-Methoden) verschaffen wollen; sie dienen aber auch in Wirtschaft, Industrie und Verwaltung tätigen Informatikern und Informatikerinnen zur Fortbildung in praxisrelevanten Fragestellungen ihres Faches.

Theorie der stochastischen Automaten

Von Prof. Rais G. Bukharaev
Universität Kasan

Aus dem Russischen übersetzt von
Dr. Michael Schenke
Universität Oldenburg

Springer Fachmedien Wiesbaden GmbH 1995

Über den Autor: Rais G. Bukharaev

R. G. Bukharaev wurde 1929 in Tomsk, UdSSR geboren. Er absolvierte sein Studium von 1947 bis 1952 in Kasan, 1955 promovierte er zum Doktor der physikalischen Mathematik. Er habilitierte in den Bereichen Technik (1968) und physikalischer Mathematik (1981). Von 1960 bis 1970 war er Leiter der Abteilung für Informatik des mathematischen Institutes der Universität Kasan. Seit 1971 ist er Inhaber des Lehrstuhls für mathematische Informatik. Er ist Mitglied des Redaktionskollegiums der Zeitschriften „*Istwestija Wusow, Matematika* (Nachrichten der Universitäten, Mathematik)" (seit 1970) und „*Acta Cybernetica*" (seit 1990). Weiterhin ist er Mitglied der American Mathematical Society (AMS).

Bei der wissenschaftlichen Redaktion dieses Buches wurde er von R. G. Mubaraksjanow (Kasan) unterstützt.

Anmerkung:
Die deutsche Transkription des Autorennamens lautet R. G. Bucharajew. Der Übersetzer bevorzugt diese Schreibweise, hat jedoch auf Wunsch des Verlags die internationale Schreibweise Bukharaev durchgängig übernommen.

Über den Übersetzer: *Michael Schenke*

M. Schenke studierte Mathematik und Informatik an der Christian-Albrechts-Universität in Kiel und der University of Warwick (m.sc. in Mathematik 1983). 1986 promovierte er in Kiel mit einem gruppentheoretischen Thema. Anschließend arbeitete er bei der Firma Siemens in München (Betriebssysteme, Testmodelle). Seit 1990 forscht er in der von Prof. E.-R. Olderog geleiteten Abteilung „Semantik" an der Universität Oldenburg als wiss. Assistent an Methoden zur Entwicklung beweisbar korrekter Software.

Die Deutsche Bibliothek – CIP-Einheitsaufnahme

Bucharaev, Rais G.:
Theorie der stochastischen Automaten / Rais G. Bukharaev.
Aus dem Russ. übers. von Michael Schenke.

(Leitfäden der Informatik)
ISBN 978-3-519-02124-7 ISBN 978-3-663-11636-3 (eBook)
DOI 10.1007/978-3-663-11636-3

Ursprünglich erschienen bei B.G. Teubner Stuttgart 1995

Gesamtherstellung: Druckerei Hubert u. Co., Göttingen
Einband: Peter Pfitz, Stuttgart

Vorwort des Autors zur deutschen Ausgabe

Ich freue mich, mein Buch über stochastische Automaten den deutschen Lesern vorstellen zu können. Grundlage der Übersetzung ist die dritte russische Auflage des Buches, dessen erste beiden Auflagen 1970 und 1977 bei Kazan University Press und dann beim Verlag „Nauka“ (Wissenschaft) in Moskau erschienen sind. In jeder Auflage wurde das Buch wesentlich umgearbeitet und erweitert.

Auch in der deutschen Ausgabe gibt es einige Änderungen. Sie beziehen sich weniger auf den Inhalt als auf die Genauigkeit einiger Formulierungen und Beweise. Die Vorlesungen über die Theorie der stochastischen Automaten, die der Autor seit über 20 Jahren für Studierende des dritten und vierten Studienjahres an der Staatsuniversität in Kasan hält, haben das Buch in Struktur und Inhalt geprägt. Trotzdem handelt es sich nicht um ein Textbuch. Dazu enthält es zu viel Material, vor allem die grundlegenden Ergebnisse der Theorie von ihren Anfängen in den sechziger bis zu den frühen neunziger Jahren.

Stochastische Automaten (SA) wurden in den frühen sechziger Jahren fast gleichzeitig von mehreren Autoren definiert, von J. W. Carlyle in den USA, von P. Starke in der DDR und von R. G. Bukharaev in der Sowjetunion. In den folgenden zwanzig Jahren hat sich die Theorie stürmisch entwickelt; bis heute sind über 500 Arbeiten zu diesem Thema mit vielen fundamentalen Ergebnisse erschienen. Das spiegelt sich auch in mehreren Monographien wider (von P. Starke, A. Paz, R. G. Bukharaev, A. A. Lorentz, D. A. Pospelov). Das vorliegende Buch ist wohl von allen das vollständigste; da es aber bisher nur auf Russisch erschienen ist, konnte es die westliche Leserschaft nur schwer erreichen. Aus diesem Grunde wurde eine deutsche Übersetzung angeregt.

Formal ist ein normaler Computer auch ein stochastisch arbeitendes Gerät, da Funktionsstörungen zu nicht vorhersehbarem Verhalten führen können. Der entscheidende Punkt ist jedoch der, daß in einem deterministischen Computer ein solches Fehlverhalten unerwünscht ist, während der SA eine probabilistische Auswahl als konstruktives Element nutzt. Es werden also die probabilistischen Fehler des deterministischen Computers zu einem notwendigen Konstruktionselement in einem SA. Deshalb ist insbesondere der SA wesentlich zuverlässiger als deterministische Computer.

Aber nicht darin besteht der hauptsächliche Vorteil der SAs. SAs und ihre Netze sind ein effektives Hilfsmittel bei der Realisierung probabilistischer Algorithmen und statistischer Modellierungsmethoden. Dank der bemerkenswerten Eigenschaften probabilistischer Berechnungen können sie ferner zu einer effektiveren Realisierung beliebiger Berechnungen benutzt werden. Forschungsergebnisse über SAs zeigen, daß probabilistische Algorithmen für Probleme eingesetzt werden können, bei deren Lösung deterministische Computer versagen, sei es aus prinzipiellen Gründen wie dem Fehlen einer analytischen Lösung, oder sei es wegen mangelnder Rechenzeit, Speicherkapazität oder anderer Computer-Ressourcen.

Gegenwärtig werden viele solcher Probleme mit Hilfe von Zufallszahlengeneratoren gelöst. Diese Art statistischer Modellierungsmethoden, die Monte-Carlo-Methoden, entstand praktisch gleichzeitig mit den ersten Computern. Aber die deterministische Struktur des Computers eignet sich kaum für probabilistische Algorithmen. Solche Algorithmen und Methoden sind daher auf (deterministischen) Computern nur begrenzt einsetzbar.

Die mögliche Herstellung probabilistischer Maschinen mit einer Struktur des Informationsflusses, die die Eigenschaften und Fähigkeiten probabilistischer Algorithmen angemessen widerspiegelt, würde die Situation jedoch vollständig ändern. Man könnte dann Probleme sehr effektiv durch statistische Modellierungsmethoden lösen, indem die spezifischen Fähigkeiten probabilistischer Algorithmen an die gegebenen Verhältnisse angepaßt werden. So würden neue Ansätze zur Problemlösung und Verhaltensmodellierung entstehen.

Moderne Tendenzen beim Entwurf von Computerarchitekturen zielen oft auf eine Realisierung probabilistischer Algorithmen in Hardware. Parallele und Fließbandtechniken, systolische Strukturen und Computernetze finden hier eine angemessene Anwendung; und bei der Realisierung probabilistischer Algorithmen scheint ihre Bedeutung sogar noch zu wachsen. Daher sind auch in Zukunft Forschungen auf dem Gebiet der probabilistischen Automaten und Algorithmen wie auch ihrer effektiven Nutzung und Realisierung nötig.

In den letzten Jahren hat die Forschung auf dem Gebiet der SAs etwas nachgelassen. Es scheint, als würden deren Anwendungsperspektiven selbst unter Spezialisten unterschätzt angesichts der Abgeschlossenheit der bereits erzielten Ergebnisse und der Schwierigkeit weiterer Untersuchungen. Ergebnisse der letzten zehn Jahre zeigen aber, daß diese Schwierigkeiten überwunden werden können und SAs die Zahl von Berechnungen und damit die Modellierungsgeschwindigkeit deutlich erhöhen können. In der abstrakten Theorie der SAs und besonders auf dem Gebiet der Konstruktion universeller und spezieller SAs wurden Ergebnisse erzielt, die eine qualitativ neue Ebene der Realisierung probabilistischer Algorithmen erschließen und damit neue Möglichkeiten für die Schaffung universeller stochastischer Maschinen eröffnen.

Auch bezüglich der Anwendungen der abstrakten Theorie der SAs ergeben sich bemerkenswerte und nützliche Ansätze für Erweiterungen. Das liegt vor allem am universellen Charakter dieser mathematischen Objekte, ihrer engen Verbindung mit Algorithmen, formalen Grammatiken und Maschinen wie auch ihren Beziehungen zu statistischen Prozessen, der Theorie der Markov-Ketten, der Berechnungstheorie, der Theorie der Halbgruppen, sowie der linearen und der multilinearen Algebra.

Ich hoffe, daß die deutsche Ausgabe des Buches neue Interessenten für die Theorie der SAs gewinnen und bei der effektiven Realisierung probabilistischer Algorithmen mithelfen wird.

Ich möchte Herrn Professor Günter Hotz, der die Übersetzung des Buches initiiert hat, meine aufrichtige Dankbarkeit ausdrücken. Ich danke Herrn Professor Volker Claus, dem Herausgeber und Überarbeiter des deutschen Textes, dem Übersetzer des Buches Dr. Michael Schenke sowie Günter Kempen, Markus Sing und Werner Ziegler, die den Text in LATEX gesetzt haben. Mein Schüler, Professor R. G. Mubaraksjanow hat mir sehr dabei geholfen, die deutsche Version des Buches inhaltlich zu redigieren. Auch ihm danke ich herzlich.

R. G. Bukharaev, April 1995

Anmerkungen des Übersetzers

Die vorliegende Übersetzung ist keine wörtliche Übertragung des russischen Originals ins Deutsche. Angesichts der unterschiedlichen Stile, die traditionell im Deutschen und im Russischen bei der Abfassung wissenschaftlicher Texte benutzt werden, wäre das Ergebnis einer wörtlichen Übersetzung für Deutsche zumindest ungewohnt. Andererseits muß natürlich ein zu starker Eingriff in das Werk des Autors vermieden werden. Deshalb wurden zunächst schon seitens des Übersetzers Glättungen und Korrekturen vorgenommen. Das gesamte Manuskript wurde anschließend noch von Herrn Prof. V. Claus überarbeitet, was sowohl sprachlich als auch inhaltlich zu einer Verbesserung führte. Dafür sei Herrn Claus an dieser Stelle herzlich gedankt.

Für russische Eigennamen wurde für gewöhnlich die deutsche Transskription verwandt außer bei Namen, für die sich auch im deutschsprachigen Schrifttum allgemein eine andere Schreibweise eingebürgert hat. Auch verschiedene Notationen wurden geändert, so daß jetzt Schreibweisen verwandt werden, die in Deutschland üblich sind.

Abschließend sei den Herren G. Kempen und W. Ziegler für die Erstellung des deutschen Manuskriptes und Herrn M. Sing für umfangreiche Korrekturarbeiten gedankt.

Michael Schenke

Inhaltsverzeichnis

Einführung 1

1 Elementare Theorie 5

1.1 Das Modell des stochastischen Automaten 5
1.2 Initiale Äquivalenz 23
1.3 Übungen und zusätzliche Theoreme 35
1.4 Bibliographischer Kommentar zum Kapitel 1 37

2 Stoch. Operatoren und Wortfunktionen 39

2.1 SA-Operatoren 39
2.2 Endliche SA-Operatoren 49
2.3 Abschlußeigenschaften 64
2.4 Darstellbarkeit von Wortfunktionen 79
2.5 Äquivalenz stochastischer Automaten 92
2.6 Homomorphismen und Äquivalenz 106
2.7 Übungen und zusätzliche Theoreme 122
2.8 Bibliographischer Kommentar zum Kapitel 2 127

3 Stochastische Sprachen 129

3.1 Definition der Darstellbarkeit von Sprachen 129
3.2 Algebraische Eigenschaften 140
3.3 Beispielsprachen / Wechselbeziehungen 151
3.4 Darstellbarkeit von Sprachen 166
3.5 Rationale stochastische Automaten 179
3.6 Homogene stochastische Sprachen 190
3.7 Übungen und zusätzliche Theoreme 213
3.8 Bibliographie zum Kapitel 3 216

4 Ausgewählte Probleme 219
4.1 Das Rückführungsproblem 219
4.2 Das Problem der Identifizierung 230
4.3 Darstellbarkeit von Zufallsvariablen 248
4.4 Übungen und zusätzliche Theoreme 260
4.5 Bibliographischer Kommentar zum Kapitel 4 262

5 Strukturtheorie stoch. Automaten 265
5.1 Schleifenfreie Dekomposition 265
5.2 Dekomposition durch Splitten der Zustände 281
5.3 Dekomposition mit Zufallsverteilung 295
5.4 Übungen und zusätzliche Theoreme 311
5.5 Bibliographischer Kommentar zum Kapitel 5 314

Literatur 317

Symbolverzeichnis 365

Stichwortverzeichnis 367

Einführung

Eine mathematische Theorie wird daran gemessen, wie sie sich entwickelt und in andere Gebiete ausstrahlt, wie nutzbringend ihre Ideen sind und wie sie in praktische Anwendungen einfließt.

Der stochastische Automat ist in diesem Sinne ein gewinnbringender Forschungsgegenstand. Physikalische Systeme, die adäquat durch stochastische Automaten modelliert werden können, sind weit verbreitet. Hierzu gehören alle diskret darstellbaren Systeme, deren Verhalten nicht deterministisch, aber durch statistische Gesetze beschreibbar ist. Doch auch deterministische Konstruktionen können sich in der Praxis aufgrund zufälliger Störungen ihrer Komponenten wie stochastische Systeme verhalten.

Beispiele von im wesentlichen stochastischen Systemen sind etwa die Bevölkerungsentwicklung, ein System von umfangreichen Dienstleistungen, ein physikalisch zufällig arbeitendes System (z. B. Atomzerfall) usw. Durch Angabe eines stochastischen Modells kann die Ungenauigkeit unseres Wissens über den tatsächlichen physikalischen Zustand eines Systems berücksichtigt werden, eine Ungenauigkeit, die durch unvollkommene Meßprozesse hervorgerufen wird oder aus prinzipiellen Gründen entsteht.

Am weitesten sind stochastische Modelle bei der statistischen Modellierung verbreitet. Hierbei werden verschiedene, stochastisch charakterisierte Zufallsprozesse mit mathematischen Problemstellungen und deren Lösungsmethoden in Beziehung gesetzt. Durch statistische Modellierung werden Aufgaben der Kern-, der Quanten- und der statistischen Physik ebenso gelöst wie Aufgaben der Quanten- und statistischen Mechanik, der mathematischen Physik, der Festkörperphysik, der Quantenchromodynamik, der Gas- und Hydrodynamik, der Geophysik, der Astrophysik und der Radioastronomie, der Ökologie, der Ökonomie und vieler anderer Gebiete in Wissenschaft und Technik. Die effektive Modellierung eines Zufallsprozesses mit vorgegebenen Charakteristiken erfordert die Angabe spezieller Strukturen, also stochastische Prozesse. Der endliche stochastische Automat ist das passende mathematische Modell für derartige Konstruktionen, und die Methoden der Synthese stochastischer Automaten können direkt bei der Konstruktion geeigneter stochastischer Prozesse angewandt werden.

Stochastische Automaten sind vielseitig verwendbare mathematische Objekte. Daher fließen die Ergebnisse dieser Theorie in die Theorie der mathematischen Maschinen, der Algorithmen und der Grammatiken, in die Theorie der Zufallsfolgen, in die Theorie der Halbgruppen, in die lineare und die multilineare Algebra ein.

Der stochastische Automat ist eine Verallgemeinerung des deterministischen Automaten. Daher übertragen sich die schon klassisch gewordenen Fragestellungen der Automatentheorie in natürlicher Weise auf die Theorie der stochastischen Automaten. Dies gilt jedoch nicht für die Methoden, mit denen die Ergebnisse erzielt werden. Formal ist der stochastische Automat ein spezieller deterministischer Automat mit höchstens abzählbarer Zustandsmenge, wobei die Menge möglicher Zustandsverteilungen dieses Automaten bei nicht fixiertem Anfangszustand im allgemeinen kontinuierlich ist. Dieses beeinflußt sowohl die Problemstellung als auch die Untersuchungsmethode. Einerseits beobachten wir eine gewisse Analogie zwischen dem deterministischen und dem stochastischen Fall, wobei der entsprechende Satz für den stochastischen Automaten eine feinere Interpretation des Ergebnisses liefert, das schon für den deterministischen Automaten bekannt ist. Hierzu gehören beispielsweise die Sätze über Homomorphie und Äquivalenz stochastischer Automaten. Andererseits ergeben sich neue Problemstellungen. Als zentral in der Theorie stochastischer Automaten erweist sich beispielsweise das Problem, Bedingungen zu finden, unter denen eine gegebene lineare Transformation eines Vektorraumes ein geeignetes Simplex mit endlicher Eckenzahl in sich selbst überführt. Die Herleitung von Kriterien für die Darstellbarkeit von Wortfunktionen durch endliche Automaten gehört ebenfalls zu diesem Problemkreis.

In einem bestimmten Sinne ist der endliche stochastische Automat eine Verallgemeinerung der endlichen Markov-Kette, was ebenfalls die Kontinuität der Untersuchungsmethoden bestimmt. Weiterhin ist der stochastische Automat ein spezieller Fall eines Steuerungssystems, und daher werden in der Theorie stochastischer Automaten verstärkt allgemeine Aufgaben der mathematischen Kybernetik untersucht.

Aus der Theorie der Algorithmen und der deterministischen Automaten entwickelten sich neue Ansätze, um Zufallsereignisse bei der diskreten Verarbeitung von Information zu berücksichtigen. Der endliche stochastische Automat ist ein einfaches mathematisches Objekt, bei dessen Arbeitsweise

Zufälligkeit nicht Störung bedeutet, sondern als *konstruktives Element* bei der Formulierung von Reaktionen aufgefaßt wird. Somit besteht der Sinn der Theorie der stochastischen Automaten in der Lösung zweier vorrangiger Aufgaben:

- der Untersuchnung der positiven Bedeutung von Zufälligkeit im Verhalten diskreter Informationsumwandler und
- der Schaffung einer Methodologie, um diese positive Rolle effektiv auszunutzen.

Ein konstruktives Herangehen bedeutet nicht, daß die Verteilungen, die das Verhalten eines stochastischen Automaten bestimmen, berechenbar sein müssen. Im Gegenteil lassen sich viele wesentliche Eigenschaften von stochastischen Automaten dann beweisen, wenn die Übergangswahrscheinlichkeit nicht als berechenbar vorausgesetzt wird. Dieses ist verständlich, denn sonst wird formal nur eine andere Darstellungsweise für einen deterministischen Algorithmus angegeben. Die Grundlage dieser These ist schon in der Arbeit von K. Lew, E. F. Moore, C. E. Shannon und N. Shapiro [115] von 1956 enthalten. Die Ergebnisse der Theorie stochastischer Automaten, die sich auf das Reduktionsproblem beziehen, stützen diesen Schluß.

Das konstruktive Herangehen an die Analyse von Zufälligkeit hat noch einen weiteren Aspekt. Das Element der Zufälligkeit, das im Verhalten eines physikalischen Systems vorhanden ist, braucht nicht „konstruktiv" berechenbar zu sein. Es ist a priori immer eine Erscheinungsform einer komplizierten Wechselwirkung des Systems mit seiner Umwelt und wirkt möglicherweise nur deterministisch. Die Annahme, eine Wahrscheinlichkeitsverteilung einer zufälligen Größe sei in einem mathematischen Modell berechenbar, kann deshalb nur den Charakter einer Hypothese haben. Im Hinblick auf die notwendige Endlichkeit realer Experimente mit stochastischen Automaten bleibt offen, welche Vorteile nichtberechenbare Wahrscheinlichkeitsverteilungen erbringen können, jedoch ist dies kein Argument für eine a priori Vereinfachung (oder Verkomplizierung) des Modells.

Noch eine Bemerkung zu den Perspektiven stochastischer Automaten: Der bekannte Satz von P. Turakainen (siehe [477]), in diesem Buch Theorem 3.1.2, über die Äquivalenz endlicher stochastischer Automaten und endlichdimensionaler linearer Automaten bezüglich der Darstellbarkeit von Sprachen zeigt, wie unwesentlich die Bedingung ist, daß die Übergangsmatrizen stochastisch sind, und verringert indirekt den Wert der Zufälligkeit für eine konstruktive Formulierung des Verhaltens. Diese Folgerung ist aber nicht berechtigt.

Die angemessenen mathematischen Objekte, die das Verhalten eines stochastischen Automaten charakterisiseren, sind nämlich, wie wir im weiteren sehen werden, nicht Sprachen, sondern charakteristische Wortfunktionen, die diesen stochastischen Automaten darstellen. Für solche mathematischen Objekte kann es keinen Satz analog zu dem erwähnten Satz von Turakainen geben. Bezüglich der Darstellbarkeit von Sprachen simuliert andererseits der endliche stochastische Automat den endlich-dimensionalen linearen Automaten in diskreter Weise. Realisiert man lineare Transformationen durch analog arbeitende Objekte, so ergeben sich verschiedene Nachteile, insbesondere die geringe Genauigkeit der Modellierung. Dagegen erfüllt die entsprechende stochastische Modellierung die Bedingung der Einfachheit der Realisierung bei beliebig hoher Genauigkeit. Somit regt der Satz von Turakainen zu weiteren Forschungen über stochastische Automaten an.

Diese Überlegungen dienen als Richtschnur für die Definition des mathematischen Modells des stochastischen Automaten und für die Stoffauswahl in diesem Buch. Der stochastische Automat wird als nicht-konstruktives Objekt definiert. Er ist nicht konstruktiv, da nicht vorausgesetzt wird, daß die Übergangswahrscheinlichkeiten berechenbar sind, außer im Spezialfall der rationalen stochastischen Automaten. Die *Zufälligkeit* wird als *gegeben* betrachtet, und die Aufgabe besteht darin, sie zu verwenden und zu transformieren.

Beim Erstellen des Buches ergab sich die Aufgabe, nicht eine möglichst große Zahl von Ergebnissen vorzustellen, sondern die Resultate zu systematisieren, einige grundlegene Probleme und Lösungsmöglichkeiten herauszuarbeiten und Bezeichnungen zu vereinheitlichen. Ein Teil der Ergebnisse wurde in die Abschnitte „Übungen und zusätzliche Theoreme“ verlegt. Weiterhin werden im Abschnitt „Bibliografischer Kommentar“ nach jedem Kapitel Hinweise auf die Literatur gegeben. Der Autor hat sich darum bemüht, das Material so darzustellen, daß das Buch als Lehrbuch für Studierende höherer Semester in Mathematik und Informatik an Universitäten benutzt werden kann.

Im Buch wird jeweils eine eigene Numerierung für alle Definitionen, Aussagen und Formeln verwandt. In dem Zahlentripel bezieht sich die erste Zahl auf die Nummer des Kapitels, die zweite auf die Nummer des Abschnitts im gegebenen Kapitel und die dritte auf die Nummer der Definition, der Formel oder der Aussage im gegebenen Abschnitt.

Kapitel 1

Elementare Theorie

1.1 Das Modell des stochastischen Automaten

Der stochastische Automat entsteht als Verallgemeinerung des deterministischen Automaten. Deshalb betrachten wir zunächst das einfachste Modell eines deterministischen Automaten. Bekanntlich wird der deterministische Automat durch das folgende mathematische Modell beschrieben (diskret arbeitender Übersetzer mit Gedächtnis):

$$A = \langle X, S, \delta \rangle .$$

Hierbei ist $X = \{x_1, x_2, \ldots, x_m\}$ eine endliche Menge von Eingabesymbolen, $S = \{s_1, s_2, \ldots, s_k(, \ldots)\}$ eine endliche oder abzählbare Menge von Zuständen, und die Funktion $\delta : S \times X \to S$ beschreibt die Arbeitsweise des Automaten A. Dabei bedeutet

$$s' = \delta(s, x) ,$$

daß der Automat in den Folgezustand s' übergeht, wenn er sich im Zustand s befindet und das Eingabesymbol x liest. Oft wird der Automat A zusammen mit einem festgelegten Anfangszustand s_0 betrachtet. In diesem Fall wird er initialer Automat genannt.

Für die weiteren Untersuchungen geben wir eine andere Beschreibung des Modells des Automaten A an, die zu der ersten äquivalent ist. Wir werden annehmen, daß der Automat A eine endliche Anzahl k von Zuständen $S = \{s_1, \ldots, s_k\}$ sowie ein Eingabealphabet X besitzt, und führen (für jedes $x \in X$) $k \times k$-Matrizen der Form

$$A(x) = (a_{ij}(x))$$

ein, die auf die folgende Weise definiert sind:

$$a_{ij}(x) = \begin{cases} 1 & \text{, falls } \delta(s_i, x) = s_j \\ 0 & \text{sonst.} \end{cases}$$

Die Beschreibung durch Matrizen läßt sich auf den Fall einer abzählbaren Anzahl von Zuständen übertragen. Die Zustände des Automaten werden wir auch in Form von Vektoren angeben, so daß den Zuständen s_i eineindeutig stochastische Vektoren[1] der Form

$$\mu_0 = (0, 0, \ldots, \underset{i}{1}, \ldots, 0), \quad i = 1, 2, \ldots, k \tag{1.1.1}$$

entsprechen. Sei w ein Wort der Form $w = x_{i_1} x_{i_2} \ldots x_{i_t}$ über X. Dann sei

$$A(w) = A(x_{i_1}) A(x_{i_2}) \ldots A(x_{i_t}) \tag{1.1.2}$$

das Produkt der Matrizen $A(x_{i_1}), \ldots, A(x_{i_t})$.

Es ist leicht, sich von den folgenden Sätzen zu überzeugen. Wir werden mit $\delta(s, w)$ die verallgemeinerte Übergangsfunktion des Automaten A bezeichnen, die den Zustand $\delta(s, w) =: s(w)$ definiert, in den der Automat bei Eingabe des Wortes w aus dem Zustand s übergeht. Dann gilt folgende Behauptung: Für beliebige Eingabewörter w und Paare (i, j) ist

$$s_j = \delta(s_i, w)$$

genau dann, wenn $\mu' = \mu A(w)$ ist, wobei $\mu = (0, 0, \ldots, \underset{i}{1}, \ldots, 0)$ und $\mu' = (0, 0, \ldots, \underset{j}{1}, \ldots, 0)$ die den Zuständen s_i und s_j entsprechenden Vektoren sind.

Auf diese Weise kann der Automat A in Matrizenform als Menge von stochastischen $k \times k$-Matrizen[1] der Form

$$\{A(x) | x \in X\} \tag{1.1.3}$$

dargestellt werden, wobei k gleich der Zahl der Zustände des Automaten ist und alle Elemente der Matrizen $A(x)$ gleich 0 oder 1 sind.

---

[1] Ein Vektor $(p_1, p_2, \ldots, p_k) \in [0,1]^k$ über dem reellen Intervall $[0,1]$ heißt **stochastisch**, wenn $\sum_{i=1}^{k} p_i = 1$ gilt. Analog heißt eine Matrix $P = (p_{ij})$ **stochastisch**, wenn alle $p_{ij} \geq 0$ sind und alle Zeilensummen 1 sind. Letzteres bedeutet, daß für alle i gilt: $\sum_{j=1}^{k} p_{ij} = 1$.

Wir gehen jetzt zur Definition des stochastischen Automaten über. Ein stochastischer Automat (SA) ohne Ausgabe ist ein Tripel

$$\langle X, S, \{p(s'/s,x) \,|\, x \in X, \;\; s, s' \in S\} \rangle\,, \tag{1.1.4}$$

wobei $X = \{x_1, x_2, \ldots, x_m\}$ eine endliche Menge von Eingabesymbolen ist und $S = \{s_1, s_2, \ldots, s_k(, \ldots)\}$ eine endliche oder abzählbare Menge von Zuständen. Es bezeichne $p(s'/s,x)$ die bedingte Wahrscheinlichkeit des Überganges des SA aus dem Zustand s in den Folgezustand s' unter der Bedingung, daß das Symbol x eingegeben wird. Dann ist $p(s'/s,x)$ eine (parametrisierte) Abbildung der Form

$$p_{s,x} : S \longrightarrow [0,1]\,,$$

die den Bedingungen

$$0 \le p(s'/s,x) \le 1\,, \quad \sum_{s' \in S} p(s'/s,x) = 1 \text{ für alle } (s,x) \in S \times X$$

genügt.

Geeigneter sind Matrizendarstellungen des SA. Wir werden für die Wahrscheinlichkeiten $p(s'/s,x)$ die Bezeichnungen

$$p(s'/s,x) = a_{s,s'}(x)$$

benutzen und führen daher die $k \times k$-Matrizen

$$A(x) = \Big(a_{s,s'}(x)\Big), \quad x \in X$$

ein. Diese Matrizen sind stochastisch, jedoch im Gegensatz zum deterministischen Falle können ihre Elemente nichtnegative Werte annehmen, die nicht größer als 1 sind, wobei jede Zeilensumme gleich 1 sein muß. Wir sehen also, daß der Unterschied in der Definition des deterministischen und des stochastischen Automaten darin besteht, daß die Zeilen der Matrizen $A(x)$ im Falle des stochastischen Automaten beliebige stochastische Vektoren sind. Dies bedeutet, daß das Verhalten des Automaten nichtdeterministisch ist: Wenn ein Zustand s und ein Eingabesymbol x vorliegen, dann ist der Folgezustand, in den der SA übergeht, nicht genau definiert. Bekannt ist nur die Wahrscheinlichkeitsverteilung $p(s'/s,x)$ für den Übergang in einen konkreten Zustand s'.

Wenn der SA zusammen mit einem Anfangszustand s_0 betrachtet wird, dann wird er *initial* genannt und mit (A, s_0) oder $\langle X, S, \{p(s'/s,x) \,|\, x \in X, \;\; s, s' \in S\}, s_0 \rangle$ bezeichnet. Bei der Beschreibung eines initialen SA in

Matrizenform wird der Anfangszustand in der Form eines stochastischen Vektors gemäß (1.1.1) dargestellt. Indem schon vom ersten Takt der Arbeitsweise des SA seine Anfangszustände durch eine Wahrscheinlichkeitsverteilung beschrieben werden, nehmen wir im allgemeinen an, daß auch der Anfangszustand des SA nicht genau gegeben ist, sondern nur durch einen stochastischen Vektor, die Anfangsverteilung, beschrieben wird:

$$\boldsymbol{\mu}_0 = (\mu_1, \mu_2, \ldots, \mu_k) = (p(s_1), p(s_2), \ldots, p(s_k)) .$$

$\mu_i = p(s_i)$ ist also die Wahrscheinlichkeit dafür, daß sich der SA anfangs im Zustand s_i befindet. $(A, \boldsymbol{\mu}_0)$ bezeichnet dann den initialen SA mit Anfangsverteilung $\boldsymbol{\mu}_0$.

Für das folgende vereinbaren wir: Für die Bezeichnungen der verschiedenen endlichen Alphabete werden wir Großbuchstaben X, Y benutzen und für ihre Elemente kleine Buchstaben x, y des lateinischen Alphabets, möglicherweise mit Indizes. Wörter über einem endlichen Alphabet werden mit den kleinen Buchstaben des lateinischen Alphabets u, v, w, möglicherweise mit Indizes, bezeichnet. Es sei X^* die Menge aller Wörter (einschließlich des leeren Wortes e) über dem Alphabet X. Die *Länge* $|w|$ des Wortes w sei die Zahl der Symbole, aus denen es besteht; speziell ist $|e| = 0$. Die Wahrscheinlichkeiten der verschiedenen Ereignisse werden wir mit p bezeichnen. Die oben eingeführte Bezeichnung (1.1.2) für das Matrizenprodukt erweitern wir auf den Fall des stochastischen Automaten. Dann wird, wenn das Eingabesymbol x anliegt, ein Schritt (oder Takt) des SA beschrieben durch

$$\boldsymbol{\mu}(x) = \boldsymbol{\mu}_0 A(x) ,$$

wobei μ_0 die Anfangsverteilung und $\boldsymbol{\mu}(x)$ der stochastische Vektor ist, der die Verteilung der Wahrscheinlichkeiten der Zustände des SA nach der Eingabe von x beschreibt. Wir bezeichnen mit $\boldsymbol{\mu}(w)$ die Verteilung der Wahrscheinlichkeiten der Zustände des SA nach Eingabe des Wortes w:

$$\boldsymbol{\mu}(w) = \boldsymbol{\mu}_0 A(w) . \tag{1.1.5}$$

Dann erhalten wir für beliebiges w aus X^* und beliebiges x aus X:

$$\boldsymbol{\mu}(wx) = \boldsymbol{\mu}_0 A(wx) = \boldsymbol{\mu}_0 A(w)A(x) = \boldsymbol{\mu}(w)A(x) .$$

Für das leere Wort e setzen wir

$$A(e) = E ,$$

wobei E die Einheitsmatrix mit $|S| = k$ Zeilen und Spalten ist. Dann kann für den stochastischen Vektor $\boldsymbol{\mu}_0$ die mnemotechnisch günstigere Bezeichnungsweise

$$\boldsymbol{\mu}_0 = \boldsymbol{\mu}(e)$$

benutzt werden.

Sei das Wort $w = w_1 w_2$ die Konkatenation (also das Hintereinanderschreiben) der Wörter w_1 und w_2. Dann bilden die Gleichungen

$$\mu(w) = \mu(w_1 w_2) = \mu(e)A(w_1 w_2) = \mu(w_1)A(w_2) \tag{1.1.6}$$

typische Umwandlungen, die bei der Analyse des SA benutzt werden.

Der stochastische Automat (1.1.4) heißt stochastischer Automat ohne Ausgabe. Wir führen nun einen SA allgemeinerer Form ein, der neben der Eingabe auch eine Ausgabe besitzt. Der stochastische Automat allgemeiner Form ist ein Quadrupel

$$\langle\, X, Y, S, \{p(s', y/s, x) \,|\, x \in X,\ \ y \in Y,\ \ s, s' \in S\}\,\rangle\,, \tag{1.1.7}$$

$$\text{oder kurz: } \langle X, Y, S, \{p(s', y/s, x)\}\rangle\,,$$

wobei die Mengen X und S wie oben definiert werden und $Y = \{y_1, \ldots, y_n\}$ eine endliche Menge von Ausgabesymbolen ist. Die bedingte Wahrscheinlichkeitsverteilung $p(s', y/s, x)$ definiert die Wahrscheinlichkeit dafür, daß der SA (1.1.7) in den Folgezustand s' übergeht und das Symbol y ausgibt unter der Bedingung, daß der gegenwärtige Zustand s ist und er das Symbol x gelesen hat. Aus der inhaltlichen Interpretation folgt, daß für $p(s', y/s, x)$ die Bedingungen

$$0 \leq p(s', y/s, x) \leq 1, \qquad \sum_{\substack{s' \in S \\ y \in Y}} p(s', y/s, x) = 1 \text{ für alle } (s, x) \in S \times X$$

gelten müssen. Analog zum SA ohne Ausgabe führen wir $k \times k$-Matrizen $A(y/x)$ ein mit

$$a_{s,s'}(y/x) = p(s', y/s, x) \quad \text{und} \quad A(y/x) = \Big(a_{s,s'}(y/x)\Big)\,.$$

Die Elemente der Matrizen $A(y/x)$ sind nichtnegativ und nicht größer als 1. Werden alle bedingten Wahrscheinlichkeiten $p(s', y/s, x)$ über alle möglichen

y aufsummiert, erhalten wir die bedingte Wahrscheinlichkeit $p(s'/s,x)$ dafür, daß bei Eingabe x der SA von s in den Folgezustand s' übergeht:

$$\sum_{y\in Y} p(s',y/s,x) = \sum_{y\in Y} a_{s,s'}(y/x) = p(s'/s,x) = a_{s,s'}(x)\,.$$

Deshalb ist

$$\sum_{y\in Y} A(y/x) = A(x) \tag{1.1.8}$$

für jedes $x \in X$ eine stochastische Matrix.

Seien $w = x_1x_2\dots x_t$ und $v = y_1y_2\dots y_t$ Wörter gleicher Länge über den Alphabeten X bzw. Y. Wir führen die Beziehung

$$A(v/w) = A(y_1/x_1)A(y_2/x_2)\dots A(y_t/x_t) \tag{1.1.9}$$

ein.

Sei wiederum $\boldsymbol{\mu}_0$ der stochastische Vektor, der die Anfangsverteilung des SA A beschreibt. Dann werden die Übergangswahrscheinlichkeiten des SA nach Eingabe des Symbols x und unter der Bedingung, daß die Antwort im Ausgabesymbol y besteht, beschrieben durch den Vektor

$$\boldsymbol{\mu}(y/x) = \boldsymbol{\mu}_0 A(y/x)\,. \tag{1.1.10}$$

Wir nehmen an, daß der SA A schon t Takte gearbeitet hat, wobei er das Eingabewort w in das Ausgabewort v überführt hat und die Übergangswahrscheinlichkeiten des SA am Ende des t-ten Taktes durch den Vektor $\boldsymbol{\mu}(v/w)$ beschrieben werden. Dann wird für die Wörter wx und vy der Vektor $\boldsymbol{\mu}(vy/wx)$ offensichtlich entsprechend der Formel

$$\boldsymbol{\mu}(vy/wx) = \boldsymbol{\mu}(v/w)A(y/x) \tag{1.1.11}$$

berechnet.

Durch Vergleich der Formeln (1.1.9)–(1.1.11), erhalten wir

$$\boldsymbol{\mu}(v/w) = \boldsymbol{\mu}_0 A(v/w)\,. \tag{1.1.12}$$

Wir beschreiben die letzte Beziehung noch etwas ausführlicher. Dafür betrachten wir die Koordinaten des Vektors $\boldsymbol{\mu}(v/w)$. Wenn mit $\mu_s(v/w)$ die s-te Koordinate bezeichnet wird, dann ist

$$\mu_s(v/w) = \sum_{s_0,\dots,s_{t-1}\in S} \mu_{s_0} p(s_1,y_1/s_0,x_1)p(s_2,y_2/s_1,x_2)\dots p(s,y_t/s_{t-1},x_t)$$

Inhaltlich bezeichnet $\mu_s(v/w)$ die Wahrscheinlichkeit dafür, daß der SA A das Wort v ausgibt und sich im Zustand s befindet, falls ausgehend vom Vektor $\boldsymbol{\mu}_0$ der Anfangsverteilung das Wort w eingegeben wurde. Wie schon früher ist es zweckmäßig

$$A(e/e) = E \tag{1.1.13}$$

zu vereinbaren. In diesem Fall können wir (vgl. 1.1.12)

$$\boldsymbol{\mu}_0 = \boldsymbol{\mu}(e/e) = \boldsymbol{\mu}(e)$$

setzen. Die zweite Gleichheit entspricht der Bedingung (1.1.8), die zeigt, daß die Summierung der Matrix $A(y/x)$ über alle $y \in Y$ zum Modell des stochastischen Automaten ohne Ausgabe führt.

Im Fall eines SA ohne Ausgabe sind alle Vektoren $\boldsymbol{\mu}(w)$ mit $w \in X^*$ stochastisch. Für den SA von allgemeiner Form haben die Vektoren $\boldsymbol{\mu}(v/w)$ mit $|v| = |w|$ Werte zwischen 0 und 1. Sie selber sind jedoch im allgemeinen nicht stochastisch. Es gelten Formeln für die Arbeitsweise eines SA allgemeiner Form entsprechend (1.1.6). Für Paare von Wörtern gleicher Länge $|w_1| = |v_1|$ und $|w_2| = |v_2|$ erhalten wir:

$$\boldsymbol{\mu}(v_1v_2/w_1w_2) = \boldsymbol{\mu}(e/e)A(v_1/w_1)A(v_2/w_2) = \boldsymbol{\mu}(v_1/w_1)A(v_2/w_2) \tag{1.1.14}$$

Wir bezeichnen mit $\boldsymbol{\varepsilon}$ den Spaltenvektor, bei dem alle Komponenten gleich 1 sind[2]:

$$\boldsymbol{\varepsilon}^T = (1, 1, \ldots, 1)\,. \tag{1.1.15}$$

Weiter führen wir eine Wortfunktion $\tau : Y^* \times X^* \to [0, 1]$ mit zwei Argumenten ein:

$$\tau(v/w) = \tau_A^{\boldsymbol{\mu}(e)}(v/w) = \sum_{s \in S} \mu_s(v/w)$$

In Matrixform lautet diese Beziehung

$$\tau(v/w) = \boldsymbol{\mu}(e/e)A(v/w)\boldsymbol{\varepsilon} \tag{1.1.16}$$

Die Funktion $\tau(./.)$ heißt Ein-Ausgabe-Beziehung des SA $(A, \boldsymbol{\mu}(e/e))$ oder der *stochastische Operator*, der von dem SA A durch die Anfangsverteilung $\boldsymbol{\mu}(e/e)$ erzeugt wird. $\tau(v/w)$ bezeichnet die Wahrscheinlichkeit dafür, daß der SA A auf das Eingabewort w mit dem Ausgabewort v antwortet, falls der SA A den Anfangszustandsvektor $\boldsymbol{\mu}(e/e)$ besitzt.
Beachten Sie, daß in Übereinstimmung mit (1.1.13) $\tau(e/e) = 1$ gilt.

---

[2]Für einen Vektor $\boldsymbol{\alpha}$ bezeichnet $\boldsymbol{\alpha}^T$ den transponierten Vektor.

Wir setzen für $s \in S$, $v \in Y^*$, $w \in X^*$ mit $|v| = |w|$:

$$\tau_s(v/w) = \sum_{s' \in S} p(s', v/s, w)$$

oder in Matrizenform:

$$\boldsymbol{\tau}(v/w) = A(v/w)\boldsymbol{\varepsilon}\,. \tag{1.1.17}$$

Hierbei ist $p(s', v/s, w)$ ein Element der Matrix $A(v/w)$ und bedeutet die Wahrscheinlichkeit dafür, daß der SA (1.1.7) in den Zustand s' übergeht und das Wort v ausgibt, unter der Bedingung, daß der SA vorher im Zustand s war und das Wort w gelesen wurde.

Der Spaltenvektor $\boldsymbol{\tau}(v/w)$ heißt *Zustands(spalten)vektor* des SA A. Die s-te Koordinate des Spaltenvektors $\tau_s(v/w)$ bezeichnet die Wahrscheinlichkeit dafür, daß die Antwort auf ein Eingabewort w in dem Ausgabewort v besteht, unter der Bedingung, daß der SA sich vorher im Zustand s befunden hat. Aus (1.1.9), (1.1.12) und (1.1.17) erhalten wir für beliebige Paare von Wörtern $|w_1| = |v_1|$, $|w_2| = |v_2|$ die Gleichungen

$$\boldsymbol{\tau}(v_1v_2/w_1w_2) = A(v_1/w_1)\boldsymbol{\tau}(v_2/w_2) \tag{1.1.18}$$

und

$$\begin{aligned} & \boldsymbol{\tau}(v_1v_2/w_1w_2) = \boldsymbol{\mu}(e/e)A(v_1/w_1)\boldsymbol{\tau}(v_2/w_2) \\ = \; & \boldsymbol{\mu}(v_1/w_1)A(v_2/w_2)\boldsymbol{\tau}(e/e) = \boldsymbol{\mu}(v_1/w_1)A(v_2/w_2)\boldsymbol{\varepsilon} \end{aligned} \tag{1.1.19}$$

Wir betrachten noch einige grundlegende Eigenschaften des SA ohne Ausgabe. Wir bezeichnen den stochastischen Vektor $\boldsymbol{\mu}(w)$ in (1.1.5) als Zustandsvektor. Sei $F = \{s_{i_1}, s_{i_2}, \ldots, s_{i_r}(,\ldots)\}$ eine beliebige Untermenge der Zustandsmenge S, $F \subset S$. Sei $\boldsymbol{\tau}_F$ der Spaltenvektor, dessen i-te Komponente definiert ist durch

$$\tau_F^i = \begin{cases} 1 & , s_i \in F, \\ 0 & , s_i \notin F. \end{cases}$$

Der Spaltenvektor $\boldsymbol{\tau}_F$ heißt *End(spalten)vektor* für den SA ohne Ausgabe. Wir setzen

$$\chi(w) = \chi_A^{\boldsymbol{\mu}(e),\boldsymbol{\tau}_F}(w) = \sum_{\substack{s_0 \in S \\ s \in F}} \mu_{s_0} p(s/s_0, w)$$

oder in Matrizenform

$$\chi(w) = \boldsymbol{\mu}(e)A(w)\boldsymbol{\tau}_F\,. \tag{1.1.20}$$

Aus der Formel (1.1.20) ergibt sich die Interpretation der Größe $\chi(w)$: Sie ist die Wahrscheinlichkeit dafür, daß sich der initiale Automat ohne Ausgabe $(A, \boldsymbol{\mu}(e))$ nach Eingabe des Wortes w in einem der Zustände aus der Menge F befindet. Die Wahrscheinlichkeit $\chi(w)$ heißt *die charakteristische Funktion* des SA ohne Ausgabe A (bzgl. der Endzustandsmenge F und der Anfangsverteilung $\boldsymbol{\mu}(e)$).

Formeln, die (1.1.17)–(1.1.19) bei SAs allgemeiner Form entsprechen, kann man auch für SAs ohne Ausgabe erhalten. Wir setzen

$$\tau_s(w) = \sum_{s' \in F} p(s'/s, w)\,, \qquad (1.1.21)$$

wobei $p(s'/s, w)$ das entsprechende Element der Matrix $A(w)$ ist. In Matrizendarstellung hat (1.1.21) die Form

$$\boldsymbol{\tau}(w) = A(w)\boldsymbol{\tau}_F\,. \qquad (1.1.22)$$

Die s-te Koordinate des Spaltenvektors $\boldsymbol{\tau}(w)$ bezeichnet die Wahrscheinlichkeit dafür, daß der SA A vom Zustand s aus in einen der Zustände aus F gelangt, nachdem das Wort w eingegeben wurde.

Aus den Beziehungen (1.1.5), (1.1.20) und (1.1.22) folgen die Formeln

$$\chi(w_1 w_2) = \boldsymbol{\mu}(w_1)\boldsymbol{\tau}(w_2)$$

und

$$\boldsymbol{\tau}(w_1 w_2) = A(w_1)\boldsymbol{\tau}(w_2)\,.$$

Es kann auf diese Weise jedem initialen stochastischen Automaten ohne Ausgabe $(A, \boldsymbol{\mu}(e))$ folgende Menge von Vektoren zugeordnet werden:

$$L_A = \{\boldsymbol{\mu}(w) | w \in X^*\}\,. \qquad (1.1.23)$$

Neben der Menge L_A führen wir die Menge

$$\mathcal{L}_A = \{\boldsymbol{\tau}(w) | w \in X^*\} \qquad (1.1.24)$$

ein.

Entsprechend werden jedem initialen SA allgemeiner Form die Vektormengen

$$L_A = \{\, \boldsymbol{\mu}(v/w) \mid w \in X^*,\ v \in Y^*,\ |w| = |v| \,\} \qquad (1.1.25)$$

und

$$\mathcal{L}_A = \{\, \boldsymbol{\tau}(v/w) \mid w \in X^*,\ v \in Y^*,\ |w| = |v| \,\} \qquad (1.1.26)$$

zugeordnet. Die Mengen (1.1.23) und (1.1.25) sowie (1.1.24) und (1.1.26) werden in gleicher Weise bezeichnet, jedoch wird dieses nicht zu Mißverständnissen führen, da aus dem Kontext hervorgehen wird, um welche Mengen es sich handelt.

Mit E_A werde der lineare Vektorraum im $\mathbb{R}^k$ (k =Anzahl der Zustände) bezeichnet, der durch die Vektormenge L_A aufgespannt wird. Entsprechend bezeichnen wir mit $\mathcal{E}_A$ den linearen Vektorraum, der durch die Vektormenge $\mathcal{L}_A$ aufgespannt wird. Wenn durch $\mathsf{Lin}\,V$ die lineare Hülle der Menge V bezeichnet wird, so vereinbaren wir also:

$$E_A = \mathsf{Lin}\,L_A \quad , \quad \mathcal{E}_A = \mathsf{Lin}\,\mathcal{L}_A\,.$$

In dem Fall, daß der betrachtete SA eine endliche Zustandmenge besitzt, haben die linearen Räume E_A und $\mathcal{E}_A$ endliche Dimension. In diesem Fall benutzen wir auch Bezeichnungen der Form

$$E^k \quad \text{oder} \quad E^{(k)}\,.$$

Dabei bedeutet die natürliche Zahl k ohne Klammern die Dimension des aufgespannten Vektorraumes und mit Klammern die Zahl der Koordinaten in den Vektoren (also die Zahl der Zustände des SA).

Es sei s die Dimension des linearen Raumes E, und die Folge der Vektoren $\boldsymbol{\mu}(v_1/w_1), \boldsymbol{\mu}(v_2/w_2), \ldots, \boldsymbol{\mu}(v_s/w_s)$ bilde eine Basis von E. Die Matrix

$$M = \begin{pmatrix} \boldsymbol{\mu}(v_1/w_1) \\ \vdots \\ \boldsymbol{\mu}(v_s/w_s) \end{pmatrix} \tag{1.1.27}$$

vom Rang s heißt *Basismatrix des Raumes* E_A. Entsprechend bilde die Folge der Spaltenvektoren $\boldsymbol{\tau}(v_1/w_1), \boldsymbol{\tau}(v_2/w_2), \ldots, \boldsymbol{\tau}(v_r/w_r)$ eine Basis des linearen Raumes $\mathcal{E}_A$. Die Matrix

$$N = \Big(\boldsymbol{\tau}(v_1/w_1) \;\; \boldsymbol{\tau}(v_2/w_2) \;\; \cdots \;\; \boldsymbol{\tau}(v_r/w_r)\Big) \tag{1.1.28}$$

vom Rang r heißt *Basismatrix* des Raumes $\mathcal{E}_A$. Entsprechende Basismatrizen werden auch für SA ohne Ausgabe untersucht.

Wenn M eine Basismatrix ist, dann findet sich für jeden Vektor $\boldsymbol{\mu}(v/w)$ ein Vektor $\boldsymbol{\alpha}$, so daß die Gleichung

$$\boldsymbol{\mu}(v/w) = \boldsymbol{\alpha} M$$

gilt. Wir bezeichnen mit $M(v/w)$ die Matrix

$$M(v/w) = \begin{pmatrix} \boldsymbol{\mu}(v_1v/w_1w) \\ \vdots \\ \boldsymbol{\mu}(v_sv/w_sw) \end{pmatrix}.$$

Dann gilt für ein beliebiges Paar von Wörtern (v', w') aus $(X \times Y)^*$ die Beziehung

$$\boldsymbol{\mu}(vv'/ww') = \boldsymbol{\alpha} M(v'/w'). \qquad (1.1.29)$$

Wird der Anfangszustandsvektor $\boldsymbol{\mu}(e)$ durch die Basismatrix in der Form

$$\boldsymbol{\mu}(e) = \boldsymbol{\alpha}(e)M$$

dargestellt, so erhalten wir insbesondere für einen beliebigen Zustandsvektor des SA die Gleichung

$$\boldsymbol{\mu}(v/w) = \boldsymbol{\alpha}(e)M(v/w).$$

Entsprechend führen wir die dualen Beziehungen bzgl. $\boldsymbol{\tau}$ ein. Wir setzen

$$N(v/w) = \Big(\boldsymbol{\tau}(vv_1/ww_1) \;\; \boldsymbol{\tau}(vv_2/ww_2) \;\; \cdots \;\; \boldsymbol{\tau}(vv_r/ww_r)\Big).$$

Wird der Spaltenvektor $\boldsymbol{\varepsilon}$ durch die Basismatrix in der Form

$$\boldsymbol{\varepsilon} = N\boldsymbol{\beta}(e)$$

dargestellt, so erhalten wir für einen beliebigen Zustandsspaltenvektor $\boldsymbol{\tau}(v/w)$ die Gleichung

$$\boldsymbol{\tau}(v/w) = N(v/w)\boldsymbol{\beta}(e). \qquad (1.1.30)$$

Aus der Beziehung (1.1.29) folgt, daß jedes Paar von Basismatrizen M_1, M_2 verbunden ist durch die Beziehung

$$M_1 = RM_2, \qquad R = \begin{pmatrix} \boldsymbol{\alpha}_1 \\ \vdots \\ \boldsymbol{\alpha}_s \end{pmatrix},$$

wobei R eine nichtsinguläre $s \times s$-Matrix ist. Eine entsprechende Beziehung gilt für die Basismatrizen des Raumes $\mathcal{E}_A$:

$$N_1 = N_2Q \quad \text{mit } Q = \Big(\boldsymbol{\beta}_1 \;\; \boldsymbol{\beta}_2 \;\; \cdots \;\; \boldsymbol{\beta}_r\Big), \qquad (1.1.31)$$

dabei ist Q eine nichtsinguläre $r \times r$-Matrix. Entsprechende Beziehungen gelten auch für Automaten ohne Ausgabe.

Wir betrachten noch eine Darstellungsweise des SA, die aus der Theorie der Automaten stammt — die graphische. Die Darstellung eines Automaten in Form eines gerichteten Graphen (bestehend aus Knoten und Kanten; Schlingen und Mehrfachkanten sind zugelassen) dient seiner Anschaulichkeit. Sei

$$A = \langle X, Y, S, \{p(s', y/s, x)\}\rangle$$

ein endlicher SA. Der Graph $\Gamma(A)$ des SA wird auf folgende Weise gebildet: Jedem Zustand wird genau ein Knoten eines Graphen Γ zugeordnet. Jedem Paar von Symbolen (x, y), für das die Übergangswahrscheinlichkeit $p(s', y/s, x)$ *ungleich 0* ist, wird entsprechend eine *gerichtete Kante* (s, s') des Graphen zugeordnet, die den Knoten des Graphen, der dem Zustand s entspricht, mit demjenigen Knoten des Graphen, der dem Zustand s' entspricht, verbindet. Diese Kante wird mit der *Wahrscheinlichkeit* $p(s', y/s, x)$ gekennzeichnet („markiert"). Entsprechend wird im Fall des SA ohne Ausgabe die gerichtete Kante (s, s') mit der Wahrscheinlichkeit $p(s'/s, x)$ markiert (sofern sie ungleich 0 ist).

In Abbildung 1.1 ist der Graph eines SA mit drei Zuständen $\{1, 2, 3\}$, zwei Eingabe- ($\{x_1, x_2\}$) und zwei Ausgabesymbolen ($\{y_1, y_2\}$) dargestellt. Seine Übergangsmatrizen haben die folgende Form:

$$A(y_1/x_1) = \begin{pmatrix} 0 & 1/2 & 0 \\ 1/2 & 0 & 0 \\ 0 & 0 & 1/2 \end{pmatrix}, \qquad A(y_2/x_1) = \begin{pmatrix} 1/2 & 0 & 0 \\ 0 & 1/2 & 0 \\ 0 & 0 & 1/2 \end{pmatrix},$$

$$A(y_1/x_2) = \begin{pmatrix} 1/2 & 0 & 0 \\ 0 & 0 & 1/2 \\ 0 & 1/2 & 0 \end{pmatrix}, \qquad A(y_2/x_2) = \begin{pmatrix} 0 & 0 & 1/2 \\ 0 & 1/2 & 0 \\ 1/2 & 0 & 0 \end{pmatrix}.$$

Sei der Weg Z auf dem Graphen gebildet durch die Folge der markierten gerichteten Kanten Z_i: $Z = (Z_1, Z_2, \ldots, Z_{t-1})$, die nacheinander die Knoten s_i mit den Knoten s_{i+1} bezüglich der Eingabesymbole x_i und der Ausgabesymbole y_i für $i = 1, 2, \ldots, t-1$, $s_1 = s$ und $s_t = s'$ verbinden. Dann berechnet sich die Wahrscheinlichkeit $p(Z)$ des Weges Z als Produkt der Wahrscheinlichkeiten, die an den Kanten längs dieses Weges eingetragen sind:

$$p(Z) = \prod_{i=1}^{i=t-1} p(s_{i+1}, y_i/s_i, x_i)$$

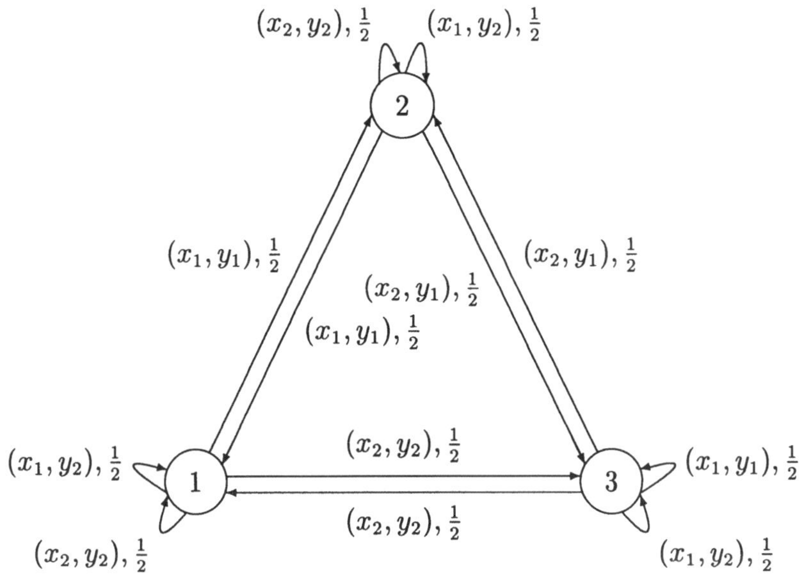

Abbildung 1.1

Eine entsprechende Formel gilt für SAs ohne Ausgabe.

Im folgenden führen wir spezielle Typen von SAs ein. Wir betrachten die bedingten Wahrscheinlichkeiten:

$$p(s'/s, x) = \sum_{y \in Y} p(s', y/s, x)\,,$$

$$p(y/s, x) = \sum_{s' \in S} p(s', y/s, x)\,.$$

Ein SA heißt *stochastischer Mealy-Automat*, wenn für alle s, $s' \in S$, $x \in X$, $y \in Y$ gilt:

$$p(s', y/s, x) = p(s'/s, x)p(y/s, x)\,.$$

Mit anderen Worten, die Übergangswahrscheinlichkeiten für den Folgezustand und das Ausgabesymbol des SA in einem gegebenen Augenblick sind wechselseitig voneinander unabhängig für jedes beliebige Eingabesymbol x und jeden Zustand s. Wir setzen

$$p(y/s, x, s') = p(s', y/s, x)/p(s'/s, x)\,,$$

sofern $p(s'/s, x) \neq 0$ gilt. Unter dieser Zusatzvoraussetzung gilt für einen stochastischen Mealy-Automaten

$$p(y/s, x, s') = p(y/s, x)$$

Ein SA heißt *stochastischer Moore-Automat*, wenn für $p(s'/s, x) \neq 0$ die Wahrscheinlichkeit des Ausgabesymbols y nur vom Folgezustand s' abhängt. Dies ist darstellbar durch die Beziehung

$$p(y/s_1, x_1, s') = p(y/s_2, x_2, s') =: p(y/s')$$

für beliebige s_1, x_1, s_2, x_2, so daß $p(s'/s_1, x_1) \neq 0$ und $p(s'/s_2, x_2) \neq 0$ gelten. Auf diese Weise erhalten wir für einen stochastischen Moore-Automaten die Gleichung

$$p(s', y/s, x) = p(s'/s, x)p(y/s')\,.$$

Ein SA heißt *zustandsdeterministisch* (oder *SA mit deterministischer Übergangsfunktion)*, wenn die bedingte Wahrscheinlichkeit $p(s'/s, x)$ nur die Werte 0 oder 1 annehmen kann. Aus der Definition folgt, daß dann eine Funktion δ existiert, so daß gilt:

$$p(s'/s, x) = \begin{cases} 1 & \text{, falls } s' = \delta(s, x), \\ 0 & \text{sonst.} \end{cases}$$

Man kann zeigen, daß ein zustandsdeterministischer SA ein stochastischer Mealy-Automat ist (Übung 3).

Die Bedingung, daß der Übergang des SA von einem Zustand in einen anderen deterministisch ist, kann abgeschwächt werden. Es sei eine Funktion $\varphi : S \times X \times Y \to S$ gegeben, so daß

$$p(s', y/s, x) = \begin{cases} > 0 & \text{, für } s' = \varphi(s, x, y), \\ 0 & \text{sonst.} \end{cases}$$

In diesem Fall heißt der SA *halbdeterministisch* oder *observabel.* Ein solcher SA besitzt im allgemeinen keine deterministische Übergangsfunktion. Wenn jedoch das Ausgabesymbol des SA in einem gegebenen Takt bekannt ist, kann der innere Zustand s' durch das Tripel (s, x, y) genau bestimmt werden.

Ein SA heißt *Markov-Automat* oder *ausgabedeterminisisch* oder *SA mit deterministischer Ausgabefunktion*, wenn die bedingte Wahrscheinlichkeit $p(y/s,x)$ nur die Werte 0 oder 1 annimmt. Folglich gibt es eine Funktion $\lambda : S \times X \to Y$ mit

$$p(y/s,x) = \begin{cases} 1 & \text{, für } y = \lambda(s,x), \\ 0 & \text{sonst.} \end{cases}$$

Ein Markov-Automat ist ebenfalls ein stochastischer Mealy-Automat (Übung 3).

Ein Spezialfall eines Markov-Automaten ist der *Bernoulli-Automat.* Bei diesem sind alle Zeilen der Übergangsmatrizen gleich. Daraus folgt die Unabhängigkeit der Wahrscheinlichkeitsverteilungen der einzelnen Zustände des SA von der Anfangsverteilung (und somit auch von der Wahrscheinlichkeitsverteilung nach jedem Takt des SA). Ein Bernoulli-Automat ist ein stochastischer Mealy-Automat, er wird jedoch häufig ohne Ausgabe betrachtet.

In den Anwendungen spielt ein SA allgemeiner Form mit *einelementiger* Zustandsmenge eine wichtige Rolle. Ein solcher SA wird *gesteuerte Quelle von Zufallsvariablen* genannt und in der Form

$$U = \langle X, Y, \{p(y/x)\}\rangle$$

dargestellt. Da die gesteuerte Quelle einen einzigen Zustand besitzt, ist sie ein stochastischer Mealy-Automat mit deterministischer Übergangsfunktion.

Wir betrachten einen weiteren Typ von SAs mit abzählbarer Zustandsmenge, der eine besondere Bedeutung bei theoretischen Konstruktionen besitzt. Wir ordnen die Wörter des freien Monoids X^* (entsprechend ihrer Länge) lexikographisch an, indem wir auf den Symbolen des Alphabets X eine Ordnung vorgeben und festlegen, daß Wörter größerer Länge größer sind. Das erste Element dieser Ordnung ist also das leere Wort, dann folgen alle Wörter der Länge 1, dann der Länge 2 usw. Wir vermerken, daß diese Ordnung nicht unbedingt notwendig für die vorliegende Betrachtung ist, aber sie ist zweckmäßig bei der Definition eines SA mittels Matrizen. Wir werden Matrizen abzählbarer Ordnung betrachten, deren Spalten und Zeilen entsprechend der ausgewählten Ordnung abgezählt werden. In die Zeile mit der Nummer w_1 und die Spalte mit der Nummer w_2 schreiben wir das Matrizenelement, das mit $d_{w_1 w_2}$ bezeichnet wird.

Ein freier SA ohne Ausgabe ist ein Paar der Form

$$D = \langle X, \{D(x) | x \in X\}\rangle ,$$

wobei jede Matrix der Form $D(x) = \Big(d_{w_1 w_2}(x)\Big)$ stochastisch ist und durch die Bedingung

$$d_{w_1 w_2}(x) = \begin{cases} 1 & \text{, für } w_2 = w_1 x \\ 0 & \text{sonst} \end{cases}$$

definiert wird. Aus der Definition ist ersichtlich, daß der freie SA wie ein deterministischer Automat arbeitet. Seine zusätzliche Fähigkeit im Vergleich mit dem deterministischen freien Automaten besteht darin, daß die Auswahl des Vektors der Anfangszustände nicht festgelegt ist.

Wir ordnen Paare von Wörtern (w, v) gleicher Länge aus $(X \times Y)^*$ lexikographisch, indem wir zusätzlich festlegen, daß die Wörter des Eingabealphabets höhere Priorität haben als die Wörter gleicher Länge im Ausgabealphabet. Das heißt: $(w, v) \geq (w_1, v_1)$ genau dann, wenn $w > w_1$ oder gleichzeitig $w = w_1$ und $v \geq v_1$ gelten. Wir werden Matrizen abzählbarer Dimension betrachten, deren Zeilen und Spalten durch Paare von Wörtern gleicher Länge entsprechend der ausgewählten Ordnung numeriert werden können. Das System von Matrizen mit abzählbarer Dimension und nichtnegativen Elementen

$$D = \{\, D(y/x) \,|\, x \in X,\ y \in Y \,\}$$

erfülle die folgenden Bedingungen

1. $$d_{(w_1,v_1)(w_2,v_2)}(y/x) = \begin{cases} > 0 & \text{, für } w_2 = w_1 x,\ v_2 = v_1 y, \\ 0 & \text{sonst.} \end{cases}$$
2. $$\sum_{y \in Y} D(y/x)\boldsymbol{\varepsilon} = \boldsymbol{\varepsilon}$$

Dann wird $\langle X, Y, D\rangle$ *freier halbdeterministischer* (oder *freier observabler*) *SA* genannt.

Später werden wir uns davon überzeugen, daß einige Eigenschaften nicht oder nur in geringem Maße davon abhängen, daß die Übergangsmatrizen stochastisch sind. Von einem formalen Standpunkt aus stellt sich der SA als ein endliches System linearer Transformationen dar, und die Bedingung der Linearität erweist sich in vielen Aufgaben der Theorie der SAs als eine Folge der Definitionen. Es ist daher zweckmäßig, neben den Definitionen verschiedener Typen von SAs einen sehr allgemeinen Automatenbegriff einzuführen.

Als *allgemeiner linearer Automat ALA* über einem Körper K wird ein deterministischer Automat (DA) der Form

$$L = \langle X, Y, \mathcal{A}, \{\delta(x)|x \in X\}, \{\lambda(x)|x \in X\}\rangle$$

bezeichnet. Dabei ist X eine endliche Menge von Eingabesymbolen, Y ein linearer Raum von Ausgabesymbolen über dem Körper K und $\boldsymbol{\mathcal{A}}$ ein linearer Raum über dem Körper K (die Elemente von $\boldsymbol{\mathcal{A}}$ heißen Zustände). Für jedes $x \in X$ sei $\delta(x)$ ein linearer Operator in $\boldsymbol{\mathcal{A}}$, der die Übergangsfunktion des Automaten definiert, und $\lambda(x)$ sei eine parametrisierte lineare Abbildung von $\boldsymbol{\mathcal{A}}$ nach Y, die zu jedem Zustand ein Ausgabesymbol des Automaten definiert.

Die *Dimension des ALA L* sei die Dimension des Raumes $\boldsymbol{\mathcal{A}}$. Die *Ausgabedimension* sei die Dimension des Raumes Y. In dem Fall, daß die Dimensionen von $\boldsymbol{\mathcal{A}}$ und Y endlich sind, können die Abbildungen δ und λ mit Hilfe von Matrizen endlicher Ordnungen dargestellt werden. Seien k und n die Dimensionen der linearen Räume $\boldsymbol{\mathcal{A}}$ und Y. Dann gibt es $k \times k$-Matrizen $L(x)$ und $k \times n$-Matrizen $T(x)$, so daß die Abbildungen δ und λ in der Form

$$\boldsymbol{a}' = \delta(\boldsymbol{a}, x) = \boldsymbol{a}L(x)\,, \qquad \boldsymbol{y} = \lambda(\boldsymbol{a}, x) = \boldsymbol{a}T(x)$$

dargestellt werden können.
In diesem Fall stellen wir den ALA in der Form

$$L = \langle X, Y, \boldsymbol{\mathcal{A}}, \{L(x), T(x) | x \in X\}\rangle \tag{1.1.32}$$

dar. Wir übernehmen für den ALA die Formeln (1.1.2) und (1.1.6). Dann hat der Zustandsvektor bei gegebenem Anfangszustandsvektor $\boldsymbol{a}(e)$ nach Einlesen des Eingabewortes $w \in X^*$ die Form

$$\boldsymbol{a}(w) = \boldsymbol{a}(e)L(w)\,,$$

und nach dem Einlesen des Wortes wx hat der Ausgabevektor die Form

$$\boldsymbol{y}(wx) = \boldsymbol{a}(w)T(x)\,.$$

Wir betrachten das folgende Quadrupel, das *linearer Automat (LA)* genannt wird:

$$L = \langle X, \boldsymbol{\mathcal{A}}, \boldsymbol{M}, \{L(x) | x \in X\}\rangle\,.$$

Dabei ist $\{L(x)|x \in X\}$ eine Menge von Matrizen, die wie in (1.1.32) die Übergangsfunktion definiert. Bei gegebenem Vektor der Anfangszustände $\boldsymbol{a}(e)$ ist die Ausgabe des LA von der Form

$$\boldsymbol{y}(wx) = \boldsymbol{a}(w)T(x)\boldsymbol{M} = \boldsymbol{a}(w)\boldsymbol{M}(x)\,.$$

Hier ist also der lineare Raum Y der Ausgabesymbole des LA eindimensional, und die Ausgabeabbildung λ braucht nicht als Matrix $T(x)$ dargestellt zu werden, sondern kann als Vektor $\boldsymbol{M}(x)$ geschrieben werden.

Jedem endlichen stochastischen Mealy-Automaten kann ein ALA zugeordnet werden. Sei $A = \langle X, Y, S, \{A(y/x) | x \in X, y \in Y\}\rangle$ ein endlicher stochastischer Mealy-Automat mit k Zuständen und n Ausgabesymbolen. Dann setzen wir

$$A(x) = \sum_{y \in Y} A(y/x),$$

$$T(x) = \Big(A(y_1/x)\boldsymbol{\varepsilon} \quad A(y_2/x)\boldsymbol{\varepsilon} \quad \cdots \quad A(y_n/x)\boldsymbol{\varepsilon} \Big).$$

$T(x)$ ist eine stochastische $k \times n$-Matrix. Sei ferner $\boldsymbol{\mathcal{A}}$ ein reeller Vektorraum der Dimension $k = |S|$ und $\boldsymbol{\mathcal{B}}$ ein reeller Vektorraum (von Ausgabesymbolen) der Dimension $n = |Y|$. Dann ist mit dem stochastischen Mealy-Automaten A der ALA

$$L = \langle X, \boldsymbol{\mathcal{B}}, \boldsymbol{\mathcal{A}}, \{A(x), T(x) | x \in X\}\rangle$$

assoziiert.

Für einen stochastischen Mealy-Automaten zerfällt die bedingte Wahrscheinlichkeit $p(s', y/s, x)$ in die Wahrscheinlichkeiten $p(s'/s, x)$ und $p(y/s, x)$, die als Elemente der Matrizen $A(x)$ bzw. $T(x)$ auftreten. Für einen festgelegten Anfangszustandsvektor $\boldsymbol{\mu}(e)$ werden wir neben dem Zustandsverteilungsvektor

$$\boldsymbol{\mu}(wx) = \boldsymbol{\mu}(w)A(x)$$

auch den Ausgabevektor

$$\boldsymbol{y}(wx) = \boldsymbol{\mu}(w)T(x)$$

betrachten. Hieraus ergeben sich die Übergangsfunktion und die Ausgabefunktion des *assoziierten ALA L.* Dieser berechnet den Zustandsverteilungsvektor $\boldsymbol{\mu}(w)$ und den Ausgabevektor $\boldsymbol{y}(w)$ des stochastischen Mealy-Automaten A für jedes beliebige nichtleere Eingabewort $wx \in X^*$. In dem vorliegenden Fall bezeichnet die i-te Komponente des Vektors $\boldsymbol{y}(wx)$ die Wahrscheinlichkeit, das i-te Symbol des Alphabets Y auszugeben, nachdem das Wort wx eingelesen worden ist.

Ein endlicher SA ohne Ausgabe $\langle X, S, \{A(x) | x \in X\}\rangle$ zusammen mit einem Endvektor $\boldsymbol{M}$ ist ein linearer Automat. In diesem Fall wird beginnend mit dem Anfangszustandsvektor $\boldsymbol{\mu}(e)$ die Übergangsfunktion bestimmt durch die Beziehung

$$\boldsymbol{\mu}(wx) = \boldsymbol{\mu}(w)A(x),$$

und die charakteristische Funktion (vgl. 1.1.20) berechnet sich gemäß der Formel

$$\chi_A(w) = \boldsymbol{\mu}(e)A(w)\boldsymbol{M}$$

oder

$$\chi_A(w) = \boldsymbol{\mu}(w)\boldsymbol{M}.$$

Hier ist die charakteristische Funktion χ_A ein Sonderfall der Ausgabeabbildung $\boldsymbol{y} = \lambda(\boldsymbol{\mu}(e), w)$ für den ALA.

1.2 Die initiale Äquivalenz stochastischer Automaten

Die wichtigste Charakteristik eines SA ist der stochastische Operator (vgl. Def. 2.1.1), den er erzeugt. Deshalb ist es natürlich, zwei SAs als äquivalent zu bezeichnen, wenn sie den gleichen stochastischen Operator erzeugen. Somit kommen wir zu einer der wichtigsten Definitionen, der der Äquivalenz von SAs. Zunächst betrachten wir nur den Begriff der initialen Äquivalenz. Die allgemeine Theorie der Äquivalenz wird später entwickelt werden.

Seien $A = \langle X, Y, S, \{p_A(s', y/s, x)\}\rangle$ und $B = \langle X, Y, U, \{p_B(u', y/u, x)\}\rangle$ zwei stochastische Automaten mit derselben Menge von Eingabe- bzw. Ausgabesymbolen.

Definition 1.2.1 Der Zustand s des SA A ist *äquivalent* zum Zustand u des SA B, falls die stochastischen Operatoren, die durch den SA A bzw. durch den SA B mit den Anfangszuständen s bzw. u erzeugt werden, übereinstimmen:

$$\tau_A^s(v/w) = \tau_B^u(v/w) \text{ für alle } (w, v) \in (X \times Y)^* .$$

Definition 1.2.2 Der SA B ist im SA A *initial-äquivalent eingebettet*, in Zeichen $B \subset A$, falls für jeden Zustand von B ein äquivalenter Zustand von A existiert.

Definition 1.2.3 Die SAs A und B heißen *initial-äquivalent*, wenn sie initial äquivalent ineinander eingebettet sind, d. h. wenn $A \subset B$ und $B \subset A$ gelten. Die initiale Äquivalenz der SAs A und B wird abgekürzt durch $A|B$.

In den folgenden beiden Theoremen wird die Äquivalenz zwischen verschiedenen Typen von Automaten bewiesen.

Theorem 1.2.1 *Zu jedem stochastischen Automaten A gibt es einen initial-äquivalenten stochastischen Moore-Automaten B. Wenn der SA A endlich ist, ist auch B endlich. Für die Zahl der Zustände der beiden Automaten gilt die Ungleichung $k_B \leq k_A^2 m$, wobei $k_A = |S|$ die Zustandszahl von A, $k_B = |M|$ die Zustandszahl von B und $m = |X|$ die Zahl der Eingabesymbole sind.*

Beweis Die Idee der Konstruktion des SA B besteht in folgendem. Es sei möglich, vom Zustand s_1 des Automaten A mit der Eingabe x in den Zustand s_2 überzugehen. Als Zustände des Automaten B werden wir die Tripel (s_1, x, s_2) verwenden. Damit kann bei der Konstruktion von B die Ausgabe y mit Hilfe des Tripels (s_1, x, s_2) definiert werden, d. h. B wird ein Moore-Automat.

Sei $A = \langle X, Y, S, \{p_A(s', y/s, x)\}\rangle$ ein SA. Wir betrachten den stochastischen Moore-Automaten $B = \langle X, Y, U, \{p_B(u'/u, x)\}, \{p_B(y/u')\}\rangle$ mit $U = S \times X \times S$ und $\forall x, \tilde{x} \in X, y \in Y, s_1, s_2, \tilde{s} \in S, u, u' \in U$:

$$p_B(u'/u, x) = \begin{cases} p_A(s_2/s_1, x) & , \text{für } u = (\tilde{s}, \tilde{x}, s_1),\ u' = (s_1, x, s_2), \\ 0 & \text{sonst,} \end{cases}$$

$$p_B(y/u') = \begin{cases} p_A(s_2, y/s_1, x)/p_A(s_2/s_1, x) & , \text{für } u' = (s_1, x, s_2) \\ & \quad \text{und } p_A(s_2/s_1, x) > 0, \\ \tilde{\mu}(y) & \text{sonst,} \end{cases}$$

dabei sei $\tilde{\mu}$ eine beliebige Wahrscheinlichkeitsverteilung über Y.

Wir zeigen durch Induktion über die Länge der Wörter, daß A und B initial-äquivalent sind, d. h. für alle $s_1, s_2 \in S$ und $\tilde{x} \in X$ ist der Zustand $(s_1, \tilde{x}, s_2)$ des SA B äquivalent zum Zustand s_2 des SA A.

Für Wörter der Länge 1 erhalten wir

$$\begin{aligned} p_B(y/(s_1, \tilde{x}, s_2), x) &= \sum_{u'} p_B(u'/(s_1, \tilde{x}, s_2), x) p_B(y/u') \\ = \quad \sum_{s'} p_A(s'/s_2, x) p_A(s', y/s_2, x)/p_A(s'/s_2, x) &= p_A(y/s_2, x) \\ & \text{für } p_A(s'/s_2, x) \neq 0\ . \end{aligned}$$

Sei für alle Wörter der Länge k schon

$$p_B(v/(s_1, \tilde{x}, s_2), w) = p_A(v/s_2, w), \quad |w| = |v| = k$$

bewiesen. Dann gilt für Wörter der Länge $k+1$

$$p_B(yv/(s_1,\tilde{x},s_2),xw) = \sum_{u'} p_B(u'/(s_1,\tilde{x},s_2),x)p_B(y/u')p_B(v/u',w)$$

$$= \sum_{s'} p_A(s'/s_2,x)p_A(s',y/s_2,x)/p_A(s'/s_2,x)p_B(v/(s_2,x,s'),w)$$

$$= \sum_{s'} p_A(s',y/s_2,x)p_A(v/s',w) = p_A(yv/s_2,xw) \text{ für } p_A(s'/s_2,x) \neq 0\,.$$

Im endlichen Fall läßt sich die Zahl der Zustände leicht abschätzen. □

Theorem 1.2.2 *Zu jedem stochastischen Moore-Automaten A existiert ein initial äquivalenter Markovscher SA B vom Moore-Typ. Wenn A endlich ist, ist auch B endlich, mit $k_B = k_A n$, wobei $k_A = |S|$, $k_B = |U|$ und $n = |Y|$ gelten.*

Beweis Wie im vorhergehenden Satz vergrößert sich bei der Konstruktion des neuen Automaten B die Zahl der Zustände gegenüber derjenigen von A, wobei jeder Zustand von B die Information über das Ausgabesymbol des Automaten enthält.

Sei $A = \langle X, Y, S, \{p_A(u'/u,x)\}, \{p_A(y/s')\}\rangle$ ein stochastischer Moore-Automat.

Wir betrachten den SA $B = \langle X, Y, U, \{p_B(u'/u,x)\}, \lambda\rangle$ mit $U = S \times Y$. Für $u = (s_1, \tilde{y})$ und $u' = (s_2, y)$ setzen wir

$$p_B(u'/u,x) = p_A(s_2/s_1,x)p_A(y/s_2), \qquad \lambda(u') = y\,.$$

Die Automaten A und B sind initial-äquivalent, wobei für jedes $\tilde{y} \in Y$ die Zustände $(s,\tilde{y})$ äquivalent zum Zustand s sind. Für Wörter der Länge 1 gilt

$$p_B(y/(s,\tilde{y}),x) = \sum_{u'} p_B(u'/(s,\tilde{y}),x)p_B(y/u')$$

$$= \sum_{u'=(s',y)} p_B(u'/(s,\tilde{y}),x) = \sum_{s'} p_A(s'/s,x)p_A(y/s') = p_A(y/s,x)\,.$$

Für Wörter der Form xw und yv mit $|w| = |v|$ erhalten wir die Äquivalenz durch Induktion:

$$p_B(yv/(s,\tilde{y}),xw) = \sum_{u'} p_B(u'/(s,\tilde{y}),x)p_B(y/u')p_B(v/u',w)$$

$$= \sum_{u'=(s',y)} p_B((s',y)/(s,\tilde{y}),x)p_B(v/(s',y),w)$$

$$= \sum_{s'} p_A(s'/s,x)p_A(y/s')p_A(v/s',w) = p_A(yv/s,xw)\ . \qquad \square$$

Wir wollen nun eine Standarddarstellung für endliche SAs herleiten. Zuvor führen wir einige Definitionen ein und beweisen die notwendigen Hilfssätze.

Seien $\boldsymbol{p} = (p_1,\ldots,p_k(,\ldots))$ und $\boldsymbol{q} = (q_1,\ldots,q_l(,\ldots))$ zwei endliche oder abzählbare Wahrscheinlichkeitsverteilungen (stochastische Vektoren $\boldsymbol{p}$ und $\boldsymbol{q}$). Wir werden die Indexmengen der Koordinaten der Vektoren $\boldsymbol{p}$ und $\boldsymbol{q}$ mit I bzw. J bezeichnen.

Definition 1.2.4 Die Wahrscheinlichkeitsverteilung (der stochastische Vektor) $\boldsymbol{p}$ *impliziert* die Wahrscheinlichkeitsverteilung (den stochastischen Vektor) $\boldsymbol{q}$, wenn eine eindeutige Abbildung $\phi : I \to J$ der Indexmenge I in die Indexmenge J existiert, so daß

$$\sum_{\phi(i)=s} p_i = q_s, \quad s \in J \tag{1.2.1}$$

gilt[3].

Mit anderen Worten, die Wahrscheinlichkeitsverteilung $\boldsymbol{p}$ impliziert die Wahrscheinlichkeitsverteilung $\boldsymbol{q}$, wenn die Indexmenge I so in ein System durchschnittsfremder Teilmengen von Indizes $\{I_s | s \in J\}$ mit

$$\bigcup_{s\in J} I_s = I, \quad I_s \cap I_t = \emptyset$$

für $s \neq t$ zerlegt werden kann, daß

$$\sum_{i\in I_s} p_i = q_s, \quad s \in J$$

gilt.

Die Abbildung ϕ, die durch (1.2.1) definiert wird, heißt *implizierende Funktion.*

Lemma 1.2.1 *Für jede endliche Menge endlicher Wahrscheinlichkeitsverteilungen $\Sigma = \{\boldsymbol{q}_1,\ldots,\boldsymbol{q}_N\}$ existiert eine endliche Wahrscheinlichkeitsverteilung $\boldsymbol{q}$, die jede Wahrscheinlichkeitsverteilung von Σ impliziert.*

[3]Die Abbildung ϕ muß nicht surjektiv sein; die leere Summe ergibt stets den Wert 0. Wenn also zu $s \in J$ kein $i \in I$ mit $\phi(i) = s$ existiert, dann ist $q_s = 0$. (Anmerkung des Übersetzers)

Beweis Jeder Wahrscheinlichkeitsverteilung $\boldsymbol{q} = (q_1, \ldots, q_n)$ entspricht eineindeutig eine Zerlegung Ω des halboffenen Intervalls $(0, 1]$ in das System der halboffenen Intervalle $\left(\sum_{i=1}^{k-1} q_i, \sum_{i=1}^{k} q_i\right]$ für $k = 1, \ldots, n$. Wir betrachten das Produkt $\Omega = \prod_{i=1}^{N} \Omega_i$ der Zerlegungen, die zu den Wahrscheinlichkeitsverteilungen $\boldsymbol{q}_i, \quad i = 1, \ldots, N$ gehören (Dies entspricht den Durchschnitten aller Intervalle.). Sei $\boldsymbol{q}$ die entsprechende Wahrscheinlichkeitsverteilung zu Ω. Da Ω eine Verfeinerung jeder der Zerlegungen Ω_i ist, impliziert $\boldsymbol{q}$ jede der Verteilungen $\boldsymbol{q}_i$. □

Sei $Z = \{z_1, \ldots, z_n(, \ldots)\}$ eine endliche (oder abzählbare) Menge von Symbolen und $\boldsymbol{p} = (p_1, \ldots, p_n(, \ldots))$ eine Wahrscheinlichkeitsverteilung auf dieser Menge. Das Paar $\phi = \langle Z, \boldsymbol{p} \rangle$ heißt *Zufallsvariable über der Menge Z*. Definitionsgemäß sei $P(\phi = z_i) = p_i$. Wir werden Zufallsvariablen über endlichen Alphabeten ($Z = X = \{x_1, \ldots, x_n\}$) oder freien Monoiden ($Z = X^*$) betrachten. Seien ϕ und ψ Zufallsvariablen über X bzw. Y. Wir sagen, daß die Zufallsvariable ϕ die Zufallsvariable ψ *impliziert*, wenn die Wahrscheinlichkeitsverteilung $\{P(\phi = x) | x \in X\}$ die Wahrscheinlichkeitsverteilung $\{P(\psi = y) | y \in Y\}$ impliziert.
Das Tripel $\Gamma = \langle X, Z, \{p(z/x)\} \rangle$, wobei $\{p(z/x)\}$ für jedes $x \in X$ eine Wahrscheinlichkeitsverteilung ist, die eine Zufallsvariable über dem Alphabet Z definiert, heißt in Übereinstimmung mit Abschnitt 1.1 *gesteuerte Quelle von Zufallsvariablen.*

Definition 1.2.5 Der SA $A = \langle X, Y, S, \{p_A(s', y/s, x)\} \rangle$ heißt *determiniert isomorph* zu dem SA $B = \langle X, Y, U, \{p_B(u', y/u, x)\} \rangle$, wenn es zwischen ihren Zustandsmengen eine bijektive Abbildung $\phi : S \to U$ gibt, so daß für alle Paare von Zuständen (s, s') des SA A und alle Eingabe- und Ausgabesymbole x und y die Gleichung

$$p_B(\phi(s'), y/\phi(s), x) = p_A(s', y/s, x)$$

gilt.

Es ist klar, daß zwei SAs initial-äquivalent sind, falls sie determiniert isomorph sind. Die umgekehrte Behauptung gilt i. a. nicht, wie wir in einem späteren Kapitel über die Strukturtheorie von SAs sehen werden.

Definition 1.2.6 Als *sequentielle Kombination* der gesteuerten Quelle $\Gamma = \langle X, Z, \{p(z/x)\} \rangle$ und des SA $B = \langle Z, Y, S, \{p_B(s', y/s, z)\} \rangle$ wird der SA $A =$

$\langle X, Y, S, \{p_A(s', y/s, x)\}\rangle$ bezeichnet, dessen bedingte Wahrscheinlichkeiten $p_A(s', y/s, x)$ definiert sind durch die Beziehung

$$p_A(s', y/s, x) = \sum_{z \in Z} p(z/x) p_B(s', y/s, z) . \tag{1.2.2}$$

Man beachte, daß die Zustandsmengen der Automaten A und B bei dieser Definition übereinstimmen.

Ein DA ist ein stochastischer Mealy-Automat. Diese Behauptung ist leicht zu beweisen (siehe Übungsaufgabe 2). Wir betrachten nun die sequentielle Kombination einer gesteuerten Quelle und eines DA.

Theorem 1.2.3 *Sei $A = \langle X, Y, S, \{p_A(s', y/s, x)\}\rangle$ ein SA mit k Zuständen. Es gibt eine gesteuerte Quelle von Zufallsvariablen $\Gamma = \langle X, Z, \{p(z/x)\}\rangle$ und einen DA mit k Zuständen $B = \langle Z, Y, S, \delta, \lambda\rangle$, so daß der SA A determiniert isomorph zu der sequentiellen Kombination von Γ und B ist.*

Beweis Wir betrachten die Familie der Zufallsvariablen $\xi_{s,x}$, die für jeden Zustand s und jedes Eingabesymbol x den Wert des Paares (s', y) mit der Wahrscheinlichkeit $p_A(s', y/s, x)$ annimmt. Wir setzen

$$\Sigma_x = \{\xi_{s,x} | P(\xi_{s,x} = (s', y)) = p_A(s', y/s, x), \;\; s \in S\} .$$

Da dieses ein endliches System von Zufallsvariablen ist, gibt es nach Lemma 1.2.1 eine Zufallsvariable ζ_x, die jede Zufallsvariable der Familie Σ_x impliziert. Die Zufallsvariable ζ_x nehme Werte aus einer endlichen Menge Z_x mit den Wahrscheinlichkeiten $P(\zeta_x = z) = p(z/x)$ an. (Für verschiedene x_1, x_2 wähle man die Mengen Z_{x_1}, Z_{x_2} disjunkt.) Die Funktion $\phi_{s,x} : \phi_{s,x}(z) = (s', y)$ verbindet die Wahrscheinlichkeiten der Werte der implizierenden und der implizierten Zufallsvariablen durch die Beziehung

$$p_A(s', y/s, x) = \sum_{(s', y) = \phi_{s,x}(z)} P(\zeta_x = z) = \sum_{(s', y) = \phi_{s,x}(z)} p(z/x) .$$

Der Ausdruck $\phi_{s,x}(z) = (s', y)$ kann umgeschrieben werden in die Form $s' = \delta_x(s, z)$, $y = \lambda_x(s, z)$. Wir betrachten die Menge $Z = \bigcup_x Z_x$ und führen die folgende Bezeichnungen ein.

1. Die Zufallsvariablen ζ_x mögen mit den folgenden Wahrscheinlichkeiten Werte aus der Menge Z annehmen:

$$P(\zeta_x = z) = \begin{cases} p(z/x) & \text{, für } z \in Z_x, \\ 0 & \text{sonst.} \end{cases}$$

2. Wir definieren die Funktionen δ und λ durch

$$\delta(s,z) = \delta_x(s,z), \text{ für } z \in Z_x \ ,$$

$$\lambda(s,z) = \lambda_x(s,z), \text{ für } z \in Z_x \ .$$

Das Paar der Funktionen δ und λ definiert einen DA $B = \langle Z, Y, S, \delta, \lambda \rangle$ mit $k = |S|$ Zuständen. Sei C die sequentielle Kombination der gesteuerten Quelle $\Gamma = \langle X, Z, \{p(z/x)\} \rangle$ und des DA B. Wir berechnen die bedingte Wahrscheinlichkeitsverteilung des SA C. Sie ist gleich

$$\begin{aligned} p_C(s', y/s, x) &= \sum_{z \in Z_x} p(z/x) p_B(s', y/s, \dot{z}) \\ &= \sum_{\substack{s'=\delta_x(s,z) \\ y=\lambda_x(s,z)}} p(z/x) = p_A(s', y/s, x) \ . \end{aligned}$$ □

Das Konstruktionsprinzip der gesteuerten Quelle $\Gamma = \langle X, Z\{p(z/x)\} \rangle$ kann hier deutlich gemacht werden. Entsprechend Lemma 1.2.1 existiert für endliche Systeme von Zufallsvariablen $\Sigma = \{\zeta_x | x \in X\}$ eine Zufallsvariable ζ, die jede Zufallsvariable der Familie Σ impliziert. Wenn ζ Werte t aus der Menge T mit den Wahrscheinlichkeiten $P(\zeta = t)$ annimmt, definiert die Bedingung, daß ζ die ζ_x impliziert, entsprechend (1.2.1) die Implikationsfunktion $z = \psi(x,t)$, die die Wahrscheinlichkeiten der Werte der implizierenden und implizierten Zufallsvariablen durch die Beziehung

$$P(\zeta_x = z) = \sum_{z=\psi(x,t)} P(\zeta = t) = \begin{cases} p(z/x) & \text{, für } z \in Z_x, \\ 0 & \text{sonst} \end{cases}$$

verbindet. Ein Schema für die Modellierung eines SA mit Hilfe einer sequentiellen Kombination einer gesteuerten Quelle und eines DA ist in Abbildung 1.2 dargestellt.

Das Theorem 1.2.3 zeigt eine Methode, wie ein stochastischer Automat als sequentielle Kombination einer gesteuerten Quelle von Zufallsvariablen und eines deterministischen Automaten konstruiert werden kann. Bei der Synthese wird das Problem entstehen, eine Verteilung der Zufallsvariablen zu finden, die jede Verteilung aus einer beliebigen endlichen Familie impliziert (also einen implizierenden Vektor zu konstruieren). Wir betrachten ein Beispiel einer solchen Konstruktion.

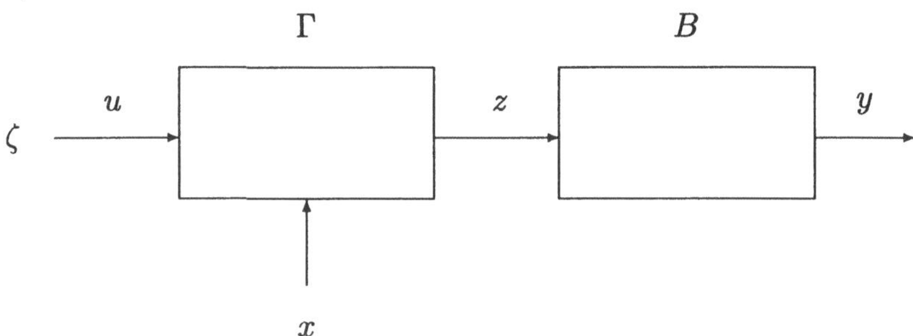

Abbildung 1.2

Beispiel 1.2.1 Um die Methode der Synthese eines implizierenden Vektors zu illustrieren, betrachten wir den Beweis des bekannten Satzes über die Zerlegung einer stochastischen Matrix in eine konvexe Linearkombination einfacher Matrizen. Eine Linearkombination $\boldsymbol{b} = \sum_{i=1}^{n} \alpha_i \boldsymbol{a}_i$ der Vektoren $\boldsymbol{a}_1, \boldsymbol{a}_2, \ldots, \boldsymbol{a}_n$ heißt *konvex*, wenn alle Koeffizienten α_i nicht negativ sind und $\sum_{i=1}^{n} \alpha_i = 1$ gilt. Die Matrix C heißt *einfach*, wenn sie stochastisch ist und alle ihre Koeffizienten entweder 0 oder 1 sind.

Theorem 1.2.4 *Jede stochastische $n \times n$-Matrix kann als konvexe Linearkombination von höchstens $n^2 - n + 1$ einfachen Matrizen dargestellt werden.*

Beweis Die Matrix A habe die Form

$$A = \begin{pmatrix} \boldsymbol{a}_1 \\ \vdots \\ \boldsymbol{a}_n \end{pmatrix} = \left(a_{ij}\right)$$

In jeder Zeile betrachten wir die maximale Zahl und ermitteln von diesen Werten das Minimum $\alpha_1 = \min_i \max_j (a_{ij})$ mit $\alpha_1 > 0$. Sei C_i die einfache Matrix, bei der in jeder Zeile eine 1 an der Stelle steht, wo in der entsprechenden Zeile der Matrix A das maximale Element (oder eines von ihnen) steht. Dann ist die Matrix

$$A_1 = \frac{1}{(1 - \alpha_1)}(A - \alpha_1 C_1)$$

stochastisch. Sie enthält mindestens ein Element mehr, das gleich 0 ist, als die Matrix A. Indem wir diesen Algorithmus auf die Matrix A_1 und in der

Folge auf jede bei dem Algorithmus entstehende stochastische Matrix A_i anwenden, erhalten wir nach höchstens n^2-n+1 Schritten eine stochastische Matrix mit mindestens $n^2 - n$ Nullen, d. h. eine einfache Matrix. Dadurch entsteht eine Zerlegung

$$A = \alpha_1 C_1 + \ldots + \alpha_N C_N \text{ mit } N \leq n^2 - n + 1. \tag{1.2.3}$$

Es ist leicht zu sehen, daß die Wahrscheinlichkeitsverteilung $\boldsymbol{\alpha} = (\alpha_1, \ldots, \alpha_N)$ jede Zeile der stochastischen Matrix A impliziert, da in einer festen Zeile die Einsen aller einfachen Matrizen der Zerlegung die Gruppen der Wahrscheinlichkeitsverteilung $\boldsymbol{\alpha}$ bestimmen, die in der Summe die Wahrscheinlichkeiten der implizierten Zeile ergeben. □

Die Methode, die beim Beweis dieses Theorems benutzt wurde, konnte auch beim Beweis des Theorems 1.2.3 angewandt werden. Sei insbesondere A ein SA ohne Ausgabe. Dann erhalten wir, indem wir das Theorem 1.2.4 auf jede Übergangsmatrix $A(x)$ des SA A anwenden, das folgende

Korollar 1.2.1 *Ein endlicher SA ohne Ausgabe ist deterministisch isomorph zur sequentiellen Kombination einer gesteuerten Quelle von Variablen und eines endlichen DA, der die gleiche Anzahl von Zuständen wie der SA hat.*

Beweis Wie in (1.2.3) betrachten wir für jedes x die Zerlegung $A(x) = \alpha_1(x)C_1 + \ldots + \alpha_N(x)C_N$. Wir führen den ganzzahligen Parameter $z \in Z = \{1, \ldots, N\}$ ein und schreiben

$$A(x) = \sum_{z \in Z} \alpha(z, x) C_z \ .$$

Um in dieser Formel die Beziehung (1.2.2) zu erkennen, setzen wir $\alpha(z, x) = p(z/x)$ und bezeichnen ein Element der Matrix C_z mit $c_{ij}(z) = p_c(s_j/s_i, z)$. Dann gilt

$$a_{ij}(x) = p_A(s_j/s_i, x) = \sum_{z \in Z} p(z/x) p_c(s_j/s_i, z) \ .$$ □

Als ein weiteres Beispiel betrachten wir den Algorithmus für die Synthese eines SA mit rationalen Zahlen in der Übergangsmatrix, wobei wir uns auf die Beweismethode stützen, die beim Theorem 1.2.3 angewendet wurde. Das Prinzip des Algorithmus wird aus dem folgenden Beispiel verständlich.

Beispiel 1.2.2 Seien $X = \{x_1, x_2\}$ und $Y = \{y_1, y_2\}$ gegeben. Für den SA $M = \langle X, Y, S, \{M(y/x)\}\rangle$ mit zweielementiger Zustandsmenge S (also $k = 2$) seien die Matrizen $M(y/x)$ definiert durch die Gleichungen

$$M(y_1/x_1) = \begin{pmatrix} 1/4 & 3/8 \\ 3/8 & 1/8 \end{pmatrix}, \quad M(y_2/x_1) = \begin{pmatrix} 1/8 & 1/4 \\ 1/4 & 1/4 \end{pmatrix},$$

$$M(y_1/x_2) = \begin{pmatrix} 3/8 & 1/4 \\ 1/4 & 1/4 \end{pmatrix}, \quad M(y_2/x_2) = \begin{pmatrix} 1/8 & 1/4 \\ 3/8 & 1/8 \end{pmatrix}.$$

Schritt 1: Wir überführen die Elemente der Matrizen in die dual-rationale Darstellung:

$$M(y_1/x_1) = \begin{pmatrix} 0,010 & 0,011 \\ 0,011 & 0,001 \end{pmatrix}, \quad M(y_2/x_1) = \begin{pmatrix} 0,001 & 0,010 \\ 0,010 & 0,010 \end{pmatrix},$$

$$M(y_1/x_2) = \begin{pmatrix} 0,011 & 0,010 \\ 0,010 & 0,010 \end{pmatrix}, \quad M(y_2/x_2) = \begin{pmatrix} 0,001 & 0,010 \\ 0,011 & 0,001 \end{pmatrix}.$$

Schritt 2: Wir zerlegen die Matrizen $A(x_i)$ in eine Linearkombination einfacher Matrizen:

$$\begin{aligned} A(x_i) &= \begin{pmatrix} 0,010 & 0,011 \\ 0,011 & 0,001 \end{pmatrix} + \begin{pmatrix} 0,001 & 0,010 \\ 0,010 & 0,010 \end{pmatrix} \\ &= \begin{pmatrix} 0,011 & 0,101 \\ 0,101 & 0,011 \end{pmatrix} = \begin{pmatrix} 0 & 0,100 \\ 0,100 & 0 \end{pmatrix} + \begin{pmatrix} 0,011 & 0,001 \\ 0,001 & 0,011 \end{pmatrix}. \end{aligned}$$

Da in jeder Zeile der Matrix $A(x_1)$ zwei Elemente (im allgemeinen Fall k Elemente) stehen, gibt es ein Element, das mindestens die Größe $1/2$ hat, d. h. in jeder Zeile befindet sich mindestens eine 1 an einer ersten Stelle nach dem Komma (es sei denn, ein Element der Matrix ist gleich 1), und es kann eine Matrix der Form

$$\begin{pmatrix} 0 & 0,100 \\ 0,100 & 0 \end{pmatrix} = \frac{1}{2}\begin{pmatrix} 0 & 1 \\ 1 & 0 \end{pmatrix}$$

abgespalten werden. Eine entsprechende Situation liegt für die Matrix

$$\begin{pmatrix} 0,011 & 0,001 \\ 0,001 & 0,011 \end{pmatrix} = \frac{1}{4}\begin{pmatrix} 1 & 0 \\ 0 & 1 \end{pmatrix} + \begin{pmatrix} 0,001 & 0,001 \\ 0,001 & 0,001 \end{pmatrix}$$

vor. Die Zeilensumme der Elemente dieser Matrix ist jetzt gleich 1/2, und entsprechend kann nun die zweite Nachkommastelle betrachtet werden. Eine solche Betrachtung ist zu jedem Zeitpunkt der Zerlegung anwendbar, und wir erhalten

$$\begin{aligned}
A(x_1) &= \frac{1}{2}\begin{pmatrix} 0 & 1 \\ 1 & 0 \end{pmatrix} + \frac{1}{4}\begin{pmatrix} 1 & 0 \\ 0 & 1 \end{pmatrix} + \frac{1}{8}\left(\begin{pmatrix} 0 & 1 \\ 1 & 0 \end{pmatrix} + \begin{pmatrix} 1 & 0 \\ 0 & 1 \end{pmatrix}\right) \\
&= \frac{5}{8}\begin{pmatrix} 0 & 1 \\ 1 & 0 \end{pmatrix} + \frac{3}{8}\begin{pmatrix} 1 & 0 \\ 0 & 1 \end{pmatrix}, \\
A(x_2) &= \begin{pmatrix} 0{,}100 & 0{,}100 \\ 0{,}101 & 0{,}011 \end{pmatrix} = \frac{1}{2}\begin{pmatrix} 1 & 0 \\ 1 & 0 \end{pmatrix} + \begin{pmatrix} 0 & 0{,}100 \\ 0{,}001 & 0{,}011 \end{pmatrix} \\
&= \frac{1}{2}\begin{pmatrix} 1 & 0 \\ 1 & 0 \end{pmatrix} + \frac{1}{4}\begin{pmatrix} 0 & 1 \\ 0 & 1 \end{pmatrix} + \begin{pmatrix} 0 & 0{,}010 \\ 0{,}001 & 0{,}001 \end{pmatrix} \\
&= \frac{1}{2}\begin{pmatrix} 1 & 0 \\ 1 & 0 \end{pmatrix} + \frac{1}{4}\begin{pmatrix} 0 & 1 \\ 0 & 1 \end{pmatrix} + \frac{1}{8}\begin{pmatrix} 0 & 1 \\ 1 & 0 \end{pmatrix} + \begin{pmatrix} 0 & 0{,}001 \\ 0 & 0{,}001 \end{pmatrix} \\
&= \frac{1}{2}\begin{pmatrix} 1 & 0 \\ 1 & 0 \end{pmatrix} + \frac{3}{8}\begin{pmatrix} 0 & 1 \\ 0 & 1 \end{pmatrix} + \frac{1}{8}\begin{pmatrix} 0 & 1 \\ 1 & 0 \end{pmatrix}.
\end{aligned}$$

Im allgemeinen Fall wird die erste Nachkommastelle, an der mindestens eine 1 auftritt, weiter hinten stehen, jedoch gibt es nicht mehr als $[\log_2 k]$ führende Stellen, in denen nur Nullen vorkommen können. Im ganzen Zerlegungsalgorithmus bleibt diese Aussage erhalten. Der DA B, der in der sequentiellen Kombination auftritt (Abbildung 1.2), hat ein System einfacher Übergangsmatrizen, die als Ergebnis der Zerlegung der stochastischen Matrizen $A(x_1)$ und $A(x_2)$ im zweiten Schritt entstehen. Auf diese Weise erhält der DA im vorliegenden Fall 4 Eingabesymbole, und seine Übergangstabelle wird bestimmt durch das System der einfachen Matrizen:

$$B(z_1) = \begin{pmatrix} 0 & 1 \\ 1 & 0 \end{pmatrix}, \quad B(z_2) = \begin{pmatrix} 1 & 0 \\ 0 & 1 \end{pmatrix},$$

$$B(z_3) = \begin{pmatrix} 1 & 0 \\ 1 & 0 \end{pmatrix}, \quad B(z_4) = \begin{pmatrix} 0 & 1 \\ 0 & 1 \end{pmatrix}.$$

Die Tabelle der Zustandsübergänge des Automaten B besitzt die Form:

	z_1	z_2	z_3	z_4
s_1	s_2	s_1	s_1	s_2
s_2	s_1	s_2	s_1	s_2

Schritt 3: Der folgende Schritt besteht darin, die Ausgabefunktion des SA B zu bestimmen. Wir zerlegen jede der Matrizen in eine Linearkombination einfacher Matrizen, die im allgemeinen nicht quadratisch ist und auf die folgende Weise erhalten wird: Für jedes feste x addieren wir in jeder Zeile alle Spalteneinträge für jede Matrix $M(y/x)$ auf und bilden eine neue Matrix aus den so erhaltenen Spaltenvektoren:

$$C(x_1) = (M(y_1/x_1)\varepsilon \; M(y_2/x_1)\varepsilon) = \begin{pmatrix} 0,101 & 0,011 \\ 0,100 & 0,100 \end{pmatrix},$$

$$C(x_2) = \begin{pmatrix} 0,101 & 0,011 \\ 0,100 & 0,100 \end{pmatrix}.$$

Die Matrizen $C(x_1)$ und $C(x_2)$ in eine Linearkombination einfacher Matrizen zu zerlegen, ist gleichbedeutend damit, einen implizierenden Vektor für das System von Zufallsvariablen $\zeta_{x,s}$ (für $x \in X,\ s \in S$) zu bestimmen, der die Ausgabe des SA M definiert:

$$P(\zeta_{x,s} = y) = p(y/x, s)$$

Indem wir die Prozedur, die im vorangegangenen Schritt 2 durchgeführt wurde, wiederholen, erhalten wir

$$\begin{aligned} C(x_1) = C(x_2) &= \begin{pmatrix} 0,100 & 0 \\ 0 & 0,100 \end{pmatrix} + \begin{pmatrix} 0,001 & 0,011 \\ 0,100 & 0 \end{pmatrix} \\ &= \frac{1}{2}\begin{pmatrix} 1 & 0 \\ 0 & 1 \end{pmatrix} + \begin{pmatrix} 0,001 & 0 \\ 0,001 & 0 \end{pmatrix} + \begin{pmatrix} 0 & 0,011 \\ 0,011 & 0 \end{pmatrix} \\ &= \frac{1}{2}\begin{pmatrix} 1 & 0 \\ 0 & 1 \end{pmatrix} + \frac{3}{8}\begin{pmatrix} 0 & 1 \\ 1 & 0 \end{pmatrix} + \frac{1}{8}\begin{pmatrix} 1 & 0 \\ 1 & 0 \end{pmatrix}. \end{aligned}$$

In unserem Beispiel stimmt der implizierende Vektor mit dem implizierenden Vektor für die Matrix $A(x_2)$ überein. Deshalb ist es zweckmäßig, eine Bezeichnung für die Eingabevariable z in Übereinstimmung mit ihrer Bezeichnung in der Zerlegung für $A(x_2)$ einzuführen. In diesem Fall hat die Ausgabetabelle des DA B die Form:

	z_1	z_2	z_3	z_4
s_1	y_1	beliebig	s_1	s_2
s_2	y_1	beliebig	s_1	s_2

Nun ist noch die gesteuerte Quelle von Zufallsvariablen Γ zu konstruieren, die die zufällige Eingabe des DA B in Abhängigkeit von dem Wert der Eingabevariablen x des SA M bestimmt.

Schritt 4: Wir haben ein System aus zwei Zufallsvariablen ζ_1 mit $\boldsymbol{p}_1 = (5/8, 3/8, 0, 0)$ und ζ_2 mit $\boldsymbol{p}_2 = (1/8, 0, 1/2, 3/8)$. Als implizierender Vektor kann die Zufallsverteilung $\boldsymbol{p} = (1/8, 1/2, 3/8)$ genommen werden. Die Zufallsvariable ζ, die die Werte $\{t_1, t_2, t_3\}$ jeweils mit den Wahrscheinlichkeiten $\{1/8, 1/2, 3/8\}$ annimmt, impliziert jede der Zufallsvariablen ζ_1 und ζ_2, die die zufällige Eingabe des DA B unter den Eingabewerten x_1 und x_2 des SA B bestimmen. Die entsprechenden Implizierungsfunktionen bilden die Ausgabetabelle der gesteuerten Quelle von Zufallsvariablen Γ:

	t_1	t_2	t_3
x_1	z_1	z_1	z_2
x_2	z_1	z_3	z_4

1.3 Übungen und zusätzliche Theoreme

1. Beweisen Sie, daß ein System quadratischer Matrizen

$$\{A(y/x) | (x, y) \in X \times Y\}$$

genau dann einen SA definiert, wenn die folgenden Bedingungen erfüllt sind [259]:

   (a) $a_{ij}(y/x) \geq 0$ für alle $i, j = 1, \ldots, k(, \ldots)$ und $(x, y) \in X \times Y$;

   (b) $\sum_{y \in Y} A(y/x) = A(x)$ sind für alle $x \in X$ stochastische Matrizen.

2. Stellen Sie deterministische Mealy- und Moore-Automaten als SAs dar. Das heißt, geben Sie für diese die Werte $p(s', y/s, x)$ an.

3. Beweisen Sie, daß jeder zustandsdeterministische SA und ebenso jeder Markov-Automat stochastische Mealy-Automaten sind. [444]

4. Beweisen Sie, daß ein stochastischer Mealy-Automat genau dann halbdeterministisch ist, wenn er zustandsdeterministisch ist. [444]

5. Ein *deterministischer Mealy-Automat mit zufälligen Störungen* wird formal als System $A = \langle X, Y, S, V, W, \mu_1, \mu_2, \psi, \Delta \rangle$ definiert, wobei die Mengen X, Y und S wie üblich definiert werden, und die Mengen V und W Mengen von *zufälligen Störungen* mit

$$0 < \mu_1(v_i),\ \mu_2(w_j) < 1 \text{ für alle } v_i \in V, w_j \in W \text{ und}$$

$$\sum_{v \in V} \mu_1(v) = 1, \quad \sum_{w \in W} \mu_2(w) = 1$$

sind. Diese seien stationär, wechselseitig unabhängig und haben einen wechselseitig unabhängigen Werteverlauf in der Zeit. Die Übergangsfunktion

$$\psi : (S \times X \times V) \to S$$

und die Ausgabefunktion

$$\Delta : (S \times X \times W) \to Y$$

sind deterministisch.

Beweisen Sie, daß für jeden endlichen SA $A = \langle X, Y, S, \{p(s', y/s, x)\}\rangle$ ein zu ihm initial-äquivalenter deterministischer Mealy-Automat mit zufälligen Störungen existiert und umgekehrt. [298]

6. Ein *deterministischer Moore-Automat mit Zufallseingabe* ist ein System

$$A = \langle X, Y, S^+, Z, \mu, f, \Phi\rangle ,$$

wobei X und Y wie üblich definiert sind, $S^+ = S \times Y$ ist und Z eine Menge von Werten z einer stationären Folge von Zufallsvariablen mit unabhängigen Werten $0 < \mu(z) < 1$ und $\sum_{z \in Z} \mu(z) = 1$ ist. Ferner seien f und Φ deterministische Abbildungen:

$$f : S^+ \times X \times Z \to S^+ \text{ und } \Phi : S^+ \to Y .$$

Beweisen Sie, daß für jeden endlichen SA $A = \langle X, Y, S, \{p(s', y/s, x)\}\rangle$ ein zu ihm initial-äquivalenter deterministischer Moore-Automat mit Zufallseingabe existiert. [298]

7. Für einen SA mit k Zuständen $A = \langle X, Y, S, \{A(y/x)\}\rangle$ bezeichne $\boldsymbol{a}_i(y/x)$ die i-te Zeile der Matrix $A(y/x)$. Beweisen Sie, daß ein Automat A genau dann ein Mealy-Automat ist, wenn für jedes $i = 1, \ldots, k$, jedes $x \in X$ und alle $y_1, y_2 \in Y$ mit $\boldsymbol{a}_i(y_2/x) \neq \mathbf{0}$ eine Zahl β existiert, so daß

$$\boldsymbol{a}_i(y_1/x) = \beta \boldsymbol{a}_i(y_2/x)$$

gilt.

8. Ein SA $A = \langle X, Y, S, \{A(y/x)\}\rangle$ ist genau dann ein Moore-Automat, wenn für jedes Paar $(x, y) \in X \times Y$ jede Spalte der Matrix $A(y/x)$ aus gleichen Elementen besteht.

9. Ein SA mit k Zuständen $A = \langle X, Y, S, \{A(y/x)\}\rangle$ ist genau dann zustandsdeterministisch, wenn für jedes $x \in X$ und jedes $i = 1, \ldots, k$ eine Zahl j_0 existiert, so daß für alle $y \in Y$ aus der Ungleichheit $a_{ij}(y/x) \neq 0$ die Gleichheit $j = j_0$ folgt.

10. Ein SA $A = \langle X, Y, S, \{A(y/x)\}\rangle$ ist genau dann ein Markov-Automat, wenn für jedes Paar $(x, y) \in X \times Y$ und jedes $i = 1, \ldots, k$ die Vektorzeile $\boldsymbol{a}_i(y/x)$ entweder identisch Null oder stochastisch ist.

1.4 Bibliographischer Kommentar zum Kapitel 1

Die Definition des stochastischen Automaten in allgemeiner Form wurde zum ersten Mal von J. W. Carlyle [259] und unabhängig von ihm von R. G. Bukharaev [26] und P. Starke [438] angegeben. Ein zufälliger Anfangszustand wird in [26] eingeführt. Der stochastische Automat ohne Ausgabe wird auch von M. O. Rabin [401] definiert und eingehend analysiert. Stochastische Mealy- und Moore-Automaten wurden erstmals in [26] untersucht und wenig später unabhängig davon in [438] eingeführt und erforscht. Der Begriff des halbdeterministischen SA ist in [259] eingeführt worden. Definitionen eines SA mit deterministischer Übergangs- und Ausgabefunktion wurden von Ju. A. Schreider [226] und unabhängig von ihm in [438] vorgestellt. Die gesteuerte Quelle von Zufallsvariablen führte R. G. Bukharaev [25] ein und untersuchte sie ausführlich. Der Begriff des freien SA wurde von ihm in [40] eingeführt und behandelt. Die Möglichkeiten verschiedener Typen von SAs untersuchte A. Salomaa [412,413]. Insbesondere betrachtete er die Möglichkeiten p-adischer Automaten [412]. Unter vielen Verallgemeinerungen des Begriffes eines SA erwähnen wir die asynchronen SAs, die von P. Starke und G. Thiele [446,448,449] untersucht worden sind. Der genaue Begriff des verallgemeinerten linearen Automaten und erste wichtige Sätze über seine Eigenschaften stammen von P. Turakainen [477].

Die initiale Äquivalenz von SAs untersuchte J. W. Carlyle [259]. Die Theoreme 1.2.1 und 1.2.2 in der hier gegebenen Form stammen von P. Starke [444]. Das Theorem 1.2.3 wird in der vorliegenden Form erstmals in diesem Buch formuliert. In dem Synthesealgorithmus für RSAs wird ein Algorithmus für die Synthese eines implizierenden Vektors angewandt, der von W. A. Iwanow [86] stammt.

Kapitel 2

Stochastische Operatoren und Wortfunktionen

2.1 SA-Operatoren

Eine erste natürliche Aufgabe, die in der Theorie der SAs entsteht, ist verbunden mit der Analyse der bedingten Wahrscheinlichkeitsverteilung, wie sie in der Formel (1.1.16) zum Ausdruck kommt. Diese Ein-Ausgabe-Beziehung des SA bestimmt die Wahrscheinlichkeit dafür, mit dem Ausgabewort v auf das Eingabewort w unter der Annahme zu antworten, daß der Vektor $\boldsymbol{\mu}(e)$ der Anfangszustandsvektor ist.

Definition 2.1.1 Seien X und Y endliche Mengen und eine bedingte Zufallswahrscheinlichkeit $\tau(v/w)$ für alle Wörter $w \in X^*$ und $v \in Y^*$ definiert. Das Tripel

$$I = \langle X, Y, \tau \rangle \tag{2.1.1}$$

heißt *(endlicher) stochastischer Operator*[1].

Aus der Definition folgt, daß die Bedingungen

$$\sum_{v \in Y^*} \tau(v/w) = 1\,, \quad \tau(v/w) \geq 0$$

erfüllt sind.

[1] Sind X und Y beliebige nichtleere Mengen, so spricht man von stochastischen Operatoren (Anm. d. Übersetzers).

Wie aus der Formel (1.1.16) ersichtlich ist, sind die Begriffe SA und endlicher stochastischer Operator eng verbunden. Jedoch kann nicht jeder solche Operator durch einen SA dargestellt werden, schon gar nicht mit endlicher Anzahl von Zuständen. Sei der SA

$$A = \langle X, Y, S, \{p(s', y/s, x)\}\rangle$$

gegeben.

Definition 2.1.2 Als *SA-Operator* wird ein (endlicher) stochastischer Operator bezeichnet, der durch eine bedingte Wahrscheinlichkeitsverteilung $\tau_A(v/w)$ definiert ist, die die Ein-Ausgabebeziehung eines SA A beschreibt. In diesem Fall wird gesagt, daß der (endliche) stochastische Operator I_A durch den SA A unter dem Anfangszustandsvektor $\boldsymbol{\mu}(e)$ *erzeugt* oder *dargestellt (realisiert)* wird.

Theorem 2.1.1 *Ein (endlicher) stochastischer Operator I ist genau dann ein SA-Operator, wenn die folgenden Bedingungen erfüllt sind.*

1. $\tau(v/w) = 0$, *für* $|w| \neq |v|$.

2. $\tau(v_1 v_2/w_1 w_2) = 0$, *für* $\tau(v_1/w_1) = 0$ *und* $|w_2| = |v_2|$.

3. *Unter der Voraussetzung* $\tau(v_1/w_1) \neq 0$ *bildet der Quotient* $\tau(v_1 v_2/w_1 w_2)/\tau(v_1/w_1) = \tau_{w_1,v_1}(v_2/w_2)$ *auf* Y^* *eine bedingte Wahrscheinlichkeitsverteilung für jedes feste Paar von Wörtern* w_1, v_1 *mit* $|w_1| = |v_1|$, *die für jedes Wort* $w_2 \in X^*$ *definiert ist.*

Beweis

• **Die Bedingungen sind notwendig:** Die erste Bedingung ist offensichtlich, da die Verteilung von $\tau(v/w)$ die Ein-Ausgabebeziehung des SA darstellt. Folglich ist $\tau(v/w) = 0$, falls $|w| \neq |v|$ gilt. Die zweite Bedingung ist leicht nachzuweisen. Aus der Formel (1.1.16) erhalten wir $\tau_A^{\boldsymbol{\mu}(e)}(v_1/w_1) = \boldsymbol{\mu}(v_1/w_1)\varepsilon = 0$. Somit gilt $\boldsymbol{\mu}(v_1/w_1) = \mathbf{0}$, da alle Koordinaten des Vektors $\boldsymbol{\mu}(v_1/w_1)$ nichtnegativ sind. Daher erhalten wir für Wörter w_2 und v_2 gleicher Länge, indem wir die Formel (1.1.19) anwenden, die Beziehung

$$\tau_A^{\boldsymbol{\mu}(e)}(v_1 v_2/w_1 w_2) = \boldsymbol{\mu}(v_1/w_1)\boldsymbol{\tau}(v_2/w_2) = 0\,.$$

Haben jedoch die Wörter w_2 und v_2 verschiedene Längen, so haben auch die Wörter w_1w_2 und v_1v_2 verschiedene Längen, so daß die zweite Bedingung des Satzes eine Folge der ersten ist.
Sei nun $\tau(v_1/w_1) \neq 0$. Wir betrachten den Quotienten

$$\tau(v_1v_2/w_1w_2)/\tau(v_1/w_1) .$$

Für beliebige Wörter w_2, v_2 mit $|w_2| = |v_2|$ ist dieser Quotient nichtnegativ, und es gilt:

$$\sum_{v_2 \in Y^*} \tau(v_1v_2/w_1w_2) = \sum_{v_2 \in Y^*} \boldsymbol{\mu}(v_1/w_1)\boldsymbol{\tau}(v_2/w_2) = \boldsymbol{\mu}(v_1/w_1)\boldsymbol{\varepsilon} = \tau(v_1/w_1) .$$

Folglich ist für alle $w_2 \in X^*$

$$\sum_{v_2 \in Y^*} \tau_{w_1,v_1}(v_2/w_2) = 1 ,$$

deshalb ist $\tau_{w_1,v_1}(v_2/w_2)$ eine Wahrscheinlichkeitsverteilung.

• **Die Bedingungen sind hinreichend:** Seien die Bedingungen des Satzes erfüllt. Wir konstruieren einen SA, der den Operator I erzeugt. Gemäß den Bedingungen 1–3 ist die Menge $\{\tau_{w_1,v_1}(v_2/w_2)\}$ eine bedingte Wahrscheinlichkeitsverteilung für jedes Paar von Wörtern w_1, v_1, wenn $\tau(v_1/w_1) \neq 0$ ist. Eine solche bedingte Verteilung werden wir *wesentlich* nennen. Wir versehen jede bedingte Wahrscheinlichkeitsverteilung $\{\tau_{w_1,v_1}(v_2/w_2)\}$ mit dem Symbol τ_{w_1,v_1}, bezeichnen die Menge aller so eingeführten Symbole mit $S = \{\tau_{w_1,v_1} | |w_1| = |v_1|, \quad \tau(v_1/w_1) \neq 0\}$ und werden den SA mit der Zustandsmenge S konstruieren.

Als bedingte Verteilung des SA betrachten wir die Wahrscheinlichkeitsverteilung

$$p(s', y/s, x) = p(s'/s, x, y)p(y/s, x) ,$$

wobei

$$p(s'/s,x,y) = \begin{cases} 1 & \text{, für } s = \tau_{w,v},\ s' = \tau_{wx,vy}, \\ 1 & \text{, für } s = \tau,\ s' = \tau_{x,y}, \\ 0 & \text{sonst,} \end{cases}$$

$$p(y/s,x) = \begin{cases} \tau_{w,v}(y/x) & \text{, für } s = \tau_{w,v}, \\ \tau(y/x) & \text{, für } s = \tau \end{cases}$$

gesetzt ist.

Als Anfangszustand s_0 wählen wir mit Wahrscheinlichkeit 1 das Symbol τ, das der bedingten Wahrscheinlichkeitsverteilung $\tau(e/e)$ entspricht. Der Automat ist damit vollständig definiert. Wir zeigen, daß er den Operator I tatsächlich erzeugt.

Sei zunächst $\tau(v/w) \neq 0$. Die Wörter w' und v' mit $|w'| = |v'|$ seien Anfangsteilwörter der Wörter w und v. Dann folgt aus der Bedingung 2, daß $\tau(v'/w') \neq 0$ gilt. Die Wörter w und v wiederum seien von der Form $w = x_1 \dots x_n$ und $v = y_1 \dots y_n$. Somit erhalten wir, indem wir die Darstellung durch die bedingten Wahrscheinlichkeiten $p(s', y/s, x)$ benutzen:

$$\begin{aligned}
&\tau_A^{s_0}(y_1 \dots y_n/x_1 \dots x_n) \\
&= \sum_{s_1 \dots s_n} p(s_1, y_1/s_0, x_1) \dots p(s_n, y_n/s_{n-1}, x_n) \\
&= \sum_{s_1 \dots s_n} p(s_1/s_0, x_1, y_1) p(s_2/s_1, x_2, y_2) \dots p(s_n/s_{n-1}, x_n, y_n) \\
&\qquad \cdot p(y_1/s_0, x_1) \dots p(y_n/s_{n-1}, x_n) \\
&= \tau(y_1/x_1) \frac{\tau(y_1 y_2/x_1 x_2)}{\tau(y_1/x_1)} \dots \frac{\tau(y_1 \dots y_n/x_1 \dots x_n)}{\tau(y_1 \dots y_{n-1}/x_1 \dots x_{n-1})} \\
&= \tau(y_1 \dots y_n/x_1 \dots x_n) .
\end{aligned}$$

Wir nehmen jetzt an, daß $\tau(y_1 \dots y_n/x_1 \dots x_n) = 0$ ist. Dann gibt es ein maximales $m < n$, so daß $\tau(y_1 \dots y_m/x_1 \dots x_m) \neq 0$, aber $\tau(y_1 \dots y_{m+1}/x_1 \dots x_{m+1}) = 0$ gilt. Für $m = 0$ haben wir $\tau(e/e) = 1 \neq 0$, aber $\tau(y_1/x_1) = 0$. Aus der Definition von $p(y/s, x)$ erhalten wir

$$\begin{aligned}
p(y_{m+1}/\tau_{x_1 \dots x_m, y_1 \dots y_m}, x_{m+1}) &= \tau_{x_1 \dots x_m, y_1 \dots y_m}(y_{m+1}/x_{m+1}) \\
&= \frac{\tau(y_1 \dots y_{m+1}/x_1 \dots x_{m+1})}{\tau(y_1 \dots y_m/x_1 \dots x_m)} \\
&= 0 .
\end{aligned}$$

Dieses zieht jedoch

$$\tau_A^{s_0}(y_1 \dots y_{m+1}/x_1 \dots x_{m+1}) = 0$$

nach sich und ferner für beliebiges $n > m$ die Gleichheit

$$\tau_A^{s_0}(y_1 \dots y_n/x_1 \dots x_n) = 0 . \qquad \square$$

Bemerkung 2.1.1 Wenn ein (endlicher) stochastischer Operator ein SA-Operator ist, dann ist $\tau(e/e) = 1$.

Beweis Da Wörter w und v existieren, so daß $\tau(v/w) \neq 0$ gilt, folgt aus Punkt 2 des Satzes die Ungleichheit $\tau(e/e) \neq 0$. Deshalb definiert die Beziehung $\frac{\tau(v/w)}{\tau(e/e)}$ eine bedingte Wahrscheinlichkeitsverteilung. Folglich ist

$$\sum_{|v|=|w|} \frac{\tau(v/w)}{\tau(e/e)} = \frac{1}{\tau(e/e)} = 1 ,$$

woraus $\tau(e/e) = 1$ folgt. □

Lemma 2.1.1 *Aus der Gleichheit der bedingten Wahrscheinlichkeitsverteilungen* $\tau_{w',v'} \equiv \tau_{w'',v''}$ *für einen stochastischen Automaten folgt die Gleichheit* $\tau_{w'x,v'y}(v/w) \equiv \tau_{w''x,v''y}(v/w)$ *für alle* $w \in X^*$, $v \in Y^*$ *mit* $|w| = |v|$, $x \in X$, $y \in Y$, *sofern* $\tau_{w',v'}(y/x) \neq 0$ *ist.*

Beweis Für $\tau(v'/w') = 0$ ist $\tau_{w',v'}$ undefiniert. Deshalb braucht lediglich der Fall, daß $\tau(v', w') \neq 0$ und $\tau(v'', w'') \neq 0$ gelten, betrachtet zu werden. Für $\tau(v'y/w'x) \neq 0$ ist

$$\begin{aligned} \tau_{w'x,v'y}(v/w) &= \frac{\tau(v'yv/w'xw)\tau(v'/w')}{\tau(v'y/w'x)\tau(v'/w')} = \frac{\tau_{w',v'}(yv/xw)}{\tau_{v',w'}(y/x)} \\ &= \frac{\tau_{w'',v''}(yv/xw)}{\tau_{w'',v''}(y/x)} = \frac{\tau(v''/w'')\tau(v''yv/w''xw)}{\tau(v''/w'')\tau(v''y/w''x)} \\ &= \tau_{w''x,v''y}(v/w) . \end{aligned}$$

Für $\tau(v'y/w'x) = 0$ ist $\tau_{w',v'}(y/x) = 0 = \tau_{w'',v''}(y/x)$. □

Lemma 2.1.2 *Wenn* $I(e/e) = \langle X, Y, \tau \rangle$ *ein SA-Operator ist, dann ist der stochastische Operator* $I(v'/w') = \langle X, Y, \tau_{w',v'} \rangle$ *ebenfalls ein SA-Operator, vorausgesetzt, es gilt* $\tau(v'/w') \neq 0$.

Der Beweis des Hilfssatzes läßt sich leicht führen, indem man die Bedingungen dafür, daß $I(v'/w')$ ein SA-Operator ist, nachweist.

Wir werden einen SA-Operator $I(v'/w')$ *wesentlich* nennen, wenn die Wahrscheinlichkeitsverteilung $\{\tau_{w',v'}(v/w)\}$ wesentlich ist, mit anderen Worten, falls $\tau(v'/w') \neq 0$ gilt.

Definition 2.1.3 Sei $I = I(e/e)$ ein SA-Operator. Die Menge $\omega(I)$ der SA-Operatoren, die sich zusammensetzt aus allen wesentlichen SA-Operatoren der Form $I(v'/w')$:

$$\omega(I) = \{I(v'/w') | (w', v') \in (X \times Y)^*, \tau(v'/w') \neq 0\}$$

heißt *Zustandsmenge* des SA-Operators I.

Bemerkung 2.1.2 Der Hilfssatz 2.1.1 zeigt: Die Definition des SA A in dem Teil des Beweises, daß die Bedingungen des Theorems 2.1.1 hinreichend sind, bleibt korrekt, wenn die Symbole der Zustände $\tau_{w',v'}$, die den identischen wesentlichen bedingten Zufallsverteilungen $\{\tau_{w',v'}(v/w)\}$ entsprechen, und alle diejenigen Symbole, die den nichtwesentlichen bedingten Wahrscheinlichkeitsverteilungen entsprechen, identifiziert werden. Wenn die Menge $\omega(I)$ endlich ist, kann daher der Automat A mit einer endlichen Menge von Zuständen konstruiert werden. Es genügt also, bei der Definition des SA A als Zustandsmenge nur die Menge der Symbole $\tau_{w',v'}$ zu betrachten, die den verschiedenen wesentlichen SA-Operatoren $I(v'/w')$ entsprechen.

Wir vermerken eine offensichtliche Folgerung aus dem Theorem 2.1.1.

Korollar 2.1.1 *Ein SA-Operator wird genau dann durch eine gesteuerte Quelle realisiert (vgl. Abschnitt 1.2), wenn die bedingte Wahrscheinlichkeitsverteilung des Operators die Gleichungen*

$$\tau(y_1 \dots y_n/x_1 \dots x_n) = \prod_{i=1}^{n} \tau(y_i/x_i) \text{ für alle } n = 1, 2, \dots; \quad x_i \in X; \quad y_i \in Y;$$

$$\sum_{y \in Y} \tau(y/x) = 1 \text{ für alle } x \in X$$

erfüllt.

Der Beweis folgt aus der Tatsache, daß eine gesteuerte Quelle ein stochastischer Automat ist, der genau einen Zustand besitzt.

Definition 2.1.4 Ein (endlicher) stochastischer Operator $I = \langle X, Y, \tau \rangle$ heißt *sequentiell*, wenn für alle Wörter $w \in X^*$, $v \in Y^*$ und alle $x \in X$ die Bedingungen

1. für $|w| \neq |v|$ ist $\tau(v/w) = 0$,
2. $\sum\limits_{y \in Y^*} \tau(vy/wx) = \tau(v/w)$ (2.1.2)

erfüllt sind.

Theorem 2.1.2 *Ein (endlicher) stochastischer Operator ist genau dann ein SA-Operator, wenn er sequentiell ist.*

Beweis Wegen der Bedingung 1 des Theorems 2.1.1 braucht man nur nachzuprüfen, daß die 2. Bedingung notwendig und hinreichend ist. Wir nehmen zunächst an, daß $\tau(v/w) \neq 0$ gilt. Dann definiert die Beziehung $\frac{\tau(vy/wx)}{\tau(v/w)} = \tau_{w,v}(y/x)$ eine bedingte Wahrscheinlichkeitsverteilung. Folglich ist

$$\sum_{y \in Y^*} \tau(vy/wx) = \tau(v/w) \ .$$

Ist umgekehrt diese Bedingung erfüllt, so definiert $\tau_{w,v}(y/x)$ eine bedingte Wahrscheinlichkeitsverteilung.

Angenommen für Wörter $w \in X^*$, $v \in Y^*$ mit $|w| = |v|$ gelte $\tau(v/w) = 0$. Aus Theorem 2.1.1 folgt dann $\tau(vy/wx) = 0$ für beliebige Buchstaben $x \in X$ und $y \in Y$. Daher gilt $\sum_{y \in Y} \tau(vy/wx) = 0 = \tau(v/w)$. Ist umgekehrt die Bedingung 2 von (2.1.2) erfüllt, so folgt aus $\sum_{y \in Y} \tau(vy/wx) = 0$ und der Tatsache, daß alle Summanden nicht negativ sind, daß die Ausdrücke $\tau(vy/wx) = 0$ sind. Dann kann durch Induktion leicht nachgewiesen werden, daß die Bedingung 2 des Theorems 2.1.1 erfüllt ist. □

Korollar 2.1.2 *Ein (endlicher) stochastischer Operator ist genau dann sequentiell, wenn für ihn die drei Bedingungen des Theorems 2.1.1 erfüllt sind.*

Sei $I = \langle X, Y, \tau \rangle$ ein (endlicher) stochastischer Operator. Als *Anfangssegment der Länge n* von I wird das endliche System $I_n = \{\tau(v/w) \,|\, |w| \leq n, |v| \leq n\}$ bezeichnet.

Wir betrachten die Aufgabe, einen endlichen SA zu konstruieren, der einen SA-Operator realisiert, dessen Anfangssegment mit dem Anfangssegment der Länge n eines gegebenen stochastischen Operators übereinstimmt.

Hierfür muß offensichtlich die Menge I_n zu einem SA-Operator mit einer endlichen Anzahl von Zuständen erweitert werden können. Diese Erweiterung wird charakterisiert durch das folgende

Theorem 2.1.3 *Ein Anfangssegment der Länge n eines (endlichen) stochastischen Operators I läßt sich genau dann zu einem SA-Operator mit einer endlichen Zahl von Zuständen erweitern, wenn in diesem Segment die drei Bedingungen des SA-Operators erfüllt sind.*

Beweis Die Notwendigkeit ist offensichtlich. Wir beweisen, daß die Aussage des Theorems auch hinreichend ist. Die Erweiterung zu einem SA-Operator führen wir in der folgenden Weise durch:

1. Für Wörter der Länge $|w| = |v| \leq n$ setzen wir $\tau_A(v/w) = \tau(v/w)$.

2. Wörter der Länge größer als n besitzen eine eindeutige Darstellung der Form $w = w_1 \dots w_s t$ bzw. $v = v_1 \dots v_s r$ mit $|w_i| = |v_i| = n$, $i = 1, \dots, s$, $|t| = |r| < n$. Dann setzen wir

$$\tau_A(v/w) = \prod_{i=1}^{s} \tau(v_i/w_i)\tau(r/t) .$$

Hiermit lassen sich leicht die Bedingungen überprüfen, daß gemäß Theorem 2.1.1 ein SA-Operator vorliegt. □

Sei $\Sigma = \{\boldsymbol{\mu}_z = (\mu_{1z}, \dots, \mu_{kz}) | z \in Z\}$ ein endliches System von Wahrscheinlichkeitsverteilungen. Wir nehmen an, daß für bestimmte Alphabete X, Y und für feste Wortlänge n eine eineindeutige Beziehung zwischen der Indexmenge $\{1, \dots, k\}$ und der Menge der Wörter Y^n, sowie zwischen der Menge Z und der Menge der Wörter X^n definiert ist. Wir bezeichnen mit $i = \phi(v)$, $z = \psi(w)$ mit $|w| = |v| = n$ diese eineindeutigen Funktionen. Sei weiterhin $\mu_{iz} = \mu_{\phi(v)\psi(w)} = \tau(v/w)$. Dann läßt sich das System der Wahrscheinlichkeitsverteilungen Σ in folgender Form darstellen:

$$\Sigma' = \{\tau(v/w) | (w, v) \in X^n \times Y^n\} . \tag{2.1.3}$$

Damit das System Σ' zu einem Anfangssegment des SA-Operators I_n erweitert werden kann, muß wegen Theorem 2.1.3 die Bedingung

$$\sum_{|v_1|=|w_1|} \tau(vv_1/ww_1) = \tau(v/w) \tag{2.1.4}$$

erfüllt sein. Wir ergänzen das System Σ' mit Hilfe der Werte $\tau(v/w)$ für alle Wörter w und v der Länge kleiner gleich n in Übereinstimmung mit der Formel (2.1.4) zu einem Anfangssegment der Länge n eines SA-Operators I. Sei dieses möglich (siehe unten) und ein SA A konstruiert, der einen Operator mit Anfangssegment der Länge n darstellt, welcher mit I_n zusammenfällt. Für jedes Eingabewort w der Länge n mit $\psi(w) = z$ erfüllt der SA die Bedingung $\tau(v/w) = \mu_{iz}$, $i = \phi(v)$; mit anderen Worten, für jeden Wert des Parameters $z \in Z$ realisiert der SA als Ausgabe eine der Wahrscheinlichkeitsverteilungen des Systems Σ.

Wir konstruieren nun einen SA unter der Annahme, daß eine Klasse von Zufallsvariablen gegeben ist, die die Form (2.1.3) besitzt und der Bedingung (2.1.4) genügt. Wir führen zunächst eine Erweiterung des Systems von Wahrscheinlichkeitsverteilungen $\tau(v/w)$ mit $|w| = |v| \leq n$ zu einem SA-Operator in Überstimmung mit den Punkten 1 und 2 im Beweis des Theorems 2.1.3 durch. Punkt 2 kann in der folgenden Form dargestellt werden:

$$\tau_A(v_1v'/w_1w') = \tau_A(v_1/w_1)\tau_A(v'/w')$$

$$w = w_1w', \quad v = v_1v', \quad |w_1| = |v_1| = n, \quad |w| = |v| .$$

Für Paare von Wörtern gleicher Länge $|w'| = |v'| = n$ und $|w''| = |v''|$ gilt daher die Beziehung

$$\tau_{w',v'}(v''/w'') = \tau_A(v'v''/w'w'')/\tau_A(v'w') = \tau_A(v''/w'') ,$$

d. h. die Erweiterung zu einem stochastischen Operator hat in der Tat eine endliche Anzahl von Zuständen. Als Zustandsmenge des konstruierten SA nehmen wir die Menge der Symbole $S = \{\tau, \tau_{w,v} \| w| = |v| < n\}$. Als Übergangswahrscheinlichkeiten des gesuchten Automaten definieren wir (vgl. Beweis zu Theorem 2.1.1):

$$p(s', y/s, x) = p(s'/s, x, y)p(y/s, x)$$

mit

$$p(s'/s,x,y) = \begin{cases} 1 & \text{, für } s = \tau_{w,v},\ s' = \tau_{wx,vy},\ |wx| = |vy| < n, \\ 1 & \text{, für } s = \tau_{w,v},\ s' = \tau,\ |wx| = |vy| = n, \\ 0 & \text{sonst} \end{cases}$$

und

$$p(y/s,x) = \begin{cases} \tau_{w,v}(y/x) & \text{, für } s = \tau_{w,v}, \\ \tau(y/x) & \text{sonst} \ . \end{cases}$$

Als Anfangszustand legen wir mit Wahrscheinlichkeit 1 das Symbol τ fest, das der Wahrscheinlichkeitsverteilung $\tau(e/e)$ entspricht.

Der erhaltene SA stellt einen (endlichen) stochastischen Operator dar, was aus dem Beweis des Theorems 2.1.1 folgt, d. h. insbesondere wird für jedes Eingabewort w mit $\psi(w) = z$ als Ausgabe des Automaten eine der Wahrscheinlichkeitsverteilungen des Systems (2.1.3) realisiert, so daß $\tau_A(v/w) = \mu_{iz}$ für das Wort v mit $i = \phi(v)$ gilt.

Beispiel 2.1.1 Betrachten wir für $n = 2$ als System von Wahrscheinlichkeitsverteilungen gemäß (2.1.3) das folgende System, das den Bedingungen von (2.1.4) genügt:

	v	0	1	0	1	Im konkreten Fall:			
w		0	0	1	1				
0	0	p_{11}	p_{12}	p_{13}	p_{14}	0	1/3	1/3	1/3
0	1	p_{21}	p_{22}	p_{23}	p_{24}	1/3	0	1/3	1/3
1	0	p_{31}	p_{32}	p_{33}	p_{34}	1/3	1/3	0	1/3
1	1	p_{41}	p_{42}	p_{43}	p_{44}	1/3	1/3	1/3	0

1. Aus der Konstruktion der Übergangswahrscheinlichkeiten des Automaten folgt, daß

$$p(s', y/s, x) = \begin{cases} \tau(y/x) & , \text{für } s = \tau,\ s' = \tau_{x,y}, \\ \tau_{x_1,y_1}(y/x) & , \text{für } s = \tau_{x_1,y_1},\ s' = \tau \end{cases}$$

gilt. Ist $A(y/x)$ die Übergangsmatrix des stochastischen Automaten für ein Paar von Buchstaben (x, y), so hat diese die Form

$$A(y/x) = \begin{array}{c} \begin{array}{ccccc} \quad & \tau & & \tau_{x,y} & \end{array} \\ \left(\begin{array}{cccc} \cdots 0 \cdots\cdots & 0 \cdots\cdots & 0 \cdots\cdots & 0 \cdots \\ \vdots & \vdots & \vdots & \vdots \\ \cdots 0 \cdots\cdots & 0 \cdots\cdots & \tau(y/x) \cdots & 0 \cdots \\ \vdots & \vdots & \vdots & \vdots \\ \cdots 0 \cdots & \tau_{x',y'}(y/x) & \cdots 0 \cdots & 0 \cdots \\ \vdots & \vdots & \vdots & \vdots \\ \cdots 0 \cdots\cdots & 0 \cdots\cdots & 0 \cdots\cdots & 0 \cdots \end{array} \right) \begin{array}{c} \\ \\ \tau \\ \\ \tau_{x',y'} \\ \\ \\ \end{array} \end{array}$$

2. Jeder Zustand des Operators $\tau_{w,v}$ wird entsprechend der Regel

$$\tau_{w,v}(y/x) = \frac{\tau(vy/wx)}{\tau(v/w)}$$

definiert, wenn $|w| = |v| \leq n-1$ gilt. Für die Konstruktion des Systems von Matrizen $A(y/x)$ für $x \in X$, $y \in Y$ ist es hinreichend, für alle Paare von Wörtern w, v mit $|w| = |v| \leq n$ die Werte der Funktion τ anzugeben. Wir konstruieren diese Tabelle für $\tau(y/x)$:

x \ y	0	1	Im konkreten Fall
1	$p_{11}+p_{12}$	$p_{13}+p_{14}$	$\begin{pmatrix} 1/3 & 2/3 \\ 2/3 & 1/3 \end{pmatrix}$
0	$p_{21}+p_{22}$	$p_{23}+p_{24}$	

3. Jetzt läßt sich jede Matrix $A(y/x)$ mit $x \in X$, $y \in Y$ konstruieren (vergleiche Tabelle 2.1). Damit ist der SA konstruiert. Er hat 5 Zustände. Der Anfangszustandsvektor ist der stochastische Vektor $\boldsymbol{\mu}(e) = (1,0,0,0,0)$. Durch Minimierungsmethoden kann die Zahl der Zustände auf 3 verringert werden. Eine dieser Methoden wird in Abschnitt 2.5 vorgestellt.

2.2 Endliche SA-Operatoren

Im vorangegangenen Abschnitt haben wir untersucht, unter welchen Bedingungen ein (endlicher) stochastischer Operator ein SA-Operator ist. Insbesondere wurde bewiesen, daß, sobald ein SA-Operator eine endliche Zustandsmenge hat, ein SA mit einer endlichen Zahl von Zuständen existiert, der ihn erzeugt. Es erhebt sich die Frage, ob die Bedingung für die Endlichkeit der Zahl der Zustände des SA-Operators zugleich eine notwendige Bedingung dafür ist, daß er (wie im deterministischen Fall) durch einen endlichen SA erzeugt werden kann. Das nachfolgende Beispiel zeigt jedoch das Gegenteil.

Beispiel 2.2.1 Wir nehmen an, daß eine der Übergangsmatrizen des SA mit zwei Zuständen die Form

$$A(y/x) = \begin{pmatrix} \alpha & \alpha\beta \\ 0 & \alpha \end{pmatrix} = \alpha \begin{pmatrix} 1 & \beta \\ 0 & 1 \end{pmatrix},$$

hat, wobei α und β beliebige Konstanten mit $0 < \alpha, \beta < 1$ und $\alpha + \alpha \cdot \beta \leq 1$ sind. Dann gilt

$$A(y^k/x^k) = \alpha^k \begin{pmatrix} 1 & k\beta \\ 0 & 1 \end{pmatrix} \quad \text{für alle } k \geq 0 \, .$$

$A(0/0)$	τ	$\tau_{0,0}$	$\tau_{0,1}$	$\tau_{1,0}$	$\tau_{1,1}$	Im konkreten Fall
τ	0	$p_{11}+p_{12}$	0	0	0	0 1/3 0 0 0
$\tau_{0,0}$	$p_{11}/(p_{11}+p_{12})$	0	0	0	0	0 0 0 0 0
$\tau_{0,1}$	$p_{13}/(p_{13}+p_{14})$	0	0	0	0	1/2 0 0 0 0
$\tau_{1,0}$	$p_{31}/(p_{31}+p_{32})$	0	0	0	0	1/2 0 0 0 0
$\tau_{1,1}$	$p_{33}/(p_{33}+p_{34})$	0	0	0	0	0 0 0 0 0
$A(0/1)$	τ	$\tau_{0,0}$	$\tau_{0,1}$	$\tau_{1,0}$	$\tau_{1,1}$	
τ	0	0	0	$p_{21}+p_{22}$	0	0 0 0 2/3 0
$\tau_{0,0}$	$p_{21}/(p_{11}+p_{12})$	0	0	0	0	1 0 0 0 0
$\tau_{0,1}$	$p_{23}/(p_{13}+p_{14})$	0	0	0	0	1/2 0 0 0 0
$\tau_{1,0}$	$p_{41}/(p_{31}+p_{32})$	0	0	0	0	1/2 0 0 0 0
$\tau_{1,1}$	$p_{43}/(p_{33}+p_{34})$	0	0	0	0	1 0 0 0 0
$A(1/0)$	τ	$\tau_{0,0}$	$\tau_{0,1}$	$\tau_{1,0}$	$\tau_{1,1}$	
τ	0	0	$p_{13}+p_{14}$	0	0	0 0 2/3 0 0
$\tau_{0,0}$	$p_{12}/(p_{11}+p_{12})$	0	0	0	0	1 0 0 0 0
$\tau_{0,1}$	$p_{14}/(p_{13}+p_{14})$	0	0	0	0	1/2 0 0 0 0
$\tau_{1,0}$	$p_{32}/(p_{31}+p_{32})$	0	0	0	0	1/2 0 0 0 0
$\tau_{1,1}$	$p_{34}/(p_{33}+p_{34})$	0	0	0	0	1 0 0 0 0
$A(1/1)$	τ	$\tau_{0,0}$	$\tau_{0,1}$	$\tau_{1,0}$	$\tau_{1,1}$	
τ	0	0	0	0	$p_{23}+p_{24}$	0 0 0 0 1/3
$\tau_{0,0}$	$p_{22}/(p_{11}+p_{12})$	0	0	0	0	0 0 0 0 0
$\tau_{0,1}$	$p_{24}/(p_{13}+p_{14})$	0	0	0	0	1/2 0 0 0 0
$\tau_{1,0}$	$p_{42}/(p_{31}+p_{32})$	0	0	0	0	1/2 0 0 0 0
$\tau_{1,1}$	$p_{44}/(p_{33}+p_{34})$	0	0	0	0	0 0 0 0 0

Tabelle 2.1

Mit dem Anfangszustandsvektor $\boldsymbol{\mu}(e) = (1,0)$ muß daher für den SA-Operator τ_A, der durch den SA erzeugt wird, für jedes Wortpaar der Form (x^k, y^k) die Gleichheit $\tau(x^k/y^k) = \alpha^k(1+k\beta)$ gelten. Wir benutzen die Umformung

$$\frac{\tau(y^{k+s}/x^{k+s})}{\tau(y^k/x^k)} = \tau_{x^k,y^k}(y^s/x^s)\ .$$

Somit gilt für beliebige $k, s = 0, 1, \ldots$ die Beziehung

$$\tau_{x^k,y^k}(y^s/x^s) = \alpha^s \frac{1+(k+s)\beta}{1+k\beta}\ .$$

Eine Gleichheit der Form

$$\alpha^s \frac{1+(k_1+s)\beta}{1+k_1\beta} = \alpha^s \frac{1+(k_2+s)\beta}{1+k_2\beta}, \quad s = 0, 1, \ldots$$

ist für $s \neq 0$ nur möglich, wenn $k_1 = k_2$ gilt. Deshalb sind alle Zustände des Operators τ der Form τ_{x^k,y^k}, $k = 0, 1, \ldots$, paarweise verschieden.

Definition 2.2.1 Ein stochastischer Operator heißt *endlicher SA-Operator* (abgek. *ESA-Operator*), wenn ein endlicher SA existiert, dessen Ein-/Ausgabebeziehung durch die bedingte Wahrscheinlichkeitsverteilung des Operators gegeben ist.

Ein Kriterium dafür, daß ein stochastischer Operator ein ESA-Operator ist, gibt das Theorem 2.2.1. Für die Formulierung und den Beweis dieses Theorems führen wir einige neue Definitionen ein.

Wir werden Vektorräume mit lexikographisch indizierten Vektorkoordinaten betrachten. Dieser Indizierung liegt eine Ordnung zugrunde, die auf dem freien Monoid X^* (oder allgemeiner, auf kartesischen Produkten einer endlichen oder abzählbaren Folge von freien Monoiden $(X_1^* \times \ldots \times X_k^* (\times \ldots)))$ festgelegt wird. Sei $\varphi : X_1^* \times \ldots \times X_k^* \to I\!R$ eine Funktion mit Werten im Körper der reellen Zahlen, die auf dem kartesischen Produkt der freien Monoide $X_1^* \times \ldots \times X_k^*$ definiert ist. Solche Funktionen heißen *Wortfunktionen.* Wenn der Definitionsbereich einer Wortfunktion φ geordnet ist, kann man die Folge ihrer Werte, entsprechend den Werten der Argumente, als angeordnet ansehen und diese Folge als Vektor eines linearen Raumes mit lexikographischer Indizierung der Koordinaten betrachten. Wir werden im folgenden eine solche geometrische Interpretation von Wortfunktionen benutzen. Das erste Beispiel einer solchen Interpretation ergibt ein Kriterium dafür, daß ein stochastischer Operator ein ESA-Operator ist.

Wir ordnen die Wortpaare $(w, v) \in (X \times Y)^*$ entsprechend der lexikographischen Ordnung und betrachten das Paar (w, v) als Index. Sei $I = \langle X, Y, \tau \rangle$ ein SA-Operator. Wir bezeichnen mit $\boldsymbol{I}$ die Folge der Werte der Wortfunktion τ:

$$\boldsymbol{I} = (\underset{(e,e)}{1}, \ldots, \underset{(w,v)}{\tau(v/w)}, \ldots)\ , \tag{2.2.1}$$

wobei an der (w, v)-ten Stelle der Folge der Wert $\tau(v/w)$ der Wahrscheinlichkeitsverteilung, die den Operator I festlegt, steht. Wir bezeichnen mit E_1 den linearen Raum, der durch Folgen der Form (2.2.1) gegeben ist. Solche Räume werden *Vektoroperatoren* genannt. Die Elemente des Raumes E_1 sind die (abzählbaren) Folgen der Werte zweistelliger Wortfunktionen, die durch die Ein-/Ausgabebeziehungen aller SAs mit dem Eingabealphabet X und dem Ausgabealphabet Y realisiert werden. Auf den Vektoroperator übertragen sich die Begriffe Linearkombination, konvexe Kombination und lineare Transformation auf natürliche Weise.

Die abzählbar-dimensionale Matrix $D(v'/w') = (d_{(w_1,v_1)(w_2,v_2)}(v'/w'))$ sei definiert durch

$$d_{(w_1,v_1)(w_2,v_2)}(v'/w') = \begin{cases} 1 & , \text{ für } w_1 = w'w_2,\ v_1 = v'v_2, \\ 0 & \text{sonst.} \end{cases} \tag{2.2.2}$$

Die Matrix $D(v'/w')$ hat in jeder Spalte eine Eins. Deshalb bewirkt die Multiplikation eines Vektoroperators von rechts mit der Matrix $D(v'/w')$ eine Umordnung der Indizes der Koordinaten des Vektoroperators (2.2.1), d. h., $D(v'/w')$ bewirkt eine „Umordnung der Koordinatenachse". Wir werden diese Umordnung (w', v')-*Drehung* und die Matrix $D(v'/w')$ *Matrix der* (w', v')-*Drehung* nennen.

Sei $\tau(v/w) \neq 0$. Mit $I(v/w)$ werden wir den SA-Operator bezeichnen, der durch den Zustand $\tau_{w,v}$ des SA-Operators I definiert ist:

$$I(v/w) = \langle X, Y, \tau_{w,v} \rangle \ ,$$

$$\boldsymbol{I}(v/w) = (\underset{(e,e)}{1}, \ldots, \underset{(w',v')}{\tau_{w,v}(v'/w')}, \ldots) \ .$$

Damit gilt die Matrizengleichung

$$\boldsymbol{I} D(v/w) = \tau(v/w) \boldsymbol{I}(v/w) \ . \tag{2.2.3}$$

Definition 2.2.2 Die Menge $\Gamma \subset E_1$ von stochastischen Operatoren heißt *relativ konvex in dem Monoid der* (w, v)-*Drehungen*, wenn für alle $\boldsymbol{I}_\alpha \subset \Gamma$ jede (w, v)-Drehung $\boldsymbol{I}_\alpha D(v/w)$ eine nichtnegative Linearkombination von Operatoren aus Γ ist.

Die Operatorenmenge Γ ist also relativ konvex in dem Monoid der (w/v)-Drehungen genau dann, wenn für jeden stochastischen Operator $\boldsymbol{I}_\alpha \in \Gamma$ und jedes beliebige Paar von Wörtern (w, v) gleicher Länge die Beziehung

$$\boldsymbol{I}_\alpha D(v/w) = \sum_{\boldsymbol{I}_\beta \in \Gamma} a_{\alpha\beta}(v/w) \boldsymbol{I}_\beta \tag{2.2.4}$$

gilt, wobei alle Zahlen $a_{\alpha\beta}(v/w)$ nichtnegativ sind. Wir werden uns mit abzählbaren oder endlichen Mengen stochastischer Operatoren Γ beschäftigen. Hierbei bezeichne $\mathcal{I}_\Gamma$ eine abzählbar dimensionale Matrix, deren sämtliche Zeilen in einer festgelegten Ordnung die Vektoroperatoren der Menge Γ aufzählen:

$$\mathcal{I}_\Gamma = \begin{pmatrix} \boldsymbol{I} \\ \cdots \\ \boldsymbol{I}(v/w) \\ \cdots \end{pmatrix} .$$

Aus der Definition des Vektoroperators (2.2.1) folgt, daß die erste Spalte der Matrix $\mathcal{I}_\Gamma$ aus lauter Einsen besteht. Wir werden in die Untersuchung auch das System der abzählbar dimensionalen Matrizen mit nichtnegativen Elementen $A(v/w) = (a_{\alpha\beta}(v/w))$ einführen. Dann hat die Beziehung (2.2.4) in Matrizengestalt die Form

$$\mathcal{I}_\Gamma D(v/w) = A(v/w)\mathcal{I}_\Gamma \tag{2.2.5}$$

Wir bezeichnen mit ε_w den Spaltenvektor, dessen (w, v)-te Koordinate gleich Eins ist und dessen übrige Koordinaten gleich Null sind. Es gilt das folgende

Lemma 2.2.1 *Für alle Wörter $w, w' \in X^*$ gelten die folgenden Beziehungen:*

$$\boldsymbol{I}\varepsilon_w = 1, \quad \sum_{|v'|=|w'|} I(v'/w')\varepsilon_w = \varepsilon_{w'w}, \quad \mathcal{I}_\Gamma \varepsilon_w = \varepsilon$$

Der Beweis ist unmittelbar einsichtig.

Bemerkung 2.2.1 Die Matrix $\sum_{|v|=|w|} A(v/w)$ ist für jedes w stochastisch. In der Tat ist es für den Beweis hinreichend, die Beziehung

$$\sum_{|v|=|w|} \mathcal{I}_\Gamma D(v/w) = \sum_{|v|=|w|} A(v/w)\mathcal{I}_\Gamma$$

von rechts mit dem Spaltenvektor ε_w zu multiplizieren.

Wir führen eine weitere Definition ein.

Definition 2.2.3 Als *Träger* $\Gamma(\Omega)$ der Menge Ω im Vektorraum L wird eine Menge von Vektoren aus L bezeichnet, deren konvexe lineare Hülle die Menge Ω enthält.

Theorem 2.2.1 *Ein SA-Operator $I = \langle X, Y, \tau\rangle$ ist genau dann ein ESA-Operator, wenn ein Träger der Zustandsmenge des Operators I existiert, die endlich und relativ konvex in dem Monoid aller (w, v)-Drehungen mit (w, v) $\in (X \times Y)^*$ ist.*

Beweis Wenn der SA A, der den SA-Operator I erzeugt, eine endliche Anzahl von Zuständen besitzt, wird jeder Zustand $\tau_{w',v'}$ dieses Operators durch die Bedingung

$$\tau_{w',v'}(v/w) = \frac{\mu(v'/w')}{\tau(v'/w')}\boldsymbol{\tau}(v/w) = \boldsymbol{\alpha}(w'/v')\boldsymbol{\tau}(v/w) \qquad (2.2.6)$$

definiert, wobei $\boldsymbol{\alpha}(w',v')$ ein stochastischer Zeilenvektor ist. Wir wählen als Träger die Menge der Operatoren, die durch die Koordinaten des Spaltenvektors $\boldsymbol{\tau}(v/w)$ definiert ist, d. h., durch die bedingten Wahrscheinlichkeitsverteilungen

$$\tau_A^{s_i}(v/w) = (0,\ldots,0,\underset{i}{1},0,\ldots,0)A(v/w)\boldsymbol{\varepsilon}, \quad i = 1,\ldots,n\,.$$

Die Beziehung (2.2.6) beweist dann, daß die ausgewählte Operatormenge ein Träger der Zustandsmenge von I ist. Wir zeigen, daß sie relativ konvex im Monoid der Drehungen von $(X \times Y)^*$ ist. Tatsächlich wird ein Träger durch die Matrizen

$$\mathcal{I}_\Gamma = \underset{(w,v)}{\begin{pmatrix} \cdots \tau_A^{s_1}(v/w) \cdots \\ \vdots \\ \cdots \tau_A^{s_n}(v/w) \cdots \end{pmatrix}}$$

festgelegt. Wir erhalten:

$$\begin{aligned} &\mathcal{I}_\Gamma D(v'/w') \\ &= \underset{(w,v)}{\begin{pmatrix} \cdots \tau_A^{s_1}(v/w) \cdots \\ \vdots \\ \cdots \tau_A^{s_n}(v/w) \cdots \end{pmatrix}} D(v'/w') = \underset{(w,v)}{\begin{pmatrix} \cdots \tau_A^{s_1}(v'v/w'w) \cdots \\ \vdots \\ \cdots \tau_A^{s_n}(v'v/w'w) \cdots \end{pmatrix}} \\ &= \underset{(w,v)}{(\ldots \tau_A(v'v/w'w) \ldots)} = \underset{(w,v)}{(\ldots A(v'/w')\tau_A(v/w) \ldots)} = A(v'/w')\mathcal{I}_\Gamma\,. \end{aligned}$$

Da alle Matrizen $A(v'/w')$ nichtnegative Elemente haben, ist die Notwendigkeit der Bedingungen für das Theorem bewiesen.

Seien die Bedingungen des Theorems erfüllt. Jeder stochastische Operator $I(v'/w')$ mit $\tau(v'/w') \neq 0$ ist also als konvexe Linearkombination einer endlichen Menge von Operatoren aus Γ darstellbar, d. h., für jedes Paar von Wörtern $(w, v) \in (X \times Y)^*$ und jedes beliebige Paar von Wörtern $(w', v') \in (X \times Y)^*$ gilt die Gleichung

$$\tau_{w',v'}(v/w) = \boldsymbol{\alpha}(w'/v')\boldsymbol{\tau}(v/w) ,$$

wobei $\boldsymbol{\alpha}(w'/v')$ ein stochastischer Zeilenvektor ist und $\boldsymbol{\tau}(v/w)$ ein n-dimensionaler Spaltenvektor, dessen Koordinaten im wesentlichen die bedingten Wahrscheinlichkeitsverteilungen von Operatoren aus Γ sind:

$$\{\tau^1(v/w), \ldots, \tau^n(v/w)\} .$$

In Matrizenform kann dieses dargestellt werden als

$$I(v'/w') = \boldsymbol{\alpha}(w', v')\boldsymbol{\mathcal{I}}_\Gamma .$$

Wir bezeichnen mit $\boldsymbol{\mu}(e)$ den Vektor $\boldsymbol{\alpha}(e, e)$, der dem Operator I entspricht, und betrachten den SA $\langle X, Y, \{A(y/x) | x \in X, y \in Y\}\rangle$ mit dem Anfangszustandsvektor $\boldsymbol{\mu}(e)$. Wir zeigen, daß dieser Automat den Operator I erzeugt. Tatsächlich erhalten wir, indem wir die Beziehung

$$\boldsymbol{\mathcal{I}}_\Gamma D(v/w) = A(v/w)\boldsymbol{\mathcal{I}}_\Gamma$$

von links mit dem Zeilenvektor $\boldsymbol{\mu}(e)$ und von rechts mit dem Spaltenvektor $\boldsymbol{\varepsilon}_{w'}$ multiplizieren, zusammen mit den Aussagen von Lemma 2.2.1 die Gleichungskette

$$\begin{aligned} \boldsymbol{\alpha}(e, e)A(v/w)\boldsymbol{\mathcal{I}}_\Gamma\boldsymbol{\varepsilon}_{w'} &= \boldsymbol{\mu}(e)A(v/w)\boldsymbol{\varepsilon} = \boldsymbol{\alpha}(e, e)\boldsymbol{\mathcal{I}}_\Gamma D(v/w)\boldsymbol{\varepsilon}_{w'} \\ &= \boldsymbol{I}(e/e)D(v/w)\boldsymbol{\varepsilon}_{w'} = \boldsymbol{\tau}(v/w)\boldsymbol{I}(v/w)\boldsymbol{\varepsilon}_{w'} \\ &= \boldsymbol{\tau}(v/w) \end{aligned}$$

□

Wir werden ein weiteres Kriterium dafür angeben, daß ein stochastischer Operator von einem endlichen Automaten realisiert wird. Es verdeutlicht die Struktur der wechselseitigen Abhängigkeit zwischen SA-Operatoren und endlichen SAs. Eine besondere Rolle bei dieser Struktur spielen halbdeterministische SAs.

Theorem 2.2.2 *Ein SA-Operator I besitzt genau dann eine endliche Anzahl von Zuständen, wenn ein endlicher halbdeterministischer stochastischer Automat existiert, der diesen Operator mit einem festen Anfangszustand erzeugt.*

Wir zeigen zuerst einen Hilfssatz.

Lemma 2.2.2 *Wenn der endliche SA A mit einem festen Anfangszustand halbdeterministisch ist, dann nehmen die stochastischen Vektoren*

$$\boldsymbol{\alpha}(w,v) = \boldsymbol{\mu}_A(v/w)/\tau_A(v/w), \quad (w,v) \in (X \times Y)^*, \quad \tau_A(v/w) \neq 0$$

nur eine endliche Anzahl von Werten an.

Beweis Aus der Definition des halbdeterministischen Automaten folgt, daß für festen Anfangszustand des Automaten der Zustandsvektor $\boldsymbol{\mu}_A(v/w)$ höchstens eine Koordinate ungleich Null hat. Wenn $\tau_A(v/w) \neq 0$ ist, dann ist der Vektor $\boldsymbol{\alpha}(w,v) = \boldsymbol{\mu}_A(v/w)/\tau_A(v/w)$ stochastisch, und folglich, da er eine einzige Koordinate ungleich Null hat, ist diese gleich Eins. Da nur eine endliche Anzahl solcher Vektoren existiert, ist das Lemma bewiesen. □

Beweis des Theorems

• **Die Bedingung ist hinreichend.** Sei der SA-Operator I dargestellt als endlicher halbdeterministischer Automat mit festem Anfangszustand. Ein beliebiger Zustand $I(v'/w')$ mit $(w',v') \in (X \times Y)^*$ des SA-Operators I wird definiert durch die bedingte Wahrscheinlichkeit $\tau_{w',v'}(v/w)$ mit $\tau(v'/w') \neq 0$, wobei $\tau_{w',v'}(v/w) = \boldsymbol{\alpha}(w',v')\boldsymbol{\tau}(v/w)$ gilt. Aufgrund des Lemmas 2.2.2 gibt es nur endlich viele solcher Operatoren.

• **Die Bedingung ist notwendig.** Angenommen, der SA-Operator I habe eine endliche Anzahl von Zuständen, so ist ein halbdeterministischer SA gesucht, dessen Zustandsmenge eineindeutig der Menge der SA-Operatoren entspricht, die Zustände von I: $\{\tau_{w,v}\}$ sind, und dabei gilt

$$p(\tau_{w',v'}, y/\tau_{w,v}, x) = \tau_{w,v}(y/x) \text{ für } \tau_{w',v'} = \tau_{wx,vy},$$
$$p(\tau_{w',v'}, y/\tau_{w,v}, x) = 0 \text{ sonst.}$$
□

Wenn also ein SA-Operator eine endliche Zahl von Zuständen besitzt, stellt er einen endlichen stochastischen Automaten dar. Die Umkehrung ist i. a. nicht richtig. Das Problem, algorithmisch zu entscheiden, ob die Menge der Zustände eines SA-Operators, der einen ESA (endlichen stochastischen Automaten) realisiert, endlich ist, ist keineswegs trivial. Falls es einen solchen Algorithmus gibt, stellt sich außerdem die Frage nach seiner Zeitkomplexität.[2] Das Problem kann mit Hilfe linearer Operatoren in endlichdimensionalen Vektorräumen formuliert und gelöst werden.

Wir betrachten noch einen Zugang zu der Frage, ob ein (endlicher) stochastischer Operator durch einen endlichen stochastischen Automaten erzeugt wird. Die weiter oben dargelegten Ergebnisse charakterisieren die Eigenschaft, ein endlicher Automat zu sein, mit Hilfe einer Menge von Elementen eines Vektorraums E_I mit lexikographischer Indizierung der Koordinaten. Der folgende Zugang genießt praktische Bedeutung bei der Lösung der Aufgabe, einen ESA-Operator zu realisieren, bzw. bei der Lösung des Identifikationsproblems.

Wir führen einige Definitionen ein. Seien

$$\Sigma_1 = \{(w_1, v_1), \ldots, (w_k, v_k)\}, \quad \Sigma_2 = \{(w'_1, v'_1), \ldots, (w'_k, v'_k)\} \tag{2.2.7}$$

zwei beliebige endliche und gleichmächtige Mengen von Wortpaaren (mit $|w_i| = |v_i|$ und $|w'_i| = |v'_i|$ für $i = 1, \ldots, k$) aus dem freien Monoid $(X \times Y)^*$. Sei weiterhin $I = \langle X, Y, \tau \rangle$ ein SA-Operator.

Definition 2.2.4 Die Matrix

$$R_{\Sigma_1 \Sigma_2} = \begin{pmatrix} \tau(v_1 v'_1 / w_1 w'_1) & \cdots & \tau(v_1 v'_k / w_1 w'_k) \\ \vdots & & \vdots \\ \tau(v_k v'_1 / w_k w'_1) & \cdots & \tau(v_k v'_k / w_k w'_k) \end{pmatrix} \tag{2.2.8}$$

heißt *zusammengesetzte Folgematrix* mit Eingabemenge Σ_1 und Ausgabemenge Σ_2.

Wir betrachten auch Matrizen des Typs (1.1.27) und (1.1.28) (vergleiche Abschnitt 1.1), entsprechend für die Vektormenge Σ_1 und die Spaltenvektormenge Σ_2. Für einen ESA-Operator I erhalten wir aus der Formel (1.1.19):

$$R_{\Sigma_1 \Sigma_2} = M_{\Sigma_1} N_{\Sigma_2} \tag{2.2.9}$$

Eine Beziehung der Form (2.2.9) ist für einen SA-Operator auch dann möglich, wenn er kein ESA-Operator ist.

Definition 2.2.5 Als *Rang* des (endlichen) stochastischen Operators I wird der maximale Rang einer zusammengesetzten Folgematrix (2.2.8) für beliebige endliche Eingabe- und Ausgabemengen Σ_1 und Σ_2 bezeichnet.

[2] Antworten auf die gestellte Frage, sowohl in wichtigen Sonderfällen als auch allgemein, finden sich in [155–157]. Siehe auch Übungen 6–11 im Kapitel 4.

Aus der Beziehung (2.2.9) folgt, daß für einen SA-Operator die Matrix $R_{\Sigma_1\Sigma_2}$ endlichen Rang hat, sobald die Matrizen M_{Σ_1} und N_{Σ_2} endlichen Rang besitzen. Für einen endlichen SA sind die Ränge der Matrizen M_{Σ_1} und N_{Σ_2} jedoch für beliebige Mengen Σ_1 und Σ_2 endlich. Wie hängt die Frage, ob ein stochastischer Operator ein ESA-Operator ist, mit der Frage, ob sein Rang endlich ist, zusammen? Um diese Frage zu klären, führen wir zwei weitere Definitionen ein.

Definition 2.2.6 Als *pseudostochastischer Automat (PSA)* wird ein mathematisches Objekt der Form $A = \langle X, Y, S, \{p(s'y/s,x)\}\rangle$ bezeichnet, wobei die Mengen X, Y und S wie beim SA definiert sind und die Zahlen $p(s',y/s,x)$ den Bedingungen

$$\sum_{s'\in S, y\in Y} p(s',y/s,x) = 1 \text{ für alle } s \in S,\ \ x \in X$$

genügen. Der Unterschied zur Definition des SA besteht vor allem darin, daß die Zahlen $p(s',y/s,x)$ auch negativ sein können. Wie für den SA werden wir für den PSA ebenfalls die Matrizendarstellung (1.1.3) benutzen.

Obwohl die Übergangsmatrizen des PSA negative Elemente enthalten können, kann das System

$$\tau(v/w) = \boldsymbol{\mu} A(v/w)\boldsymbol{\varepsilon} \quad \text{für alle } (w,v) \in (X \times Y)^*$$

trotzdem einen stochastischen Operator definieren. Hierbei sei $\{\, A(y/x) \mid x \in X,\ y \in Y \,\}$ eine Menge von Übergangsmatrizen und $\boldsymbol{\mu}$ ein pseudostochastischer Anfangsvektor mit Koordinatensumme 1.

Definition 2.2.7 Ein stochastischer Operator $I = \langle X, Y, \tau\rangle$ heißt *EPSA-Operator*, wenn ein endlicher PSA existiert, dessen Ein-/Ausgabebeziehung die Funktion τ darstellt.

Die Frage, ob der Rang eines stochastischen Operators endlich ist, ist eng verbunden mit der Darstellbarkeit des Operators I durch einen geeigneten EPSA.

Theorem 2.2.3 *Ein SA-Operator ist genau dann ein EPSA-Operator, wenn er endlichen Rang hat. Der Rang des Operators ist gleich der Zahl der Zustände des minimalen PSA, der diesen stochastischen Operator erzeugt.*

Beweis

Die Notwendigkeit ist offensichtlich und folgt aus der Formel (2.2.9). Wir zeigen, daß die Bedingung hinreichend ist. Sei $I = \langle X, Y, \tau \rangle$ ein beliebiger SA-Operator endlichen Rangs r. Dann gibt es zwei gleichmächtige Mengen von Wortpaaren gleicher Länge $\Sigma_1 = \{(w_1, v_1), \ldots, (w_r, v_r)\}$, $\Sigma_2 = \{(w'_1, v'_1), \ldots, (w'_r, v'_r)\}$, so daß die zusammengesetzte Folgematrix $R_{\Sigma_1 \Sigma_2} = R$ nichtsingulär von maximalem Rang r ist. Für beliebige Wortpaare (w, v) und (w', v') aus $(X \times Y)^*$ gilt

$$\det \left(\begin{array}{ccc|c} & & & \tau(v_1 v'/w_1 w') \\ & R & & \vdots \\ & & & \tau(v_r v'/w_r w') \\ \hline \tau(vv'_1/ww'_1) & \cdots & \tau(vv'_r/ww'_r) & \tau(vv'/ww') \end{array} \right) = 0 \qquad (2.2.10)$$

Indem wir die Determinante hiervon nach der letzten Spalte entwickeln, erhalten wir

$$\tau(vv'/ww') \det R + \sum_{i=1}^{r} (-1)^{r+1+i} (\det R_i) \tau(v_i v'/w_i w') = 0 , \qquad (2.2.11)$$

wobei R_i aus R entsteht, indem (w_i, v_i) durch (w, v) ersetzt wird. Wird entsprechend (2.2.10) nach der letzten Zeile entwickelt, erhalten wir

$$\tau(vv'/ww') \det R + \sum_{j=1}^{r} (-1)^{r+1+j} (\det R^j) \tau(vv'_j/ww'_j) = 0 , \qquad (2.2.12)$$

wobei R^j aus R entsteht, indem (w'_j, v'_j) durch (w', v') ersetzt wird.

Es ist immer möglich, die Matrix R so zu wählen, daß

$$w_1 = v_1 = w'_1 = v'_1 = e \qquad (2.2.13)$$

gilt. Für $w = v = w' = v' = e$ ist der erste Summand in (2.2.11) gleich $1 \cdot (\det R) \neq 0$. Folglich gibt es ein i, so daß R_i eine nichtsinguläre Matrix ist. Indem wir in (2.2.12) R durch R_i ersetzen und wieder $w = v = w' = v' = e$ setzen, erhalten wir für ein geeignetes j, daß $(R_i)^j$ nichtsingulär ist. Aber $(R_i)^j$ ist aus R entstanden, indem (w_i, v_i) und (w'_j, v'_j) durch (e, e) ersetzt worden sind. Die Zeilen und Spalten von $(R_i)^j$ können so umgestellt werden, daß wir eine nichtsinguläre zusammengesetzte Folgematrix erhalten, die (2.2.13) erfüllt. Wegen (2.2.11) gilt

$$\tau(vv'/ww') = \sum_{k=1}^{r} a_k(v/w) \tau(v_k v'/w_k w') ,$$

wobei $a_k(v/w)$ eine Funktion ist, die durch die Matrix R und die Wahrscheinlichkeiten $\tau(vv'_j/ww'_j)$ definiert wird.

Mit $R(v/w)$ bezeichnen wir die zusammengesetzte Folgematrix

$$R(v/w) = \begin{pmatrix} \tau(v_1vv'_1/w_1ww'_1) & \cdots & \tau(v_1vv'_r/w_1ww'_r) \\ \vdots & & \vdots \\ \tau(v_rvv'_1/w_rww'_1) & \cdots & \tau(v_rvv'_r/w_rww'_r) \end{pmatrix}.$$

Ein Element der Matrix $R(vv'/ww')$ ist gleich

$$\tau(v_ivv'v'_j/w_iww'w'_j) = \sum_{k=1}^{r} a_k(v_iv/w_iw)\tau(v_kv'v'_j/w_kw'w'_j) .$$

Folglich ist

$$R(vv'/ww') = A(v/w)R(v'/w') , \tag{2.2.14}$$

wobei $R(v/w)$ und $A(v/w)$ $r \times r$-Matrizen mit Elementen $\tau(v_ivv'_j/w_iww'_j)$ bzw. $a_j(v_iv/w_iw)$ und $R(e/e) = R$ bzw. $A(e/e) = E$, die Einheitsmatrix, sind. Insbesondere gilt

$$R(v/w) = A(v/w)R . \tag{2.2.15}$$

Indem wir diesen Ausdruck zusammen mit (2.2.14) benutzen und beachten, daß R eine nichtsinguläre Matrix ist, erhalten wir

$$A(vv'/ww') = A(v/w)A(v'/w') .$$

Folglich kann die Matrix $A(v/w)$ dargestellt werden als Produkt von Matrizen des Typs

$$A(y/x) = R(y/x)R^{-1} .$$

Sei Q eine nichtsinguläre $r \times r$-Matrix, die den folgenden Bedingungen genügt:

1. die Zeilensummen $Q \cdot \boldsymbol{\varepsilon}$ der Matrix Q sind gleich der ersten Spalte der Matrix R;

2. die erste Zeile der Matrix Q besteht aus nichtnegativen Elementen.

Aus 1. und (2.2.13) folgt, daß die erste Zeile ein stochastischer Vektor ist, der mit $\boldsymbol{\mu}(e)$ bezeichnet werde.

Wir führen die $r \times r$-Matrizen

$$B(y/x) = Q^{-1}A(y/x)Q$$

ein und beweisen, daß der PSA $B = \langle X, Y, S, \{B(y/x) | (x,y) \in X \times Y\}\rangle$ mit einer r-elementigen Zustandsmenge S und mit dem Anfangszustandsvektor $\boldsymbol{\mu}(e)$ den SA-Operator I erzeugt. Es ist klar, daß für Wortpaare (w, v) gleicher Länge

$$B(v/w) = Q^{-1}A(v/w)Q$$

gilt. Aus (2.2.13) und (2.2.15) erhalten wir

$$\begin{aligned}
\boldsymbol{\mu}(e)B(v/w)\varepsilon &= \boldsymbol{\mu}(e)Q^{-1}A(v/w)Q\varepsilon \\
&= (1,0,\ldots,0)A(v/w)(\text{erste Spalte der Matrix } R) \\
&= (1,0,\ldots,0)(\text{erste Spalte der Matrix } R(v/w)) \\
&= \tau(v_1 v v_1'/w_1 w w_1') = \tau(v/w)\ .
\end{aligned}$$

Ferner gilt

$$\begin{aligned}
\sum_y B(y/x)\varepsilon &= \sum_y Q^{-1}A(y/x)Q\varepsilon \\
&= Q^{-1}\sum_y A(y/x)(\text{erste Spalte der Matrix } R) \\
&= Q^{-1}\sum_y (\text{erste Spalte der Matrix } R(y/x))\ .
\end{aligned}$$

Da I ein SA-Operator ist, gilt für jede Summe $\sum_y \tau(yv/xw) = \tau(v/w)$ und folglich

$$\begin{aligned}
&Q^{-1}\sum_y (\text{erste Spalte der Matrix } R(y/x)) \\
&= Q^{-1}(\text{erste Spalte der Matrix } R) = Q^{-1}Q\varepsilon = \varepsilon\ .
\end{aligned}$$

Das heißt, B ist ein endlicher PSA. □

Man kann ein Beispiel für einen SA-Operator angeben, der ein EPSA-, aber kein ESA-Operator ist (Übung 8).

Wir betrachten erneut die Aufgabe, einen endlichen SA zu konstruieren, der einen gegebenen SA-Operator erzeugt, dessen Anfangssegment einer gegebenen Länge n bekannt ist. Im Unterschied zur Konstruktionsmethode, die im vorangegangenen Abschnitt angewandt wurde und zur Synthese eines halbdeterministischen Automaten führte, werden wir hier eine Methode anwenden, die auf dem Beweis des Theorems 2.2.1 beruht. Diese Methode setzt voraus, einen konvexen Träger zu der Zustandsmenge des Operators konstruieren zu können. Bisher kennt man hierfür keinen allgemeinen Algorithmus. In einigen Fällen gelingt die Konstruktion jedoch, insbesondere wenn bekannt ist, daß ein konvexen Träger existiert, der genau zu der Zustandsmenge des SA-Operators L_τ gehört (Übung 3).

Beispiel 2.2.2 Wie in Beispiel 2.2.1 nehmen wir an, daß die Ausgabedaten für die Konstruktion des Automaten in der Form eines endlichen Systems von Wahrscheinlichkeitsverteilungen (2.1.3) gegeben sind. Zur Veranschaulichung betrachten wir das folgende System von Wahrscheinlichkeitsverteilungen $\tau(y_1y_2/x_1x_2)$:

	v	0	1	0	1	zum			
w		0	0	1	1	Beispiel			
0	0	p_{11}	p_{12}	p_{13}	p_{14}	0	1/3	1/3	1/3
0	1	p_{21}	p_{22}	p_{23}	p_{24}	1/3	0	1/3	1/3
1	0	p_{31}	p_{32}	p_{33}	p_{34}	1/3	1/3	0	1/3
1	1	p_{41}	p_{42}	p_{43}	p_{44}	1/3	1/3	1/3	0

Wie früher erweitern wir die Definition eines Systems von bedingten Wahrscheinlichkeiten auf einen ESA-Operator durch die Bedingung

$$\tau(v_1v/w_1w) = \tau(v_1/w_1)\tau(v/w) \ , \quad |w_1| = |v_1| = 2 \ , \quad (w,v) \in (X \times Y)^* \ . \tag{2.2.16}$$

Für beliebige Wörter $(w_1, v_1) \in (X \times Y)^*$ mit $\tau(v_1/w_1) \neq 0$ gilt:

$$\tau_{w_1,v_1}(v/w) = \frac{\tau(v_1v/w_1w)}{\tau(v_1/w_1)} \ , \quad (w,v) \in (X \times Y)^* \ .$$

Falls $(w_1, v_1) = (x_1x_2w_2, y_1y_2v_2)$ gilt, folgt aus (2.2.16)

$$\tau_{w_1,v_1}(v/w) = \frac{\tau(y_1y_2/x_1x_2)\tau(v_2v/w_2w)}{\tau(y_1y_2/x_1x_2)\tau(v_2/w_2)} = \tau_{w_2,v_2}(v/w) \ , \quad (w,v) \in (X \times Y)^* \ .$$

Indem wir einen solchen Prozeß der „Verkürzung“ der Wortlänge von (w_1, v_1) durchführen, erhalten wir entweder

$$\tau_{w_1,v_1}(v/w) = \tau(v/w) \ , \quad (w,v) \in (X \times Y)^*$$

oder

$$\tau_{w_1,v_1}(v/w) = \tau_{x,y}(v/w) \ , \quad (w,v) \in (X \times Y)^*$$

für ein geeignetes Paar von Buchstaben $(x, y) \in (X \times Y)$.

Folglich braucht ein konvexer Träger nur unter den Operatoren $\tau(v/w)$, $\tau_{x,y}(v/w)$ mit $(x,y) \in (X \times Y)$ gesucht zu werden. Um einen solchen zu entdecken, werden wir die Werte der Wahrscheinlichkeiten für Wortpaare (w,v) in lexikographischer Anordnung aufschreiben. Die konkreten Beispiel-Werte aus obiger Tabelle liefern dann mit der Beziehung (2.1.4):

	e/e	$0/0$	$0/1$	$1/0$	$1/1$	$00/00$
τ	1	1/3	2/3	2/3	1/3	...
$\tau_{0,0}$	1	0	1	1	0	...
$\tau_{0,1}$	1	1/2	1/2	1/2	1/2	...
$\tau_{1,0}$	1	1/2	1/2	1/2	1/2	...
$\tau_{1,1}$	1	0	1	1	0	...

Wir bemerken, daß $\tau_{0,0} = \tau_{1,1}$ und $\tau_{0,1} = \tau_{1,0}$ gelten. Deshalb kann als Träger die Menge der Operatoren τ, $\tau_{0,0}$ und $\tau_{0,1}$ gewählt werden. Die Übergangsmatrizen des gesuchten SA werden aus der Bedingung ermittelt, daß die Matrix $A(y/x)$ eine (x,y)-Drehung der Eckpunkte des Trägers realisiert:

- $(0,0)$-Drehung:

$$\begin{array}{ll} \tau & \tau(0/0)\tau_{0,0} = \frac{1}{3}\tau_{0,0}\,, \\ \tau_{0,0} & \frac{\tau(00/00)}{\tau(0/0)}\tau = 0\,, \\ \tau_{0,1} & \frac{\tau(10/00)}{\tau(1/0)}\tau = \frac{1}{2}\tau\,, \end{array} \qquad A(0/0) = \begin{pmatrix} 0 & 1/3 & 0 \\ 0 & 0 & 0 \\ 1/2 & 0 & 0 \end{pmatrix};$$

- $(1,0)$-Drehung:

$$\begin{array}{ll} \tau & \tau(0/1)\tau_{0,1} = \frac{2}{3}\tau_{0,1}\,, \\ \tau_{0,0} & \frac{\tau(00/01)}{\tau(0/0)}\tau = \tau\,, \\ \tau_{0,1} & \frac{\tau(10/01)}{\tau(1/0)}\tau = \frac{1}{2}\tau\,, \end{array} \qquad A(0/1) = \begin{pmatrix} 0 & 0 & 2/3 \\ 1 & 0 & 0 \\ 1/2 & 0 & 0 \end{pmatrix};$$

- $(0,1)$-Drehung:

$$\begin{array}{ll} \tau & \tau(1/0)\tau_{1,0} = \frac{2}{3}\tau_{0,1}\,, \\ \tau_{0,0} & \frac{\tau(01/00)}{\tau(0/0)}\tau = \tau\,, \\ \tau_{0,1} & \frac{\tau(11/00)}{\tau(1/0)}\tau = \frac{1}{2}\tau\,, \end{array} \qquad A(1/0) = \begin{pmatrix} 0 & 0 & 2/3 \\ 1 & 0 & 0 \\ 1/2 & 0 & 0 \end{pmatrix};$$

- $(1,1)$-Drehung:

$$\begin{array}{ll} \tau & \tau(1/1)\tau_{1,1} = \frac{1}{3}\tau_{0,0}\,, \\ \tau_{0,0} & \frac{\tau(01/01)}{\tau(0/0)}\tau = 0\,, \\ \tau_{0,1} & \frac{\tau(11/01)}{\tau(1/0)}\tau = \frac{1}{2}\tau\,, \end{array} \qquad A(1/1) = \begin{pmatrix} 0 & 1/3 & 0 \\ 0 & 0 & 0 \\ 1/2 & 0 & 0 \end{pmatrix}.$$

Der Anfangszustandsvektor wird durch die Bedingung $\tau = \sum_i \alpha_i \tau_i$ definiert, wobei die τ_i, $i = 1, 2, 3$, den Träger darstellen. In unserem Fall ist $\boldsymbol{\mu}(e) = (\alpha_1, \alpha_2, \alpha_3) = (1, 0, 0)$. Damit ist der SA konstruiert. Er hat drei Zustände, und diese Zahl ist nicht weiter zu verkleinern.

2.3 Abschlußeigenschaften der Klassen der rationalen und der positiv-rationalen Wortfunktionen

Bis jetzt haben wir Ein-Ausgabebeziehungen der allgemeinen stochastischen Automaten untersucht. In den folgenden beiden Abschnitten werden wir die charakteristische Funktion eines SA ohne Ausgabe (vergleiche Abschnitt 1.1) betrachten.

Sei $L = \langle X, \boldsymbol{M}, \{L(x) | x \in X\}\rangle$ ein LA. Für einen gegebenen Anfangsvektor $\boldsymbol{a}(e)$ definiert der LA L eine Wortfunktion

$$\varphi(w) = \boldsymbol{a}(e) L(w) \boldsymbol{M} \ , \tag{2.3.1}$$

die die *charakteristische Funktion des LA L* genannt wird. Es besteht eine enge Beziehung zwischen den charakteristischen Funktionen endlicher SAs ohne Ausgabe und den charakteristischen Funktionen endlich-dimensionaler LAs. Letztere werden *rationale Wortfunktionen* genannt. Die Klasse aller rationalen Wortfunktionen über dem freien Monoid X^* wird mit $R\langle X^*\rangle$ bezeichnet. Die charakteristischen Funktionen endlicher SAs ohne Ausgabe werden *positiv-rationale Wortfunktionen* genannt. Die Klasse aller positiv-rationalen Wortfunktionen über dem freien Monoid X^* wird mit $R^+\langle X^*\rangle$ bezeichnet.

Theorem 2.3.1 *Sei φ eine rationale Wortfunktion, die durch einen k-dimensionalen LA definiert wird. Dann gibt es einen SA ohne Ausgabe mit $k+2$ Zuständen, doppelt stochastischer Übergangsmatrix mit echt positiven Elementen und genau einem Endzustand, der die positiv-rationale Wortfunktion*

$$\chi(w) = \alpha^{|w|+1} \varphi(w) + \frac{1}{k+2} \quad \textit{für alle } w \in X^*$$

besitzt, wobei α eine geeignete positive Zahl ist.

Beweis Der LA $L = \langle X, \boldsymbol{M}, \{L(x) | x \in X\}\rangle$ definiere die Wortfunktion φ entsprechend der Beziehung (2.3.1). Ohne Beschränkung der Allgemeinheit kann der Spaltenvektor $\boldsymbol{M} = (1, 0, \ldots, 0)^T$ gesetzt werden. Anderenfalls kann der LA L' mit den Übergangsmatrizen $L'(x) = P^{-1}L(x)P$ betrachtet werden, wobei die Matrix $P = (\boldsymbol{M}\ \boldsymbol{N}_1\ \boldsymbol{N}_2\ \ldots\ \boldsymbol{N}_{k-1})$ nichtsingulär ist. Entsprechend können $\boldsymbol{a}'(e) = \boldsymbol{a}(e)P$ und $\boldsymbol{M}' = (1, 0, \ldots, 0)^T$ gesetzt sowie die Wortfunktion φ durch die Beziehung

$$\varphi(w) = \boldsymbol{a}'(e)L'(w)\boldsymbol{M}' \text{ für alle } w \in X^*$$

definiert werden.

Wir konstruieren das System von $(k+2) \times (k+2)$-Matrizen $A_1(x)$, das die Form

$$A_1(x) = \left(\begin{array}{ccc|c|c} & & & \alpha_1(x) & 0 \\ & L(x) & & \vdots & \vdots \\ & & & \alpha_k(x) & 0 \\ \hline 0 & \cdots & 0 & 0 & 0 \\ \hline \beta_1(x) & \cdots & \beta_k(x) & \beta_0(x) & 0 \end{array}\right)$$

hat, wobei die Zahlen $\alpha_i(x)$ und $\beta_j(x)$ so gewählt sind, daß alle Spalten- und Zeilensummen der Matrix $A_1(x)$ gleich Null sind. Durch Induktion ist leicht nachzuweisen, daß für ein beliebiges nichtleeres Wort w die Matrix $A_1(w)$ die Form

$$A_1(w) = \left(\begin{array}{ccc|c|c} & & & \alpha_1(w) & 0 \\ & L(w) & & \vdots & \vdots \\ & & & \alpha_k(w) & 0 \\ \hline 0 & \cdots & 0 & 0 & 0 \\ \hline \beta_1(w) & \cdots & \beta_k(w) & \beta_0(w) & 0 \end{array}\right)$$

hat, deren Spalten- und Zeilensummen ebenfalls Null sind. Als Anfangsvektor $\boldsymbol{a}_1(e)$ setzen wir

$$\boldsymbol{a}_1 = (\boldsymbol{a}(e), a_{k+1}, 0) ,$$

wobei die Zahl a_{k+1} so gewählt wird, daß die Summe der Elemente des Vektors gleich Null ist. Sei α eine so kleine positive Zahl, daß alle Elemente des Vektors $\alpha\boldsymbol{a}_1$ und der Matrizen $\alpha A_1(x)$ betragsmäßig kleiner sind als $1/(k+2)$.

Seien

$$B = \frac{1}{k+2}\begin{pmatrix} 1 & 1 & \cdots & 1 \\ 1 & 1 & \cdots & 1 \\ \vdots & \vdots & \ddots & \vdots \\ 1 & 1 & \cdots & 1 \end{pmatrix}, \qquad \boldsymbol{b} = \left(\frac{1}{k+2}, \frac{1}{k+2}, \ldots, \frac{1}{k+2}\right).$$

Es gelten die Matrizengleichungen

$$A_1(x)B = BA_1(x) = 0\ , \quad B^2 = B\ , \quad \boldsymbol{b}B = \boldsymbol{b}\ . \tag{2.3.2}$$

Wir betrachten einen SA mit $k+2$ Zuständen, dessen Übergangsmatrix, Anfangszustandsvektor und Endvektor durch die Bedingungen

$$A_2(x) = \alpha A_1(x) + B\ , \quad \boldsymbol{\mu}(e) = \alpha \boldsymbol{a}_1 + \boldsymbol{b}\ , \quad \boldsymbol{\tau}_F = \begin{pmatrix} \boldsymbol{M} \\ 0 \\ 0 \end{pmatrix}$$

definiert sind. Wegen (2.3.2) gelten für jedes Wort $w \neq e$ die Gleichungen

$$A_2(w) = \alpha^{|w|} A_1(w) + B\ ,$$

$$\boldsymbol{\mu}(e)A_2(w) = \alpha^{|w|+1}\boldsymbol{a}_1 A_1(w) + \boldsymbol{b}\ .$$

Daher ist (dies gilt auch für $w = e$):

$$\chi_{A_2}(w) = \boldsymbol{\mu}(e)A_2(w)\boldsymbol{\tau}_F = \alpha^{|w|+1}\boldsymbol{a}_1 A_1(w)\boldsymbol{\tau}_F + \frac{1}{k+2}$$

$$= \alpha^{|w|+1}\boldsymbol{a}L(w)\boldsymbol{M} + \frac{1}{k+2} = \alpha^{|w|+1}\varphi(w) + \frac{1}{k+2}\ . \qquad \square$$

Trotz dieses einfachen Zusammenhangs zwischen den Klassen $R\langle X^*\rangle$ und $R^+\langle X^*\rangle$ ist deren algebraische Struktur wesentlich verschieden. Wir führen einige algebraische Operationen auf Wortfunktionen ein.

Definition 2.3.1 Seien φ und ψ Wortfunktionen über dem freien Monoid X^*. Die Wortfunktionen, die durch die Bedingungen

1. $(\varphi + \psi)(w) = \varphi(w) + \varphi(w)$,

2. $\varphi\psi(w) = \varphi(w)\psi(w)$,

3. $\varphi \circ \psi(w) = \sum_{w_1 w_2 = w} \varphi(w_1)\psi(w_2)$

für alle w, w_1, $w_2 \in X^*$ definiert sind, werden *Summe*, *Produkt* und *Faltung* (oder *Konkatenation*) der Wortfunktionen φ und ψ genannt.

Die Operationen aus Definition 2.3.1 sind natürliche Operationen in dem Sinn, daß jede von ihnen durch eine adäquate Operation über endlich-dimensionalen LAs realisiert werden kann.

Entsprechend (2.3.1) definiert jeder LA L zusammen mit einem gegebenen Anfangsvektor $\boldsymbol{a}$ eine feste Wortfunktion. Einen solchen LA werden wir *aufgebaut* nennen und in der Form $L = \langle X, \boldsymbol{a}, \boldsymbol{M}, \{L(x)|x \in X\}\rangle$ schreiben.

Wir führen nun Operationen auf aufgebauten LAs ein. Wir erinnern daran, daß als *direkte Summe* der $(n \times n)$-Matrix A und der $(m \times m)$-Matrix B die $(n+m) \times (n+m)$-Matrix $A \oplus B$ bezeichnet wird mit

$$A \oplus B = \begin{pmatrix} A & 0 \\ 0 & B \end{pmatrix}.$$

Als *direktes Produkt* $A \otimes B$ der Matrizen A und B wird die $(mn \times mn)$-Matrix

$$A \otimes B = \begin{pmatrix} \alpha_{11}B & \cdots & \alpha_{1n}B \\ \vdots & \ddots & \vdots \\ \alpha_{n1}B & \cdots & \alpha_{nn}B \end{pmatrix}$$

bezeichnet, wobei $A = (\alpha_{ij})$ ist.

Definition 2.3.2 Seien $L_1 = \langle X, \boldsymbol{a}_1, \boldsymbol{M}_1, \{L_1(x)|x \in X\}\rangle$ und $L_2 = \langle X, \boldsymbol{a}_2, \boldsymbol{M}_2, \{L_2(x)|x \in X\}\rangle$ aufgebaute endlich-dimensionale LAs. Der aufgebaute endlich-dimensionale LA $L = \langle X, \boldsymbol{a}, \boldsymbol{M}, \{L(x)|x \in X\}\rangle$, der durch eine der Bedingungen

1. $L(x) = L_1(x) \oplus L_2(x)$, $\quad \boldsymbol{a} = (\boldsymbol{a}_1, \boldsymbol{a}_2)$, $\quad \boldsymbol{M} = \begin{pmatrix} \boldsymbol{M}_1 \\ \boldsymbol{M}_2 \end{pmatrix}$,

2. $L(x) = L_1(x) \otimes L_2(x)$, $\quad \boldsymbol{a} = \boldsymbol{a}_1 \otimes \boldsymbol{a}_2$, $\quad \boldsymbol{M} = \boldsymbol{M}_1 \otimes \boldsymbol{M}_2$,

3. $L(x) = \begin{pmatrix} L_1(x) & L_1(x)D \\ 0 & L_2(x) \end{pmatrix}$, $\quad D = \boldsymbol{M}_1\boldsymbol{a}_2$, $\quad \boldsymbol{a} = (\boldsymbol{a}_1, \boldsymbol{a}_1\boldsymbol{M}_1\boldsymbol{a}_2)$,

$$\boldsymbol{M} = \begin{pmatrix} 0 \\ \boldsymbol{M}_2 \end{pmatrix}$$

definiert wird, heißt entsprechend *direkte Summe*, *direktes Produkt* oder *Faltung* der aufgebauten LAs L_1 und L_2 (er wird entsprechend mit $L_1 \oplus L_2$, $L_1 \otimes L_2$ bzw. $L_1 \circ L_2$ bezeichnet).

Lemma 2.3.1 *Für jedes Wort w ist die Übergangsmatrix $L(w)$ des LA $L_1 \circ L_2$ gleich*

$$L(w) = \begin{pmatrix} L_1(w) & C(w) \\ 0 & L_2(w) \end{pmatrix} \tag{2.3.3}$$

mit

$$\begin{aligned} C(e) &= 0\,, \\ C(w) &= -L_1(e)DL_2(w) + \sum_{w_1 w_2 = w} L_1(w_1)DL_2(w_2) \text{ für alle } w \in X^* \setminus \{e\}\,. \end{aligned}$$

Beweis Wir führen den Beweis durch Induktion über die Länge des Wortes w. Wegen

$$L(e) = \begin{pmatrix} L_1(e) & C(e) \\ 0 & L_2(e) \end{pmatrix} = E$$

muß $C(e) = 0$ sein. Sei das Lemma wahr für ein Wort w. Für das Wort wx erhalten wir

$$\begin{aligned} L(wx) &= \begin{pmatrix} L_1(w) & C(w) \\ 0 & L_2(w) \end{pmatrix} \begin{pmatrix} L_1(x) & L_1(x)D \\ 0 & L_2(x) \end{pmatrix} \\ &= \begin{pmatrix} L_1(wx) & C(wx) \\ 0 & L_2(wx) \end{pmatrix}, \end{aligned}$$

wobei

$$\begin{aligned} C(wx) &= L_1(wx)D + C(w)L_2(x) \\ &= L_1(wx)DL_2(e) \\ &\quad + \left(-L_1(e)DL_2(w) + \sum_{w_1 w_2 = w} L_1(w_1)DL_2(w_2) \right) L_2(x) \\ &= -L_1(e)DL_2(wx) + \sum_{w_1 w_2 = wx} L_1(w_1)DL_2(w_2) \end{aligned}$$

gilt. □

Korollar 2.3.1 *Die aufgebauten endlich-dimensionalen LAs L_1 und L_2 mögen die Wortfunktionen φ und ψ definieren. Dann definiert der aufgebaute endlich-dimensionale LA $L_1 \circ L_2$ die Wortfunktion $\varphi \circ \psi$.*

Beweis Mit Lemma 2.3.1 gilt

$$\begin{aligned} \boldsymbol{a}L(w)\boldsymbol{M} &= (\boldsymbol{a}_1, \boldsymbol{a}_1\boldsymbol{M}_1\boldsymbol{a}_2)\begin{pmatrix} L_1(w) & C(w) \\ 0 & L_2(w) \end{pmatrix}\begin{pmatrix} 0 \\ \boldsymbol{M}_2 \end{pmatrix} \\ &= \boldsymbol{a}_1C(w)\boldsymbol{M}_2 + \boldsymbol{a}_1\boldsymbol{M}_1\boldsymbol{a}_2L_2(w)\boldsymbol{M}_2 \,. \end{aligned}$$

Indem wir den Wert der Matrix $C(w)$ einsetzen, erhalten wir für beliebiges Wort w:

$$\begin{aligned} \boldsymbol{a}L(w)\boldsymbol{M} &= -\boldsymbol{a}_1L_1(e)\boldsymbol{M}_1\boldsymbol{a}_2L_2(w)\boldsymbol{M}_2 \\ &\quad + \sum_{w_1w_2=w} \boldsymbol{a}_1L_1(w_1)\boldsymbol{M}_1\boldsymbol{a}_2L_2(w_2)\boldsymbol{M}_2 + \boldsymbol{a}_1\boldsymbol{M}_1\boldsymbol{a}_2L_2(w)\boldsymbol{M}_2 \\ &= \sum_{w_1w_2=w} \varphi(w_1)\psi(w_2) = \varphi \circ \psi(w) \end{aligned}$$

□

Theorem 2.3.2 *Die Klasse der rationalen Wortfunktionen ist abgeschlossen gegen die Operationen Summe, Produkt und Faltung.*

Beweis Man prüft leicht nach, daß die direkte Summe von aufgebauten endlich-dimensionalen LAs die Summe der zugehörigen Wortfunktionen definiert. Für die Operation „Produkt“ gelten die folgenden Beziehungen:

$$\begin{aligned} (\boldsymbol{a}' \otimes \boldsymbol{a}'')(\boldsymbol{M}' \otimes \boldsymbol{M}'') &= \sum_{i=1}^{n} (\boldsymbol{a}'_i\boldsymbol{a}'')(\boldsymbol{M}'_i\boldsymbol{M}'') \\ &= \sum_{i=1}^{n} (\boldsymbol{a}'_i\boldsymbol{M}'_i)(\boldsymbol{a}''\boldsymbol{M}'') = \varphi'(e)\varphi''(e) \end{aligned}$$

und für alle Wörter w

$$L(w) = L'(w) \otimes L''(w) \,.$$

Die letzte Beziehung wird durch Induktion bewiesen:

$$\begin{aligned} L(wx) &= (L'(w) \otimes L''(w)) \otimes (L'(x) \otimes L''(x)) \\ &= \begin{pmatrix} l'_{11}(w)L''(w) & \cdots & l'_{1n}(w)L''(w) \\ \vdots & \ddots & \vdots \\ l'_{n1}(w)L''(w) & \cdots & l'_{nn}(w)L''(w) \end{pmatrix} \\ &\quad \otimes \begin{pmatrix} l'_{11}(x)L''(x) & \cdots & l'_{1n}(x)L''(x) \\ \vdots & \ddots & \vdots \\ l'_{n1}(x)L''(x) & \cdots & l'_{nn}(x)L''(x) \end{pmatrix}, \end{aligned}$$

d. h. das Element $l_{ij}(wx)$ der Matrix $L(wx)$ ist gleich

$$l_{ij}(wx) = \sum_{k=1}^{n} l'_{ik}(w)L''(w)l'_{kj}(x)L''(x) = l'_{ij}(wx)L''(wx) .$$

Folglich ist

$$\varphi(w) = (\boldsymbol{a}' \otimes \boldsymbol{a}'')L(w)(\boldsymbol{M}' \otimes \boldsymbol{M}'') = (\boldsymbol{a}' \otimes \boldsymbol{a}'')(L'(w) \otimes L''(w))(\boldsymbol{M}' \otimes \boldsymbol{M}'') .$$

Entsprechend den vorangegangenen Beziehungen kann gezeigt werden, daß der letzte Ausdruck gleich

$$\begin{aligned}(\boldsymbol{a}'L'(w)) \otimes (\boldsymbol{a}''L''(w))(\boldsymbol{M}' \otimes \boldsymbol{M}'') &= (\boldsymbol{a}'L'(w)\boldsymbol{M}')(\boldsymbol{a}''L''(w)\boldsymbol{M}'') \\ &= \varphi'(w)\varphi''(w)\end{aligned}$$

ist.

Für die Operation „Faltung“ folgt die Behauptung des Theorems aus dem Korollar 2.3.1. □

Wir untersuchen die algebraische Struktur der Menge $R\langle X^*\rangle$ der rationalen Wortfunktionen. Wir bezeichnen mit χ_e die Wortfunktion, die auf jedem nichtleeren Wort gleich Null und auf dem leeren Wort gleich Eins ist.

Lemma 2.3.2 *Die Operation Faltung ist assoziativ.*

Beweis Es ist eine leichte Übungsaufgabe, die Formel

$$\varphi_1 \circ \varphi_2 \circ \varphi_3(w) = \sum_{w_1 w_2 w_3 = w} \varphi_1(w_1)\varphi_2(w_2)\varphi_3(w_3) \text{ für alle } w \in X^* \qquad (2.3.4)$$

zu beweisen. Daraus folgt die Assoziativität der Faltung unmittelbar. □

Lemma 2.3.3 *Es gilt $\varphi \circ \chi_e = \chi_e \circ \varphi = \varphi$. Also ist χ_e das Einselement der Faltung. Ist $\varphi(e) \neq 0$, so existiert eine eindeutige Wortfunktion ψ, so daß $\varphi \circ \psi = \psi \circ \varphi = \chi_e$ ist.*

Beweis Die erste Behauptung ist offensichtlich. Wir konstruieren zu φ eine rechtsinverse Wortfunktion ψ. Wenn $\varphi \circ \psi(w) = \chi_e(w)$ ist, so ist zunächst $\varphi(e)\psi(e) = 1$. Ist $\varphi(e) \neq 0$, so ist $\psi(e) = \varphi^{-1}(e)$ und daher eindeutig bestimmt. Für Wörter der Länge 1 erhalten wir

$$\varphi(e)\psi(x) + \varphi(x)\psi(e) = 0 \quad \text{für alle } x \in X \ .$$

Da $\psi(e)$ schon bekannt ist, ist unter der Bedingung $\varphi(e) \neq 0$ der Wert von $\psi(x)$ eindeutig bestimmt. Sei der Wert von $\psi(w)$ für alle Wörter w mit $|w| \leq n$ bereits gefunden. Für Wörter der Form xw erhalten wir

$$\varphi \circ \psi(xw) = \varphi(e)\psi(xw) + \varphi(x)\psi(w) + \ldots + \varphi(xw)\psi(e) = 0 \ .$$

In dieser Summe sind alle Summanden, beginnend beim zweiten, schon bekannt. Deshalb läßt sich $\psi(xw)$ eindeutig bestimmen. Entsprechend wird der Beweis im Fall des Linksinversen geführt.

Deshalb existieren Rechts- und Linksinverses der Funktion und sind eindeutig. Wir zeigen, daß sie übereinstimmen. Seien $\varphi\circ\psi_1 = \chi_e$ und $\psi_2\circ\varphi = \chi_e$. Dann gilt aufgrund der Assoziativität der Faltung

$$\psi_2 = \psi_2\circ\chi_e = \psi_2\circ(\varphi\circ\psi_1) = (\psi_2\circ\varphi)\circ\psi_1 = \chi_e\circ\psi_1 = \psi_1 \ . \qquad \square$$

Korollar 2.3.2 *Sei φ eine Wortfunktion mit der Eigenschaft $\varphi(e) \neq 1$. Dann haben die Funktionalgleichungen*

$$\begin{aligned} (\chi_e + \varphi^+) \circ (\chi_e - \varphi) &= \chi_e \ , \\ (\chi_e - \varphi) \circ (\chi_e + \varphi^+) &= \chi_e \end{aligned} \qquad (2.3.5)$$

immer eine Lösung, wobei die Lösungen φ^+ in der ersten und in der zweiten Gleichung übereinstimmen und eindeutig bestimmt sind.

Der Beweis folgt aus der Tatsache, daß für $\varphi(e) \neq 1$ die Wortfunktion $(\chi_e - \varphi)$ auf dem leeren Wort ungleich Null ist.

Bemerkung 2.3.1 Aus dem Theorem 2.3.2 und den folgenden Hilfssätzen folgt, daß die Klasse $R\langle X^*\rangle$ der rationalen Wortfunktionen einen Ring mit den Operationen Addition und Faltung von Wortfunktionen bildet. Die Eins dieses Ringes ist die Wortfunktion χ_e und die Null die Wortfunktion $0(w) \equiv 0$.

Wir betrachten noch einige einstellige Operationen auf Wortfunktionen. Für das Wort $w = x_1 \ldots x_s$ führen wir die Bezeichnung $\mathsf{mi}\,(w) = x_s \ldots x_1$ für das zu w gespiegelte Wort ein.

Definition 2.3.3 Sei φ eine Wortfunktion über dem freien Monoid X^*. Die Wortfunktionen, die in der folgenden Weise definiert sind:

1. $(a\varphi)(w) = a\varphi(w)$, wobei a eine reelle Konstante ist,
2. $\varphi^T(w) = \varphi(\mathsf{mi}\,(w))$,
3. $\varphi^+(w)$ sei die Lösung der Funktionalgleichung (2.3.5) (eine beliebige von den zweien für den Fall, daß $\varphi(e) = 0$ ist),

werden entsprechend *Multiplikation* der Wortfunktion φ mit der reellen Konstante a, *Inversion* der Wortfunktion φ und *Iteration* der Wortfunktion φ *durch Faltung* genannt.

Die Iteration durch Faltung läßt sich auch anders definieren. Wir betrachten für ein festes Wort w die Folge

$$\varphi(w), \quad \varphi \circ \varphi(w), \quad \varphi \circ \varphi \circ \varphi(w), \quad \ldots \tag{2.3.6}$$

und bezeichnen mit $u(w)$ die formale Summe

$$u(w) = \varphi(w) + \varphi \circ \varphi(w) + \varphi \circ \varphi \circ \varphi(w) + \ldots \tag{2.3.7}$$

Wir betrachten den Fall, daß $\varphi(e) = 0$ gilt. Dann enthält die Folge (2.3.6) für ein beliebiges Wort w eine endliche Anzahl von Gliedern, die ungleich Null sind, folglich hat auch die formale Summe (2.3.7) einen endlichen Wert. Übertrifft nämlich in einer Formel des Typs (2.3.4) die Länge des Wortes w die Mächtigkeit der Menge der Faktoren, so ist in diesem Fall in jedem Summanden ein Faktor vorhanden, der gleich Null ist. Deshalb sind in der Folge (2.3.6) fast alle Werte gleich Null.

Lemma 2.3.4 *Ist $\varphi(e) = 0$, so ist die Iteration durch Faltung $\varphi(w)$ gleich der Summe*

$$\varphi^+(w) = \sum_{k=1}^{|w|} \sum_{w_1 \ldots w_k = w} \varphi(w_1) \ldots \varphi(w_k)\,.$$

Beweis Wir setzen $g_k(w) = \underbrace{\varphi \circ \varphi \circ \ldots \varphi}_{k}(w)$, d. h.

$$g_k(w) = \sum_{w_1 \ldots w_k = w} \varphi(w_1) \ldots \varphi(w_k) \, .$$

Wegen $\varphi(e) = 0$ gilt für $k \geq |w|+1$ die Beziehung $g_k(w) = 0$. Deshalb erhält die Formel (2.3.7) die folgende Gestalt:

$$u(w) = g_1(w) + \ldots + g_k(w) \, , \quad k \leq |w| \, .$$

Es muß gezeigt werden, daß $u(w) = \varphi^+(w)$ gilt. Aus (2.3.7) folgt:

$$u \circ \varphi(w) = u(w) - \varphi(w) \text{ oder } u(w) - \varphi(w) - u \circ \varphi(w) = 0 \, .$$

Indem wir zu beiden Seiten der letzten Gleichung die Wortfunktion $\chi_e(w)$ addieren, erhalten wir

$$\begin{aligned} \chi_e(w) &= u(w) - \varphi(w) - u \circ \varphi(w) + \chi_e(w) \\ &= u(w) + \chi_e(w) - (u(w) + \chi_e(w)) \circ \varphi(w) \\ &= (u(w) + \chi_e(w)) \circ (\chi_e(w) - \varphi(w)) \, . \end{aligned}$$

Also ist $u(w)$ die Lösung der Gleichung (2.3.5). Da diese Lösung eindeutig ist, erhalten wir für $\varphi(e) = 0$ die Gleichung $u(w) = \varphi^+(w)$. □

Wir definieren einstellige Operationen auf aufgebauten endlich-dimensionalen LAs.

Definition 2.3.4 Sei $L = \langle X, \boldsymbol{a}, \boldsymbol{M}, \{L(x) | x \in X\}\rangle$ ein aufgebauter endlich-dimensionaler LA. Der aufgebaute endlich-dimensionale LA $L' = \langle X, \boldsymbol{a}', \boldsymbol{M}', \{L'(x) | x \in X\}\rangle$, der in der folgenden Weise definiert wird:

1. $L'(x) = L(x) \, , \quad \boldsymbol{a}' = \boldsymbol{a} \, , \quad \boldsymbol{M}' = \alpha \boldsymbol{M} \, ,$
2. $L'(x) = L^T(x) \, , \quad \boldsymbol{a}' = \boldsymbol{M}^T \, , \quad \boldsymbol{M}' = \boldsymbol{a}^T \, ,$
3. $L'(x) = L(x)(E + \boldsymbol{M}\boldsymbol{a}) \, , \quad \boldsymbol{a}' = \boldsymbol{a} \, , \quad \boldsymbol{M}' = \boldsymbol{M}$ für $\boldsymbol{a}\boldsymbol{M} = 0 \, ,$

wobei α eine reelle Konstante ist, heißt *Produkt* des LA L mit der reellen Konstante α, bzw. *Inversion* des LA L, bzw. *Iteration durch Faltung des LA* L und wird entsprechend mit αL, L^T und L^+ bezeichnet.

Lemma 2.3.5 *Die Wortfunktion φ sei definiert durch den aufgebauten endlich-dimensionalen LA L. Dann definieren die aufgebauten endlich-dimensionalen LAs αL, L^T und L^+ entsprechend die Wortfunktionen $\alpha\varphi$, φ^T und φ^+.*

Beweis Aus Punkt 1 der Definition 2.3.4 folgt

$$\varphi'(w) = \boldsymbol{a}'L'(w)\boldsymbol{M}' = \boldsymbol{a}L(w)\alpha\boldsymbol{M} = \alpha\boldsymbol{a}L(w)\boldsymbol{M} = \alpha\varphi(w) ,$$

was die erste Behauptung des Lemmas beweist. Die Inversion folgt aus einer Eigenschaft der Transposition eines Matrizenproduktes. Ist nämlich $C = AB$, so ist $C^T = B^T A^T$. Deshalb gilt

$$\begin{aligned} \varphi'(w) &= \boldsymbol{a}'L'(w)\boldsymbol{M}' = \boldsymbol{M}^T L^T(w)\boldsymbol{a}^T \\ &= (\boldsymbol{a}L(\mathsf{mi}\,w)\boldsymbol{M})^T = \varphi(\mathsf{mi}\,w) \text{ für alle } w \in X^* , \end{aligned}$$

was bedeutet, daß $\varphi' = \varphi^T$ ist.

Wir kommen zum Beweis des Lemmas für die Iteration einer Wortfunktion. Bezeichnen wir die durch den aufgebauten LA L^+ definierte Wortfunktion mit g, so erhalten wir

$$g(w) = \boldsymbol{a}L(x_1)(E + \boldsymbol{M}\boldsymbol{a})\ldots L(x_s)(E + \boldsymbol{M}\boldsymbol{a})\boldsymbol{M} ,$$

wobei $w = x_1 \ldots x_s$ ein beliebiges Wort aus X^* ist. Da $\boldsymbol{a}\boldsymbol{M} = 0$ und folglich $(E + \boldsymbol{M}\boldsymbol{a})\boldsymbol{M} = \boldsymbol{M}$ gelten, ist

$$g(w) = \boldsymbol{a}L(x_1)(E + \boldsymbol{M}\boldsymbol{a})L(x_2)(E + \boldsymbol{M}\boldsymbol{a})\ldots L(x_s)\boldsymbol{M} .$$

Indem wir die Klammern auf der rechten Seite dieser Beziehungen auflösen, erhalten wir die Summe aller Faltungen der Wortfunktion φ bzgl. aller Zerlegungen von w in k Wörter für $k \in \{1, \ldots, |w|\}$. Gemäß Lemma 2.3.4 ist dies die Faltung der Wortfunktion φ durch Iteration, da $\varphi(e) = \boldsymbol{a}\boldsymbol{M} = 0$ gilt. □

Bemerkung 2.3.2 Die Klasse der rationalen Wortfunktionen $R\langle X^*\rangle$ ist abgeschlossen unter den Operationen Multiplikation mit einer reellen Konstante und Inversion. Ist $\varphi(e) = 0$, so ist die Iteration der rationalen Wortfunktion φ durch Faltung rational.

Der Beweis dieser Tatsache folgt aus Lemma 2.3.5.

Aus Theorem 2.3.2 und der Bemerkung 2.3.2 folgt, daß die Klasse der rationalen Wortfunktionen $R\langle X^*\rangle$ eine Algebra bzgl. der Operationen Multiplikation mit einer reellen Konstante, Addition, Faltung und Iteration durch Faltung (für $\varphi(e) = 0$) von Wortfunktionen bildet. Wir werden beweisen, daß diese Algebra endlich erzeugt ist.

Sei W eine Sprache, also eine Untermenge des freien Monoids X^*. Als *charakteristische Funktion* der Sprache W wird die Wortfunktion bezeichnet, die durch

$$\chi_W(w) = \begin{cases} 1 & , \text{für } w \in W, \\ 0 & , \text{für } w \notin W \end{cases}$$

definiert wird. Insbesondere ist die Wortfunktion χ_e die charakteristische Funktion der Sprache, die genau aus dem leeren Wort besteht.

Theorem 2.3.3 *Eine Wortfunktion φ ist genau dann rational, wenn sie aus den charakteristischen Funktionen der Sprachen $\{e\}$, $\{x\}$ mit $x \in X$ durch eine endliche Anzahl von Anwendungen der Operationen Addition, Faltung, Iteration durch Faltung und Multiplikation mit einer reellen Konstante entsteht. Mit anderen Worten, die Klasse $R\langle X^*\rangle$ ist die kleinste Menge von Wortfunktionen, die unter den genannten vier Operationen abgeschlossen ist und die die rationalen Wortfunktionen χ_e sowie $\chi_{\{x\}}$ (für alle $x \in X$) enthält.*

Beweis Die Bedingungen des Theorems sind hinreichend, weil die Klasse $R\langle X^*\rangle$ gegenüber den genannten Operationen abgeschlossen ist und weil die charakteristischen Funktionen χ_e und $\chi_{\{x\}}$ rational sind. So wird beispielsweise die charakteristische Wortfunktion $\chi_{\{x_1\}}$ dargestellt durch den aufgebauten zweidimensionalen LA mit den Übergangsmatrizen

$$L(x_1) = \begin{pmatrix} 0 & 1 \\ 0 & 0 \end{pmatrix} \text{ und } L(x_2) = \begin{pmatrix} 0 & 0 \\ 0 & 0 \end{pmatrix},$$

dem Anfangsvektor $\boldsymbol{a} = (1, 0)$ und dem Endvektor $\boldsymbol{M} = \binom{0}{1}$.

Die Notwendigkeit der Bedingungen des Theorems folgt daraus, daß die Menge der Wortfunktionen über dem freien Monoid X^* einen Ring bezüglich der Operationen Summe und Faltung bildet. Die Eins dieses Ringes ist, wie wir gesehen haben, die Funktion χ_e, die Null ist die Funktion 0. Sei φ eine rationale Wortfunktion und $\varphi(e) = 0$. Aus der Definition der Iteration durch Faltung (2.3.5) folgt, daß

$$(\chi_e + \varphi^+) \circ (\chi_e - \varphi) = (\chi_e - \varphi) \circ (\chi_e + \varphi^+) = \chi_e$$

gilt. Wir definieren den *Ring der Wortmatrizen* der Ordnung $n \times n$ über dem Ring der Wortfunktionen $R\langle X^*\rangle$ bzgl. der Operationen Addition und Matrizenmultiplikation, indem wir die Summe von Matrizen in der üblichen

Weise als elementweise Summe festsetzen und das Produkt mit Hilfe der Faltung von Funktionen definieren. Für ein beliebiges Wort $w \in X^*$ und

$$\boldsymbol{A}_w = (a_{ij}(w)) \; , \quad \boldsymbol{B}_w = (b_{jk}(w))$$

sei

$$(A \circ B) = (c_{ik}(w)) \; ,$$

wobei

$$c_{ik}(w) = \sum_{j=1}^{n} a_{ij} \circ b_{jk}(w)$$

gilt.

Zur Null dieses Ringes wird offensichtlich die Wortmatrix, die überall Null ist, und zur Eins die Wortmatrix $\boldsymbol{E}_w = \chi_e(w)E$. Für Wortmatrizen $\boldsymbol{A}_w = (a_{ij})$ und $\chi_e(w)E = (\delta_{ij}\chi_e)$ erhalten wir

$$\sum_{j=1}^{n}(a_{ij} \circ \chi_e)(w)\delta_{jk} = \sum_{j=1}^{n} a_{ij}(w)\delta_{jk} = a_{ik}(w) \; ,$$

$$\sum_{j=1}^{n} \delta_{ij}(\chi_e \circ a_{jk})(w) = \sum_{j=1}^{n} \delta_{ij}a_{jk}(w) = a_{ik}(w) \text{ für alle } w \in X^* \; ,$$

was in Matrizenform $(\boldsymbol{A} \circ \boldsymbol{E})_w = (\boldsymbol{E} \circ \boldsymbol{A})_w = \boldsymbol{A}_w$ für alle $w \in X^*$ bedeutet.

Bevor wir den Beweis von Theorem 2.3.3 weiterführen, zeigen wir zwei Lemmata.

Lemma 2.3.6 *Ist $\boldsymbol{A}$ eine Wortmatrix, die der Bedingung $\boldsymbol{A}(e) = 0$ genügt, dann gibt es eine Wortmatrix $\boldsymbol{A}^+$, so daß*

$$\boldsymbol{A}^+(w) = \boldsymbol{A}(w) + (\boldsymbol{A} \circ \boldsymbol{A})(w) + (\boldsymbol{A} \circ \boldsymbol{A} \circ \boldsymbol{A})(w) + \ldots \text{ für alle } w \in X^*$$

eine Lösung der Matrizengleichung

$$(\boldsymbol{E} + \boldsymbol{A}^+) \circ (\boldsymbol{E} - \boldsymbol{A}) = (\boldsymbol{E} - \boldsymbol{A}) \circ (\boldsymbol{E} + \boldsymbol{A}^+) = \boldsymbol{E} \tag{2.3.8}$$

ist.

Der Beweis entspricht dem Beweis des Lemmas 2.3.4.
Aus (2.3.8) folgt, daß das System der Gleichungen von Wortmatrizen

$$(\boldsymbol{E} - \boldsymbol{A}) \circ \boldsymbol{z} = \boldsymbol{u} \tag{2.3.9}$$

immer eine eindeutige Lösung besitzt. Dabei sei die Matrix $\boldsymbol{A}$ gleich Null auf dem leeren Wort,

$$\boldsymbol{z} = \begin{pmatrix} z_1 \\ \vdots \\ z_n \end{pmatrix}$$

ein Spaltenvektor von unbekannten Wortfunktionen z_i für $i = 1, \dots, n$ und $\boldsymbol{u}^T$ ein beliebiger Spaltenvektor über dem Ring $R\langle X^* \rangle$. Diese Lösung hat für alle $w \in X^*$ die Form $\boldsymbol{z}(w) = ((\boldsymbol{E} + \boldsymbol{A}^+) \circ \boldsymbol{u})(w)$. Für den Beweis brauchen wir das folgende

Lemma 2.3.7 *Die Komponenten der Lösung des Systems(2.3.9) können aus den Komponenten der Wortmatrizen* $\boldsymbol{E}$ *und* $\boldsymbol{A}$ *sowie dem Spaltenvektor* $\boldsymbol{u}$ *vermöge einer endlich-maligen Anzahl von Anwendungen der Operationen Addition, Faltung, Iteration durch Faltung und Multiplikation mit einer reellen Konstante berechet werden.*

Beweis Wir kürzen den Spaltenvektor $(\boldsymbol{E}+\boldsymbol{A}^+)\circ\boldsymbol{u}$ durch den Buchstaben $\boldsymbol{d}$ ab und betrachten das Gleichungssystem $(\boldsymbol{E} - \boldsymbol{A}) \circ \boldsymbol{d} = \boldsymbol{u}$ oder elementweise:

$$\begin{aligned}
&((\chi_e - a_{11}) \circ d_1 - a_{12} \circ d_2 - \dots \\
&\quad -a_{1,n-1} \circ d_{n-1} - a_{1n} \circ d_n) &&= u_1 \,, \\
&\qquad \vdots && \quad \vdots \\
&(- a_{n-1,1} \circ d_1 - a_{n-1,2} \circ d_2 - \dots \\
&\quad +(\chi_e - a_{n-1,n-1}) \circ d_{n-1} - a_{n-1,n} \circ d_n) &&= u_{n-1} \,, \\
&(- a_{n1} \circ d_1 - a_{n2} \circ d_2 - \dots \\
&\quad -a_{n,n-1} \circ d_{n-1} + (\chi_e - a_{nn}) \circ d_n) &&= u_n \,.
\end{aligned} \tag{2.3.10}$$

Für $n = 1$ haben wir $(\chi_e - a_{11}) \circ d_1 = u_1$ und $d_1 = (\chi_e + a_{11}^+) \circ u_1$, und die Behauptung des Hilfsatzes trifft zu. Wir nehmen jetzt an, daß sie für ein System der Form (2.3.9) und die Dimension $n - 1$ mit $n \geq 2$ wahr ist, und werden beweisen, daß sie dann auch für n wahr ist. Aus der letzten Gleichung des Systems (2.3.10) folgt

$$d_n = (\chi_e + a_{nn}^+)(u_n + a_{n1} \circ d_1 + \dots + a_{n,n-1} \circ d_{n-1}) \,. \tag{2.3.11}$$

Indem wir diesen Ausdruck für d_n in die ersten $n-1$ Gleichungen des Systems (2.3.10) einsetzen, überzeugen wir uns, daß der Spaltenvektor $\begin{pmatrix} d_1 \\ \vdots \\ d_{n-1} \end{pmatrix}$ die

Lösung eines Gleichungssystems der Form (2.3.9) ist. Gemäß Induktionsvoraussetzung können die Wortfunktionen $d_1, \dots, d_{n-1}$ aus bekannten Komponenten desjenigen Systems erhalten werden, das aus den ersten $n-1$ Gleichungen des Systems (2.3.10) gebildet worden ist, nachdem d_n mit einer endlichen Anzahl der aufgezählten Operationen eliminiert wurde. Aus (2.3.11) folgt, daß man dann auch d_n mit diesen Operationen gewinnen kann. □

Wir kommen zum Beweis von Theorem 2.3.3 zurück.

Sei φ die rationale Wortfunktion, die durch den endlich-dimensionalen LA $L = \langle X, \boldsymbol{a}, \boldsymbol{M}, \{A(x) | x \in X\} \rangle$ dargestellt wird. Wir bezeichnen durch $\boldsymbol{A}_w$ die Wortmatrix, bei der das Element an der Stelle (i,j) die Wortfunktion $a_{ij}(w)\chi_{\{w\}}$ ist (d. h. auf dem Wort $v \in X^*$ ist dieser Wert gleich $a_{ij}(w)\chi_{\{w\}}(v)$). Hier ist $a_{ij}(w)$ eine reelle Konstante, die vom Parameter w abhängt, und $\chi_{\{w\}}$ eine charakteristische Wortfunktion. Damit hat die Matrix $\boldsymbol{A}_w$ die Form $\boldsymbol{A}_w = A(w)\chi_{\{w\}}$ mit $w \in X^*$, wobei $A(w)$ eine reelle Matrix ist, die vom Parameter w abhängt. Für charakteristische Wortfunktionen der Form $\chi_{\{w\}}$ gilt die Beziehung $\chi_{\{w_1\}} \circ \chi_{\{w_2\}} = \chi_{\{w_1 w_2\}}$. Deshalb ist

$$\begin{aligned} \left(\sum_{x \in X} \boldsymbol{A}_x\right)^+ &= \left(\sum_{x \in X} A(x)\chi_{\{x\}}\right)^+ \\ &= \sum_{x_1 \in X} \boldsymbol{A}_{x_1} + \sum_{x_1 x_2 \in X^2} \boldsymbol{A}_{x_1 x_2} + \dots \\ &= \sum_{w \in X^* \setminus \{e\}} \boldsymbol{A}_w \,. \end{aligned}$$

Wir setzen $\boldsymbol{A}_e = A(e)\chi_e = \chi_e E$ und erhalten folglich

$$\sum_{w \in X^*} \boldsymbol{A}_w = \chi_e E + \left(\sum_{x \in X} \boldsymbol{A}_x\right)^+ .$$

Damit führt (2.3.8) zu

$$\left(\chi_e - \sum_{x \in X} \boldsymbol{A}_x\right) \circ \left(\sum_{w \in X^*} \boldsymbol{A}_w\right) = \chi_e E \,.$$

Alle Elemente der Matrix $\chi_e E - \sum_{x \in X} \boldsymbol{A}_x$ sind entweder charakteristische Wortfunktionen der Form χ_e, $\chi_{\{x\}}$ mit $x \in X$ oder Linearkombinationen solcher Funktionen. Die Koeffizienten der Multiplikation sind dabei der Matrix $A(x)$ entnommen. Wegen Lemma 2.3.7 sind deshalb alle Komponenten der Matrix $\sum_{w \in X^*} \boldsymbol{A}_w$ (von der jede Spalte die Lösung eines Systems darstellt, das den Bedingungen des Hilfssatzes genügt) aus einem System von charakteristischen Wortfunktionen χ_e, $\chi_{\{x\}}$ entstanden, indem die Operationen Addition, Faltung, Iteration durch Faltung und Multiplikation mit einer reellen Konstante endlich oft angewendet wurden. Der letzte Schritt des Beweises besteht darin, die Matrix $A(w)$ in der Wortmatrix $(\sum_{v \in X^*} \boldsymbol{A}_v)(w)$ zu erkennen: Für jedes feste Wort w gilt

$$\left(\sum_{v \in X^*} \boldsymbol{A}_v\right)(w) = A(w) .$$

Folglich gehört auch die Wortfunktion φ:

$$\varphi(w) = \boldsymbol{a}A(w)\boldsymbol{M} = \left(\boldsymbol{a}\left(\sum_{v \in X^*} \boldsymbol{A}_v\right)\boldsymbol{M}\right)(w)$$

zum Abschluß der Menge $\{\chi_e, \chi_{\{x\}} | x \in X\}$ bzgl. der aufgezählten Operationen. Das beweist Theorem 2.3.3. □

Die Struktur der Klasse $R^+\langle X^*\rangle$ aller positiv-rationalen Wortfunktionen ist noch nicht erschöpfend untersucht und über ihre algebraischen Eigenschaften ist derzeit noch wenig bekannt. Einige Eigenschaften werden in den Übungen behandelt.

2.4 Die Darstellbarkeit von Wortfunktionen durch endliche Automaten

Wir haben algebraische Eigenschaften der Klasse der rationalen Wortfunktionen untersucht und einige Eigenschaften der Klasse der positiv-rationalen Wortfunktionen betrachtet. In diesem Abschnitt werden notwendige und hinreichende Bedingungen beschrieben, die die betrachteten Klassen abgrenzen. Wir werden durch $K\langle X^*\rangle$ die Menge aller Wortfunktionen bezeichnen, die über dem freien Monoid X^* definiert sind und Werte in einem Körper K annehmen. Jedem Buchstaben x des Alphabets X ordnen wir einen Operator $\gamma(x) : \varphi \to \varphi_x$ in $K\langle X^*\rangle$ zu, wobei das Element φ_x folgendermaßen definiert ist:

$$\varphi_x(w) = \varphi(xw) . \tag{2.4.1}$$

Bemerkung 2.4.1 Der Operator $\gamma(x)$ ist linear.

In Übereinstimmung mit der Interpretation der Wortfunktionen als Vektoren eines linearen Raumes mit lexikographisch indizierten Koordinaten bezeichnet man den Operator $\gamma(x)$ als die *x-Drehung* im linearen Raum $K\langle X^*\rangle$ über dem Körper K (genauer: *linke x-Drehung*).

Im linearen Raum $K\langle X^*\rangle$ definieren wir das Funktional κ auf folgende Weise:

$$\kappa : \varphi \to \varphi(e), \quad \varphi \in K\langle X^*\rangle \ .$$

Bemerkung 2.4.2 Das Funktional κ ist linear.

Definition 2.4.1 Der DA

$$D = \langle X, K\langle X^*\rangle, \{\gamma(x)\}, \kappa\rangle \ ,$$

bei dem die Zahl der Zustände gleich der Mächtigkeit des Kontinuums ist, heißt *universeller LA über dem Körper K.*

Lemma 2.4.1 *Bei geeigneter Wahl des Anfangszustandes definiert der universelle LA über dem Körper K jede Wortfunktion des linearen Raumes $K\langle X^*\rangle$.*

Beweis Sei $\varphi_0 = \varphi$ der Anfangszustand des universellen Automaten. Unter der Einwirkung des Eingabewortes w geht der Automat in den Zustand $\varphi_0\gamma(w) = \varphi_w$ mit $\varphi_w(v) = \varphi(wv)$ über. Der Wert $\kappa(\varphi_w) = \varphi_w(e)$ ist in diesem Zustand gleich $\varphi_w(e) = \varphi(w)$. □

Aus der Definition 2.4.1 folgt, daß der universelle Automat keine verschiedenen äquivalenten Zustände enthält. Die Struktur dieses Automaten ist noch ungeklärt. Mit E_φ werde der lineare Teilraum von $K\langle X^*\rangle$ bezeichnet, der durch die Menge derjenigen Zustände des universellen Automaten D aufgespannt wird, die vom Zustand φ erreichbar sind, das heißt, die Menge der Zustände

$$L_\varphi = \varphi_w, \quad w \in X^* \ .$$

Damit ist E_φ gleich $\mathsf{Lin}\, L_\varphi$.

Theorem 2.4.1 *Jede Wortfunkion φ über einem Körper K kann durch einen LA definiert werden, dessen Dimension gleich* $\dim E_\varphi$ *ist. Die Dimension jedes LA, der φ darstellt, ist mindestens gleich* $\dim E_\varphi$.

Beweis Es ist klar, daß der zusammenhängende LA

$$D_\varphi = \langle X, E_\varphi, \{\gamma(x)\}, \kappa\rangle$$

eine Wortfunktion φ unter dem Anfangszustand κ definiert. Die Dimension dieses LA ist definitionsgemäß gleich $\dim E_\varphi$. Wenn ein anderer LA $L = \langle X, \boldsymbol{\mathcal{A}}, \{\delta(x)\}, \lambda\rangle$ existiert, der die gleiche Wortfunktion φ definiert, so zeigen wir, daß die Dimension dieses LA mindestens gleich $\dim E_\varphi$ ist. Angenommen der Zustandsraum $\boldsymbol{\mathcal{A}}$ habe die endliche Dimension $k < \dim E_\varphi$, dann gibt es linear unabhängige Funktionen $\varphi_{w_1}, \ldots, \varphi_{w_{k+1}}$. Indem wir in dem endlich-dimensionalen linearen Raum $\boldsymbol{\mathcal{A}}$ ein Koordinatensystem einführen, stellen wir den LA L in Matrizenform $L = \langle X, \boldsymbol{a}, M, \{L(x) | x \in X\}\rangle$ dar, wobei die quadratischen Matrizen $L(x)$, der Vektor $\boldsymbol{a}$ und der Spaltenvektor $\boldsymbol{M}$ jeweils die Ordnungen $k \times k, k \times 1$ und $1 \times k$ haben. Wir betrachten die Vektoren $\boldsymbol{a}L(w_i) = \boldsymbol{a}(w_i)$ für alle $i = 1, \ldots, (k+1)$. Da dieses Vektoren mit k Koordinaten sind, gibt es zwischen ihnen eine lineare Abhängigkeit

$$\sum_{i=1}^{k+1} \alpha_i \boldsymbol{a}(w_i) = 0 ,$$

wobei nicht alle Koeffizienten α_i aus dem Körper K gleich Null sind. Das heißt, für jedes Wort $w \in X^*$ ist

$$\sum_{i=1}^{k+1} \alpha_i \boldsymbol{a}(w_i)\Big(L(w)\boldsymbol{M}\Big) = 0 .$$

Folglich gilt

$$\sum_{i=1}^{k+1} \alpha_i \varphi(w_i w) = \sum_{i=1}^{k+1} \alpha_i \varphi_{w_i}(w) = 0 \quad \text{für alle } w \in X^* .$$

Damit sind aber die Funktionen $\varphi_{w_1}, \ldots, \varphi_{w_{k+1}}$ linear abhängig. Dieser Widerspruch zur Annahme beweist das Theorem. □

Ist also der Raum E_φ endlich-dimensional, so kann die Wortfunktion φ durch einen endlich-dimensionalen linearen Automaten mit mindestens der Dimension $\dim E_\varphi$ dargestellt werden. Ist jedoch der Raum E_φ abzählbar-dimensional, so hat auch jeder andere LA, der die gegebene Wortfunktion φ darstellt, abzählbare Dimension.

Weiter unten werden wir Bedingungen dafür angeben, daß Wortfunktionen rational sind, indem wir uns auf Eigenschaften von linearen Äquivalenzen stützen, die durch diese Wortfunktionen definiert werden. Vorbereitend führen wir einige Definitionen ein, um die Methode, die zum Beweis der Ergebnisse benutzt werden wird, verständlicher zu machen.

Wir werden die assoziative Algebra über dem Körper K, die durch eine endliche Menge X erzeugt wird, mit $K\langle\langle X^*\rangle\rangle$ bezeichnen. Ihre Elemente sind alle formalen Polynome ρ von nicht kommutativen Variablen der Form $\rho = \sum \alpha_i w_i$, wobei die Koeffizienten α_i zum Körper K gehören und die Wörter w_i zum freien Monoid X^*. Addition und Multiplikation der Polynome, sowie die Multiplikation eines Polynoms mit einem Element des Körpers K werden wie üblich nach den Rechenregeln für Polynome durchgeführt. Den linearen Raum der formalen Polynome bezeichnen wir mit $\mathbb{E}$. Ist eine beliebige Wortfunktion φ gegeben, so kann ihr Definitionsbereich auf den gesamten linearen Raum $\mathbb{E}$ erweitert werden, indem für $\rho = \sum \alpha_i w_i$ die Funktion $\overline{\varphi}$ durch

$$\overline{\varphi}(\rho) = \sum \alpha_i \varphi(w_i) \tag{2.4.2}$$

definiert wird. Wir betrachten über dem Raum $\mathbb{E}$ den linearen Raum mit lexikographisch indizierten Koordinaten. Sei $\boldsymbol{\nu}(\rho) = (\rho, \rho x, \ldots, \rho w, \ldots)$ der abzählbar-dimensionale Vektor, dessen w-te Koordinate gleich $\rho w = \sum \alpha_i w_i w$ ist. Wir werden mit $\mathbb{E}^\infty$ den linearen Raum über K bezeichnen, der als lineare Hülle der Menge von Vektoren $\{\boldsymbol{\nu}(\rho) | \rho \in \mathbb{E}\}$ entsteht, also $\mathbb{E}^\infty = \mathsf{Lin}\{\boldsymbol{\nu}(\rho) | \rho \in \mathbb{E}\}$.

Da wir durch (2.4.2) eine Erweiterung der Wortfunktion φ auf ein beliebiges Polynom ρ aus $\mathbb{E}$ definiert haben, kann jeder Vektor $\overline{\varphi}(\boldsymbol{\nu}(\rho))$ in Koordinaten als Folge von Zahlen $\{\overline{\varphi}(\rho), \ldots, \overline{\varphi}(\rho w), \ldots\}$ dargestellt werden. Diese Vektoren bilden den linearen Raum $\overline{\varphi}\mathbb{E}^\infty$. Für die erweiterte Wortfunktion $\overline{\varphi}$ ist es natürlich, den Begriff des Zustandes der erweiterten Wortfunktion $\overline{\varphi}_{\rho_1}$ durch die Bedingung

$$\overline{\varphi}_{\rho_1}(\rho) = \varphi(\rho_1 \rho), \quad \rho \in \mathbb{E}$$

einzuführen. Ist $\mathbb{L}_\varphi = \{\overline{\varphi}_{\rho_1} | \rho_1 \in \mathbb{E}\}$, so bezeichnen wir mit $\mathbb{E}_\varphi$ den linearen Raum $\mathbb{E}_\varphi = \mathsf{Lin}\,\mathbb{L}_\varphi$. Oben haben wir bereits den linearen Raum E_φ eingeführt, der von der Menge der Wortfunktionen L_φ über dem Körper K: $E_\varphi = \mathsf{Lin}\, L_\varphi$ aufgespannt wird.

Bemerkung 2.4.3 Es gilt die Beziehung

$$\overline{\varphi}\mathbb{E}^\infty = \mathbb{E}_\varphi = E_\varphi\,. \tag{2.4.3}$$

Beweis Ist $\boldsymbol{\eta} \in \overline{\varphi}\mathbb{E}^{\infty}$, so gibt es $\boldsymbol{\nu}(\rho) \in \mathbb{E}^{\infty}$ mit $\boldsymbol{\eta} = \overline{\varphi}(\boldsymbol{\nu}(\rho))$. Aber $\boldsymbol{\nu}(\rho)$ ist darstellbar in der Form

$$\boldsymbol{\nu}(\rho) = \sum_{\rho_i \in \mathbb{E}} \alpha_i \boldsymbol{\nu}(\rho_i) = \sum_{\rho_i \in \mathbb{E}} \alpha_i \left(\sum_{w_j \in X^*} \beta_{ij} \boldsymbol{\nu}(w_j) \right) = \sum_{w_j \in X^*} \gamma_j \boldsymbol{\nu}(w_j) \, .$$

Wir bemerken, daß definitionsgemäß $\overline{\varphi}(\boldsymbol{\nu}(\rho)) = \overline{\varphi}$ ist, falls die Funktion $\overline{\varphi}_\rho$ und der Vektor $\{\overline{\varphi}(\rho), \ldots, \overline{\varphi}(\rho w), \ldots\}$ identifiziert werden. Folglich ist $\overline{\varphi}(\boldsymbol{\nu}(w)) = \overline{\varphi}_w = \varphi_w$. Deshalb gilt

$$\boldsymbol{\eta} = \overline{\varphi}(\boldsymbol{\nu}(\rho)) = \sum_{\rho_i \in \mathbb{E}} \alpha_i \overline{\varphi}(\boldsymbol{\nu}(\rho_i)) = \sum_{w_j \in X^*} \gamma_j \overline{\varphi}(\boldsymbol{\nu}(w_j)) =$$

$$\sum_{\rho_i \in \mathbb{E}} \alpha_i \overline{\varphi}_{\rho_i} = \sum_{w_j \in X^*} \gamma_j \varphi_{w_j} \, .$$

Damit haben wir die Inklusionen $\overline{\varphi}\mathbb{E}^{\infty} \subset \mathbb{E}_\varphi$ und $\overline{\varphi}\mathbb{E}^{\infty} \subset E_\varphi$. Die umgekehrten Inklusionen sind offensichtlich. □

Die Beziehung (2.4.3) bedeutet, daß der lineare Raum E_φ wie auch der lineare Raum $\mathbb{E}_\varphi$ für eine beliebige Wortfunktion φ über einem Körper K homomorph (genauer epimorph) zum linearen Raum $\mathbb{E}^{\infty}$ sind, wobei die Wortfunktion φ (oder ihre Erweiterung $\overline{\varphi}$) diesen Homomorphismus definiert. Die Beziehung (2.4.3) erlaubt es, die Kriterien dafür, daß eine Wortfunktion φ rational oder positiv-rational ist, auf eine Sprache der Dimension jedes der linearen Räume $\mathbb{E}^{\infty}, \mathbb{E}_\varphi$ oder E_φ zu reduzieren. Wir werden einige Kriterien ableiten, die aus 2.4.3 entstehen.

Sei φ ein beliebige Wortfunktion. Durch das Symbol $\widehat{\varphi}_w$ bezeichnen wir die zweistellige Wortfunktion, die durch die Bedingung

$$\widehat{\varphi}_w(w_1, w_2) = \varphi(w_1 w w_2) \tag{2.4.4}$$

definiert ist. Entsprechend (2.4.2) können wir eine lineare Erweiterung der Wortfunktion $\widehat{\varphi_w}$ auf den linearen Raum $E_{\widehat{\varphi}}$ aller zweistelligen Wortfunktionen gemäß (2.4.4) definieren.

Lemma 2.4.2 *Der lineare Raum $E_{\widehat{\varphi}}$ ist genau dann endlich-dimensional, wenn der lineare Raum E_φ endlich-dimensional ist.*

Beweis Sei nämlich das System der Wortfunktionen $\widehat{\varphi}_{w_1}, \ldots, \widehat{\varphi}_{w_k}$ linear abhängig:

$$\sum_{i=1}^{k} \alpha_i \widehat{\varphi}_{w_i}(w', w'') = 0 .$$

Indem wir $w' = e$ setzen, erhalten wir die lineare Abhängigkeit des Systems der Wortfunktionen $\varphi_{w_1}, \ldots, \varphi_{w_k}$. Folglich ist $\dim E_{\widehat{\varphi}} \geq \dim E_{\varphi}$. Sei $\dim E_{\varphi} = k$. Dann folgt aus Theorem 2.4.1, daß ein k-dimensionaler linearer Automat existiert, der die Wortfunktion φ darstellt. Dieser LA habe das System von Übergangsmatrizen $\{L(x)\}$. Wird ein System von Produkten der Übergangsmatrizen für beliebige k^2+1 Eingangswörter $w_1, w_2, \ldots, w_{k^2}, w_{k^2+1}$ betrachtet, so ist die Menge der Matrizen $\{L(w_i) | i = 1, \ldots, k^2 + 1\}$ linear abhängig:

$$\sum_{i=1}^{k^2+1} \alpha_i L(w_i) = 0 , \tag{2.4.5}$$

für geeignete Koeffizienten $\alpha_i (i = 1, \ldots, k^2 + 1)$, unter denen einige ungleich Null sind.

Indem wir die Matrixgleichung (2.4.5) für beliebige Wörter $w', w'' \in X^*$ von links mit dem Vektor $\boldsymbol{a}(w')$ und von rechts mit dem Spaltenvektor $\boldsymbol{M}(w'')$ multiplizieren, erhalten wir die lineare Abhängigkeit des Systems von Wortfunktionen $\widehat{\varphi}_{w_1}, \ldots, \widehat{\varphi}_{w_{k^2+1}}$. □

Korollar 2.4.1 *Ist die Wortfunktion φ durch einen endlich-dimensionalen linearen Automaten darstellbar, der mindestens die Dimension k besitzt, so ist die Dimension des linearen Raumes $E_{\widehat{\varphi}}$ endlich und nicht größer als $k^2 + 1$, also $\dim E_{\widehat{\varphi}} \leq k^2 + 1$.*

Definition 2.4.2 Sei φ eine beliebige Wortfunktion. Wir werden sagen, daß die Elemente ρ_1, ρ_2 des linearen Raumes $\mathbb{E}$ *äquivalent modulo* φ sind, wenn

$$\rho_1 \equiv_{\varphi} \rho_2 \Leftrightarrow \forall w \in X^* : \overline{\varphi}(\rho_1 w) = \overline{\varphi}(\rho_2 w) \tag{2.4.6}$$

gilt.

Wir erinnern daran, daß eine Äquivalenz R im linearen Raum E *linear* heißt, wenn für beliebige Paare von Elementen $(\boldsymbol{u}_1, \boldsymbol{z}_1)$ und $(\boldsymbol{u}_2, \boldsymbol{z}_2)$ aus

E und reelle Zahlen α und β aus $\boldsymbol{u}_1 R \boldsymbol{z}_1$ und $\boldsymbol{u}_2 R \boldsymbol{z}_2$ folgt, daß $(\alpha \boldsymbol{u}_1 + \beta \boldsymbol{u}_2) R (\alpha \boldsymbol{z}_1 + \beta \boldsymbol{z}_2)$ gilt. Die Äquivalenz modulo φ ist eine lineare Äquivalenz.

Sei R eine lineare Äquivalenz in E. Die Elemente $\boldsymbol{u}$ und $\boldsymbol{z}$ mögen zu den R-Äquivalenzklassen $Q_{\boldsymbol{u}}$ bzw. $Q_{\boldsymbol{z}}$ gehören. Seien α und β reelle Zahlen. Die R-Äquivalenzklasse, die das Element $\alpha \boldsymbol{u}$ enthält, werden wir mit $\alpha Q_{\boldsymbol{u}} = Q_{\alpha \boldsymbol{u}}$ bezeichnen und *Produkt der Zahl α und der R-Äquivalenzklasse $Q_{\boldsymbol{u}}$* nennen. Die R-Äquivalenzklasse, die das Element $\alpha \boldsymbol{u} + \beta \boldsymbol{z}$ enthält, werden wir durch $\alpha Q_{\boldsymbol{u}} + \beta Q_{\boldsymbol{z}}$ bezeichnen und *Linearkombination der R-Äquivalenzklassen $Q_{\boldsymbol{u}}$ und $Q_{\boldsymbol{z}}$ mit den Koeffizienten α und β* nennen. Die Linearität von R sichert die Wohldefiniertheit der Operationen „Multiplikation mit einer Zahl“ und „Linearkombination von R-Äquivalenzklassen“.

Bemerkung 2.4.4 Die Menge der Äquivalenzklassen bezüglich einer linearen Äquivalenz R auf dem linearen Raum E bildet wiederum einen linearen Raum, der *Faktorraum* genannt wird. Wir werden ihn mit E/R bezeichnen.

Die Faktorisierung von $\mathbb{E}$ entsprechend einer Äquivalenz modulo φ wird mit $\mathbb{E}/\equiv_\varphi$ bezeichnet.

Definition 2.4.3 Sei Φ ein Automorphismus des linearen Raumes E. Eine lineare Äquivalenz R heißt *stabil bezüglich des Automorphismus Φ*, wenn für beliebige Paare $(\boldsymbol{u}, \boldsymbol{z})$ aus $\boldsymbol{u} R \boldsymbol{z}$ folgt, daß $\Phi(\boldsymbol{u}) R \Phi(\boldsymbol{z})$ gilt.

Bemerkung 2.4.5 Ist die lineare Äquivalenz R stabil bezüglich des Automorphismus Φ in E, so wird ein Automorphismus Φ des Faktorraumes E/R durch die Bedingung $\forall \boldsymbol{u} \in E : \Phi(Q_{\boldsymbol{u}}) = Q_{\Phi(\boldsymbol{u})}$ induziert. Die Übertragung von Φ auf $Q_{\boldsymbol{u}}$ ist wohldefiniert und hängt nicht von der Wahl des konkreten Vektors $\boldsymbol{u}$ aus der Äquivalenzklasse $Q_{\boldsymbol{u}}$ ab, da R bezüglich des Automorphismus Φ stabil ist.

Definition 2.4.4 Eine lineare Äquivalenz im Raum $\mathcal{A}$ heißt *stabil bezüglich des linearen Automaten $L = \langle X, \mathcal{A}, \{L(x)\} \rangle$*, wenn sie bezüglich jedes Automorphismus Φ_x, der durch die Multiplikation der Elemente des Raumes $\mathcal{A}$ von rechts mit der Matrix $L(x)$ definiert wird, stabil ist.

Theorem 2.4.2 *Eine Wortfunktion φ ist durch einen endlichen linearen Automaten, mindestens der Dimension k, genau dann darstellbar, wenn der Faktorraum $\mathbb{E}/\equiv_\varphi$ des linearen Raumes $\mathbb{E}$ gemäß der Äquivalenzbeziehung (2.4.6) endlich-dimensional ist und die Dimension* $\dim(\mathbb{E}/\equiv_\varphi) = k$ *hat.*

Beweis Wir betrachten den Faktorraum des linearen Raumes $\mathbb{E}$ bezüglich der Äquivalenz (2.4.6). Aus der Definition der Erweiterung der Wortfunktion φ auf den linearen Raum $\mathbb{E}$ ist ersichtlich, daß

$$\dim(\mathbb{E}/\equiv_\varphi) \leq \dim E_\varphi$$

gilt.

Wir werden nun zeigen, daß die Elemente des Faktorraumes $\mathbb{E}/\equiv_\varphi \{\omega_{\rho_i}\}$ linear abhängig sind, falls für Repräsentanten $\rho_1, \ldots, \rho_n$ dieser Äquivalenzklasse die Funktionen $\overline{\varphi}_{\rho_1}, \ldots, \overline{\varphi}_{\rho_n}$ linear abhängig sind. Seien die angegebenen Funktionen linear abhängig. Ohne Beschränkung der Allgemeinheit können wir annehmen, daß Zahlen $\alpha_2, \ldots, \alpha_n$ existieren (die nicht alle gleich Null sind), so daß $\overline{\varphi}_{\rho_1} = \sum_{i=2}^n \alpha_i \overline{\varphi}_{\rho_i}$ oder $\overline{\varphi}(\rho_1 w) = \sum_{i=2}^n \alpha_i \overline{\varphi}(\rho_i w)$ für alle $w \in X^*$ gilt. Aus (2.4.6) folgt dann

$$\sum_{i=2}^n \alpha_i \rho_i \equiv_\varphi \rho_1 \ .$$

Also sind die Äquivalenzklassen $\{\omega_{\rho_i}\}$ linear abhängig. Falls die Wortfunktion φ rational ist, ist der Faktorraum $\mathbb{E}/\equiv_\varphi$ endlich-dimensional, und seine Dimension ist nicht größer als $\dim \mathbb{E}_\varphi = \dim E_\varphi$.

Wir nehmen jetzt an, daß der Faktorraum $\mathbb{E}/\equiv_\varphi$ die endliche Dimension k besitzt. Wir werden zeigen, daß die Wortfunktion φ in diesem Fall rational ist. Hierzu definieren wir folgenden endlich-dimensionalen Automaten:

$$L = \langle X, \mathbb{E}/\equiv_\varphi, \delta, \lambda \rangle \tag{2.4.7}$$

Ist $\omega = \omega_\psi$ die Äquivalenzklasse, die die Funktion ψ enthält, so seien im vorliegenden Fall die lineare Übergangsfunktion δ und die Ausgabefunktion λ durch die Bedingungen

$$\omega' = \delta(\omega, x), \ \ \lambda(\omega) = \psi(e) \quad \text{für } \psi \in \omega, \psi_x \in \omega'$$

gegeben. Aus der Definition der Äquivalenz $\equiv_\varphi$ folgt, daß sie stabil bezüglich der Transformationen gemäß (2.4.1) ist, die mit Hilfe des LA D_φ aus Theorem 2.4.1 definiert werden. Deshalb sind die Übergangsfunktionen wohldefiniert, d. h. die Definition hängt nicht von der Auswahl der Elemente ψ_1 und ψ_2 aus der Äquivalenzklasse ω ab. Dasselbe gilt auch für die Ausgabefunktion λ.

Sei ω_φ die Äquivalenzklasse, die die Wortfunktion φ enthält. Dann ist klar, daß der endlich-dimensionale LA (2.4.7) mit Anfangszustand ω_φ genau die Wortfunktion φ darstellt. Die Dimension des Automaten (2.4.7) ist gleich der Dimension des Faktorraumes $\mathbb{E}/\equiv_\varphi$. □

Wir erinnern daran, daß ein Unterraum $\mathcal{I}$ der Algebra $\mathcal{A}$ ein *zweiseitiges Ideal* genannt wird, wenn für jedes $i \in \mathcal{I}$ und jedes $a \in \mathcal{A}$ die Elemente $ia \in \mathcal{I}$ und $ai \in \mathcal{I}$ sind. Ist auf der Algebra eine Operation „Differenz" definiert, so kann die Algebra in Nachbarschaftsklassen nach dem Ideal $\mathcal{I}$ zerlegt werden: Zwei Elemente a und b gehören zu derselben Nachbarschaftsklasse, wenn ihre Differenz $a - b$ zum Ideal $\mathcal{I}$ gehört. Die Nachbarschaftsklassen bilden die Faktoralgebra nach dem Ideal $\mathcal{I}$.

Wir führen hier das Ideal I_φ ein, das aus den Polynomen ρ aus der freien assoziativen Algebra $K\langle\langle X^*\rangle\rangle$ gebildet wird, die der Beziehung

$$\rho \in I_\varphi \Leftrightarrow \forall \rho_1, \rho_2 \in \mathbb{E} : \overline{\varphi}(\rho_1 \rho \rho_2) = 0$$

genügen.

Theorem 2.4.3 *Die Dimension des linearen Raumes $E_{\widehat{\varphi}}$ ist endlich und gleich k genau dann, wenn die Faktoralgebra der freien assoziativen Algebra $K\langle\langle X^*\rangle\rangle$ nach dem Ideal I_φ endlich-dimensional ist, wobei für ihre Dimension*

$$\dim (K\langle\langle X^*\rangle\rangle / I_\varphi) = k$$

gilt.

Beweis Die Menge der Wortfunktionen $\{\widehat{\varphi}_w | w \in X\}$ möge die Dimension N haben. Für beliebige Elemente $\widehat{\varphi}_{w_1}, \ldots, \widehat{\varphi}_{w_{N+1}}$ wird daher eine nichttriviale Linearkombination gleich Null:

$$\sum_{i=1}^{N+1} \alpha_i \widehat{\varphi}_{w_i} = 0\ .$$

Diese Bedingung kann umgeschrieben werden in die Form

$$\forall w', w'' \in X^* : \sum_{i=1}^{N+1} \alpha_i \varphi(w' w_i w'') = 0\ .$$

Da beliebige Elemente ρ_1 und ρ_2 der freien assoziativen Algebra $K\langle\langle X^*\rangle\rangle$ endliche Linearkombinationen von Wörtern aus dem freien Monoid X^* sind, folgt hieraus aufgrund der Linearität der Erweiterung der Wortfunktion φ auf die Algebra $K\langle\langle X^*\rangle\rangle$:

$$\forall \rho_1, \rho_2 \in \mathbb{E} : \sum_{i=1}^{N+1} \alpha_i \overline{\varphi}(\rho_1 w_i \rho_2) = 0 .$$

Indem wir die Linearität der Definitionserweiterung von φ wiederholt ausnützen, erhalten wir

$$\forall \rho_1, \rho_2 \in \mathbb{E} : \overline{\varphi}\left(\rho_1 \left(\sum_{i=1}^{N+1} \alpha_i w_i\right) \rho_2\right) = 0 , \tag{2.4.8}$$

das heißt, die nicht-triviale Linearkombination $\rho = \sum_{i=1}^{N+1} \alpha_i w_i$ gehört zum Ideal I_φ. (2.4.8) ist jedoch die Bedingung dafür, daß die Faktoralgebra $K\langle\langle X^*\rangle\rangle/I_\varphi$ endlich-dimensional ist. Die Faktoralgebra $K\langle\langle X^*\rangle\rangle/I_\varphi$ besteht aus den Nachbarschaftsklassen nach dem Ideal I_φ. Das heißt, die Elemente ρ_1 und ρ_2 sind genau dann äquivalent im Sinne der Faktorzerlegung, wenn die Beziehung

$$(\rho_1 - \rho_2) \in I_\varphi$$

gilt. Deshalb ist es für die lineare Abhängigkeit einer beliebigen Folge $k_1, \ldots, k_{N+1}$ von Nachbarschaftsklassen notwendig und hinreichend, daß die entsprechende Linearkombination von Repräsentanten $\rho_1, \ldots, \rho_{N+1}$ dieser Nachbarschaftsklassen zum Ideal I_φ gehört.

Folglich ist die Dimension der Faktoralgebra $K\langle\langle X^*\rangle\rangle/I_\varphi$ nicht größer als die Dimension der linearen Hülle der Menge $\{\widehat{\varphi}_w | w \in X^*\}$, also dim $(K\langle\langle X^*\rangle\rangle/I_\varphi) \leq \dim(E_{\widehat{\varphi}})$. Hat umgekehrt die Faktoralgebra $K\langle\langle X^*\rangle\rangle/I_\varphi$ die endliche Dimension N, so gibt es für jede Folge von Repräsentanten $\rho_1, \ldots, \rho_{N+1}$ aus verschiedenen Nachbarschaftsklassen eine nicht-triviale Linearkombination $\sum_{i=1}^{N+1} \alpha_i \rho_i$, die zum Ideal I_φ gehört. Gibt es jedoch in der Folge zwei Repräsentanten derselben Nachbarschaftsklasse, so gehört ihre Differenz zum Ideal I_φ. Folglich ist die Dimension der linearen Hülle von $\{\widehat{\varphi}_w | w \in X^*\}$ nicht größer als die Dimension von $K\langle\langle X^*\rangle\rangle/I_\varphi$. □

Die Theoreme 2.4.2 und 2.4.3 sind eine Verallgemeinerung bekannter Kriterien für die Darstellbarkeit von Sprachen durch endliche DAs.

Die Abhängigkeit zwischen der Eigenschaft einer Wortfunktion, rational zu sein, und der Eigenschaft, daß gewisse lineare Räume, die auf natürliche Weise mit dieser Wortfunktion verbunden sind, endliche Dimension haben, werden wir für positiv-rationale Wortfunktionen noch etwas genauer untersuchen. Die dabei anzuwendende Methode entspricht der Vorgehensweise, die wir im Beweis des Theorems 2.2.1 für die Bedingung, daß ein stochastischer Operator durch einen endlichen Automaten darstellbar ist, verwendet haben.

Definition 2.4.5 Eine Menge von Wortfunktionen $\Gamma \subset E_\varphi$ heißt *konvex bezüglich einer Untergruppe von x-Drehungen in X^**, wenn beliebige x-Drehungen $D(x)\varphi'$, mit $\varphi' \in E_\varphi$, von Wortfunktionen dieser Menge Γ stochastische Linearkombinationen von Wortfunktionen eben dieser Menge sind.

Man beachte den Unterschied in den Definitionen der Konvexität für stochastische Operatoren (siehe Definition 2.2.2) und für Wortfunktionen. Dieser beruht wiederum auf einem Unterschied in der Definition des Begriffes „Zustand" eines stochastischen Operators bzw. einer Wortfunktion.

Theorem 2.4.4 *Eine Wortfunktion χ, die nicht-negative Werte annimmt, ist genau dann positiv-rational, wenn ein geeigneter Träger der Familie $L_\chi = \{\chi_w | w \in X^*\}$ eine endliche und bezüglich des Systems von linken x-Drehungen $\{\gamma(x) | \chi \to \chi_x,\ x \in X\}$ konvexe Menge ist.*

Beweis

- **Die Bedingungen sind notwendig:**

Wir setzen E_χ gleich $\mathsf{Lin}\, L_\chi$, wobei wir die Koordinaten $\chi(w)$ des „Vektors" χ im Raum E_χ entsprechend der Ordnung der Wörter w anordnen, z. B. gemäß der lexikographischen Anordnung des freien Monoids (bei gegebener Ordnung auf den Buchstaben des Alphabetes X). Sei die Wortfunktion χ positiv-rational. Dann gibt es einen endlichen SA $\langle X, \{A(x) | x \in X\}\rangle$ mit k Zuständen, so daß für den Anfangszustandsvektor $\boldsymbol{\mu}(e)$ und den Endvektor $\boldsymbol{\tau}_F$ die Beziehung

$$\chi(w) = \boldsymbol{\mu}(e) A(w) \boldsymbol{\tau}_F = \boldsymbol{\mu}(e)\boldsymbol{\tau}(w) \qquad \text{für alle } w \in X^*$$

gilt. Mit $\boldsymbol{\chi}_i$ für $i = 1, \ldots, k$ bezeichnen wir den abzählbar-dimensionalen Spaltenvektor $\boldsymbol{\chi}_i = (\chi_i(e), \ldots, \chi_i(w), \ldots)$ mit nicht-negativen Komponenten:

$$\chi_i(w) = (0, \ldots, 0, \underset{\substack{\uparrow \\ i}}{1}, 0, \ldots, 0) A(w) \boldsymbol{\tau}_F \qquad \text{für alle } w \in X^*$$

und mit $\boldsymbol{\chi}_w$ den abzählbaren Spaltenvektor mit der w_1-Komponente für $w_1 \in X^*$:

$$\chi_w(w_1) = \boldsymbol{\mu}(w)A(w_1)\boldsymbol{\tau}_F = \chi(ww_1) .$$

Sei $D(w) = (d_{w_1w_2}(w))$ die abzählbar-dimensionale Matrix von w-Drehungen, so daß

$$D(w)\boldsymbol{\chi} = \boldsymbol{\chi}_w$$

gilt (Mit anderen Worten, es ist $d_{w_1w_2} = \delta_{ww_1}\gamma(w)$, δ ist hier das Kronecker-Symbol.). Wir betrachten die Matrix $\Xi_A = (\boldsymbol{\chi}_1, \dots, \boldsymbol{\chi}_k)$ mit k Spalten und einer abzählbaren Anzahl von Zeilen. Für die Matrix Ξ_A gilt einerseits

$$\boldsymbol{\chi}_w = \begin{pmatrix} \cdots \\ \boldsymbol{\mu}(w)\boldsymbol{\chi}(w_1) \\ \cdots \end{pmatrix}_{w_1} = \Xi_A \boldsymbol{\mu}^T(w) .$$

Somit bildet die Menge der Spaltenvektoren $\Gamma_A = \{\boldsymbol{\chi}_1, \dots, \boldsymbol{\chi}_k\}$ einen Träger der Menge L_χ. Andererseits gilt

$$D(w)\Xi_A = (\boldsymbol{\chi}_{1w} \cdots \boldsymbol{\chi}_{kw}) = \begin{pmatrix} \cdots \\ \boldsymbol{\tau}(ww_1)^T \\ \cdots \end{pmatrix}_{w_1} =$$

$$\begin{pmatrix} \cdots \\ \boldsymbol{\tau}^T(w_1)A^T(w) \\ \cdots \end{pmatrix}_{w_1} = \Xi_A A^T(w) .$$

Da die Matrizen $A(w)$ für alle $w \in X^*$ stochastisch sind, ist die Menge Γ_A konvex bezüglich des Systems linker w-Drehungen. Die Notwendigkeit der Bedingungen des Satzes ist damit bewiesen.

- **Die Bedingungen sind hinreichend:**

Mit $\Gamma = \{\chi_1, \dots, \chi_k\}$ sei der endliche Träger des Systems der Wortfunktionen L_χ bezeichnet. Sei $\boldsymbol{z}$ der k-dimensionale Spaltenvektor, dessen i-te Komponente gleich $\chi_i \in \Gamma$ ist. Da die Menge Γ ein Träger für L_χ ist, gilt

$$\chi(ww_1) = \boldsymbol{\alpha}(w)\boldsymbol{z}(w_1) .$$

In Matrizenform kann dies auf folgende Weise geschrieben werden:

$$\chi_p^T = \boldsymbol{\alpha}(w)\Xi_\Gamma^T \quad \text{mit} \quad \Xi_\Gamma = \begin{pmatrix} \cdots \\ \chi_1(w_1) \cdots \chi_k(w_1) \\ \cdots \end{pmatrix}_{w_1} .$$

Dabei ist der Vektor $\boldsymbol{\alpha}(w)$ gemäß Voraussetzung stochastisch. Da der Träger Γ konvex bezüglich des Systems linker w-Drehungen ist, gilt (in transponierter Form) die Matrixbeziehung

$$\Xi_\Gamma^T D^T(w) = A^T(w)\Xi_\Gamma^T , \qquad (2.4.9)$$

wobei die $k \times k$-Matrizen $A^T(w)$ stochastisch sind.

Wir betrachten den endlichen SA mit den Matrizen $A^T(x)$ (für $x \in X$), dem Anfangszustandsvektor $\boldsymbol{\alpha}(e)$ und dem Endvektor $\boldsymbol{z}(e)$. Dann ergibt der Spaltenvektor gemäß (2.4.9), der dem leeren Wort entspricht, die Gleichung

$$\boldsymbol{z}(w) = A^T(w)\boldsymbol{z}(e) .$$

Indem wir diese Gleichung von links mit dem Vektor $\boldsymbol{\alpha}(e)$ multiplizieren, erhalten wir

$$\chi(w) = \boldsymbol{\alpha}(e)\boldsymbol{z}(w) = \boldsymbol{\alpha}(e)A^T(w)\boldsymbol{z}(e) .$$

Folglich stellt der stochastische Automat mit den Matrizen A^T die Wortfunktion $\chi(w)$ dar. □

Aus dem Beweis des Theorems 2.4.3 erkennt man, wie sich für rechte w-Drehungen entsprechende Kriterien dafür entwickeln lassen, daß die Wortfunktion χ positiv-rational ist.

Bemerkung 2.4.6 Sei M für eine Wortfunktion χ ein geeigneter Träger der Familie von abzählbar-dimensionalen Vektoren $L_\chi = \{\chi_w | w \in X^*\}$, wobei in einer natürlichen Numerierung die w_1-te Komponente des Vektors $\boldsymbol{\chi}_w$ gleich $\chi(w_1 w)$ ist. Dann ist eine Wortfunktion χ, die nicht-negative Werte annimmt, genau dann positiv-rational, wenn M eine endliche und bezüglich des Systems von w-Drehungen konvexe Menge ist.

Die folgende Abschwächung der Bedingungen des Theorems 2.4.4 und der Bemerkung 2.4.6 ist offensichtlich.

Theorem 2.4.5 *Eine Wortfunktion χ, die nicht-negative Werte annimmt, ist genau dann positiv-rational, wenn die Bedingungen des Theorems 2.4.4 (oder der Bemerkung 2.4.6) für das System aller linken (oder entsprechend aller rechten) x-Drehungen erfüllt sind.*

Der Beweis bleibt dem Leser überlassen.

Die Ergebnisse über die Darstellbarkeit eines stochastischen Operators durch einen endlichen Automaten (vergleiche 2.2) und der Darstellbarkeit von

Wortfunktionen durch endliche Automaten werden, wie dieser Abschnitt gezeigt hat, mit einer ähnlichen Methode hergeleitet. Stochastische Operatoren können nämlich formal auch als zweistellige Wortfunktionen τ betrachtet werden, oder, sofern wir uns darauf beschränken, nur SA-Operatoren zu betrachten, als einstellige Wortfunktionen über Paaren von Alphabeten $X \times Y$. Deshalb können die in diesem Abschnitt für Wortfunktionen entwickelten Methoden der Faktorisierung nach einer geeigneten linearen Kongruenz oder nach Idealen, die mit der gegebenen Wortfunktion zusammenhängen, ohne Einschränkung auch auf die Charakterisierung stochastischer Operatoren durch endliche Automaten angewandt werden. Umgekehrt können der Begriff der zusammengesetzten Folge einer Matrix und der Begriff des Ranges auch für Wortfunktionen eingeführt werden, wodurch in diesem Kalkül Kriterien für die Darstellbarkeit von Wortfunktionen durch endliche PSAs abgeleitet werden können. Weiter unten wird dieser Ansatz bei der Untersuchung des Problems einer minimalen Fortsetzung von Wortfunktionen angewandt werden (vergleiche Abschnitt 4.2).

2.5 Äquivalenz stochastischer Automaten, Reduktion und Minimierung

Der Begriff der initialen Äquivalenz aus Abschnitt 1.2 entspricht dem Begriff der Äquivalenz bei DAs. In der Theorie der SAs erweist sich ein allgemeinerer Begriff von Äquivalenz als sinnvoll, indem wir zulassen, daß der Anfangszustand des Automaten zufällig ausgewählt wird.

Definition 2.5.1 Der Zustandsvektor $\boldsymbol{\mu}_A$ des SA $A = \langle X, Y, S_A, \{p_A(s', y/s, x)\}\rangle$ heißt *äquivalent* zum Zustandsvektor $\boldsymbol{\mu}_B$ des SA $B = \langle X, Y, S_B, \{p_B(s', y/s, x)\}\rangle$, falls die Gleichung

$$\boldsymbol{\mu}_A \boldsymbol{\tau}_A(v/w) = \boldsymbol{\mu}_B \boldsymbol{\tau}_B(v/w) \qquad (2.5.1)$$

für jedes beliebige Paar von Wörtern (w, v) gleicher Länge erfüllt ist.

Die Zustände s und u heißen *äquivalent*, wenn die Zustandsvektoren $\boldsymbol{\mu}_A = (0, \ldots, 0, \underset{s}{1}, 0, \ldots, 0)$ und $\boldsymbol{\mu}_B = (0, \ldots, 0, \underset{u}{1}, 0, \ldots, 0)$ äquivalent sind.

Es ist leicht einzusehen, daß die letzte Definition äquivalent zur Definition 1.2.1 ist.

Definition 2.5.2 Die Zustandsvektoren $\boldsymbol{\mu}_A$ und $\boldsymbol{\mu}_B$ heißen *k-äquivalent*, wenn die Beziehung (2.5.1) für alle Paare von Wörtern (w, v) mit $|w| = |v| \leq k$ erfüllt ist.

Die Äquivalenz von Zustandsvektoren ändert sich bei einer linearen Transformationen im Vektorraum E_A nicht.

Lemma 2.5.1 *Die Zustandsvektoren* $\boldsymbol{\mu}'_A$ *und* $\boldsymbol{\mu}''_A$ *des SA A seien äquivalent zu den Zustandsvektoren* $\boldsymbol{\mu}'_B$ *bzw.* $\boldsymbol{\mu}''_B$ *des SA B. Für beliebige* $\alpha \geq 0$, $\beta \geq 0$ *mit* $\alpha + \beta = 1$ *ist dann die Linearkombination* $\alpha\boldsymbol{\mu}'_A + \beta\boldsymbol{\mu}''_A$ *äquivalent zu der Linearkombination* $\alpha\boldsymbol{\mu}'_B + \beta\boldsymbol{\mu}''_B$.

Beweis Die Äquivalenzbedingungen aus der Voraussetzung des Lemmas bedeuten, daß

$$\boldsymbol{\mu}'_A\boldsymbol{\tau}_A(v/w) = \boldsymbol{\mu}'_B\boldsymbol{\tau}_B(v/w), \qquad \boldsymbol{\mu}''_A\boldsymbol{\tau}_A(v/w) = \boldsymbol{\mu}''_B\boldsymbol{\tau}_B(v/w)$$

für alle $(w, v) \in (X \times Y)^*$ gilt. Daher ist ersichtlich, daß die Gleichung

$$(\alpha\boldsymbol{\mu}'_A + \beta\boldsymbol{\mu}''_A)\boldsymbol{\tau}_A(v/w) = (\alpha\boldsymbol{\mu}'_B + \beta\boldsymbol{\mu}''_B)\boldsymbol{\tau}_B(v/w)$$

für alle $(w, v) \in (X \times Y)^*$ gilt. □

Lemma 2.5.2 *Seien die Zustandsvektoren* $\boldsymbol{\mu}'_B$ *und* $\boldsymbol{\mu}''_B$ *des SA B äquivalent zum Zustandsvektor* $\boldsymbol{\mu}_A$ *des SA A. Dann ist jeder stochastische Vektor der Form* $\alpha\boldsymbol{\mu}'_B + \beta\boldsymbol{\mu}''_B$ *mit* $\alpha \geq 0$, $\beta \geq 0$ *und* $\alpha + \beta = 1$ *äquivalent zum Zustandsvektor* $\boldsymbol{\mu}_A$.

Der Beweis entspricht dem Beweis des Lemmas 2.5.1. Er sei dem Leser überlassen.

Daher bilden die Klassen äquivalenter Zustandsvektoren eines SA eine konvexe abgeschlossene Untermenge der Menge der zulässigen Zustandsvektoren.

Theorem 2.5.1 *Zwei Zustandsvektoren* $\boldsymbol{\mu}_1$ *und* $\boldsymbol{\mu}_2$ *des SA A sind genau dann zueinander äquivalent, wenn*

$$\boldsymbol{\mu}_1 N_A = \boldsymbol{\mu}_2 N_A \tag{2.5.2}$$

gilt, wobei N_A *eine beliebige Basismatrix des SA A ist.*

Beweis Jeder Spaltenvektor $\boldsymbol{\tau}_A(v/w)$ kann in der Form $\boldsymbol{\tau}_A(v/w) = N_A\beta(v/w)$ dargestellt werden. Daher ist die Beziehung

$$\boldsymbol{\mu}_1\boldsymbol{\tau}_A(v/w) = \boldsymbol{\mu}_2\boldsymbol{\tau}_A(v/w) \text{ für alle } (w,v) \in (X \times Y)^*$$

äquivalent zur Beziehung (2.5.2). □

Korollar 2.5.1 *Zwei Zustandsvektoren $\boldsymbol{\mu}_1$ und $\boldsymbol{\mu}_2$ eines SA mit k Zuständen, bzw. zwei Zustände a_1 und a_2 sind genau dann äquivalent, wenn sie $(k-1)$-äquivalent sind.*

Wir verschieben den Beweis des Korollars 2.5.1 hinter den folgenden Hilfssatz.

Lemma 2.5.3 *Für einen SA mit k Zuständen existiert eine Basismatrix des linearen Raumes $\mathcal{L}_A$, die nur aus Spaltenvektoren $\boldsymbol{\tau}(v/w)$ mit $|v| = |w| \leq k-1$ besteht.*

Beweis Als ersten Spaltenvektor der Basis wählen wir den Spaltenvektor $\boldsymbol{\tau}(e/e) = \boldsymbol{\varepsilon}$. Wir fügen zu der Basis alle Spaltenvektoren $\boldsymbol{\tau}(y/x)$ hinzu, die zusammen mit $\boldsymbol{\tau}(e/e)$ linear unabhängig sind. Dann fügen wir in die erhaltene Menge von Spaltenvektoren alle Spaltenvektoren $\boldsymbol{\tau}(v/w)$ mit $|w| = |v| = 2$ hinzu, die zusammen mit den schon in die Basis aufgenommenen Vektoren eine linear unabhängige Menge von Spaltenvektoren bilden usw. Angenommen, die Spaltenvektoren $\boldsymbol{\tau}(v/w)$ für alle Wörter der Länge $|w| = |v| \leq m$ hängen linear ab von den Spaltenvektoren der bereits konstruierten Menge N_A, die auf der Menge der Wörter der Länge kleiner gleich $m-1$ definiert sind, so erhalten wir für alle Spaltenvektoren $\boldsymbol{\tau}(yv/xw)$ mit $|xw| = |yv| = m+1$ und $x \in X$, $y \in Y$:

$$\begin{aligned}
\boldsymbol{\tau}(yv/xw) &= A(y/x)\boldsymbol{\tau}(v/w) \\
&= A(y/x) \sum_{|w_i|=|v_i|\leq m-1} \alpha_i \boldsymbol{\tau}(v_i/w_i) \\
&= \sum_{|w_i|=|v_i|\leq m-1} \alpha_i \boldsymbol{\tau}(yv_i/xw_i) \\
&= \sum_{|w_j|=|v_j|\leq m-1} \alpha_i \sum_j \beta_{ji}(y/x)\boldsymbol{\tau}(v_j/w_j) \\
&= \sum_{|w_j|=|v_j|\leq m-1} \gamma_j \boldsymbol{\tau}(v_j/w_j)
\end{aligned}$$

für geeignete Koeffizienten γ_j (Die α_i existieren, da $\boldsymbol{\tau}(v/w)$ sich als Linearkombination von $\boldsymbol{\tau}(v_i/w_i)$ mit $|v_i| = |w_i| \leq m-1$ darstellen läßt, und die β_{ji} existieren, da auch die $\boldsymbol{\tau}(yv_i/xw_i)$ mit $|yv_i| = |xw_i| = m$ sich durch diese $\boldsymbol{\tau}(v_j/w_j)$ darstellen lassen.). Somit sind ebenfalls alle Spaltenvektoren der Form $\boldsymbol{\tau}(v/w)$ mit $|w| = |v| = m+1$ von den Spaltenvektoren der Menge N_A linear abhängig. Diese Eigenschaft gilt dann auch für alle Spaltenvektoren $\boldsymbol{\tau}(v/w)$ größerer Länge, und deshalb bildet die Menge N_A eine Basis des gesamten Raumes $\mathcal{L}_A$. Die Dimension von $\mathcal{L}_A$ kann nicht größer sein als die Zahl der Zustände k des SA A, und die Basis N_A enthält daher höchstens k Elemente. Es gilt $w_1 = v_1 = e$ und $|w_1| = |v_1| = 0$. Indem wir im ungünstigsten Fall nur je einen Spaltenvektor $\boldsymbol{\tau}(v/w)$ aus jeder „Schicht" mit $|v| = |w| = i$ auswählen, ergibt sich eine Basismatrix N_A aus Spaltenvektoren $\boldsymbol{\tau}(v/w)$, deren zugehörige Wortlängen höchstens $k-1$ sind. □

Jetzt wird Korollar 2.5.1 leicht bewiesen.

Beweis Aus Lemma 2.5.3 folgt, daß eine Basismatrix N_A aus einer Folge $\boldsymbol{\tau}(v_1/w_1), \ldots, \boldsymbol{\tau}(v_k/w_k)$ von Spaltenvektoren konstruiert werden kann, wobei die Länge der Wörter $|w_i| = |v_i|$ für $i = 1, \ldots, k$ nicht größer wird als $k-1$. Aus Theorem 2.5.1 folgt nun direkt das Korollar. □

Definition 2.5.3 Der SA $B = \langle X, Y, S_B, \{p_B(s', y/s, x)\}\rangle$ *liegt äquivalent (ist äquivalent eingebettet)* im SA $A = \langle X, Y, S_A, \{p_A(s', y/s, x)\}\rangle$, in Zeichen $B \subseteq A$, falls zu jedem Zustandsvektor $\boldsymbol{\mu}_B$ des Automaten B ein zu ihm äquivalenter Zustandsvektor $\boldsymbol{\mu}_A$ des Automaten A existiert.

Theorem 2.5.2 *Die folgenden Bedingungen sind äquivalent:*

1. *Der SA B ist äquivalent im SA A eingebettet.*

2. *Es gibt eine stochastische Matrix K, so daß für beliebige Paare von Wörtern (w, v) die Beziehung*

$$K\boldsymbol{\tau}_A(v/w) = \boldsymbol{\tau}_B(v/w) \tag{2.5.3}$$

gilt.

3. Es gibt eine stochastische Matrix K, so daß für jede Basismatrix H des linearen Raumes $\mathcal{L}_A$ und beliebige Paare von Buchstaben (x, y) die Beziehung

$$KA(y/x)H = B(y/x)KH \tag{2.5.4}$$

gilt.

Beweis Aus 1. folgt 2. Gemäß Voraussetzung gibt es zu jedem Zustandsvektor des SA B einen zu ihm äquivalenten Zustandsvektor des SA A. Sei der Ecke des Koordinatensimplexes

$$\boldsymbol{\mu}_i = (0, \ldots, 0, \underset{i}{1}, 0, \ldots, 0)$$

(d. h. dem Zustand s_i des Automaten B) der Zustandsvektor $\boldsymbol{\mu}_A^{(i)}$ des Automaten A äquivalent. Wir betrachten die stochastische Matrix

$$K = \begin{pmatrix} \boldsymbol{\mu}_A^{(1)} \\ \vdots \\ \boldsymbol{\mu}_A^{(k)} \end{pmatrix}.$$

Für sie ist die Gleichheit (2.5.3) erfüllt.

Umgekehrt folgt 1. aus 2. Wenn (2.5.3) wahr ist, dann ist die i-te Zeile $\boldsymbol{\mu}_A^{(i)}$ der stochastischen Matrix K äquivalent zum i-ten Zustand $\boldsymbol{\mu}_i$ des SA B. Nun findet sich aber zu jedem Zustandsvektor des SA B ein äquivalenter Zustandsvektor des SA A: Ist $\boldsymbol{\mu}_B = (\alpha^1, \alpha^2, \ldots, \alpha^n) = \sum_{i=1}^n \alpha^i \boldsymbol{\mu}_i$, dann ergibt sich gemäß Lemma 2.5.1 ein zu ihm äquivalenter Zustandsvektor als Linearkombination $\boldsymbol{\mu}_A = \sum_{i=1}^n \alpha^i \boldsymbol{\mu}_A^{(i)}$, also gilt $\boldsymbol{\mu}_A = \boldsymbol{\mu}_B K$.

Aus 2. folgt 3. Indem wir für beliebige $(w, v) \in (X \times Y)^*$ die Beziehung

$$\boldsymbol{\tau}_A(yv/xw) = A(y/x)\boldsymbol{\tau}_A(v/w)$$

in (2.5.3) einsetzen, erhalten wir die Gleichung

$$KA(y/x)\boldsymbol{\tau}_A(v/w) = B(y/x)\boldsymbol{\tau}_B(v/w) = B(y/x)K\boldsymbol{\tau}_A(v/w)\,. \tag{2.5.5}$$

Wir bezeichnen mit H die Basismatrix

$$H = (\boldsymbol{\tau}_A(v_1/w_1) \;\; \boldsymbol{\tau}_A(v_2/w_2) \;\; \cdots \;\; \boldsymbol{\tau}_A(v_t/w_t))$$

des linearen Raumes $\mathcal{L}_a$. Dann ist (2.5.5) die Bedingung 3, dargestellt für jedes Wortpaar (v_i, w_i).

Die umgekehrte Implikation von 3. nach 2. zeigen wir durch Induktion. Sei (2.5.4) für die Basismatrix H wahr. Zu jedem Spaltenvektor $\boldsymbol{\tau}_A(v/w)$ gibt es einen Spaltenvektor $\boldsymbol{\beta}(v/w)$, so daß

$$\boldsymbol{\tau}_A(v/w) = H\boldsymbol{\beta}(v/w)$$

gilt. Speziell folgt für den Spaltenvektor $\boldsymbol{\varepsilon}_A$: $\boldsymbol{\varepsilon}_A = H\beta$. Daher erhalten wir

$$\begin{aligned} K\boldsymbol{\tau}_A(y/x) &= KA(y/x)\boldsymbol{\varepsilon}_A = KA(y/x)H\boldsymbol{\beta} = B(y/x)KH\boldsymbol{\beta} \\ &= B(y/x)K\boldsymbol{\varepsilon}_A = B(y/x)\boldsymbol{\varepsilon}_B = \boldsymbol{\tau}_B(y/x) \,. \end{aligned}$$

Dabei wird benutzt, daß die Matrix K stochastisch ist, also $K\boldsymbol{\varepsilon}_A = \boldsymbol{\varepsilon}_B$ gilt. Somit ist die gewünschte Implikation für Wortpaare der Länge Eins wahr. Wir setzen jetzt voraus, daß sie für Wortpaare der Länge $|v| = |w| = n$ wahr ist. Für $\boldsymbol{\tau}_A(v/w)$ erhalten wir

$$\begin{aligned} KA(y/x)\boldsymbol{\tau}_A(v/w) &= KA(y/x)H\boldsymbol{\beta}(v/w) = B(y/x)KH\boldsymbol{\beta}(v/w) \\ &= B(y/x)K\boldsymbol{\tau}_A(v/w) = B(y/x)\boldsymbol{\tau}_B(v/w) \,. \end{aligned}$$

Dabei wird die Induktionsvoraussetzung $K\boldsymbol{\tau}_A(v/w) = \boldsymbol{\tau}_B(v/w)$ benutzt. Daher ist

$$K\boldsymbol{\tau}_A(yv/xw) = \boldsymbol{\tau}_B(yv/xw) \,,$$

d. h. die Implikation 3. $\Rightarrow$ 2. ist auch für Wortpaare der Länge $n+1$ wahr. Durch Induktion ist damit auch die Richtung 3. $\Rightarrow$ 2. gezeigt. □

Definition 2.5.4 Eine dichte konvexe Menge $Z \subseteq \Delta^{(k)}$ der Dimension $r \leq k$ heißt *zulässige Zustandsmenge* für den SA A mit k Zuständen, falls die Bedingung

$$ZA(w) \subseteq Z \tag{2.5.6}$$

für alle w erfüllt ist.

Bei der Definition der Äquivalenz von SAs werden wir voraussetzen, daß die Anfangsvektoren nur aus einer zulässigen Menge gewählt werden. Aus der Bedingung (2.5.6) folgt dann

$$\boldsymbol{\mu}(e) \in Z \Rightarrow \boldsymbol{\mu}(w) \in Z \text{ für alle } w \in X^* \,. \tag{2.5.7}$$

Einen SA A mit einer zulässigen Menge von Zustandsvektoren Z_A werden wir durch (A, Z_A) bezeichnen.

Definition 2.5.5 Ein SA (A, Z_A) mit der zulässigen Menge von Zustandsvektoren Z_A heißt *äquivalent* zu zu dem SA (B, Z_B) mit der zulässigen Menge von Zustandsvektoren Z_B, wenn es zu jedem Zustandsvektor des SA A aus Z_A einen zu ihm äquivalenten Zustandsvektor des SA B aus Z_B gibt und umgekehrt für jeden Zustandsvektor des SA B aus Z_B ein zu ihm äquivalenter Zustandsvektor des SA A aus Z_A existiert.

Bemerkung 2.5.1 Wenn der SA B äquivalent im SA A eingebettet ist, dann gibt es zulässige Mengen von Zuständen Z_A und Z_B, so daß (A, Z_A) und (B, Z_B) zueinander äquivalent sind. Insbesondere kann

$$Z_A = \left\{ \boldsymbol{\mu}_A \middle| \boldsymbol{\mu}_A = \alpha K \wedge \forall i : \alpha_i \geq 0 \wedge \sum_{i=1}^{k} \alpha_i = 1 \right\}$$

gesetzt werden, wobei K die Matrix aus Theorem 2.5.2 ist.

Folgendes Beispiel zeigt, daß es sinnvoll ist, zulässige Mengen von Zuständen und die Äquivalenz gemäß Definition 2.5.5 zu betrachten.

Beispiel 2.5.1 Sei A ein SA mit zwei Zuständen, einem Eingabe- und zwei Ausgabebuchstaben y_1 und y_2 und den Übergangsmatrizen

$$A(y_1/x) = \begin{pmatrix} 5/16 & 1/16 \\ 3/16 & 7/16 \end{pmatrix} \text{ und } A(y_2/x) = \begin{pmatrix} 7/16 & 3/16 \\ 1/16 & 5/16 \end{pmatrix}.$$

Entsprechend habe der SA B die Übergangsmatrizen

$$B(y_1/x) = \begin{pmatrix} 1/4 & 0 \\ 1/4 & 1/2 \end{pmatrix} \text{ und } B(y_2/x) = \begin{pmatrix} 1/2 & 1/4 \\ 0 & 1/4 \end{pmatrix}.$$

Wenn das Koordinatensimplex $\Delta^{(2)}$ als zulässige Zustandmengen der SAs A und B gewählt wird, dann sind diese SAs nicht äquivalent. Benutzt man die Methode, die im folgenden Abschnitt entwickelt wird (die SAs A und B sind homomorph), so erweisen sich der Zustandsvektor $\boldsymbol{\mu}_1 = (1, 0)$ des SA A als äquivalent zum Zustand $\boldsymbol{\mu}'_B = (3/4, 1/4)$ des SA B und der Zustandsvektor $\boldsymbol{\mu}_2 = (0, 1)$ als äquivalent zum Zustandsvektor $\boldsymbol{\mu}''_B = (1/4, 3/4)$. Gemäß Lemma 2.5.1 ist dann zu jedem Zustandsvektor des SA A ein Zustandsvektor des SA B äquivalent, der innerhalb des Simplexes $\Delta_B^{(2)} = (\boldsymbol{\mu}'_B, \boldsymbol{\mu}''_B)$ liegt. Zugleich folgt aus Lemma 2.5.1, daß es zu keinem Zustandsvektor des Automaten B, der außerhalb des Simplexes $\Delta_B^{(2)}$ liegt, einen äquivalenten

Zustandsvektor des Automaten A gibt. Wird nämlich das Gegenteil angenommen, so erweisen sich alle Zustandsvektoren der Automaten B und A als äquivalent, was nicht zutrifft. Werden also als zulässige Menge von Zustandsvektoren des SA A das Koordinatensimplex $\Delta^{(2)}$ und als zulässige Menge von Zustandsvektoren des SA B das Simplex $\Delta_B^{(2)}$ gewählt, so sind diese SAs äquivalent.

Definition 2.5.6 Ein Zustand s des SA $(A, \boldsymbol{\mu})$ heißt *erreichbar*, wenn ein Paar von Wörtern (w, v) mit $|w| = |v|$ existiert, so daß die s-te Koordinate von $\boldsymbol{\mu}(v/w)$ nicht Null ist:

$$\mu_s(v/w) \neq 0 \,.$$

Definition 2.5.7 Ein SA $(A, \boldsymbol{\mu})$ heißt *zustandszusammenhängend*, wenn jeder seiner Zustände erreichbar ist.

Theorem 2.5.3 *Ist der Zustand s erreichbar, so gibt es ein Paar von Wörtern (w, v) einer Länge m, die kleiner ist als die Zahl der Zustände des Automaten, so daß $\mu_s(v/w) \neq 0$ gilt.*

Beweis Nach Voraussetzung gibt es ein Paar von Wörtern (w, v), so daß $\boldsymbol{\mu}_s(v/w) \neq 0$ ist. Sei $|w| = |v| = m$. Dann gibt es eine Folge von Zuständen $s_1, \ldots, s_{m+1}$, so daß der Zustand s_1 mit einer von Null verschiedenen Wahrscheinlichkeit im Anfangszustandsvektor $\boldsymbol{\mu}(e)$ vertreten ist, $s_{m+1} = s$ gilt und für jeden Zustand s_i eine von Null verschiedene Wahrscheinlichkeit für den Übergang in den Folgezustand s_{i+1} für geeignete Eingabe- und Ausgabebuchstaben existiert. Ist $m \leq |S| - 1$, so ist der Satz bewiesen. Ist dies jedoch nicht der Fall, so muß sich in der Folge der Zustände ein Zustand wiederholen. Indem derartige „Schleifen" in der Zustandsfolge gestrichen werden, erhalten wir eine Teilfolge, die gleichfalls aus erreichbaren Zuständen besteht. Nach Streichung der entsprechenden „Schleifen" erhalten wir ein Wortpaar der Länge $m \leq |S| - 1$. □

Bemerkung 2.5.2 Die Menge der erreichbaren Zustände des endlichen SA $(A, \boldsymbol{\mu}(e))$ ist die Menge $\{s | \mu_s(v/w) \neq 0 \wedge |w| = |v| < |S|\}$.

Mit Bemerkung 2.5.2 läßt sich die Menge der erreichbaren Zustände eines endlichen SA konstruieren. Ist der Automat initial, kann man durch Streichung nicht erreichbarer Zustände zu einem initialen SA übergehen, der zustandszusammenhängend ist. Formal besteht dieser Prozeß darin, aus den Übergangsmatrizen des SA die Zeilen und Spalten zu streichen, die nicht erreichbaren Zuständen entsprechen.

Theorem 2.5.4 *Die endlichen SAs A und B sind genau dann äquivalent, wenn sie $k_A + k_B - 1$-äquivalent sind, wobei k_A bzw. k_B jeweils die Anzahl der Zustände des endlichen SA A bzw. B ist.*

Beweis Es braucht nur gezeigt zu werden, daß die Bedingung des Theorems hinreichend ist. Wir konstruieren einen SA C mit $k_A + k_B$ Zuständen, dem Eingabealphabet X, dem Ausgabealphabet Y und den Übergangsmatrizen $C(y/x)$, die durch

$$C(y/x) = \begin{pmatrix} A(y/x) & 0 \\ 0 & B(y/x) \end{pmatrix}$$

definiert sind. Seien $\boldsymbol{\mu}_A$ ein Zustandsvektor des SA A aus Z_A und $\boldsymbol{\mu}_B$ ein Zustandsvektor des SA B aus Z_B. Wir versehen den SA C mit einer Menge $Z_C = (Z_A, 0) \cup (0, Z_B)$, wobei ein Zustandsvektor in Z_C dadurch entsteht, daß entweder ein Vektor von Z_A durch eine Folge von k_B folgenden Nullen oder ein Vektor aus Z_B durch Voransetzen von k_A Nullen aufgefüllt wird.

Für den SA C erhalten wir für alle Wörter $(w, v) \in (X \times Y)^*$

$$C(v/w) = \begin{pmatrix} A(v/w) & 0 \\ 0 & B(v/w) \end{pmatrix}.$$

Folglich ist

$$\boldsymbol{\tau}_C(v/w) = \begin{pmatrix} \boldsymbol{\tau}_A(v/w) \\ \boldsymbol{\tau}_B(v/w) \end{pmatrix}.$$

Für die Zustandsvektoren $\boldsymbol{\mu}'_C = (\boldsymbol{\mu}_A, 0)$ und $\boldsymbol{\mu}''_C = (0, \boldsymbol{\mu}_B)$ erhalten wir

$$\boldsymbol{\mu}'_C \boldsymbol{\tau}_C(v/w) = \boldsymbol{\mu}_A \boldsymbol{\tau}_A(v/w) \ , \quad \boldsymbol{\mu}''_C \boldsymbol{\tau}_C(v/w) = \boldsymbol{\mu}_B \boldsymbol{\tau}_B(v/w) \ ,$$

d. h. der Zustandsvektor $\boldsymbol{\mu}'_C$ ist äquivalent zum Zustandsvektor $\boldsymbol{\mu}_A$ und entsprechend ist der Zustandsvektor $\boldsymbol{\mu}''_C$ äquivalent zum Zustandsvektor $\boldsymbol{\mu}_B$. Die Zustandsvektoren $\boldsymbol{\mu}_A$ und $\boldsymbol{\mu}_B$ sind gemäß Voraussetzung $(k_A + k_B - 1)$-äquivalent. Folglich ist

$$\boldsymbol{\mu}_A \boldsymbol{\tau}_A(v/w) = \boldsymbol{\mu}_B \boldsymbol{\tau}_B(v/w) \text{ für alle } v,\ w \text{ mit } |w| = |v| \leq k_A + k_B - 1 \ .$$

Daher gilt

$$\boldsymbol{\mu}'_C \boldsymbol{\tau}_C(v/w) = \boldsymbol{\mu}''_C \boldsymbol{\tau}_C(v/w) \text{ für alle } v,\ w \text{ mit } |w| = |v| \leq k_A + k_B - 1 \ .$$

Da der SA C $k_A + k_B$ Zustände enthält, sind gemäß Korollar 2.5.1 die Zustandsvektoren $\boldsymbol{\mu}'_C$ und $\boldsymbol{\mu}''_C$ äquivalent. Daher sind auch die Zustandsvektoren $\boldsymbol{\mu}_A$ und $\boldsymbol{\mu}_B$ zueinander äquivalent. □

Der Begriff der Äquivalenz erlaubt es, einen gegebenen SA zu einem äquivalenten SA mit einer geringeren Anzahl von Zuständen zu reduzieren. Dieser Prozeß heißt *Minimierung eines SA nach der Zahl der Zustände*. Neben der Minimierung werden wir einen Prozeß betrachten, der als Reduktion eines SA bezeichnet wird. Wir betrachten zunächst zwei Definitionen.

Definition 2.5.8 Ein SA heißt *reduziert*, wenn er keine äquivalenten Zustände enthält.

Wir werden den Prozeß der Überführung eines SA zu einem äquivalenten reduzierten SA *Reduktion* nennen. Als *schwache* oder *initiale Reduktion* werden wir den Prozeß der Zurückführung eines SA auf einen reduzierten initial-äquivalenten SA bezeichnen.

Definition 2.5.9 Ein SA heißt *minimal*, wenn kein Zustand zu einem Zustandsvektor äquivalent ist.

Wir werden den Prozeß der Überführung eines SA in einen äquivalenten minimalen SA *Minimierung* nennen.

Theorem 2.5.5 *Eine Basismatrix N_A des SA A mit k Zuständen habe zwei gleiche Zeilen. Dann läßt sich effektiv ein SA B mit $(k-1)$ Zuständen konstruieren, der initial-äquivalent zum SA A ist.*

Beweis Aus Formel (1.1.31) folgt: Falls eine Basismatrix zwei gleiche Zeilen enthält, sind die entsprechenden Zeilen in jeder beliebigen Basismatrix gleich. Deshalb hängt die Aussage des Theorems nicht von der Wahl der Basismatrix ab. Seien die Zeilen l und m der Matrix N_A gleich. Dann folgt aus Theorem 2.5.1, daß die Zustände s_l und s_m des SA A äquivalent sind. Wir betrachten den SA B mit $(k-1)$ Zuständen, der auf folgende Weise definiert ist:

$$b_{ij}(y/x) = a_{ij}(y/x) \text{ für } i \neq m,\ \ j \neq l, m\ ,$$

$$b_{il}(y/x) = a_{il}(y/x) + a_{im}(y/x) \text{ für } i \neq m\ .$$

Wir zeigen, daß für alle Wortpaare (w, v) die Beziehungen

$$\tau_B^{s'_i}(v/w) = \tau_A^{s_i}(v/w)\ , \quad \tau_B^{s'_l}(v/w) = \tau_A^{s_m}(v/w) \text{ für } i \neq m$$

gelten. Die letzte Gleichheit folgt aus der vorhergehenden für $i = l$, da die Zustände s_l und s_m, wie wir schon gesehen haben, äquivalent sind. Für Wörter der Länge Eins ist die Behauptung offensichtlich. Durch Induktion erhalten wir für Wörter beliebiger Länge mit $i \neq m$, daß

$$\begin{aligned}\tau_A^{s_i}(yv/xw) &= \boldsymbol{\mu}_i A(y/x)\boldsymbol{\tau}_A(v/w) \\ &= \sum_{j=1}^{k} a_{ij}(y/x)\tau_A^{s_j}(v/w) \\ &= \sum_{j\neq m} b_{ij}(y/x)\tau_B^{s'_j}(v/w) = \tau_B^{s'_i}(yv/xw)\end{aligned}$$

gilt. □

Aus dem Theorem 2.5.5 folgt, daß die Gleichheit der Zeilen i und j der Basismatrix eines SA A notwendige und hinreichende Bedingung für die Äquivalenz seiner Zustände s_i und s_j ist. Deshalb gilt das folgende

Korollar 2.5.2 *Zu jedem SA existiert ein zu ihm initial-äquivalenter reduzierter SA.*

Korollar 2.5.3 *Ein SA ist reduziert, wenn keine Basismatrix gleiche Zeilen enthält.*

Mit Theorem 2.5.5 kann man einen reduzierten Automaten konstruieren, indem wiederholt der Algorithmus des Theorems auf gleiche Zeilen in einer beliebigen Basismatrix des Automaten angewandt wird.

Lemma 2.5.4 *Für jedes Paar von Buchstaben (x, y) sei der Vektor $\boldsymbol{\xi}(y/x)$ eine feste Zeile der Übergangsmatrix $A(y/x)$ des SA A, und der Vektor $\boldsymbol{\xi}'(y/x)$ sei so gewählt, daß die Bedingung*

$$(\boldsymbol{\xi}(y/x) - \boldsymbol{\xi}'(y/x))N_A = 0$$

erfüllt ist.

Dann ist der SA A' mit den Übergangsmatrizen $A'(y/x)$ initial-äquivalent zum SA A, wobei jede Matrix $A'(y/x)$ dadurch aus der Matrix $A(y/x)$ entsteht, daß die Zeile $\boldsymbol{\xi}(y/x)$ durch die Zeile $\boldsymbol{\xi}'(y/x)$ ersetzt wird.

Beweis Wir werden zeigen, daß

$$\boldsymbol{\tau}_A(v/w) = \boldsymbol{\tau}'_A(v/w) \text{ für alle } (w,v) \in (X \times Y)^* \tag{2.5.8}$$

gilt. Für Wörter der Längen Null oder Eins ist die Beziehung (2.5.8) offensichtlich, da die entsprechenden Matrizen $A(y/x)$ und $A'(y/x)$ sich nur in einer Zeile unterscheiden und der Bedingung (2.5.8) genügen. Aufgrund der Formel (1.1.31) ist die Bedingung des Hilfssatzes wahr für beliebige Basismatrizen. Insbesondere kann die Basismatrix so gewählt werden, daß für den jeweils nächsten Spaltenvektor $\boldsymbol{\tau}_A(yv/xw)$ in der Basismatrix die Beziehung $\boldsymbol{\tau}_A(v/w) = N'_A\boldsymbol{\beta}(v/w)$ gilt. Dabei setzt sich dieser Teil der Basismatrix N'_A aus schon in vorhergehenden Schritten betrachteten Vektoren zusammen, für die die Gleichungen

$$\boldsymbol{\tau}_{A'}(v'/w') = \boldsymbol{\tau}_A(v'/w') \in N'_A$$

und

$$\boldsymbol{\tau}_{A'}(v/w) = \boldsymbol{\tau}_A(v/w) = N'_A\boldsymbol{\beta}(v/w) = N'_{A'}\boldsymbol{\beta}(v/w)$$

bereits gelten. Daher ist

$$\begin{aligned}
\boldsymbol{\tau}_A(yv/xw) &= A(y/x)\boldsymbol{\tau}_A(v/w) = A(y/x)N'_A\boldsymbol{\beta}(v/w) \\
&= A'(y/x)N'_A\boldsymbol{\beta}(v/w) = A'(y/x)N'_{A'}\boldsymbol{\beta}(v/w) \\
&= A'(y/x)\boldsymbol{\tau}_{A'}(v/w) = \boldsymbol{\tau}_{A'}(yv/xw)
\end{aligned}$$

und somit sind (2.5.8) und das Lemma bewiesen. □

Theorem 2.5.6 *Sei A ein SA mit k Zuständen. Eine Zeile in einer Basismatrix N_A sei konvexe Linearkombination der übrigen Zeilen. Dann läßt sich ein SA mit $(k-1)$ Zuständen effektiv konstruieren, der äquivalent zu A ist.*

Beweis Seien $\boldsymbol{n}_1, \ldots, \boldsymbol{n}_k$ die Zeilen einer Basismatrix N_A, und ohne Einschränkung der Allgemeinheit sei die k-te Zeile konvexe Linearkombination der übrigen Zeilen, d. h.

$$\boldsymbol{n}_k = \sum_{i=1}^{k-1} \alpha_i \boldsymbol{n}_i, \quad \alpha_i \geq 0, \quad \sum_{i=1}^{k-1} \alpha_i = 1\,.$$

Diese Beziehung kann umgeschrieben werden in die Form

$$(\alpha_1, \dots, \alpha_{k-1}, -1)N_A = (\boldsymbol{\alpha}, -1)N_A = 0\ . \tag{2.5.9}$$

Wie im vorhergehenden Theorem gezeigt gilt eine Beziehung des Typs (2.5.9) für jede Basismatrix, sobald sie für eine zutrifft. Aus Theorem 2.5.1 folgt, daß dann beliebige Zustandsvektoren $\boldsymbol{\mu}$ und $\boldsymbol{\mu}' = \boldsymbol{\mu} + \mu_k(\boldsymbol{\alpha}, -1)$ äquivalent sind.

Sei $\boldsymbol{\eta}_k(y/x)$ der k-te Spaltenvektor der Übergangsmatrix $A(y/x)$. Wir betrachten den SA mit den Übergangsmatrizen

$$A'(y/x) = A(y/x) + \boldsymbol{\eta}_k(y/x)(\boldsymbol{\alpha}, -1)\ .$$

Wegen (2.5.9) ist die Bedingung

$$A'(y/x)N_A = A(y/x)N_A, \quad x \in X,\ y \in Y$$

erfüllt. Analog zum Beweis des Lemmas 2.5.4 kann gezeigt werden, daß diese Beziehung äquivalent zu (2.5.8) ist; folglich ist der SA A' mit den Übergangsmatrizen $\{A'(y/x)|x \in X, y \in Y\}$ initial-äquivalent zum SA A. Man beachte, daß die letzte Spalte aller Übergangsmatrizen des SA A' gleich dem Nullvektor ist. Wir betrachten den folgenden Automaten A'' mit $(k-1)$ Zuständen. Die Übergangsmatrizen dieses SA entstehen aus den Übergangsmatrizen von A', indem die k-te Zeile und die k-te Spalte gestrichen werden. Die SAs A und A'' sind äquivalent. Es ist nämlich zu jedem Zustandsvektor $\boldsymbol{\mu}$ des SA A der Zustandsvektor $\boldsymbol{\mu}' = (\boldsymbol{\mu}'', 0)$ von A' äquivalent und zu dem letzteren wiederum der Zustandsvektor $\boldsymbol{\mu}''$ des SA A''. Dies gilt auch umgekehrt, woraus das Theorem folgt. □

Definition 2.5.10 Ein SA heißt *stark minimal*, wenn er keine verschiedenen äquivalenten Zustandsvektoren besitzt.

Ein SA ist genau dann stark minimal, wenn es kein Paar stochastischer Vektoren $\boldsymbol{\mu}_1$ und $\boldsymbol{\mu}_2$ gibt, so daß die Beziehung (2.5.2) erfüllt ist. Diese Aussage ist äquivalent zur folgenden: Es gibt einen Vektor, der nicht der Nullvektor ist, bei dem die Summe über alle Koordinaten jedoch Null ergibt, so daß

$$\boldsymbol{\nu} N_A = 0 \tag{2.5.10}$$

gilt.

Sei nämlich $\boldsymbol{\nu}$ ein solcher Vektor. Wir setzen $\sum_{\nu_i>0} \nu_i = -\sum_{\nu_i<0} \nu_i = d$. Die Vektoren $\boldsymbol{\mu}_1$ und $\boldsymbol{\mu}_2$ mit

$$\mu_1^i = \begin{cases} \nu_i/d & \text{, für } \nu_i > 0, \\ 0 & \text{, für } \nu_i \leq 0, \end{cases} \quad \text{und } \mu_2^i = \begin{cases} -\nu_i/d & \text{, für } \nu_i < 0, \\ 0 & \text{, für } \nu_i \geq 0, \end{cases}$$

sind stochastisch. Es gilt

$$(\boldsymbol{\mu}_1 - \boldsymbol{\mu}_2)N_A = (\boldsymbol{\nu}/d)N_A = 0 \ ,$$

und folglich sind die Zustandsvektoren $\boldsymbol{\mu}_1$ und $\boldsymbol{\mu}_2$ äquivalent. Umgekehrt liefert jedes äquivalente Paar von verschiedenen Zustandsvektoren des SA, sofern es existiert, eine von Null verschiedene Lösung des Gleichungssystems (2.5.10). Wir erinnern daran, daß N_A eine Basismatrix ist und folglich größtmöglichen Rang hat. Deshalb hat das System (2.5.10) immer eine von Null verschiedene Lösung, wenn $k > rgN_A$ gilt. Nun ist der Rang einer Basismatrix N_A gleich der Dimension der linearen Hülle $\mathcal{L}_A$. Somit gilt die folgende

Bemerkung 2.5.3 Ein endlicher SA ist genau dann stark minimal, wenn die Zahl seiner Zustände gleich der Dimension der linearen Hülle der Menge seiner Ergebnisvektoren ist: $|S| = \dim \mathcal{L}_A$.

Zum Abschluß untersuchen wir das Vorgehen zur Konstruktion einer reduzierten Form eines endlichen SA. Sei $A = \langle X, Y, S, \{p(s', y/s, x)\}\rangle$ ein endlicher SA. Für jeden Zustand $s \in S$ bezeichnen wir mit $[s]$ die Klasse der äquivalenten Zustände, die s enthält. Um $[s]$ zu ermitteln, ist es wegen Korollar 2.5.1 hinreichend, alle Spaltenvektoren $\boldsymbol{\tau}(v/w)$ für $|w| = |v| \leq k-1$ zu berechnen. Zwei Zustände s_1 und s_2 befinden sich in derselben Äquivalenzklasse, wenn die s_1-te und die s_2-te Komponente jedes Spaltenvektors $\boldsymbol{\tau}(v/w)$ gleich sind. $[s]$ kann man auch mit einer Basismatrix N_A nach Lemma 2.5.3 konstruieren. Wegen Theorem 2.5.5 definieren gleiche Zeilen in N_A genau die Äquivalenzklassen.

Sei für jede Äquivalenzklasse $[s]$ eine beliebig gewählte Wahrscheinlichkeitsverteilung $\{\mathcal{P}_{[s]}(s) | s \in [s]\}$ gegeben. Wir konstruieren einen SA $\tilde{A} = \langle X, Y, S, \{p([s]', y/[s], x)\}\rangle$, dessen Zustände die Äquivalenzklassen $[s]$ des SA A sind und dessen bedingte Übergangswahrscheinlichkeiten auf folgende Weise definiert sind:

$$p([s'], y/[s], x) = \sum_{u \in [s]} \mathcal{P}_{[s]}(u) \sum_{u' \in [s']} p(u', y/u, x) \ .$$

Für jeden Zustand s und seine Äquivalenzklasse ist

$$\tau_A^s(v/w) = \tau_{\tilde{A}}^{[s]}(v/w) \text{ für alle } (w,v) \in (X \times Y)^* ,$$

d. h., die SAs A und $\tilde{A}$ sind initial-äquivalent. Wir überlassen den genauen Beweis dem Leser.

Allgemeinere Sätze über die Äquivalenz von SAs und ihre Minimierung werden wir im folgenden Abschnitt herleiten.

2.6 Homomorphismen und Äquivalenz

Die Äquivalenz von SAs ist eng verknüpft mit dem Begriff des Homomorphismus. Mit diesem Begriff kann man eine notwendige und hinreichende Bedingung für die Äquivalenz formulieren und eine algebraische Interpretation der Minimierung angeben.

Die Definition der Äquivalenz in 2.5.1 betrachtet zwei Zustandsvektoren $\boldsymbol{\mu}_1$ und $\boldsymbol{\mu}_2$ als äquivalent, wenn ein SA jeweils mit den Anfangszustandsvektoren $\boldsymbol{\mu}_1$ und $\boldsymbol{\mu}_2$ den gleichen stochastischen Operator darstellt. Unabhängig hiervon werden wir eine allgemeine Theorie der Homomorphismen entwickeln, die leicht mit der Äquivalenz in Beziehung gesetzt werden kann.

Der stochastische Automat (A, Z_A) mit den $k_A \times k_A$-Übergangsmatrizen $A(y/x)$ und der SA (B, Z_B) mit den $k_B \times k_B$-Übergangsmatrizen $B(y/x)$ mögen ein gemeinsames Ein- und Ausgabealphabet besitzen.

Definition 2.6.1 Der SA (A, Z_A) *wird homomorph dargestellt im* (oder einfach *ist homomorph zum*) SA (B, Z_B), wenn eine $k_A \times k_B$-Matrix H vollen Ranges existiert, so daß die Summe ihrer Elemente in jeder Zeile gleich Eins ist und

$$Z_B = Z_A H , \tag{2.6.1}$$

$$A(y/x)H = HB(y/x) \tag{2.6.2}$$

gelten.

Der SA (A, Z_A) ohne Ausgabe mit den $k_A \times k_A$-Übergangsmatrizen $A(x)$ und der SA (B, Z_B) ohne Ausgabe mit den $k_B \times k_B$-Übergangsmatrizen $B(x)$ mögen ein gemeinsames Eingabealphabet besitzen.

Definition 2.6.2 Der SA (A, Z_A) *wird schwach homomorph* in dem SA (B, Z_B) dargestellt, wenn eine $k_A \times k_B$-Matrix H vollen Ranges existiert, so daß die Summe der Elemente in ihren Zeilen gleich Eins ist und

$$Z_B = Z_A H ,$$

$$A(x)H = HB(x)$$

gelten.

Wir werden mit $R^{(k)}$ die Menge der Koordinatenecken des Simplexes $\Delta^{(k)}$ bezeichnen.

Bemerkung 2.6.1 Ist die Bedingung $R^{(k_A)} \subseteq Z_A$ erfüllt, dann ist die Matrix H stochastisch. Ist umgekehrt die Matrix H stochastisch, so kann $R^{(k_A)} = Z_A$ gesetzt werden.

Sei nämlich $R^{(k_A)} \subseteq Z_A$. Dieses bedeutet, daß die Matrix H stochastische Zeilen haben muß, da unter der Abbildung, die durch die Beziehung (2.6.1) definiert wird, der Menge $R^{(k_A)}$ die Menge der Zeilen von H in Z_B entspricht. Wird umgekehrt $R^{(k_A)}$ als Z_A gewählt, dann sind die Vektoren der Matrix $Z_B = Z_A H$ stochastisch.

Bemerkung 2.6.2 Sind $R^{(k_A)} \subseteq Z_A$ und $R^{(k_B)} \subseteq Z_B$, so besteht für $k_A = k_B$ die Matrix H nur aus Nullen und Einsen. Besteht umgekehrt die Matrix H nur aus Nullen und Einsen und gilt $k_A \geq k_B$, so können $R^{(k_A)} = Z_A$ und $R^{(k_B)} = Z_B$ gesetzt werden.

Diese Bemerkung folgt aus dem folgenden Hilfssatz.

Lemma 2.6.1 *Ist das Produkt nichtsingulärer stochastischer Matrizen P und Q gleicher Ordnung gleich der Einheitsmatrix*

$$PQ = E ,$$

so bestehen die Elemente beider Matrizen nur aus Nullen und Einsen.

Beweis Durch Induktion über die Zahl der Spalten der Matrix Q. Für Matrizen des Ranges 1 oder 2 ist der Hilfssatz offensichtlich. Seien jetzt $P = (p_{ij})$ und $Q = (p_{ij})$ zwei nichtsinguläre stochastische Matrizen des Ranges n, deren Produkt die Einheitsmatrix ergibt:

$$\sum_k p_{ik} q_{kj} = \delta_{ij} \; . \tag{2.6.3}$$

Da alle Einträge der Matrizen nichtnegativ sind, sind alle Produkte der Form $p_{ik}q_{kj}$ für jedes Paar von Indizes $i \neq j$ gleich Null. Da die Matrix P stochastisch ist, gibt es für jeden beliebigen Wert i unter den Koeffizienten p_{ik} einen, der ungleich Null ist. Sei dies der Koeffizient p_{is}. Dies bedeutet, daß die Koeffizienten q_{sj} für alle Werte $j \neq i$ gleich Null sind. Folglich enthält die s-te Zeile von Q nur ein Element, das ungleich Null ist, in diesem Fall also gleich Eins, nämlich das Element q_{si}. Indem wir erneut die Beziehung (2.6.3) benutzen, folgern wir, daß alle Elemente der s-ten Spalte der Matrix P außer dem Element p_{is} gleich Null sind. Also befindet sich in der s-ten Spalte der Matrix P genau ein Element ungleich Null. Wir zeigen, daß in der i-ten Spalte der Matrix Q ebenfalls genau ein Element ungleich Null existiert, nämlich q_{si}. Nehmen wir das Gegenteil an, und sei das Element q_{ti} ungleich Null. In diesem Fall sind jedoch alle Elemente der t-ten Spalte der Matrix P - möglicherweise mit Ausnahme des Elementes p_{it} - ebenfalls gleich Null, was der Tatsache widerspricht, daß P nichtsingulär ist. Die Gleichheit (2.6.3) ergibt damit

$$1 = \delta_{ii} = \sum_k p_{ik} q_{ki} = p_{is} q_{si} = p_{is} \; ,$$

d. h., in der i-ten Zeile von P gibt es genau ein Element ungleich Null, das dann gleich Eins ist. Somit kann man aus der Matrix P die i-te Zeile und die j-te Spalte und aus Q die s-te Zeile und die i-te Spalte streichen, und wir erhalten zwei nichtsinguläre stochastische Matrizen P' und Q' des Ranges $(n-1)$, deren Produkt gleich der Einheitsmatrix ist. Der Induktionsschritt ist damit getan und das Lemma bewiesen. □

Wir wenden uns der Bemerkung 2.6.2 zu. Seien $R^{(k_A)} \subseteq Z_A$, $R^{(k_B)} \subseteq Z_B$ und $k_A = k_B$. Dann besteht die Matrix H nur aus Nullen und Einsen. Aus der ersten Bedingung folgt nämlich, daß die Matrix H stochastische Zeilen hat. Den Koordinatenecken $(0, \ldots, \underset{i}{1}, 0, \ldots, 0)$ mit $i = 1, \ldots, k_B$ des

Simplexes $\Delta^{(k_B)}$ mögen durch den Homomorphismus die linear unabhängigen Zustandsvektoren $\boldsymbol{\mu}_1, \ldots, \boldsymbol{\mu}_{k_B}$ des SA A entsprechen. Wird

$$\widetilde{H} = \begin{pmatrix} \boldsymbol{\mu}_1 \\ \vdots \\ \boldsymbol{\mu}_{k_B} \end{pmatrix}$$

gesetzt, muß das Produkt $\widetilde{H}H$ die Einheitsmatrix ergeben: $\widetilde{H}H = E$. Wegen Lemma 2.6.1 ist dieses nur möglich, wenn jedes Element von $\widetilde{H}$ und H gleich Null oder gleich Eins ist. Besteht umgekehrt die Matrix H nur aus Nullen und Einsen und ist $k_A \geq k_B$, dann können (da H vollen Rang besitzt und keine Spalten hat, die gleich Null sind) beide zulässigen Mengen Z_A und Z_B so gewählt werden, daß sie mit den entsprechenden Koordinatensimplizes übereinstimmen. □

Besteht in den Definitionen 2.6.1 und 2.6.2 die Matrix H des Homomorphismus nur aus Nullen und Einsen, so wird ein solcher Homomorphismus *deterministischer Homomorphismus* genannt. Im Fall eines deterministischen Homomorphismus können die zulässigen Mengen mit den Koordinatensimplizes zusammenfallen und brauchen nicht gesondert betrachtet zu werden. Ist in den Definitionen 2.6.1 und 2.6.2 die Matrix H quadratisch, also $k_A = k_B$, so wird ein solcher Homomorphismus Isomorphismus genannt und als *deterministischer Isomorphismus* bezeichnet. Sind die SAs A und B in den Definitionen 2.6.1 und 2.6.2 deterministisch, so stimmt die Definition des deterministischen Isomorphismus mit der Definition des Isomorphismus für DAs überein.

Definition 2.6.3 Der Zustand s (der Zustandsvektor $\boldsymbol{\mu}_A$) des SA A mit dem Endvektor $\boldsymbol{\tau}_A$ heißt *schwach äquivalent* zu dem Zustand u (dem Zustandsvektor $\boldsymbol{\mu}_B$) des SA B mit dem Endvektor $\boldsymbol{\tau}_B$, wenn die charakteristischen Funktionen dieser Automaten für die Anfangszustände s und u (die Anfangszustandsvektoren $\boldsymbol{\mu}_A$ und $\boldsymbol{\mu}_B$) übereinstimmen.

Definition 2.6.4 Der SA (A, Z_A) mit Endvektor $\boldsymbol{\tau}_A$ heißt *schwach äquivalent* zum SA (B, Z_B) mit Endvektor $\boldsymbol{\tau}_B$, wenn es zu jedem Zustandsvektor $\boldsymbol{\mu}_A$ des Automaten A aus der zulässigen Menge Z_A einen zu ihm schwach äquivalenten Zustandsvektor $\boldsymbol{\mu}_B$ des SA B aus der zulässigen Menge Z_B gibt und umgekehrt für jeden Zustandsvektor $\boldsymbol{\mu}_B$ des SA B aus der zulässigen Menge Z_B ein zu ihm schwach äquivalenter Zustandsvektor $\boldsymbol{\mu}_A$ des SA A aus der zulässigen Menge Z_A existiert.

Wegen der Linearität ergeben sich für beide Äquivalenzbegriffe ähnliche Ergebnisse, wie wir im folgenden zeigen werden.

Theorem 2.6.1 *Der SA (A, Z_A) sei homomorph in dem SA (B, Z_B) dargestellt. Dann sind beide SAs äquivalent, wobei der Zustandsvektor $\boldsymbol{\mu}_A \in Z_A$ zum Zustandsvektor $\boldsymbol{\mu}_B = \boldsymbol{\mu}_A H \in Z_B$ äquivalent ist.*

Beweis Für (A, Z_A) und (B, Z_B) seien die Beziehungen (2.6.1) und (2.6.2) erfüllt. Zunächst ist klar, daß für alle $w \in X^*, v \in Y^*$

$$A(v/w)H = HB(v/w) \tag{2.6.4}$$

gilt. Aus $\boldsymbol{\varepsilon}_A = H\boldsymbol{\varepsilon}_B$ folgt

$$\begin{aligned} \boldsymbol{\tau}_A^{\boldsymbol{\mu}_A}(v/w) &= \boldsymbol{\mu}_A(e)A(v/w)\boldsymbol{\varepsilon}_A = \boldsymbol{\mu}_A(e)A(v/w)H\boldsymbol{\varepsilon}_B \\ &= \boldsymbol{\mu}_A(e)HB(v/w)\boldsymbol{\varepsilon}_B = \boldsymbol{\mu}_B(e)B(v/w)\boldsymbol{\varepsilon}_B \\ &= \boldsymbol{\tau}_B^{\boldsymbol{\mu}_B}(v/w)\,, \end{aligned} \tag{2.6.5}$$

dabei ist

$$\boldsymbol{\mu}_B(e) = \boldsymbol{\mu}_A(e)H \tag{2.6.6}$$

gesetzt. Wegen (2.6.1) ist $\boldsymbol{\mu}_B \in Z_B$ ein stochastischer Vektor. Also existiert zu jedem zulässigen Zustandsvektor $\boldsymbol{\mu}_A$ von A ein zu ihm äquivalenter Zustandsvektor $\boldsymbol{\mu}_B$ von B. Da umgekehrt (2.6.1) erfüllt ist und die Matrix H vollen Rang hat, besitzt die Matrizengleichung (2.6.6) die stochastische Lösung $\boldsymbol{\mu}_A(e)$, und es gilt ebenfalls (2.6.5). □

Korollar 2.6.1 *Zwei homomorphe SAs (A, Z_A) und (B, Z_B) mit $k_A \geq k_B$ sind genau dann zugleich initial äquivalent, wenn $R^{(k_A)} \subseteq Z_A$ sowie $R^{(k_B)} \subseteq Z_B$ gelten und die Matrix H des Homomorphismus aus Nullen und Einsen besteht.*

Bemerkung 2.6.3 Für die Begriffe des schwachen Homomorphismus und der schwachen Äquivalenz gilt ein zu Korollar 2.6.1 analoges Theorem. Dabei sind die entsprechenden schwach äquivalenten Zustandsvektoren und die Endvektoren der Automaten (A, Z_A) und (B, Z_B) verbunden durch die Beziehungen

$$\boldsymbol{\mu}_B(e) = \boldsymbol{\mu}_A(e)H \quad \text{und}$$

$$\boldsymbol{\tau}_A = H\boldsymbol{\tau}_B\,.$$

Wir werden eine Bedingung für den Homomorphismus von SAs in der Sprache der linearen Räume $\mathcal{E}_A$ und $\mathcal{E}_B$ formulieren.

Wir zeigen zunächst: Wenn die $t \times r$-Matrix H eines Homomorphismus (mit $t \geq r$) vollen Rang r hat, existiert eine $r \times t$-Matrix $\widetilde{H}$ ebenfalls vollen Ranges, so daß ihr Produkt $\widetilde{H}H$ gleich der Einheitsmatrix der Ordnung r ist:

$$\widetilde{H}H = E\,. \tag{2.6.7}$$

Ohne Beschränkung der Allgemeinheit seien die ersten r Zeilen und Spalten von H linear unabhängig. Dann kann H dargestellt werden in der Form

$$H = \begin{pmatrix} R \\ H_1 R \end{pmatrix} = \begin{pmatrix} E \\ H_1 \end{pmatrix} R\,,$$

wobei die $r \times r$-Matrix R nichtsingulär ist und die Matrix $\begin{pmatrix} E \\ H_1 \end{pmatrix}$ vollen Rang hat. Für H_1 gibt es immer eine $r \times (t-r)$-Matrix $\widetilde{H}_1$, möglicherweise die Nullmatrix, so daß die Gleichung $\widetilde{H}_1 H_1 = 0$ gilt. Wir bezeichnen mit $\widetilde{H}$ die Matrix

$$\widetilde{H} = R^{-1}(E\ \ \widetilde{H}_1)$$

(in den Klammern ist kein Produkt dargestellt, sondern eine $r \times t$-Matrix). Das Produkt $\widetilde{H}H = E$ ist gleich der Einheitsmatrix der Ordnung r.

Zwei Basismatrizen N_A und N_B der SAs A und B mit gleichen Mengen von Ein- und Ausgabesymbolen heißen *abgestimmt*, wenn die Ränge der Matrizen N_A und N_B gleich sind und es ein System von Spaltenvektoren

$$\{\boldsymbol{M}(v/w) | (w,v) \in (X \times Y)^*\}$$

gibt, so daß für alle Paare von Wörtern (w,v) und Spaltenvektoren $\boldsymbol{\tau}_A(v/w)$ sowie $\boldsymbol{\tau}_B(v/w)$ die Beziehungen

$$\begin{aligned} \boldsymbol{\tau}_A(v/w) &= N_A \boldsymbol{M}(v/w) \\ \boldsymbol{\tau}_B(v/w) &= N_B \boldsymbol{M}(v/w) \end{aligned} \tag{2.6.8}$$

gelten.

Theorem 2.6.2 *Der SA (A, Z_A) werde homomorph in (B, Z_B) gemäß (2.6.1) sowie (2.6.2) dargestellt, und es sei $k_A \geq k_B$. Dann gibt es abgestimmte Basismatrizen N_A und N_B mit*

$$N_A = HN_B\,.$$

Beweis Indem wir die Gleichung (2.6.4) von rechts mit dem Spaltenvektor ε_B multiplizieren, erhalten wir

$$\boldsymbol{\tau}_A(v/w) = H\boldsymbol{\tau}_B(v/w) \tag{2.6.9}$$

Die Menge der Spaltenvektoren $\boldsymbol{\tau}_A(v_1/w_1), \ldots, \boldsymbol{\tau}_A(v_s/w_s)$ bilde eine Basis des Raumes $\mathcal{E}_A$. Dann ist das entsprechende System von Spaltenvektoren $\boldsymbol{\tau}_B(v_1/w_1), \ldots, \boldsymbol{\tau}_B(v_s/w_s)$ linear unabhängig. Aus der Annahme, daß $\boldsymbol{\tau}_B(v_1/w_1), \ldots, \boldsymbol{\tau}_B(v_s/w_s)$ linear abhängig sind, erhalten wir nämlich aufgrund von (2.6.9) die lineare Abhängigkeit von $\boldsymbol{\tau}_A(v_1/w_1), \ldots, \boldsymbol{\tau}_A(v_s/w_s)$. Aus (2.6.7) und (2.6.9) folgt

$$\widetilde{H}\boldsymbol{\tau}_A(v/w) = \boldsymbol{\tau}_B(v/w) \ .$$

Die Matrix $\widetilde{H}$ ist nur für $k_A \geq k_B$ definiert. Entsprechend schließen wir, daß, falls die Vektoren $\boldsymbol{\tau}_B(v_1/w_1), \ldots, \boldsymbol{\tau}_B(v_s/w_s)$ eine Basis von $\mathcal{E}_B$ bilden, die entsprechenden Vektoren $\boldsymbol{\tau}_A(v_1/w_1), \ldots, \boldsymbol{\tau}_A(v_s/w_s)$ linear unabhängig sind. Folglich bilden beide Mengen von Spaltenvektoren eine Basis von $\mathcal{E}_B$ und $\mathcal{E}_A$. Die Beziehungen

$$\begin{aligned}
\boldsymbol{\tau}_A(v/w) &= \sum_{i=1}^{t} \beta^i(v/w)\boldsymbol{\tau}_A(v_i/w_i) \ , \\
\boldsymbol{\tau}_B(v/w) &= \widetilde{H}\boldsymbol{\tau}_A(v/w) = \sum_{i=1}^{t} \beta^i(v/w)\widetilde{H}\boldsymbol{\tau}_A(v_i/w_i) \\
&= \sum_{i=1}^{t} \beta^i(v/w)\boldsymbol{\tau}_B(v_i/w_i)
\end{aligned}$$

haben als Matrizen geschrieben die Form (2.6.8), wobei der Spaltenvektor $\boldsymbol{M}(v/w)$ die Koordinaten $\beta^i(v/w)$ $(i = 1, \ldots, t)$ besitzen möge. □

Korollar 2.6.2 *Wird der SA A homomorph im SA B dargestellt, wobei $k_A \geq k_B$ sei, so stimmen die Dimensionen der linearen Räume $\mathcal{E}_A$ und $\mathcal{E}_B$ überein.*

Korollar 2.6.3 *Die SAs (A, Z_A) und (B, Z_B) seien homomorph zu demselben SA (C, Z_C) mit $k_A \geq k_C$ und $k_B \geq k_C$, H_{CA} und H_{CB} seien die entsprechenden Matrizen der Homomorphismen. Dann kann man abgestimmte Basismatrizen so wählen, daß die Matrixbeziehung*

$$H_{CA}N_A = H_{CB}N_B$$

gilt.

Bemerkung 2.6.4 Sätze vom Typ des Theorems 2.6.2 wie auch der Korollare 2.6.2 und 2.6.3 gelten auch für den Fall von schwachen Homomorphismen zwischen SAs.

Das wesentliche Ziel dieses Abschnittes besteht darin, eine notwendige und hinreichende Bedingung für die Äquivalenz zweier SAs unter Verwendung von Homomorphismen aufzustellen. Im Fall der SAs ist die Beziehung zwischen den Begriffen des Homomorphismus und der Äquivalenz von Automaten jedoch schwieriger als im Fall der DAs. Der Unterschied besteht darin, daß beim Prozeß der Minimierung im allgemeinen ein SA entstehen kann, der zum ursprünglichen nicht homomorph ist. Betrachten wir etwa die Minimierungsmethode aus Theorem 2.5.5: Besitzt ein SA mit k Zuständen ein Paar äquivalenter Zustände s_l und s_t, so führt das „Zusammenkleben“ dieser äquivalenten Zustände zu einem SA mit $(k-1)$ Zuständen, der initial-äquivalent zum Ausgangs-SA ist. Dieses Zusammenkleben besteht in der Identifizierung der Zustände s_l und s_t und somit in der Umgestaltung der Übergangsmatrizen der stochastischen Automaten. Hierbei wird in allen Matrizen eine Zeile gestrichen, die einem der äquivalenten Zustände (beispielsweise dem Zustand s_t) entspricht. Außerdem werden die Spalten zusammengelegt, die zu den beiden äquivalenten Zuständen gehören. Die Operation „Zusammenkleben“ wird durch die folgende Matrizenoperation realisiert. Seien wie in Theorem 2.5.5 die Zustände s_{k-1} und s_k „zusammenzukleben“ und seien H_1 und H_2 zwei rechteckige $(k-1) \times k$- und $k \times (k-1)$-Matrizen der Form

$$H_1 = \begin{pmatrix} & 0 \\ E & \vdots \\ & 0 \end{pmatrix} \quad \text{und} \quad H_2 = \begin{pmatrix} & E & \\ 0 & \cdots & 0 \end{pmatrix}.$$

Dann gilt offensichtlich

$$B(y/x) = H_1 A(y/x) H_2 \,. \tag{2.6.10}$$

Wegen $H_1 H_2 = E$ folgt die Bedingung (2.6.10) aus der Homomorphiebedingung

$$A(y/x)H_2 = H_2 B(y/x)$$

der Automaten A und B. Die Umkehrung gilt im allgemeinen nicht.

Theorem 2.6.3 *Die Operation „Zusammenkleben“ äquivalenter Zustände s_{k-1} und s_k des SA A führt genau dann zu einem SA B, der vermöge einer*

Homomorphiematrix H_2 *zu* A *homomorph ist, wenn die Zeilen* $\boldsymbol{a}_{k-1}(y/x)$ *und* $\boldsymbol{a}_k(y/x)$ *der Matrix* $A(y/x)$, *die den „zusammenklebbaren" Zuständen entsprechen, der Bedingung*

$$\boldsymbol{a}_{k-1}(y/x)H_2 = \boldsymbol{a}_k(y/x)H_2 \qquad (2.6.11)$$

genügen.

Beweis Die Homomorphiebedingung ist äquivalent zur Forderung

$$a_{k-1,i}(y/x) = a_{k,i}(y/x) \text{ für } i = 1, \ldots, k-2 \,,$$

$$a_{k-1,k-1}(y/x) + a_{k-1,k}(y/x) = a_{k,k-1}(y/x) + a_{k,k}(y/x) \,,$$

was bedeutet, daß die Bedingung (2.6.11) erfüllt ist. □

Wenn ein SA A äquivalente Zustände s_l und s_t besitzt, so kann er leicht zu einem SA reduziert werden, der die Überführung vermöge einer homomorphen Transformation zuläßt. Dafür ist es hinreichend, beispielsweise im SA A die t-ten Zeilen der Matrizen $A(y/x)$ durch die l-ten Zeilen, die durch die äquivalenten Zustände bestimmt werden, zu ersetzen. Der so erhaltene SA A' hat die äquivalenten Zustände s_l und s_t, und als Ergebnis des „Zusammenklebens" der Zustände s_l und s_t läßt er sich zu einem SA B reduzieren, der initial äquivalent zu A ist. Da er andererseits den Bedingungen des Theorems 2.6.3 genügt, läßt er eine Überführung vermöge einer homomorphen Transformation zu (Genauer gesagt erweist sich der Prozeß des „Zusammenklebens" für ihn als homomorphe Transformation.).

Um Kriterien für die Äquivalenz zu erhalten, werden für SAs kanonische Darstellungen eingeführt, die es erlauben, den Prozeß der Minimierung als homomorphe Transformation dieser kanonischen Darstellungen zu interpretieren. Für SAs ist es nützlich, bei Äquivalenzfragen zulässige Zustandsmengen zu betrachten, die im deterministischen Fall fehlen. Auch wenn die Homomorphiebedingungen (2.6.1) und (2.6.2) die zulässigen Mengen von Zustandsvektoren Z_A und Z_B miteinander verbinden, so sind bei einer vorherigen Betrachtung von zwei beliebigen äquivalenten stochastischen Automaten diese Mengen keineswegs miteinander verbunden. Es zeigt sich, daß wir bei der Suche nach einem allgemeinen SA, der homomorph zu jedem der betrachteten SAs A und B ist, zu einem PSA übergehen können.

Seien A ein endlicher SA und N_A eine beliebige Basismatrix von A. Sei weiterhin die quadratische Matrix D_A eine Lösung der Matrizengleichung

$$DN_A = N_A \,. \qquad (2.6.12)$$

Bemerkung 2.6.5 Wenn D_A eine Lösung der Matrixgleichung (2.6.12) ist, dann ist sie auch Lösung einer beliebigen Matrixgleichung der Form

$$D\widetilde{N}_A = \widetilde{N}_A \, ,$$

wobei $\widetilde{N}_A$ eine beliebige Basismatrix des SA A ist.

Der Beweis folgt aus der Eigenschaft von Basismatrizen, die in der Beziehung (1.1.31) beschrieben ist.

Definition 2.6.5 Ein PSA $\widetilde{A} = \langle X, Y, \{\widetilde{A}(y/x) | x \in X, y \in Y\}\rangle$, wobei alle Übergangsmatrizen $\widetilde{A}(y/x)$ durch die Beziehungen $\widetilde{A}(y/x) = D_A A(y/x)$ definiert sind und D_A eine Lösung der Matrizengleichung (2.6.12) ist, heißt eine *einfache Form* des SA A.

Theorem 2.6.4 *Die Matrix D_A sei eine Lösung der Gleichung (2.6.12) und das System der Übergangsmatrizen $\widetilde{A}(y/x) = D_A A(y/x)$ definiere einen SA. Dann sind die SAs A und $\widetilde{A}$ initial-äquivalent.*

Beweis Aus (2.6.12) folgt für Wörter der Länge Eins

$$\boldsymbol{\tau}_{\widetilde{A}}(y/x) = \widetilde{A}(y/x)\boldsymbol{\varepsilon} = D_A A(y/x)\boldsymbol{\varepsilon} = D_A \boldsymbol{\tau}_A(y/x) = \boldsymbol{\tau}_A(y/x) \, .$$

Durch Induktion über die Länge der Wörter v, w mit $|w| = |v|$ erhalten wir

$$\begin{aligned} \boldsymbol{\tau}_{\widetilde{A}}(yv/xw) &= \widetilde{A}(y/x)\boldsymbol{\tau}_{\widetilde{A}}(v/w) \\ &= D_A A(y/x)\boldsymbol{\tau}_A(v/w) = D_A \boldsymbol{\tau}_A(yv/xw) = \boldsymbol{\tau}_A(yv/xw) \, . \end{aligned}$$

Die Bedingung $\boldsymbol{\tau}_{\widetilde{A}} \equiv \boldsymbol{\tau}_A$ bedeutet aber, daß A und $\widetilde{A}$ initial-äquivalent sind. □

Theorem 2.6.5 *Der SA A mit k Zuständen habe m linear unabhängige zueinander äquivalente Zustandsvektoren $\boldsymbol{\mu}_1, \ldots, \boldsymbol{\mu}_m$ mit $m \leq k$. Dann gibt es einen zu A äquivalenten PSA B mit $k - m + 1$ Zuständen, zu dem ein ebenfalls zu A äquivalenter PSA $\widetilde{A}$ mit k Zuständen homomorph ist, so daß die ersten m Zustände von $\widetilde{A}$ äquivalent sind zu $\boldsymbol{\mu}_i$ für $i = 1, \ldots, m$.*

Beweis Wir ergänzen das System linear unabhängiger Zustandsvektoren $\boldsymbol{\mu}_1, \dots, \boldsymbol{\mu}_m$ zu einer vollen Basis des Raumes $E^{(k)}$ durch geeignete stochastische Vektoren $\boldsymbol{\mu}_{m+1}, \dots, \boldsymbol{\mu}_k$. Es ist

$$M = \begin{pmatrix} \boldsymbol{\mu}_1 \\ \vdots \\ \boldsymbol{\mu}_k \end{pmatrix}$$

eine nichtsinguläre stochastische Matrix, also hat der PSA A' mit dem System von Übergangsmatrizen

$$A'(y/x) = MA(y/x)M^{-1} \tag{2.6.13}$$

die äquivalenten Zustände $s_1, \dots, s_m$. Die Bedingung (2.6.13) gilt offensichtlich für alle Paare von Wörtern v, w mit $|w| = |v|$ von beliebiger Länge, weshalb wir für jedes $i = 1, \dots, k$ die Gleichheit

$$\begin{aligned} \underset{\substack{\uparrow \\ i}}{(0,\dots,0,1,0,\dots,0)}A'(v/w)\boldsymbol{\varepsilon} &= (0,\dots,0,1,0,\dots,0)MA(v/w)M^{-1}\boldsymbol{\varepsilon} \\ &= \boldsymbol{\mu}_i A(v/w)\boldsymbol{\varepsilon} \end{aligned}$$

erhalten. Weil nach Voraussetzung für A die Zustandsvektoren $\boldsymbol{\mu}_1, \dots, \boldsymbol{\mu}_m$ äquivalent sind, sind für A' die Zustände $s_1, \dots, s_m$ äquivalent. Wir setzen

$$I_m = \begin{pmatrix} 1 & 0 & \cdots & 0 \\ 1 & 0 & \cdots & 0 \\ \vdots & \vdots & \ddots & \vdots \\ 1 & 0 & \cdots & 0 \end{pmatrix} \text{ und } E = \begin{pmatrix} 1 & 0 & \cdots & 0 \\ 0 & 1 & \cdots & 0 \\ \vdots & \vdots & \ddots & \vdots \\ 0 & 0 & \cdots & 1 \end{pmatrix},$$

wobei die Ordnungen der quadratischen Matrizen I_m und E gleich m bzw. $k - m$ sind.

Wir betrachten den PSA $\widetilde{A}$, der durch die Übergangsmatrizen

$$\widetilde{A}(y/x) = \begin{pmatrix} I_m & 0 \\ 0 & E \end{pmatrix} A'(y/x)$$

definiert ist. Für Wortpaare v, w beliebiger Länge mit $|w| = |v|$ erhalten wir wegen der Äquivalenz der Zustände $s_1, \dots, s_m$ für A' die Gleichheit

$$\begin{pmatrix} I_m & 0 \\ 0 & E \end{pmatrix} MA(v/w)M^{-1}\boldsymbol{\varepsilon} = M\boldsymbol{\tau}_A(v/w)\,.$$

Folglich ist

$$\mu_i \tau_A(v/w) = \tau^i_{\widetilde{A}}(v/w) \text{ für } i = 1, \ldots, k\ .$$

Wir bezeichnen mit H_1 und H_2 die $(k-m+1) \times k$- bzw. $k \times (k-m+1)$-Matrizen

$$H_1 = (0\ \ E') \text{ und } H_2 = \begin{pmatrix} 1 & 0 & \cdots & 0 \\ \vdots & \vdots & \ddots & \vdots \\ 1 & 0 & \cdots & 0 \\ & & E' & \end{pmatrix} \text{ mit } H_1 H_2 = E',$$

dabei sei E' die $(k-m+1) \times (k-m+1)$-Einheitsmatrix. Wir setzen

$$B(y/x) = H_1 \widetilde{A}(y/x) H_2\ .$$

Dann ist

$$\widetilde{A}(y/x) H_2 = H_2 B(y/x)\ ,$$

weil für die ersten m Zustände von $\widetilde{A}$ die Bedingungen des Theorems 2.6.3 erfüllt sind, d. h. der PSA, der durch die Übergangsmatrizen $B(y/x)$ definiert ist, ist homomorph zum PSA $\widetilde{A}$. Andererseits ist B äquivalent zu A, da er aufgrund des Homomorphismus äquivalent zum PSA $\widetilde{A}$ ist. □

Theorem 2.6.6 *Die Dimension des linearen Raumes $\mathcal{E}_A$ des SA A mit k Zuständen sei gleich r. Dann gibt es für beliebiges ganzzahliges t mit $k \geq t \geq r$ einen PSA B mit t Zuständen, der homomorph zu einem PSA $\widetilde{A}$ mit k Zuständen ist. Dabei ist $\widetilde{A}$ seinerseits initial-äquivalent zu A.*

Beweis Ohne Beschränkung der Allgemeinheit können wir annehmen, daß eine beliebige Zeile einer Basismatrix N_A eine Linearkombination der letzten t Zeilen von N_A ist. Die $k \times k$-Matrix D sei Lösung der Matrizengleichung (2.6.12) und habe die Form

$$D = \begin{pmatrix} 0 & T \\ 0 & E \end{pmatrix},$$

wobei E die $t \times t$-Einheitsmatrix ist.

Wir konstruieren einen PSA $\widetilde{A}$ durch die Beziehung

$$\widetilde{A}(y/x) = DA(y/x)\ .$$

Durch Induktion über die Länge der Wörter w und v folgt aus (2.6.12)

$$\boldsymbol{\tau}_{\widetilde{A}}(v/w) = D\boldsymbol{\tau}_A(v/w) = \boldsymbol{\tau}_A(v/w) ,$$

womit die initiale Äquivalenz von A und dem PSA $\widetilde{A}$ bewiesen ist. Wir setzen

$$H_2 = \begin{pmatrix} T \\ E \end{pmatrix} \text{ und } H_1 = (0, E)$$

und definieren den PSA B mit Hilfe der Bedingungen

$$B(y/x) = H_1 A(y/x) H_2 .$$

Da $H_2 H_1 = D$ gilt, sind die Matrizengleichungen

$$\widetilde{A}(y/x) H_2 = H_2 B(y/x)$$

erfüllt, d. h. der PSA $\widetilde{A}$ ist homomorph zum PSA B. □

Bemerkung 2.6.6 Die Theoreme 2.6.3–2.6.6 sind auch für die Begriffe des schwachen Homomorphismus und der schwachen Äquivalenz von SAs gültig.

Der folgende Prozeß der Minimierung kann zu verschiedenen SAs mit derselben Zahl von Zuständen führen, die keine weitere Reduktion oder Minimierung zulassen. Der Begriff des Homomorphismus erlaubt es, die ganze Klasse von SAs mit derselben Anzahl von Zuständen, die zu einem gegebenen SA äquivalent oder initial-äquivalent sind, zu beschreiben.

Theorem 2.6.7 *Sei A ein SA mit k Zuständen; die Dimension von Z_A sei gleich der Dimension von $\mathcal{E}^{(k)}$, und N_A sei eine Basismatrix. Dafür, daß ein System von $k \times k$-Matrizen $B(y/x)$ einen SA definiert, der äquivalent zu A ist, ist es hinreichend und, wenn der Rang von N_A gleich k ist, auch notwendig, daß es zwei nichtsinguläre stochastische $k \times k$-Matrizen T_1 und T_2 sowie geeignete nichtsinguläre Matrizen N_B und N_C gibt, die die folgenden Bedingungen erfüllen:*

$$T_1 A(y/x) T_1^{-1} N_C = T_2 B(y/x) T_2^{-1} N_C , \tag{2.6.14}$$

$$b_{ij}(y/x) \geq 0 \textit{ für } i, j = 1, \ldots, k , \tag{2.6.15}$$

$$Z_A T_1^{-1} = Z_B T_2^{-1} , \tag{2.6.16}$$

$$T_1 N_A = T_2 N_B = N_C . \tag{2.6.17}$$

Beweis Seien die Bedingungen des Satzes erfüllt. Indem wir (2.6.17) in (2.6.14) einsetzen, erhalten wir

$$T_1 A(y/x) N_A = T_2 B(y/x) T_2^{-1} T_1 N_A \,. \tag{2.6.18}$$

Der Spaltenvektor $\boldsymbol{\varepsilon}$ gehört zu $\mathcal{L}_A$, deshalb gibt es einen Spaltenvektor $\boldsymbol{\alpha}$, so daß $\boldsymbol{\varepsilon} = N_A \boldsymbol{\alpha}$ ist. Durch Multiplikation von (2.6.18) mit $\boldsymbol{\alpha}$ erhalten wir

$$T_1 A(y/x) \boldsymbol{\varepsilon} = T_2 B(y/x) \boldsymbol{\varepsilon} \,. \tag{2.6.19}$$

Die Summation von (2.6.19) über alle $y \in Y$ ergibt

$$B(x)\boldsymbol{\varepsilon} = T_2^{-1} T_1 A(x) \boldsymbol{\varepsilon} = \boldsymbol{\varepsilon} \,,$$

was zusammmen mit (2.6.15) B als SA charakterisiert. Ferner kann (2.6.19) in der Form

$$T_1 \boldsymbol{\tau}_A(y/x) = T_2 \boldsymbol{\tau}_B(y/x)$$

dargestellt werden. Wir zeigen, daß eine entsprechende Bedingung auch für Wörter w, v mit $|w| = |v|$ beliebiger Länge gültig ist. Aus (2.6.18) folgt für beliebige Wortpaare

$$T_1 A(y/x) \boldsymbol{\tau}_A(v/w) = T_2 B(y/x) T_2^{-1} T_1 \boldsymbol{\tau}_A(v/w) \,.$$

Deshalb gilt gemäß Induktion

$$\begin{aligned} T_1 \boldsymbol{\tau}_A(yv/xw) &= T_1 A(y/x) \boldsymbol{\tau}_A(v/w) = T_2 B(y/x) T_2^{-1} T_1 \boldsymbol{\tau}_A(v/w) \\ &= T_2 B(y/x) \boldsymbol{\tau}_B(v/w) = T_2 \boldsymbol{\tau}_B(yv/xw) \,. \end{aligned}$$

Mit (2.6.16) bedeutet dies, daß A und B äquivalent sind.

Sei umgekehrt vorausgesetzt, daß die SAs A und B mit k Zuständen äquivalent sind und der Rang von N_A gleich k ist. Da die Dimensionen von Z_A und Z_B jeweils gleich k sind, kann eine Basis $\boldsymbol{\mu}_1, \ldots, \boldsymbol{\mu}_k$ so aus linear unabhängigen Zustandsvektoren aus A gefunden werden, daß die zu diesen äquivalenten Zustandsvektoren $\boldsymbol{\mu}'_1, \ldots, \boldsymbol{\mu}'_k$ des SA B ebenfalls linear unabhängig sind. Wir führen die Bezeichnungen

$$T_1 = \begin{pmatrix} \boldsymbol{\mu}_1 \\ \vdots \\ \boldsymbol{\mu}_k \end{pmatrix} \text{ und } T_2 = \begin{pmatrix} \boldsymbol{\mu}'_1 \\ \vdots \\ \boldsymbol{\mu}'_k \end{pmatrix}$$

ein. Dann sind die PSAs $\widetilde{A}$ und $\widetilde{B}$, die durch die Übergangsmatrizen

$$\widetilde{A}(y/x) = T_1 A(y/x) T_1^{-1} \text{ und } \widetilde{B}(y/x) = T_2 B(y/x) T_2^{-1}$$

definiert werden, äquivalent zum SA A bzw. B mit $Z_{\widetilde{A}} = Z_A T_1^{-1}$ und $Z_{\widetilde{B}} = Z_B T_2^{-1}$. Folglich sind $\widetilde{A}$ und $\widetilde{B}$ auch zueinander äquivalent. Den Zustandsvektoren $\boldsymbol{\mu}_i$ ($\boldsymbol{\mu}_i'$) der SAs A (B) sind die Zustandsvektoren der Form $(0, \ldots, 0, 1, 0, \ldots, 0)$ der PSAs $\widetilde{A}$ ($\widetilde{B}$) äquivalent. Deshalb ist der Zustand s_i des PSA $\widetilde{A}$ äquivalent zu einem Zustand u_i des PSA $\widetilde{B}$ für jedes $i = 1, \ldots, k$, und die PSAs $\widetilde{A}$ und $\widetilde{B}$ sind selber initial-äquivalent. Dann folgt aus der Definition des Spaltenvektors $\boldsymbol{\tau}(v/w)$, daß

$$\boldsymbol{\tau}_{\widetilde{A}}(v/w) = \boldsymbol{\tau}_{\widetilde{B}}(v/w) \text{ für alle } (w, v) \in (X \times Y)^* \tag{2.6.20}$$

gilt. Somit wissen wir, daß Basismatrizen $N_{\widetilde{A}} = N_{\widetilde{B}}$ gewählt werden können. Ferner ist $T_1 N_A = T_2 N_B = N_{\widetilde{A}}$. Für Wörter der Form xw und yv gilt deshalb

$$\widetilde{A}(y/x)\boldsymbol{\tau}_{\widetilde{A}}(v/w) = \widetilde{B}(y/x)\boldsymbol{\tau}_{\widetilde{B}}(v/w) \, .$$

Indem wir (2.6.20) und die Definition der Basismatrix ausnutzen, erhalten wir (2.6.14), nämlich:

$$\widetilde{A}(y/x) N_{\widetilde{A}} = \widetilde{B}(y/x) N_{\widetilde{B}} \, .$$

Die Bedingung (2.6.16) folgt daraus, daß die PSAs $\widetilde{A}$ und $\widetilde{B}$ initial-äquivalent sind, deshalb ist

$$Z_A T_1^{-1} = Z_{\widetilde{A}} = Z_{\widetilde{B}} = Z_B T_2^{-1} \, . \qquad \square$$

Analog zu Theorem 2.6.7 lautet ein Theorem über schwache Äquivalenz, was sich leicht beweisen läßt.

Korollar 2.6.4 *A sei ein stark minimaler SA mit k Zuständen; die Dimension von Z_A sei gleich der Dimension von $\mathcal{E}^{(k)}$. Ein System von $k \times k$-Matrizen $B(y/x)$ definiert genau dann einen SA, der äquivalent zu A ist, wenn für geeignete nichtsinguläre stochastische $k \times k$-Matrizen T_1 und T_2 die folgenden Bedingungen erfüllt sind:*

$$T_1 A(y/x) T_1^{-1} = T_2 B(y/x) T_2^{-1} \, ,$$

$$b_{ij}(y/x) \geq 0 \textit{ für alle } i, j = 1, \ldots, k \, ,$$

$$Z_A T_1^{-1} = Z_B T_2^{-1} \, .$$

Der Beweis folgt aus Theorem 2.6.7, da nun die Matrix N_C in (2.6.17) quadratisch und nichtsingulär ist.

Korollar 2.6.5 *Sei A ein reduzierter SA mit k Zuständen. Ein System von $k \times k$-Matrizen $B(y/x)$ definiert genau dann einen SA, der initial äquivalent zu A ist, wenn die folgenden Bedingungen erfüllt sind:*

$$PB(y/x)P^{-1}N_A = A(y/x)N_A \ ,$$

$$b_{ij}(y/x) \geq 0 \text{ für alle } i,j = 1,\ldots,k \ ,$$

$$R^{(k)} \subseteq Z_A = Z_B P^{-1} \ ,$$

wobei N_A eine Basismatrix und P eine beliebige Permutationsmatrix ist.

Korollar 2.6.6 *Seien die PSAs A und B mit k Zuständen zueinander äquivalent; die Dimensionen der zulässigen Mengen von Zustandsvektoren Z_A und Z_B seien gleich der Dimension von $\mathcal{E}^{(k)}$, und der Rang der Basismatrix N_A sei gleich k. Dann gibt es nichtsinguläre $k \times k$-Matrizen T_1 und T_2, so daß die folgenden Gleichungen gelten:*

$$Z_A T_1^{-1} = Z_B T_2^{-1} \ ,$$

$$T_1 A(y/x) T_1^{-1} = T_2 B(y/x) T_2^{-1} \ .$$

Der Beweis folgt daraus, daß im Theorem 2.6.7 die Matrix N_A und folglich auch die Matrix N_C nichtsingulär sind.

Theorem 2.6.8 *Für die SAs A und B seien die Dimensionen von $\mathcal{E}_A$ und $\mathcal{E}_B$ gleich. A und B mit zulässigen Mengen von Zustandsvektoren Z_A bzw. Z_B sind genau dann äquivalent, wenn sich geeignete einfache Formen dieser Automaten $\widetilde{A}$ und $\widetilde{B}$ mit $Z_{\widetilde{A}} = Z_A$ und $Z_{\widetilde{B}} = Z_B$ in demselben PSA C homomorph einbetten lassen.*

Beweis Daß die Bedingungen des Theorems hinreichend sind, folgt aus Theorem 2.6.1, der Transitivität der Äquivalenzbeziehung und daraus, daß ein SA äquivalent zu seiner einfachen Form ist. Seien umgekehrt A und B äquivalent; seien $\widetilde{A}(y/x) = D_A A(y/x)$ und $\widetilde{B}(y/x) = D_B A(y/x)$ Übergangsmatrizen einfacher Form, die wie im Beweis des Theorems 2.6.6 definiert sind, und sei $t = \dim \mathcal{E}_A$. Die SAs $\widetilde{A}$ und $\widetilde{B}$ werden homomorph in PSAs C_1

bzw. C_2 eingebettet, die keine äquivalenten Zustandsvektoren haben. Das heißt, es gibt stochastische Matrizen vollen Ranges $H_{\widetilde{A}C_1}$ und $H_{\widetilde{B}C_2}$ mit

$$\widetilde{A}(y/x)H_{\widetilde{A}C_1} = H_{\widetilde{A}C_1}C_1(y/x) ,$$

$$\widetilde{B}(y/x)H_{\widetilde{B}C_2} = H_{\widetilde{B}C_2}C_2(y/x) ,$$

$$Z_{C_1} = Z_A H_{\widetilde{A}C_1} \text{ und } Z_{C_2} = Z_B H_{\widetilde{B}C_2} .$$

Da die PSAs C_1 und C_2 die gleiche Zahl von Zuständen haben und zueinander äquivalent sind, gibt es nach Korollar 2.6.6 einen PSA C und nichtsinguläre stochastische Matrizen T_1 und T_2, so daß

$$C(y/x) = T_1 C_1(y/x) T_1^{-1} = T_2 C_2(y/x) T_2^{-1} \text{ und}$$

$$Z_C = Z_{C_1} T_1^{-1} = Z_{C_2} T_2^{-1}$$

gelten. Indem wir $H_1 = H_{\widetilde{A}C_1} T_1^{-1}$ und $H_2 = H_{\widetilde{B}C_2} T_2^{-1}$ setzen, erhalten wir

$$\widetilde{A}(y/x)H_1 = H_1 C(y/x) ,$$

$$\widetilde{B}(y/x)H_2 = H_2 C(y/x) \text{ und}$$

$$Z_C = Z_A H_1 = Z_B H_2 .$$

Hieraus folgt, daß die einfachen Formen $\widetilde{A}$ und $\widetilde{B}$ der SAs A und B homomorph in demselben PSA C eingebettet sind. □

Bemerkung 2.6.7 Analog zu Theorem 2.6.8 läßt sich eine notwendige und hinreichende Bedingung für die schwache Äquivalenz formulieren.

2.7 Übungen und zusätzliche Theoreme

1. Wird ein SA-Operator durch einen stochastischen Mealy-Automaten mit festem Anfangszustand erzeugt, so hängen die Zustände des Operators $\tau_{x,y}(v/w)$ für $\tau(y/x) \neq 0$ nicht von y ab. [444]

2. Nicht jeder Operator ist ein SA-Operator. Deshalb ist es wichtig, auf eindeutige Weise jedem nicht-SA-Operator einen SA-Operator zuordnen zu können. Dies kann geschehen, wenn die Ein- und Ausgabealphabete vergrößert werden. Es gilt die folgende Behauptung:

Ein beliebiger stochastischer Operator $I = \langle X, Y, \tau(v/w)\rangle$ kann auf Standardweise in einen SA-Operator

$$I = \langle \tau(v_1/w_1) | (w_1, v_1) \in (X_1 \times Y_1)^* \rangle$$

mit $X_1 = X \cup \{\alpha\}$ und $Y_1 = Y \cup \{\beta\}$ für $\alpha \notin X, \beta \notin Y$ umgeformt werden, wobei aus dem System der Zahlen $\tau(v_1/w_1)$ eindeutig das System der Zahlen $\tau(v/w)$ wiedergewonnen werden kann, wenn nur bekannt ist, daß die bedingte Wahrscheinlichkeitsverteilung $\tau(v_1/w_1)$ aus der Verteilung $\tau(v/w)$ auf die genannte Standardweise konstruiert worden ist.

3. Schreiben Sie einen Algorithmus zur Konstruktion eines konvexen Trägers der Zustände eines ESA-Operators, wenn bekannt ist, daß er vollständig in der Zustandsmenge enthalten ist. Untersuchen Sie zwei verschiedene Methoden, den Operator anzugeben:
   (a) in einer Tabelle: für jedes Paar $(w, v) \in (X \times Y)^*$ ist der Wert von $\tau(v/w)$ bekannt;
   (b) durch einen SA, der den Operator τ erzeugt.

4. Der SA-Operator τ sei die konvexe Linearkombination einer endlichen Anzahl von SA-Operatoren $\tau_1, \ldots, \tau_N$ mit einem Zustand, so daß

$$\tau(v/w) = \sum_{i=1}^{N} \alpha_i \tau_i(v/w), \quad \sum_{i=1}^{N} \alpha_i = 1, \alpha_i \geq 0 \quad \text{für alle } i = 1, \ldots, N$$

gilt, und das Paar (w, v) sei so gewählt, daß $\sum_{i=1}^{N} \alpha_i \tau_i(v/w) \neq 0$ ist. Zeigen Sie, daß dann folgt

$$\tau_{(w,v)}(v'/w') = \sum_{i=1}^{N} \beta_i \tau_i(v'/w') \, ,$$

wobei

$$\beta_i = \frac{\alpha_i \tau_i(v/w)}{\sum_{i=1}^{N} \alpha_i \tau_i(v/w)}$$

gilt, sowie $\sum_{i=1}^{N} \beta_i = 1$ und $\beta_i \geq 0$ für alle $i = 1, \ldots, N$. [387]

5. Die Menge aller SA-Operatoren eines endlichen Ranges, der nicht größer als n ist, ist abgeschlossen bezüglich der Operation „konvexe Linearkombination“. [387]

6. Die Menge aller SA-Operatoren eines Ranges, der nicht größer als n ist, ist abgeschlossen bezüglich der Operation „(w,v)-Drehung". [387]

7. Sei $\Sigma = \{\tau_1, \ldots, \tau_n\}$ eine endliche Menge von SA-Operatoren. Es existiert genau dann ein endlicher SA, der jeden der Operatoren von Σ bei festen Anfangszuständen erzeugt, wenn alle Operatoren aus Σ einen Rang haben, der nicht größer als n ist, und wenn für jeden Operator τ_i und jedes beliebige Paar von Wörtern (w,v) mit der Eigenschaft, daß $\tau_i(w,v) \neq 0$ ist, das Segment des Operators $\tau_{w,v}^{\langle i \rangle}$ der Länge $2n-1$ eine konvexe Linearkombination der Segmente der Länge $2n-1$ der Operatoren aus Σ ist. [387]

8. Konstruieren Sie ein Beispiel eines EPSA-Operators, der nicht ESA-Operator ist.

9. Formulieren und beweisen Sie Eigenschaften für positiv-rationale Wortfunktionen, die analog zu den Übungen 4 bis 8 sind.

10. Die Klasse der positiv-rationalen Wortfunktionen ist abgeschlossen bezüglich der Operationen „konvexe Linearkombination", „Multiplikation von Wortfunktionen" und „Multiplikation mit einer positiven Konstanten, die nicht größer als Eins ist".

11. Ist die Wortfunktion φ rational, so ist auch die Wortfunktion $1-\varphi = \overline{\varphi}$ rational. [362]

12. Sind $\varphi(w), \psi(w)$ und $\chi(w)$ positiv-rationale Wortfunktionen, so sind auch die Wortfunktionen $\varphi^T(w) = \varphi(\mathsf{mi}\,w)$ und $\chi(w)\varphi(w) + \overline{\chi}(w)\psi(w)$ positiv-rational. [362]

13. Die Wortfunktionen φ und ψ heißen *voneinander isoliert*, wenn es eine Zahl $\delta > 0$ gibt, so daß für alle $w \in X^*$ gilt: $|\varphi(w) - \psi(w)| > \delta$.

    Sind die Wortfunktionen φ und ψ voneinander isoliert, so sind die Wortfunktionen $\max\{\varphi(w), \psi(w)\}$ und $\min\{\varphi(w), \psi(w)\}$ positiv-rational. [362]

14. Eine Wortfunktion ist *von endlicher Höhe*, wenn sie eine endliche Menge von Werten animmt. Die Klasse der Wortfunktionen von endlicher Höhe ist abgeschlossen bezüglich der Operationen „max", „min" und „$\neg$". [362]

15. Eine Wortfunktion $\varphi(w)$ heißt *definit*, wenn es eine ganze Zahl $l > 0$ gibt, so daß $\varphi(w) = \varphi(w^{(l)})$ für alle Wörter w mit $|w| \geq l$ gilt; $w^{(l)}$ bezeichnet hierbei das Endstück der Länge l des Wortes w. Die Klasse der definiten Wortfunktionen ist abgeschlossen bezüglich der Operationen max, min und $\neg$. Eine definite Funktion ist stets von endlicher Höhe. [362]

Die folgenden Aufgaben beschäftigen sich damit, einige Fragen der Theorie der SAs algorithmisch zu entscheiden.

16. Die Frage, ob Zustände eines endlichen SAs äquivalent sind, kann algorithmisch entschieden werden. [444]

17. Die Fragen, ob ein SA in einem anderen intial-äquivalent oder äquivalent gelegen ist, sind algorithmisch entscheidbar. [444]

18. Es ist algorithmisch entscheidbar, ob ein endlicher SA minimal oder stark minimal ist. [284]

19. Zu jedem beliebigen SA A gibt es einen halbdeterministischen SA B, der zu A initial-äquivalent ist und in dem A äquivalent gelegen ist. [444]

20. Ist ein SA transformiert und initial-äquivalent zu einem minimalen SA, so ist er minimal. Ist ein SA minimal und initial-äquivalent zu einem stark minimalen SA, so ist er selber stark minimal. [444]

21. Äquivalente minimale SAs sind initial-äquivalent. Jede minimale Form eines SA ist initial-äquivalent in ihm gelegen. [444]

22. Ist ein endlicher SA halbdeterministisch, oder ist er ein Automat mit Zufallsreaktionen, dann gibt es eine zu ihm transformierte Form, die halbdeterministisch, bzw. mit Zufallsreaktionen ist. [444]

In den beiden folgenden Aufgaben wird eine etwas andere Definition der k-Äquivalenz als in der Definition 2.5.2 benutzt.

23. Zwei Zustände a_1 und a_2 heißen *k-äquivalent*, wenn stochastische Operatoren, die den SA mit Anfangszuständen darstellen, auf dem Anfangssegment der Länge k übereinstimmen.

    (a) Die Zustände a_1 und a_2 eines SA sind genau dann k-äquivalent, wenn sie t-äquivalent für alle $t = 1, \ldots, k$ sind.

(b) Die maximale Zerlegung der Menge der Zustände eines SA nach k-Äquivalenzklassen ist eindeutig bestimmt. [221]

24. Wir führen die Operation *Spaltung* der k-Äquivalenzklassen $\Sigma(k) = \Sigma_1(k), \ldots, \Sigma_r(k)$ des SA A auf folgende Weise ein: Aus jeder Klasse $\Sigma_i(k)$ sondern wir die Unterklassen $\Sigma_{ij} = \{s_{t_1}, \ldots, s_{t_e}\}$ aus, die den folgenden Bedingungen genügen:

    (a) Für alle $i = 1, \ldots, r$ sowie für alle x und y seien die Bedingungen

    $$\sum_{s' \in \Sigma_i(k)} \mu(s', y/s_{t_1}, x) = \ldots = \sum_{s' \in \Sigma_i(k)} \mu(s', y/s_{te}, x)$$

    erfüllt.

    (b) Ist die Unterklasse Σ_{ij} aus der Klasse Σ_i ausgesondert, so gibt es keine Unterklasse Σ_i' der Klasse Σ_i, die ebenfalls die Bedingung (a) erfüllt mit $\Sigma_{ij} \subset \Sigma_i'$.

    Dann gilt das folgende:

    A. Das Ergebnis der Operation Spaltung angewandt auf k-Äquivalenzklassen des SA A ist eine Zerlegung der Zustände dieses SA in $(k+1)$-Äquivalenzklassen.

    B. Ist $\Sigma(k+1)$ erneut das Ergebnis der Spaltung der Klasse $\Sigma(k)$, so ist $\Sigma(k)$ eine Zerlegung in Äquivalenzklassen. [221]

25. Wir führen die folgenden Bezeichnungen ein: Ist $Q \subset Y^*$, so sei

    $$\mu(Q/s, w) = \sum_{v \in Q} \mu(v/s, w) .$$

    Ein SA $A = \langle X, Y, S, \{p(s', y/s, x)\}\rangle$ heißt *homogen bezüglich des Zustandes* s, falls für alle Wörter w, Buchstaben x, Teilalphabete $Y' \subset Y$ und beliebige Sprachen $D \subset Y^*$ mit $\mu(D/s, w) > 0$ die Gleichung

    $$\mu(Y^*Y'/s, wx) = \mu(DY'/s, wx)/\mu(D/s, w)$$

    gilt. Ein SA A heißt *homogen*, wenn er homogen bezüglich jedem seiner Zustände ist. Dann gilt das folgende:

    A. Ein SA A ist genau dann homogen bezüglich eines Zustandes s, wenn für alle Wörter $w_1, w_2 \in X^*$, jede beliebige Sprache $Q \subset Y^*$

und jede endliche Sprache R aus dem Segment der Länge $|w_2|$ des freien Monoids Y^* die Gleichung

$$\mu(QR/s, w_1 w_2) = \mu(Q/s, w_1) \sum_{s' \in S} \mu(w_2/s, w_1)\mu(R/s', w_2)$$

gilt.

B. Ist s' ein Zustand eines SA A' und s initial-äquivalent zu s', so ist der SA A genau dann homogen bezüglich s, wenn der SA A' homogen bezüglich s' ist.

C. Jeder homogene SA A ist initial-äquivalent zu einem geeigneten homogenen stochastischen Mealy-Automaten. [447]

2.8 Bibliographischer Kommentar zum Kapitel 2

Das Kriterium dafür, daß ein stochastischer Operator ein SA-Operator ist, wurde unabhängig von R. G. Bukharaev [26] und P. Starke [438] gefunden. Die notwendige und hinreichende Bedingung für die Darstellbarkeit eines stochastischen Operators durch einen endlichen SA (Theorem 2.2.1) stammt aus [236] und unabhängig davon aus [35]. Die Beweismethode für die Darstellbarkeit stochastischer Operatoren und Wortfunktionen durch endliche SAs, die sich auf die Darstellung dieser mathematischen Objekte als Punkte in einem abzählbar-dimensionalen Raum mit lexikografisch-indizierten Koordinaten stützt, wurde in [40] erarbeitet. Der Begriff der zusammengesetzten Folgematrix wurde von J. W. Carlyle [260] eingeführt. Von ihm stammt auch das Theorem 2.2.3.

Grundlegend für die Erforschung rationaler Wortfunktionen in der Form rationaler formaler Reihen sind die Arbeiten von M. P. Schützenberger (vergleiche beispielsweise [158]). Wortfunktionen wurden erstmals von A. Zadeh [495] als unscharfe Sprachen aufgefasst. Die ursprüngliche Beweisidee des Theorems 2.3.1 stammt von Turakainen [477], die hier gegebene Beweisvariante von Ju. A. Alpin [13]. Die Sätze über Operationen auf Wortfunktionen wurden hier entsprechend der Arbeit von [362] angegeben. Theorem 2.3.3, das ursprünglich von M. P. Schützenberger gezeigt wurde, wird mit einem Beweis von Ju. A. Alpin gezeigt, von dem auch der Begriff des universellen LA stammt [13]. Alle Ergebnisse des Abschnittes 2.4 stammen gemeinsam von R. G. Bukharaev und Ju. A. Alpin, außer Theorem 2.4.3, das in [41] bewiesen wurde.

Die initiale Äquivalenz von SAs wurde erstmals von J. W. Carlyle genau untersucht [259]. Von ihm wurden auch der lineare Raum $\mathcal{E}_A$, der Begriff der Basismatrix N_A, die Theoreme 2.5.1 und 2.5.5, Lemma 2.5.3 und Korollar 2.5.1 eingeführt. Die Einbettung von SAs untersuchte A. Paz [385]. Den Begriff des reduzierten SA betrachtete P. Starke [441]. S. Even bewies, daß die Eigenschaft eines SA, minimal oder stark minimal zu sein, algorithmisch entscheidbar ist [284]. R. G. Bukharaev führte den Begriff der zulässigen Menge von Vektorzuständen eines SA ein, gab eine allgemeine Definition der Äquivalenz von Vektorzuständen, des Homomorphismus und des schwachen Homomorphismus von SAs und führte die einfache Form eines SA ein [40]. Die Theorie des Homomorphismus und der Äquivalenz in der Form, wie sie in Abschnitt 2.6 dargelegt ist, wurde in [40] ausgearbeitet. Beziehungen zwischen dem Homomorphismus und der Äquivalenz stochastischer Automaten untersuchte auch P. Starke [441]. Eine einfachere Form des Theorems 2.6.7, die im Korollar 2.6.5 zitiert wird, stammt von J. W. Carlyle [259]. Die Theoreme 2.6.5 und 2.6.6 wurden von Ju. A. Alpin und Ju. A. Sotschalow bewiesen (vergleiche beispielsweise [40]).

Kapitel 3

Stochastische Sprachen

3.1 Die Definition der Darstellbarkeit von Sprachen durch stochastische Automaten

Wir untersuchen nun SAs danach, wie sie zur Klassifikation von Wortmengen benutzt werden können. Wir erinnern daran, daß eine beliebige Teilmenge eines freien Monoids X^* eine Sprache über dem Alphabet X genannt wird. Wir werden nur endliche SAs untersuchen, da andernfalls jede Teilmenge von X^* dargestellt werden kann.

Definition 3.1.1 Eine Sprache W heißt *akzeptiert* oder *dargestellt durch den SA A*, wenn ein Vektor $\boldsymbol{\mu}(e)$, ein Spaltenvektor $\boldsymbol{\tau}$ und eine Zahl $\lambda \in [0, 1[$ existieren, so daß die Beziehung

$$\forall w \in X^* : \Big(w \in W \Leftrightarrow \boldsymbol{\mu}(e)A(w)\boldsymbol{\tau} > \lambda\Big) \tag{3.1.1}$$

erfüllt ist. Wir bezeichnen diese Sprache mit $W = T(A, \boldsymbol{\mu}, \boldsymbol{\tau}, \lambda)$.

Die Zahl λ, die in der Definition der Darstellbarkeit verwendet wird, heißt *Schnittpunkt*. Besonders häufig wird als Endvektor ein Spaltenvektor der Form

$$\boldsymbol{\tau}_F = \begin{pmatrix} \tau_{a_1} \\ \vdots \\ \tau_{a_k} \end{pmatrix} \text{mit } \tau_{a_i} = \begin{cases} 0 & , \text{ für } a_i \notin F \\ 1 & , \text{ für } a_i \in F \end{cases} \quad \text{für alle } i = 1, \ldots, k \tag{3.1.2}$$

für eine Teilmenge F der Zustandsmenge betrachtet. In diesem Fall sagt man auch, die Sprache W werde *dargestellt durch den SA $(A, \boldsymbol{\mu})$ mit der Endzustandsmenge F und dem Schnittpunkt λ.*

Ist der Endvektor $\boldsymbol{\tau}_F$ entsprechend (3.1.2) definiert, so bedeutet die Beziehung (3.1.1), daß das Wort w zur Sprache W genau dann gehört, wenn der SA $(A, \boldsymbol{\mu})$ nach der Eingabe des Wortes w sich mit einer Wahrscheinlichkeit größer als λ in einem Zustand der Menge F befindet.

Im Abschnitt 1.1 wurde die charakteristische Funktion eines SA A mit Hilfe der Beziehung (1.1.20) eingeführt. Mit der charakteristischen Funktion kann die Sprache W, die durch einen SA A dargestellt wird, durch

$$\forall w \in X^* : \Big(w \in W \Leftrightarrow \chi_A(w) > \lambda\Big) \tag{3.1.3}$$

bestimmt werden. In diesem Fall schreibt man auch: $W = T(\chi_A, \lambda)$. Ist im allgemeinen eine Sprache durch die Beziehung

$$\forall w \in X^* : \Big(w \in W \Leftrightarrow \varphi(w) > \lambda\Big)$$

definiert, wobei φ eine beliebige Wortfunktion ist, die auf dem freien Monoid X^* definiert ist, so schreibt man $W = T(\varphi, \lambda)$. Ist der Schnittpunkt $\lambda = 0$, so wird auch die Bezeichnung $W = T(\varphi) = T(\varphi, 0)$ benutzt.

Analog zu Definition 3.1.1 kann die Darstellbarkeit von Sprachen durch einen SA allgemeiner Form mit einem Ausgabebuchstaben definiert werden.

Definition 3.1.2 Sei A ein SA allgemeiner Form. Die Sprache W heißt *darstellbar durch den SA A mit Ausgabebuchstaben y*, wenn es einen Vektor $\boldsymbol{\mu}(e)$ und eine Zahl $\lambda \in [0,1[$ gibt, so daß die Beziehung

$$\forall wx \in X^* : \Big(wx \in W \Leftrightarrow \boldsymbol{\mu}(w)A(y/x)\boldsymbol{\varepsilon} > \lambda\Big) \tag{3.1.4}$$

erfüllt ist, wobei $\boldsymbol{\mu}(w) = \sum_{v\in Y^*} \boldsymbol{\mu}(v/w) = \boldsymbol{\mu}(e)\sum_{v\in Y^*} A(v/w)$ gilt. Wir bezeichnen diese Sprache mit $W = T(A, \boldsymbol{\mu}, y, \lambda)$.

Inhaltlich besagt (3.1.4), daß das Wort wx genau dann zu der Sprache W gehört, wenn mit einer Wahrscheinlichkeit größer als λ bei einer Eingabe des Wortes wx in den SA $(A, \boldsymbol{\mu})$ der letzte Buchstabe des Ausgabewortes der Buchstabe y ist.

Aus Definition 3.1.2 folgt: Mit einem Ausgabebuchstaben können nur Sprachen durch einen SA dargestellt werden, die das leere Wort nicht enthalten. Für die Darstellbarkeit von Sprachen durch eine Menge von Endzuständen gilt diese Beschränkung nicht.

Inwieweit unterscheiden sich die Klassen von Sprachen, die durch endliche SAs im Sinne der Definition 3.1.1 bzw. 3.1.2 darstellbar sind? Wie hängen die Klassen darstellbarer Sprachen von Einschränkungen ab, die an die Anfangszustandsvektoren $\boldsymbol{\mu}(e)$, die Endvektoren $\boldsymbol{\tau}$ und die Schnittpunkte λ gestellt werden? Die Ergebnisse dieses Abschnittes beantworten diese Fragen.

Lemma 3.1.1 *Ist die Sprache W darstellbar durch den endlichen SA A mit einem Anfangsvektor $\boldsymbol{\mu}(e)$, so ist sie auch darstellbar durch einen endlichen SA mit festem Anfangszustand.*

Beweis Der SA $A = \langle A(x), x \in X \rangle$ mit k Zuständen stelle die Sprache W entsprechend (3.1.1) dar. Wir führen einen neuen SA A' mit einem zusätzlichen $(k+1)$-ten Zustand a_0 ein, dessen Übergangsmatrizen die Form

$$A'(x) = \begin{matrix} & a_0 & \\ a_0 & \left(\begin{array}{c|c} 0 & \boldsymbol{\mu}(e)A(x) \\ \hline 0 & A(x) \end{array}\right) \end{matrix}$$

besitzen. Die Struktur der Matrizen $A'(x)$ bleibt bei der Multiplikation unverändert; für jedes Wort w erhalten wir deshalb

$$A'(w) = \begin{matrix} & a_0 & \\ a_0 & \left(\begin{array}{c|c} 0 & \boldsymbol{\mu}(e)A(w) \\ \hline 0 & A(w) \end{array}\right) \end{matrix} .$$

Als Endvektor wählen wir den Vektor

$$\boldsymbol{\tau}' = {}^{a_0}\begin{pmatrix} \boldsymbol{\mu}(e)\boldsymbol{\tau} \\ \boldsymbol{\tau} \end{pmatrix}$$

und als Anfangszustandsvektor den Vektor

$$\boldsymbol{\mu}'(e) = (\underset{a_0}{1}, 0, \ldots, 0) .$$

Dann gilt für alle Wörter w die Beziehung $\boldsymbol{\mu}'(e)A'(w)\boldsymbol{\tau}' = \boldsymbol{\mu}(e)A(w)\boldsymbol{\tau}$, und daher stellen die SAs A und A' mit den entsprechenden Anfangszustandsvektoren und den entsprechenden Endvektoren dieselbe Sprache mit demselben Schnittpunkt λ dar. □

Lemma 3.1.2 *Ist die Sprache W darstellbar durch einen endlichen SA mit Endvektor $\boldsymbol{\tau}$ mit Komponenten, die nichtnegativ und nicht größer als 1 sind, dann ist sie auch - bis auf das leere Wort - durch einen endlichen SA mit einer Menge von Endzuständen darstellbar.*

Beweis Gegeben sei ein endlicher SA A mit Schnittpunkt λ, Anfangszustandsvektor $\boldsymbol{\mu}(e)$, den Matrizen $A(x) = \left(a_{ij}(x)\right)_{i,j=1,\ldots,k}$ und dem Spaltenvektor $\boldsymbol{\tau} = (\tau_1, \ldots, \tau_k)^T$. Wir betrachten die stochastischen Matrizen der Ordnung $2|S| = 2k$

$$A'(x) = \begin{pmatrix} A_{11}(x) & \ldots & A_{1k}(x) \\ \ldots & \ldots & \ldots \\ A_{k1}(x) & \ldots & A_{kk}(x) \end{pmatrix},$$

wobei jede Matrix $A_{ij}(x)$ eine Matrix der Ordnung 2 ist, die definiert ist durch

$$A_{ij}(x) = \begin{pmatrix} \tau_j a_{ij}(x) & (1-\tau_j)a_{ij}(x) \\ \tau_j a_{ij}(x) & (1-\tau_j)a_{ij}(x) \end{pmatrix}.$$

Für jedes Wort $w \neq e$ haben wir

$$A'(w) = \begin{pmatrix} A_{11}(w) & \ldots & A_{1k}(w) \\ \ldots & \ldots & \ldots \\ A_{k1}(w) & \ldots & A_{kk}(w) \end{pmatrix}.$$

Man zeigt leicht durch Induktion, daß für alle $w \in X^+$ gilt:

$$A_{ij}(w) = \begin{pmatrix} \tau_j a_{ij}(w) & (1-\tau_j)a_{ij}(w) \\ \tau_j a_{ij}(w) & (1-\tau_j)a_{ij}(w) \end{pmatrix}.$$

Deshalb erhalten wir für den Anfangszustandsvektor

$$\boldsymbol{\mu}'(e) = (\mu_1, 0, \ldots, \mu_k, 0)$$

und den Endvektor $\boldsymbol{\tau}' = (1010\ldots10)^T$ die Beziehung $\boldsymbol{\mu}'(e)A'(w)\boldsymbol{\tau}' = \boldsymbol{\mu}(e)A(w)\boldsymbol{\tau}$ für alle $w \neq e$.

Folglich stellt der endliche SA A' für denselben Schnittpunkt λ bis auf das leere Wort genau dieselbe Sprache W dar wie A. □

Lemma 3.1.3 *Ist die Sprache W darstellbar durch einen endlichen SA mit dem Schnittpunkt $\lambda \in (0,1)$, dann gibt es für jeden Schnittpunkt $\lambda' \in (0, \lambda)$ oder $\lambda' \in (\lambda, 1)$ einen endlichen SA, durch den die Sprache W genau bis auf das leere Wort mit Hilfe des Schnittpunktes λ' darstellbar ist.*

Beweis Wir betrachten die beiden Fälle, daß der neue Schnittpunkt λ' kleiner oder größer als λ ist, getrennt.

Wir definieren einen endlichen SA A' auf folgende Weise: Als Übergangsmatrizen wählen wir die Matrizen

$$A'(x) = \begin{pmatrix} \alpha A(x) & \beta A(x) \\ \alpha A(x) & \beta A(x) \end{pmatrix} \quad \text{mit } \alpha + \beta = 1 \text{ und } \alpha, \beta > 0$$

für beliebige aber feste reellwertige Parameter α und β. Die gleiche Form haben dann alle Matrizen $A'(w)$. Wir geben den Anfangszustandsvektor durch die Bedingung $\boldsymbol{\mu}'(e) = (\boldsymbol{\mu}(e), 0)$ an und definieren den Endvektor als $\boldsymbol{\tau}' = \binom{\boldsymbol{\tau}_F}{0}$. Da für jedes beliebige Wort $w \neq e$ die Gleichheit

$$\boldsymbol{\mu}'(e)A'(w)\boldsymbol{\tau}' = \alpha\boldsymbol{\mu}(e)A(w)\boldsymbol{\tau}_F$$

gilt, ist

$$\forall w \in X^* \setminus \{e\} \;:\; \Big(w \in W \Leftrightarrow \boldsymbol{\mu}'(e)A'(w)\boldsymbol{\tau}' > \alpha\lambda\Big),$$

d. h. der SA A' stellt bis auf das leere Wort genau die Sprache W mit Hilfe des Schnittpunktes $\lambda' = \alpha\lambda < \lambda$ dar.

Sei jetzt λ' echt größer als λ. Wir definieren den endlichen SA A'' durch folgende Übergangsmatrizen:

$$A''(x) = \left(\begin{array}{c|ccc} 1 & 0 & \ldots & 0 \\ \hline 0 & & & \\ \vdots & & A(x) & \\ 0 & & & \end{array}\right).$$

Da wir für jedes Wort w die Beziehung

$$A''(w) = \left(\begin{array}{c|ccc} 1 & 0 & \ldots & 0 \\ \hline 0 & & & \\ \vdots & & A(w) & \\ 0 & & & \end{array}\right)$$

erhalten, gilt für den Anfangszustandvektor $\boldsymbol{\mu}''(e) = \Big(\alpha, (1-\alpha)\boldsymbol{\mu}(e)\Big)$ mit $0 < \alpha < 1$ und den Endvektor $\boldsymbol{\tau}'' = \binom{1}{\boldsymbol{\tau}_F}$ die Gleichung

$$\boldsymbol{\mu}''(e)A''(w)\boldsymbol{\tau}'' = \alpha + (1-\alpha)\boldsymbol{\mu}(e)A(w)\boldsymbol{\tau}_F$$

d. h. der SA A'' stellt die Sprache W mit dem Schnittpunkt
$\lambda' = \alpha + (1-\alpha)\lambda > \lambda$ dar. □

Theorem 3.1.1 *Wenn die Sprache W durch einen endlichen SA allgemeiner Form mit einem Ausgabebuchstaben dargestellt wird, so ist sie auch bis auf das leere Wort darstellbar durch einen endlichen SA mit einer Menge von Endzuständen. Für jede Sprache W (die das leere Wort nicht enthält), die durch einen endlichen SA mit einer Endzustandsmenge dargestellt wird, kann man einen endlichen stochastischen Moore-Automaten konstruieren, der sie mit einem Ausgabebuchstaben darstellt.*

Beweis Sei A ein endlicher SA allgemeiner Form, der eine Sprache entsprechend (3.1.4) mit dem Buchstaben y_1 darstellt. Sind $A(y/x)$ die Übergangsmatrizen von A, so setzen wir

$$A'(x) = \begin{pmatrix} \sum_{y \neq y_1} A(y/x) & A(y_1/x) \\ \sum_{y \neq y_1} A(y/x) & A(y_1/x) \end{pmatrix}.$$

Die Matrizen $A'(x)$ sind stochastisch; sie gehören zu einem endlichen SA A' (ohne Ausgabe), der doppelt so viele Zustände wie A besitzt. Das Produkt von Matrizen der Form von $A'(x)$ wird entsprechend der Regel

$$A'(wx) = \begin{pmatrix} A(w) \sum_{y \neq y_1} A(y/x) & A(w)A(y_1/x) \\ A(w) \sum_{y \neq y_1} A(y/x) & A(w)A(y_1/x) \end{pmatrix}$$

berechnet. Für den Anfangszustandsvektor $\boldsymbol{\mu}'(e) = (\boldsymbol{\mu}(e), 0)$ und den Endvektor $\boldsymbol{\tau}' = \binom{0}{\boldsymbol{\varepsilon}}$ erhalten wir

$$\boldsymbol{\mu}'(e)A'(wx)\boldsymbol{\tau}' = \boldsymbol{\mu}(e)A(w)A(y_1/x)\boldsymbol{\varepsilon} \; .$$

Folglich stellt der endliche SA A' ohne Ausgabe mit den Übergangsmatrizen $A'(x)$ durch den Ausgabebuchstaben y_1 bis auf das leere Wort genau dieselbe Sprache W dar wie der SA A, wobei die Schnittpunkte gleich gewählt sind.

Sei jetzt umgekehrt die Sprache W durch den endlichen SA A

$$A = \Big\langle X, S, \{A(x) | x \in X\} \Big\rangle$$

mit der Endzustandsmenge F, dem Anfangszustandsvektor $\boldsymbol{\mu}(e)$ und dem Schnittpunkt λ dargestellt.

Mit E_F bezeichnen wir die Matrix, deren i-tes Diagonalelement genau dann 1 ist, wenn $a_i \in F$ ist, wenn also der i-te Zustand ein Endzustand ist; alle übrigen Elemente von E_F sind 0. Analog sei $E_{\overline{F}}$ die Matrix, deren

i-tes Diagonalelement genau dann 1 ist, wenn $a_i \notin F$ ist, und deren sonstige Elemente 0 sind. Dann ist $(E_F + E_{\overline{F}})$ die Einheitsmatrix. Wir setzen

$$A_F(x) = A(x)E_F \quad \text{und} \quad A_{\overline{F}}(x) = A(x)E_{\overline{F}} .$$

Den SA B mit Ausgabe definieren wir auf folgende Weise :

$$B = \Big\langle X, Y, S, \{B(y/x) | (x,y) \in (X \times Y)\} \Big\rangle ,$$

wobei $Y = \{y, \overline{y}\}$ und die Matrizen von B gleich

$$B(y/x) = A_F(x) \quad \text{und} \quad B(\overline{y}/x) = A_{\overline{F}}(x)$$

sind. Es ist offensichtlich, daß

$$\begin{array}{l} B(y/x) + B(\overline{y}/x) = A(x) \quad \text{und} \\ B(y/x)\boldsymbol{\varepsilon} = A(x)\boldsymbol{\tau}_F \end{array}$$

gelten. Für jedes beliebige nichtleere $wx = x_1 x_2 \dots x_s x$ erhalten wir

$$\begin{aligned} & \boldsymbol{\mu}(e)A(wx)\boldsymbol{\tau}_F \\ = \; & \boldsymbol{\mu}(e)\Big(B(y/x_1) + B(\overline{y}/x_1)\Big) \\ & \cdot\Big(B(y/x_2) + B(\overline{y}/x_2)\Big) \dots \Big(B(y/x_s) + B(\overline{y}/x_s)\Big)B(y/x)\boldsymbol{\varepsilon} \\ = \; & \boldsymbol{\mu}(e) \sum_{y_1 y_2 \dots y_s} B(y_1/x_1)B(y_2/x_2)\dots B(y_s/x_s)B(y/x)\boldsymbol{\varepsilon} \\ = \; & \boldsymbol{\mu}(e)B(w)B(y/x)\boldsymbol{\varepsilon} \end{aligned}$$

Das heißt, B stellt genau die Sprache W mit dem Ausgabebuchstaben y und dem Schnittpunkt λ dar. □

Im folgenden werden wir den Ausdruck „Darstellbarkeit“ benutzen und dabei das Wort „Endzustandsmenge“ weglassen. Die Sprachen, die durch endliche stochastische Automaten darstellbar sind, werden wir *stochastische Sprachen* nennen.

Definition 3.1.3 Sei $L = \Big\langle X, \boldsymbol{M}, \{L(x) | x \in X\} \Big\rangle$ ein endlich-dimensionaler LA. Eine Sprache W wird *dargestellt* durch den LA L, wenn ein Vektor $\boldsymbol{a}(e) = \boldsymbol{a}$ und ein reeller Schnittpunkt η existieren, so daß die Beziehung

$$\forall w \in X^* : \Big(w \in W \Leftrightarrow \boldsymbol{a}(e)L(w)\boldsymbol{M} > \eta\Big) \tag{3.1.5}$$

erfüllt ist. Eine solche Sprache wird mit $W = T(L, \boldsymbol{a}, \eta)$ bezeichnet.

Es ist wesentlich, daß in dieser Definition weder der Vektor $\boldsymbol{a}$, noch der Spaltenvektor $\boldsymbol{M}$, noch die Konstante η eingeschränkt werden, außer daß sie aus dem Körper der reellen Zahlen zu wählen sind. Der folgende Satz erweitert die Klasse derjenigen endlichen diskreten Transformatoren, die stochastische Sprachen darstellen.

Theorem 3.1.2 *Eine Sprache W, die durch einen endlich-dimensionalen LA der Dimension k dargestellt wird, ist darstellbar durch einen SA mit $(k+4)$-Zuständen, der doppelt stochastische Übergangsmatrizen mit streng positiven Elementen hat, einen festen Anfangs- und einen festen Endzustand sowie einen Schnittpunkt $\lambda = 1/(k+4)$, der nur von der Zahl der Zustände, nicht aber von dem Automaten abhängt.*

Beweis Wird nicht gefordert, daß der Anfangszustand fest ist, kann der Beweis leicht unter Hinweis auf Theorem 2.3.1 geführt werden. Der gemäß Theorem 2.3.1 konstruierte SA stellt die Sprache mit Hilfe des Schnittpunktes $1/(k+2)$ dar, die der LA L mit dem Schnittpunkt 0 darstellt. Angenommen wir haben eine Sprache, die durch den k-dimensionalen LA L mit dem Schnittpunkt η gemäß (3.1.5) dargestellt wird. Dann stellt der $(k+1)$-dimensionale lineare Automat mit den Übergangsmatrizen

$$L(x) = \left(\begin{array}{c|c} L(x) & \begin{matrix} 0 \\ \vdots \\ 0 \end{matrix} \\ \hline 0 \ldots 0 & 1 \end{array}\right), \quad x \in X, \quad \boldsymbol{a}_1 = (\boldsymbol{a}, 1), \quad \boldsymbol{M}_1 = \begin{pmatrix} \boldsymbol{M} \\ -\eta \end{pmatrix},$$

dem Anfangsvektor $\boldsymbol{a}_1(e) = \boldsymbol{a}_1$ und dem Endvektor $\boldsymbol{M}_1$ genau diese Sprache W mit Hilfe des Schnittpunktes 0 dar. Also kann zu jedem k-dimensionalen LA, der eine Sprache W darstellt, ein SA mit insgesamt nur $(k+3)$-Zuständen konstruiert werden, der diese Sprache darstellt.

Indem wir die Kette der Schlußfolgerungen ein wenig verändern, zeigen wir, daß der gesuchte SA die Sprache W mit einem festen Anfangszustand darstellen kann. Der Einfachheit halber nehmen wir für den LA den Schnittpunkt 0 an:

$$\forall w \in X^* : \Big(w \in W \Leftrightarrow \boldsymbol{a}(e)L(w)\boldsymbol{M} > 0\Big)$$

Sei $\varphi(w) = \boldsymbol{a}(e)L(w)\boldsymbol{M}$.

1. Sei $e \in W$, d. h. $\varphi(e) = \boldsymbol{a}(e)\boldsymbol{M} > 0$. Wir definieren die Wortfunktion

$$g(w) = \begin{cases} \varphi(w), & \text{für } w \neq e, \\ 1, & \text{für } w = e. \end{cases}$$

Offenbar gilt $T(\varphi) = T(g)$. Wir konstruieren einen LA L_1 auf folgende Weise:

$$L_1(x) = \left(\begin{array}{c|c} L(x) & \begin{matrix} 0 \\ \vdots \\ 0 \end{matrix} \\ \hline 0 \dots 0 & 0 \end{array}\right), \; x \in X, \; \boldsymbol{a}_1(e) = (\boldsymbol{a}(e), 1), \; \boldsymbol{M}_1 = \begin{pmatrix} \boldsymbol{M} \\ 1 - \varphi(e) \end{pmatrix}.$$

Der konstruierte LA stellt die Wortfunktion $g(w)$ dar. Als P bezeichnen wir eine nicht singuläre $(k+1) \times (k+1)$-Matrix, deren erste Spalte gleich dem Spaltenvektor $\boldsymbol{M}_1$ ist und deren übrige zusammen mit der ersten Spalte eine Basis des $(k+1)$-dimensionalen Raumes der Spalten bilden und orthogonal zu $\boldsymbol{a}_1$ sind. Wegen $\boldsymbol{a}_1 \cdot \boldsymbol{M}_1 = 1$ ist dies möglich. Die Matrix P ist also so konstruiert, daß

$$\boldsymbol{a}_1 P = (1, 0, \dots, 0) \quad \text{und} \quad P^{-1}\boldsymbol{M}_1 = \begin{pmatrix} 1 \\ 0 \\ \vdots \\ 0 \end{pmatrix}$$

gelten. Wir setzen $L_2(x) = P^{-1}L(x)P$ und formen den so erhaltenen LA L_2 in einen SA wie im Beweis von Theorem 2.3.1 um. Dieser SA hat einen festen Anfangszustand, der gleichzeitig der einzige Endzustand ist. Die charakteristische Funktion dieses Automaten erfüllt die Bedingung

$$\chi(w) = \begin{cases} \alpha^{|w|} g(w) + 1/(k+3) & , \text{ für } w \neq e \\ 1 & , \text{ für } w = e \end{cases}.$$

Da die Werte der Wortfunktionen $\varphi(w)$ und $g(w)$ auf allen Wörtern außer dem leeren Wort gleich sind, können wir in dieser Bedingung $g(w)$ durch $\varphi(w)$ ersetzen. Dann gilt

$$T\big(\chi, 1/(k+3)\big) = T(\varphi) \,,$$

und der oben konstruierte SA stellt die Sprache W dar.

2. Sei $\varphi(e) \leq 0$, d. h. $e \notin T(\varphi)$. Wir definieren die Wortfunktion

$$g(w) = \begin{cases} \varphi(w) & , \text{ für } w \neq e \\ 0 & , \text{ für } w = e \end{cases} .$$

Diese Funktion wird durch den LA L_1 und den Anfangsvektor $\boldsymbol{a}_1$ mit

$$L_1(x) = \left(\begin{array}{c|c} & 0 \\ L(x) & \vdots \\ & 0 \\ \hline 0 \ldots 0 & 0 \end{array} \right), \; x \in X, \; \boldsymbol{a}_1(e) = (\boldsymbol{a}(e), 1), \; \boldsymbol{M}_1 = \begin{pmatrix} \boldsymbol{M} \\ -\varphi(e) \end{pmatrix}$$

dargestellt. Mit P werde eine nichtsinguläre $(k+1) \times (k+1)$-Matrix bezeichnet, deren erste Spalte gleich dem Spaltenvektor $\boldsymbol{M}_1$, und deren erste k Spalten linear unabhängig und orthogonal zu $\boldsymbol{a}_1$ sind. Die letzte Spalte $\boldsymbol{m}_{k+1}$ wählen wir so, daß $\boldsymbol{a}_1 \boldsymbol{m}_{k+1} = 1$ gilt. Dann folgt

$$\boldsymbol{a}_1 P = (0, \ldots, 0, 1) \quad \text{und} \quad P^{-1} \boldsymbol{M}_1 = \begin{pmatrix} 1 \\ 0 \\ \vdots \\ 0 \end{pmatrix} .$$

Indem wir weiter wie in Punkt 1 verfahren, konstruieren wir einen SA, dessen charakteristische Funktion diesmal gleich

$$\chi(w) = \begin{cases} \alpha^{|w|} \varphi(w) + 1/(k+3) & , \text{ für } w \neq e \\ 0 & , \text{ für } w = e \end{cases}$$

ist, wobei er $k+3$ Zustände, einen festen Anfangszustand und einen einzigen Endzustand besitzt.

Beim Übergang zum Schnittpunkt 0 kann sich die Dimension des Ausgabe-LA noch um (maximal) einen Zustand vergrößern. Somit erhalten wir die Schranke $k+4$ des Theorems. □

Korollar 3.1.1 *Die Klasse der Sprachen, die durch einen endlich-dimensionalen LA darstellbar sind, und die Klasse der stochastischen Sprachen stimmen überein.*

An einem Beispiel erläutern wir, wie der Begriff der Darstellbarkeit von Sprachen durch einen SA benutzt werden kann, um eine Lernsequenz in einem stochastischen Modell des Lernens zu konstruieren.

Beispiel 3.1.1 Sei Δ ein endlich- oder abzählbar-dimensionales Simplex von stochastischen Vektoren. Jeder Vektor $\boldsymbol{\mu}$ aus dieser Menge stellt also eine diskrete Wahrscheinlichkeitsverteilung dar. Damit kann jedes Zufallsexperiment mit einer Verteilung $\boldsymbol{\mu}$ interpretiert werden als Antwort auf einen Anreiz mit Indizes aus der Menge $J = \{1, \ldots, k(, \ldots)\}$. Für eine feste Untermenge $F = \{i_1, \ldots, i_t(, \ldots)\}$ der Menge J sei die Antwort auf Indizes aus F richtig. Die Zahl $\boldsymbol{\mu}\ \boldsymbol{\tau}_F$ ist dann die Wahrscheinlichkeit einer richtigen Antwort für die Wahrscheinlichkeitsverteilung $\boldsymbol{\mu}$.

Sei $h : \Delta \to \Delta$ ein Operator, der das Simplex Δ in sich selber abbildet. Wir werden sagen, der Operator *h lehre der Untermenge F die Wahrscheinlichkeitsverteilung* $\boldsymbol{\mu}$, wenn die Ungleichung

$$(h\boldsymbol{\mu})\boldsymbol{\tau}_F > \boldsymbol{\mu}\boldsymbol{\tau}_F$$

erfüllt ist, d. h. die Wahrscheinlichkeit einer richtigen Antwort wächst nach einer Abbildung des Vektors $\boldsymbol{\mu}$ unter dem Operator h. Haben wir einen gewissen Vorrat Σ an lehrenden Operatoren, so kann der Prozeß wiederholter Anwendung von Operatoren der Menge Σ auf die Wahrscheinlichkeitsverteilung $\boldsymbol{\mu}$ als Prozeß des Lernens der Verteilung $\boldsymbol{\mu}$ angesehen werden. Wir sagen, daß die Verteilung

$$\boldsymbol{\mu}_0 = h_1 h_2 \ldots h_s \boldsymbol{\mu} \quad \text{mit} \quad h_i \in \Sigma \quad \text{für } i = 1, \ldots, s$$

aus der Folge $h_1, \ldots, h_s$ *gelernt hat*, wenn es eine Zahl λ zwischen 0 und 1 gibt, so daß

$$\boldsymbol{\mu}_0 \boldsymbol{\tau}_F > \lambda$$

gilt, d. h. die Wahrscheinlichkeit einer richtigen Antwort ist größer als die Schwelle λ. Sind die Operatoren aus Σ linear, so können sie als ein System stochastischer Matrizen $\{A(x) | x \in X\}$ angegeben werden. Der lineare Operator, der durch die Matrix $A(w) = A(x_1) \ldots A(x_s)$ für $w = x_1 \ldots x_s$ gegeben ist, heißt *lehrend*, wenn die Bedingung

$$\boldsymbol{\mu}\ A(w)\boldsymbol{\tau}_F \ > \lambda$$

erfüllt ist. Damit genügt es zur Darstellung aller Lernsequenzen, die Sprache zu beschreiben, die durch einen (im allgemeinen nicht notwendigerweise endlichen) SA mit einem Schnittpunkt λ bei einem Anfangsvektor $\boldsymbol{\mu}$ (dem Gegenstand des Lernprozesses) und einem durch die Menge F definierten Endvektor dargestellt wird.

3.2 Algebraische Eigenschaften der Klasse der stochastischen Sprachen

Im Abschnitt 2.3 haben wir algebraische Eigenschaften der Menge der rationalen und positiv-rationalen Wortfunktionen untersucht. Jetzt betrachten wir die entsprechende Aufgabe für die Klasse der stochastischen Sprachen. Wie wir sehen werden, ist die Klasse der stochastischen Sprachen überabzählbar. Folglich ist es unmöglich, entsprechend der Algebra der regulären Sprachen eine geeignete endlich erzeugte Algebra stochastischer Sprachen zu konstruieren. Nichtsdestoweniger ist eine ganze Reihe von Abgeschlossenheitseigenschaften der Klasse der stochastischen Sprachen bezüglich gewisser Operationen bekannt.

Lemma 3.2.1 *Jede reguläre Sprache ist stochastisch.*

Beweis Sei die Sprache R regulär, dann gibt es einen endlichen DA $A = \Big\langle X, S, \{\delta(s,x)\}\Big\rangle$, der R durch die Bedingung

$$\forall w \in X^* : \Big(w \in R \Leftrightarrow \delta(s_0, w) \in F\Big) \tag{3.2.1}$$

darstellt. Dabei ist s_0 der Anfangszustand des DA A und F die Menge seiner Endzustände, $F \subseteq S$. Der DA A ist gleichzeitg auch ein stochastischer Automat mit Übergangsmatrizen

$$A(x) = \Big(a_{ij}(x)\Big),\; x \in X \text{ mit } a_{ij} = \begin{cases} 1 & \text{, für } \delta(s_i, x) = s_j \\ 0 & \text{sonst} \end{cases},$$

dem Anfangsvektor $\boldsymbol{\mu}(e) = (0, \ldots, 0, \underset{s_0}{1}, 0, \ldots, 0)$ und dem Endvektor $\boldsymbol{\tau}_F = (0, \ldots, 0, \underbrace{1, \ldots, 1}_{F})^T$. Für jedes beliebige Wort w ist die Bedingung $\delta(s_0, w) \in F$ äquivalent zur Matrizenbeziehung $\boldsymbol{\mu}(e)A(w)\boldsymbol{\tau}_F = 1$. Die Beziehung (3.2.1) ist äquivalent zu

$$\forall w \in X^* : \Big(w \in R \Leftrightarrow \boldsymbol{\mu}(e)A(w)\boldsymbol{\tau}_F = 1\Big).$$

Folglich stellt der endliche SA A die Sprache R mit dem Anfangsvektor $\boldsymbol{\mu}(e)$ durch die Zustandsmenge F und den Schnittpunkt λ dar, der einen beliebigen Wert aus dem Intervall $[0, 1)$ annehmen kann. □

Den so von uns definierten endlichen SA A werden wir *die Matrizenform* des endlichen DA A nennen.

Lemma 3.2.2 *Ist die Sprache R regulär und die Sprache W stochastisch, so sind die Sprachen $R \cap W$ und $R \cup W$ ebenfalls stochastisch.*

Beweis Für einen beliebigen endlichen DA A_1, der in Matrizenform gegeben ist, und einen beliebigen endlichen SA A_2 haben wir gemäß Lemma 3.2.1 und der Definition von stochastischen Sprachen

$$\forall w \in X^* : \Big(w \in R \Leftrightarrow \boldsymbol{\mu}_1(e) A_1(w) \boldsymbol{\tau}_1 = 1\Big),$$

$$\forall w \in X^* : \Big(w \in W \Leftrightarrow \boldsymbol{\mu}_2(e) A_2(w) \boldsymbol{\tau}_2 > \lambda\Big).$$

Hierbei sind $\boldsymbol{\mu}_1(e)$ und $\boldsymbol{\mu}_2(e)$ Anfangszustandsvektoren, sowie $\boldsymbol{\tau}_1$ und $\boldsymbol{\tau}_2$ Endvektoren der Automaten A_1 bzw. A_2. Wir betrachten den endlichen SA A, der durch die stochastischen Matrizen

$$A(x) = \begin{pmatrix} A_1(x) & 0 \\ 0 & A_2(x) \end{pmatrix}$$

definiert wird. Seien $\boldsymbol{\mu}(e) = (\boldsymbol{\mu}_1(e)/2, \boldsymbol{\mu}_2(e)/2)$ der Anfangszustandsvektor und $\boldsymbol{\tau} = \binom{\boldsymbol{\tau}_1}{\boldsymbol{\tau}_2}$ der Endvektor des Automaten A. Dann ist

$$\begin{aligned}
\boldsymbol{\mu}(e) A(w) \boldsymbol{\tau} > \frac{\lambda}{2} \quad &\Leftrightarrow \quad \frac{1}{2}\left(\boldsymbol{\mu}_1(e) A_1(w) \boldsymbol{\tau}_1 + \boldsymbol{\mu}_2(e) A_2(w) \boldsymbol{\tau}_2\right) > \frac{\lambda}{2} \\
&\Leftrightarrow \quad w \in W \cup R \\
\boldsymbol{\mu}(e) A(w) \boldsymbol{\tau} > \frac{1+\lambda}{2} \quad &\Leftrightarrow \quad \frac{1}{2}\left(\boldsymbol{\mu}_1(e) A_1(w) \boldsymbol{\tau}_1 + \boldsymbol{\mu}_2(e) A_2(w) \boldsymbol{\tau}_2\right) > \frac{1+\lambda}{2} \\
&\Leftrightarrow \quad w \in W \cap R\,.
\end{aligned}$$

Somit ist $R \cup W = T(A, \frac{\lambda}{2})$ und $R \cap W = T(A, \frac{1+\lambda}{2})$. □

Definition 3.2.1 Sei W eine Sprache. Die Sprache $\mathsf{mi}(W)$, die durch die Beziehung

$$\forall w \in X^* : \Big(w \in W \Leftrightarrow \mathsf{mi}(w) \in \mathsf{mi}(W)\Big)$$

definiert ist, heißt *Spiegelung* oder *Spiegelbild der Sprache W*.

Lemma 3.2.3 *Ist die Sprache W stochastisch, so ist auch die Sprache $\mathsf{mi}(W)$ stochastisch.*

Beweis Der endliche SA A stelle die Sprache W entsprechend (3.1.3) dar. Die charakteristische Funktion $\chi_A(w)$ von A ist positiv rational und folglich rational. Nach Lemma 2.3.6 ist die Wortfunktion $\varphi(w) = \chi_A^T(w)$ rational, d. h. es gibt einen endlich-dimensionalen SA, der diese Funktion definiert. Folglich ist für diesen Automaten

$$\forall w \in X^* : \Big(\varphi(w) > \lambda \Leftrightarrow w \in \mathsf{mi}(W)\Big).$$

Damit ist gemäß Theorem 3.1.2 die Sprache $\mathsf{mi}(W)$ stochastisch. □

Seien W eine Sprache und $w \in X^*$. Mit W_w bezeichnen wir die Sprache, die durch die Äquivalenz

$$\forall ww_1 \in X^* : \Big(ww_1 \in W \Leftrightarrow w_1 \in W_w\Big) \tag{3.2.2}$$

definiert ist. Durch ${}_wW$ wird die Sprache bezeichnet, die durch die Äquivalenz

$$\forall w_1w \in X^* : \Big(w_1w \in W \Leftrightarrow w_1 \in {}_wW\Big) \tag{3.2.3}$$

definiert ist. Die Sprachen W_w und ${}_wW$ heißen *linke w-Projektion* bzw. *rechte w-Projektion der Sprache W.*

Lemma 3.2.4 *Für jede nichtleere Sprache W gilt*

$$W = \bigcup_{|w|=k} wW_w \bigcup \widetilde{W}_k \quad \textit{und} \quad W = \bigcup_{|w|=k} {}_wWw \bigcup \widetilde{W}_k\,,$$

wobei die Sprache $\widetilde{W}_k \subseteq \{v|v \in W, |v| < k\}$ *endlich ist.*

Theorem 3.2.1 *Eine Sprache W ist genau dann stochastisch, wenn es einen beliebigen Wert k gibt, so daß die linken (oder rechten) Projektionen für alle Wörter w der Länge k stochastisch sind.*

Beweis Für den Beweis, daß die Bedingungen notwendig und hinreichend sind, betrachten wir zunächst den Fall linker Projektionen.

• **Die Bedingungen sind notwendig.**
Da die Sprache W stochastisch ist, gibt es ein $\lambda \in [0,1)$ und einen endlichen SA A mit einer Menge von Matrizen $\{A(x)\}$, einem Anfangsvektor $\boldsymbol{\mu}(e)$ und einem Endvektor $\boldsymbol{\tau}_F$, so daß für alle Wörter der Form $ww_1 \in W$ die Beziehung $\boldsymbol{\mu}(ww_1)\boldsymbol{\tau}_F > \lambda$ gilt. Wir betrachten diesen SA A, aber mit dem Anfangsvektor $\boldsymbol{\mu}(w)$. Für jedes $w \in X^*$ gilt dann

$$\forall w_1 \in X^* : \Big(w_1 \in W_w \Leftrightarrow ww_1 \in W \Leftrightarrow \boldsymbol{\mu}(w)A(w_1)\boldsymbol{\tau}_F > \lambda\Big),$$

d. h. mit dem Anfangsvektor $\boldsymbol{\mu}'(e) = \boldsymbol{\mu}(w)$ stellt der SA A die Sprache W_w dar. Für den Fall rechter Projektionen der Sprache W kann genau der gleiche SA A betrachtet werden, jedoch mit dem neuen Endvektor $A(w)\boldsymbol{\tau}_F = \boldsymbol{\tau}_F(w)$. Nach Lemma 3.1.2 sind die Sprachen W_w und ${}_wW$ dann stochastisch.

• **Die Bedingungen des Satzes sind hinreichend.**
Wir betrachten zuerst Wörter w der Länge 1. Das System der Sprachen W_x sei dargestellt durch die endlichen SAs A_x mit jeweils k_x Zuständen, die Endzustände F_x, die Anfangsvektoren $\boldsymbol{\mu}_x$ und ein und denselben Schnittpunkt λ. Folglich haben wir

$$\forall w \in X^* : \Big(w \in W_x \Leftrightarrow \boldsymbol{\mu}_x(e)A_x(w)\boldsymbol{\tau}_{F_x} > \lambda\Big).$$

Wir betrachten den SA A mit $k = 1 + \sum_{x \in X} k_x$ Zuständen und den Übergangsmatrizen, die definiert sind durch

$$A(x_j) = \begin{array}{c} \\ s_0 \\ \\ \\ \\ \\ \\ \\ \end{array} \left(\begin{array}{c|c|c|c|c|} \overset{s_0}{0} & 0 & 0 & 0 & \boldsymbol{\mu}_{x_j}(e) \\ 0 & & & & \\ 0 & 0 & A_{x_i}(x_j) & & 0 \\ 0 & & & & \\ 0 & 0 & 0 & & A_{x_j}(x_j) \\ 0 & & & & \end{array}\right) \begin{array}{l} \\ \\ \}S_{x_i} \\ \\ \}S_{x_j} \\ \\ \end{array} .$$

$$\qquad\qquad S_{x_i} \qquad\qquad\qquad S_{x_j}$$

Durch Multiplikation dieser Matrizen folgt

$$A(xw) = \begin{array}{c} \\ s_0 \\ \\ \\ \\ \\ \\ \end{array} \overset{\begin{array}{c} s_0 \end{array}}{\left(\begin{array}{c|c|c|c|c|}
0 & 0 & 0 & 0 & \boldsymbol{\mu}_x(w)(e) \\
0 & & & & \\
0 & 0 & A_{x_i}(xw) & & 0 \\
0 & & & & \\
0 & 0 & 0 & & A_x(xw) \\
0 & & & &
\end{array}\right)} \begin{array}{l} \\ \\ \}S_{x_i} \\ \\ \}S_x \\ \\ \end{array} .$$

$$\qquad\qquad\qquad\qquad S_{x_i} \qquad\qquad S_x$$

Für die Vektoren

$$\boldsymbol{\mu}(e) = (\underset{s_0}{1}, 0, \ldots, 0) \quad \text{und} \quad \boldsymbol{\tau}_F = \begin{pmatrix} 0 \\ \boldsymbol{\tau}_{F_{x_1}} \\ \vdots \\ \boldsymbol{\tau}_{F_{x_m}} \end{pmatrix}$$

und für jedes x erhalten wir deshalb

$$\boldsymbol{\mu}(e)A_x(w)\boldsymbol{\tau}_{F_x} = \boldsymbol{\mu}(e)A(xw)\boldsymbol{\tau}_F \qquad \text{für alle } w \in X^*.$$

Daraus folgt, daß $xw \in W \Leftrightarrow w \in W_x \Leftrightarrow \boldsymbol{\mu}_x(w)\boldsymbol{\tau}_{F_x} > \lambda \Leftrightarrow \boldsymbol{\mu}(xw)\boldsymbol{\tau}_F > \lambda$ für alle $w \in X^*$ gilt, d. h. der SA A stellt die Sprache $\bigcup_x xW_x$ durch die Zustandsmenge F und den Schnittpunkt λ mit dem festen Anfangszustand s_0 dar.

Enthält die Sprache W das leere Wort e, so ist $W = \bigcup_x xW_x \bigcup\{e\}$. Indem wir das Lemma 3.2.2 auf die reguläre Sprache $\{e\}$ und die stochastische Sprache $\bigcup_x xW_x$ anwenden, erhalten wir die Darstellbarkeit der Sprache W. Im allgemeinen Fall, wenn die Sprachen W_x durch endliche SAs mit verschiedenen Schnittpunkten λ_x dargestellt sind, wird zunächst das Lemma 3.1.3 benutzt. Aufgrund dieses Hilfssatzes sind alle Sprachen W_x darstellbar durch geeignete endliche SAs mit ein und demselben Schnittpunkt $\lambda \in (0, 1)$. Anschließend kann die oben beschriebene Methode, einen die Sprache W darstellenden Automaten zu konstruieren, angewandt werden.

Sei jetzt das System der Sprachen W_w mit $|w| = k$ darstellbar durch die endlichen SAs A_w. Wir wenden die vorgestellte Methode im Fall $k \neq 1$ auf das System der Sprachen $W_{w'x}$ für festes, aber beliebig gewähltes w' mit $|w'| = k - 1$ an. Hieraus folgt, daß jede Sprache $W_{w'}$, die genau bis auf das leere Wort mit $\bigcup_x xW_{w'x}$ übereinstimmt, stochastisch ist. Indem wir dies k-mal wiederholen, sehen wir, daß die Sprache W stochastisch ist.

Für den Beweis, daß die Bedingungen des Satzes im Falle rechter w-Projektionen hinreichend sind, müssen die Spiegelung $\mathsf{mi}(W)$ betrachtet und das Lemma 3.2.3 benutzt werden. □

Das Theorem 3.2.1 liefert leider keine vollständige Charakterisierung der stochastischen Sprachen, sondern unterstreicht nur die Invarianz der stochastischen Sprachen unter der w-Projektion.

Korollar 3.2.1 *Die Klasse der stochastischen Sprachen ist abgeschlossen bezüglich der Operation linke und rechte w-Projektion für jedes beliebige w aus dem freien Monoid X^*.*

Bezüglich der bisher betrachteten Operatoren war die Klasse der stochastischen Sprachen abgeschlossen. Wir definieren nun einige Operationen, für die dies nicht mehr zutrifft.

Definition 3.2.2 Als *Konkatenation $W = W_1W_2$ der Sprachen W_1 und W_2* wird die Sprache bezeichnet, die durch die Menge aller Konkatenationen jedes geordneten Paares von Wörtern der Sprachen W_1 und W_2 gebildet wird:

$$W_1W_2 = \{w_1w_2 | w_1 \in W_1 \wedge w_2 \in W_2\} .$$

Theorem 3.2.2 *Die Klasse der stochastischen Sprachen ist bezüglich der Konkatenation von Sprachen nicht abgeschlossen.*

Beweis Wir werden mehr zeigen, als im Theorem behauptet wird, und ein Beispiel einer stochastischen und einer regulären Sprache konstruieren, deren Konkatenation in beliebiger Reihenfolge eine nicht-stochastische Sprache ergibt. Das heißt: Die Konkatenation der Klasse der stochastischen mit der Klasse der regulären Sprachen ist größer als die Klasse der stochastischen Sprachen. Dem Beweis gehen einige Hilfssätze voraus.

Lemma 3.2.5 *Sei $L = \left\langle X, \boldsymbol{M}, \{L(x) | x \in X\}\right\rangle$ ein endlich-dimensionaler LA mit rationalen Einträgen in den Übergangsmatrizen, sowie rationalen Koordinaten des Anfangszustandsvektors $\boldsymbol{a}(e)$ und des Endvektors $\boldsymbol{M}$. Dann ist die Sprache W, die durch*

$$\forall w \in X^* : \Big(w \in W \Leftrightarrow \boldsymbol{a}(e)L(w)\boldsymbol{M} = \eta\Big)$$

definiert ist, für jedes rationale η stochastisch.

Beweis Mit χ sei die rationale Wortfunktion $\chi(w) = \boldsymbol{a}(e)L(w)\boldsymbol{M}$ für alle $w \in X^*$ bezeichnet. Dann ist die Sprache W durch die Bedingung

$$w \in W \quad \Leftrightarrow \quad \chi_1(w) = \chi(w) - \eta = 0$$

definiert. Die Klasse der rationalen Wortfunktionen ist abgeschlossen bezüglich Addition und Multiplikation. Deshalb gibt es einen endlich-dimensionalen LA, der die Wortfunktion $(\chi(w) - \eta)^2$ für alle $w \in X^*$ darstellt. Es ist

$$w \in W \quad \Leftrightarrow \quad {\chi_1}^2(w) = 0$$

mit einem LA L_1, der die Wortfunktion ${\chi_1}^2$ darstellt und bei dem alle Elemente der Übergangsmatrizen, des Anfangs- und des Endvektors rationale Zahlen sind. Sei $c > 0$ ein gemeinsames Vielfaches dieser Zahlen. Für die Matrix $L_2(x)$ mit ganzzahligen Elementen, die aus $L_1(x)$ durch Ausklammern dieses gemeinsamen Vielfachen entsteht, erhalten wir

$${\chi_1}^2(w) = c^{-|w|-2}\boldsymbol{a}'L_2(w)\boldsymbol{M}' = c^{-|w|-2}\chi_2(w) \qquad \text{für alle } w \in X^*,$$

wobei $\boldsymbol{a}'$ und $\boldsymbol{M}'$ Vektoren mit ganzzahligen Elementen sind. Es gibt einen LA, der die Wortfunktion $c^{|w|+2}$ definiert. Beispielsweise kann als Automat der zweidimensionale LA mit den Übergangsmatrizen

$$L_3(x) = \begin{pmatrix} c & 0 \\ 0 & c \end{pmatrix},$$

dem Anfangsvektor $(c, 0)$ und dem Spaltenvektor $(c, 0)^T$ genommen werden. Also gibt es einen endlich-dimensionalen LA mit ganzzahligen Werten, sowie ganzzahligen Anfangs- und Endvektoren, der die Wortfunktion ${\chi_1}^2(w)c^{|w|+2} = \chi_2(w) = \boldsymbol{a}'L_2(w)\boldsymbol{M}'$ für alle $w \in X^*$ darstellt. Diese Funktion nimmt nur ganzzahlige Werte an. Wenn wir als Schnittpunkt $\lambda = \frac{1}{2}$ wählen, erhalten wir deshalb

$$\begin{aligned} w \in W \quad &\Leftrightarrow {\chi_1}^2(w)c^{|w|+2} = \chi_2(w) = 0 \quad \Leftrightarrow \chi_2(w) < \frac{1}{2} \\ &\Leftrightarrow -\chi_2(w) > -\frac{1}{2} \end{aligned}$$

Folglich ist die Sprache W stochastisch. □

Sei W eine beliebige Sprache. Dann bezeichne W^* die Menge aller Wörter der Form $w_1w_2w_3 \ldots w_k$ mit $w_i \in W$ für $i = 1, \ldots, k$ $(k \geq 0)$.

Lemma 3.2.6 *Die Sprache* $\overline{W} = \{\, x^k y w x^k y \,|\, w \in \{\{x\}^* y\}^*,\ k \geq 0 \,\}$ *über dem Alphabet* $\{x, y\}$ *ist stochastisch.*

Beweis Wir betrachten den SA mit neun Zuständen und den beiden Eingabesymbolen x und y, dessen Übergangsmatrizen die Form

$$A(x) = \begin{pmatrix} \frac{1}{2} & 0 & 0 & 0 & 0 & 0 & \frac{1}{2} & 0 & 0 \\ 0 & \frac{1}{3} & 0 & 0 & 0 & 0 & \frac{2}{3} & 0 & 0 \\ 0 & 0 & 1 & 0 & 0 & 0 & 0 & 0 & 0 \\ 0 & 0 & 0 & 1 & 0 & 0 & 0 & 0 & 0 \\ 0 & 0 & 0 & 0 & \frac{1}{3} & 0 & \frac{2}{3} & 0 & 0 \\ 0 & 0 & 0 & 0 & 0 & \frac{1}{2} & \frac{1}{2} & 0 & 0 \\ 0 & 0 & 0 & 0 & 0 & 0 & 1 & 0 & 0 \\ 0 & 0 & 0 & 0 & 0 & 0 & 1 & 0 & 0 \\ 0 & 0 & 0 & 0 & 0 & 0 & 1 & 0 & 0 \end{pmatrix}$$

und

$$A(y) = \begin{pmatrix} 0 & 0 & \frac{1}{2} & 0 & \frac{1}{2} & 0 & 0 & 0 & 0 \\ 0 & 0 & 0 & \frac{1}{2} & 0 & \frac{1}{2} & 0 & 0 & 0 \\ 0 & 0 & \frac{1}{2} & 0 & \frac{1}{2} & 0 & 0 & 0 & 0 \\ 0 & 0 & 0 & \frac{1}{2} & 0 & \frac{1}{2} & 0 & 0 & 0 \\ 0 & 0 & 0 & 0 & 0 & 0 & 0 & 1 & 0 \\ 0 & 0 & 0 & 0 & 0 & 0 & 0 & 0 & 1 \\ 0 & 0 & 0 & 0 & 0 & 0 & 1 & 0 & 0 \\ 0 & 0 & 0 & 0 & 0 & 0 & 1 & 0 & 0 \\ 0 & 0 & 0 & 0 & 0 & 0 & 1 & 0 & 0 \end{pmatrix}$$

haben. Um zu verstehen, wie dieser Automat arbeitet, betrachten wir seine graphische Darstellung (Abbildung 3.1). Offenbar ist der siebente Zustand des Automaten absorbierend, und der achte oder neunte Zustand des Automaten kann unter der Bedingung, daß der erste oder zweite Zustand der Anfangszustand ist, nur bei Eingabe eines Wortes der Form $x^k ywx^l y$ mit $w \in \{\{x\}^* y\}^*$ für $k, l \geq 0$ erreicht werden. Für den Anfangsvektor $\boldsymbol{\mu}(e) = (\frac{1}{2}, \frac{1}{2}, 0, \ldots, 0)$ und den Endvektor $\boldsymbol{M} = (0, \ldots, 0, 1, -1)^T$ realisiert dieser Automat also die Funktion

$$\chi(w) = \boldsymbol{\mu}(e) A(w) \boldsymbol{M}$$

$$= \begin{cases} 0 & \text{für } w \neq x^k yw'x^l y \text{ mit} \\ & w' \in \{\{x\}^* y\}^* \text{ und } k, l \geq 0 \\ \frac{1}{2}\left(\frac{1}{2}\right)^k \left(\frac{1}{2}\right)^{t+1} \left(\frac{1}{3}\right)^l - \frac{1}{2}\left(\frac{1}{3}\right)^k \left(\frac{1}{2}\right)^{t+1} \left(\frac{1}{2}\right)^l & \text{für } w = x^k yw'x^l y \end{cases},$$

wobei t die Zahl der Symbole y im Wort w' bezeichnet. Für Wörter der Form $x^k yw'x^l y$ ist diese Funktion genau dann gleich 0, wenn $k = l$ ist.

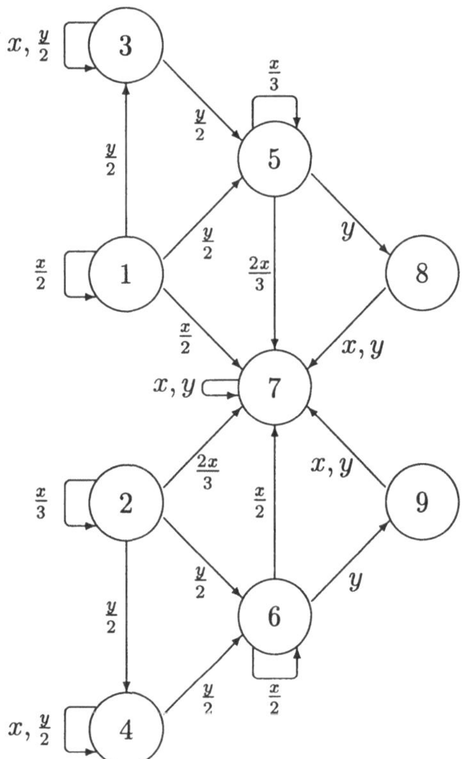

Abbildung 3.1

Mit W_1 bezeichnen wir die Sprache

$$\{w|w \in \{x,y\}^*\,,\ \chi(w) = \boldsymbol{\mu}(e)A(w)\boldsymbol{M} = 0\}$$

und mit W_2 die Sprache

$$\{x^k y w x^l y \,|\, w \in \{\{x\}^* y\}^*\,,\ k,l \geq 0\}\,.$$

Die Sprache W_2 besteht aus genau den Wörtern, die mindestens zweimal den Buchstaben y enthalten und auf y enden. Die Sprache ist regulär; sie wird beispielsweise durch den folgenden Automaten mit 3 Zuständen dargestellt (Abbildung 3.2).

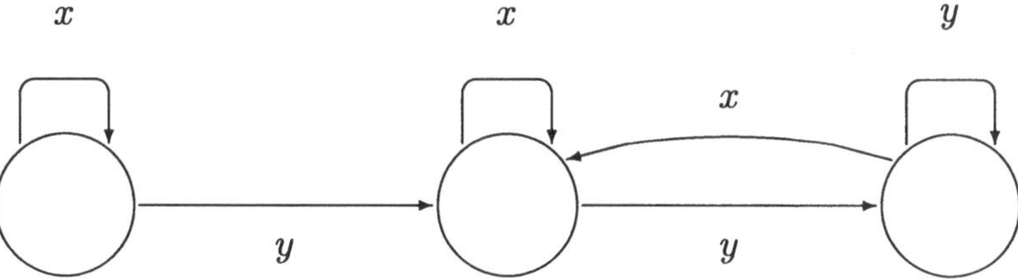

Abbildung 3.2

Aus der Definition der Funktion $\chi(w)$ folgt, daß $W_1 = W_2 + \overline{W}$ ist. Nach Lemma 3.2.5 ist die Sprache W_1 stochastisch. Damit ist auch die Sprache $W_1 - W_2 = \overline{W}$ stochastisch, da sie der Durchschnitt einer stochastischen Sprache mit dem Komplement der Sprache W_2, also einer regulären Sprache, ist. □

Lemma 3.2.7 *Die Sprache $W = \overline{W}\{x,y\}^*$ ist nicht stochastisch, wobei $\overline{W}$ die Sprache aus Lemma 3.2.6 ist.*

Beweis durch Widerspruch. Sei die Sprache W durch den endlichen SA A mit den Übergangsmatrizen $A(x)$ und $A(y)$ sowie mit dem Schnittpunkt η dargestellt. Die Übergangsmatrix $A(x)$ habe die charakteristische Gleichung

$$a_n\lambda^n + a_{n-1}\lambda^{n-1} + \ldots + a_1\lambda + a_0 = 0 \; .$$

Nach dem Satz von Hamilton-Cayley, angewandt auf die Matrix $A(x)$, gilt

$$a_nA(x^n) + a_{n-1}A(x^{n-1}) + \ldots + a_1A(x) + a_0E = 0 \; .$$

Indem wir von links mit dem Vektor $\boldsymbol{\mu}(e)$ und von rechts mit dem Spaltenvektor $A(w)\boldsymbol{\tau}$ für ein beliebiges Wort $w \in \{x,y\}^*$ multiplizieren, erhalten wir

$$a_n\boldsymbol{\mu}(e)A(x^nw)\boldsymbol{\tau} + a_{n-1}\boldsymbol{\mu}(e)A(x^{n-1}w)\boldsymbol{\tau} + \ldots$$

$$\ldots + a_1\boldsymbol{\mu}(e)A(xw)\boldsymbol{\tau} + a_0\boldsymbol{\mu}(e)A(w)\boldsymbol{\tau} = 0 \qquad (3.2.4)$$

Da 1 eine Wurzel der charakteristischen Gleichung einer stochastischen Matrix ist, ist $a_n + a_{n-1} + \ldots + a_1 + a_0 = 0$. Seien $a_{k_1}, \ldots, a_{k_r}$ die positiven Zahlen unter den Koeffizienten a_i. Wir betrachten das Wort $w =$

$yx^{k_1}\dots x^{k_r}y$. Die Bedingung $\boldsymbol{\mu}(e)A(x^iw)\boldsymbol{\tau} > \eta$ ist genau dann erfüllt, wenn $i \in \{k_1,\dots,k_r\}$ gilt. Folglich ist der linke Teil der Beziehung (3.2.4) echt größer als $(a_n + a_{n-1} + \dots + a_1 + a_0)\eta = 0$. Dieses widerspricht (3.2.4), und folglich ist W keine stochastische Sprache. □

Aus den Lemmata 3.2.6 und 3.2.7 folgt das Theorem 3.2.2 für die Konkatenation einer stochastischen und einer regulären Sprache. Da

$$\mathsf{mi}(W) = \mathsf{mi}(\overline{W}\{x,y\}^*) = \mathsf{mi}(\{x,y\}^*)\mathsf{mi}(\overline{W}) = \{x,y\}^*\mathsf{mi}(\overline{W})$$

gilt und $\mathsf{mi}(\overline{W})$ eine stochastische Sprache ist (Lemma 3.2.3), ist gezeigt, daß die Konkatenation einer regulären und einer stochastischen Sprache eine nicht-stochastische Sprache sein kann. Der Satz ist damit bewiesen. □

Definition 3.2.3 Seien X und X' endliche Alphabete. Eine Abbildung $h : X^* \to X'^*$ heißt *Homomorphismus des freien Monoids X^* in das freie Monoid X'^**, wenn die Bedingung

$$h(w_1w_2) = h(w_1)h(w_2) \quad \text{für alle } w_1, w_2 \in X^* \tag{3.2.5}$$

erfüllt ist.

Theorem 3.2.3 *Dic Klassc dcr stochastischen Sprachen ist unter Homomorphismen nicht abgeschlossen.*

Beweis Die Sprache $\overline{W}$ sei wie in Lemma 3.2.6 definiert. Wir betrachten die Sprache $W = \overline{W}z\{x,y\}^*$ über dem Alphabet $\{x,y,z\}$. Sie ist stochastisch. Dazu betrachten wir den SA C mit den Übergangsmatrizen

$$C(x) = \begin{pmatrix} A(x) & 0 & 0 \\ 0 & 1 & 0 \\ 0 & 0 & 1 \end{pmatrix}, \quad C(y) = \begin{pmatrix} A(y) & 0 & 0 \\ 0 & 1 & 0 \\ 0 & 0 & 1 \end{pmatrix},$$

$$C(z) = \begin{pmatrix} 0 & \boldsymbol{\tau}_A & \boldsymbol{\varepsilon}_A - \boldsymbol{\tau}_A \\ 0 & 0 & 1 \\ 0 & 0 & 1 \end{pmatrix},$$

wobei $A(x)$ und $A(y)$ Übergangsmatrizen eines SA A seien, der die Sprache $\overline{W}$ mit dem Anfangszustandsvektor $\boldsymbol{\mu}_A(e)$, dem Endvektor $\boldsymbol{\tau}_A$ und einer geeigneten Konstante λ darstellt. Wir wählen

$$\boldsymbol{\mu}_C(e) = (\boldsymbol{\mu}_A(e), 0, 0)\,, \quad \boldsymbol{\tau}_C = (0,1,0)^T$$

und übernehmen die Konstante λ. C arbeitet auf die folgende Weise: Für alle Wörter, die den Buchstaben z nicht enthalten, ist $\chi_C(w) = 0$. Für alle Wörter der Form wzw', wobei z weder in w noch in w' enthalten ist, ist $\chi_C(wzw') = \chi_A(w)$. Tritt in einem Wort $\overline{w}$ wiederholt z auf und hat es die Form $\overline{w} = wzw'zw'' \ldots$, so ist $\chi_C(\overline{w}) = 0$. Also akzeptiert C das Wort wzw' genau dann, wenn w' den Buchstaben z nicht enthält und w zur Sprache $\overline{W}$ gehört.
Wir betrachten den Homomorphismus h, der durch

$$h(x) = x\,, \quad h(y) = y\,, \quad h(z) = e$$

definiert ist. Das homomorphe Bild der stochastischen Sprache W mit $W = \overline{W}z\{x,y\}^*$ ist die nicht-stochastische Sprache $\overline{W}\{x,y\}^*$, was das Theorem beweist. □

Offen ist die Frage, ob das Komplement einer stochastischen Sprache wieder stochastisch ist. Die Vereinigung und der Durchschnitt stochastischer Sprachen sind nicht immer stochastisch, was wir jedoch hier nicht beweisen (siehe Aufgabe 5 zu Kapitel 3). In Abschnitt 3.5 dieses Kapitels werden wir eine Unterklasse der Klasse der stochastischen Sprachen betrachten, die bezüglich Vereinigung, Durchschnitt und Komplement abgeschlossen ist.

3.3 Beispiele nichtdarstellbarer Sprachen Wechselbeziehungen der Darstellbarkeit

Wir untersuchen weiterhin die Eigenschaften von stochastischen Sprachen, wobei uns die Stellung der Klasse der stochastischen Sprache zu anderen Sprachklassen interessiert. Im folgenden benötigen wir das

Lemma 3.3.1 *Für $t > 1$ seien die Matrizen*

$$A(x) = \begin{pmatrix} 1-\frac{x}{t} & \frac{x}{t} \\ 1-\frac{x+1}{t} & \frac{x+1}{t} \end{pmatrix}, \quad \text{für } x = 0, 1, \ldots, t-1 \tag{3.3.1}$$

definiert. Für den SA mit dem Eingabealphabet $\{0,1,\ldots,t-1\}$, den Übergangsmatrizen (3.3.1), dem Anfangszustandsvektor $\boldsymbol{\mu}(e) = (1,0)$ und dem Endvektor $\boldsymbol{\tau}_F = \binom{0}{1}$ gilt für jedes Wort $w = x_1 \ldots x_s$ aus $\{0,\ldots,t-1\}^*$ die Beziehung $\chi_A(w) = 0, x_s x_{s-1} \ldots x_1$, wobei die Zahl $\chi_A(w)$ im t-adischen Zahlensystem dargestellt ist.

Der Beweis wird leicht durch Induktion geführt. Dabei können z. B. die folgenden Beziehungen benutzt werden:

$$A(0)\boldsymbol{\tau}_F = \frac{1}{t}\boldsymbol{\tau}_F\ ; \quad A(t-1)\boldsymbol{\tau}_F = \frac{1}{t}\boldsymbol{\tau}_F + \frac{(t-1)}{t}\begin{pmatrix}1\\1\end{pmatrix}; \quad \boldsymbol{\mu}A(w)\begin{pmatrix}1\\1\end{pmatrix} = 1\,.$$

Theorem 3.3.1 *Die Klasse der stochastischen Sprachen ist überabzählbar.*

Beweis Wir betrachten einen SA ohne Ausgabe mit 2 Zuständen und 2 Eingangssymbolen, für den die Übergangsmatrizen die Form

$$A(0) = \begin{pmatrix} 1 & 0 \\ \frac{1}{2} & \frac{1}{2} \end{pmatrix}, \quad A(1) = \begin{pmatrix} \frac{1}{2} & \frac{1}{2} \\ 0 & 1 \end{pmatrix}$$

haben. Sei $\boldsymbol{\mu}(e) = (1,0)$ und $\boldsymbol{\tau}_F = \binom{0}{1}$. Wir bemerken, daß die stochastischen Matrizen $A(0)$ und $A(1)$ für $t = 2$ die Bedingungen des Lemmas 3.3.1 erfüllen, woraus folgt, daß $\chi_A(w) = 0, x_s x_{s-1} \ldots x_1$ gilt. Die Werte $\chi_A(w)$ sind überall im Intervall $[0,1]$ dicht. Daraus folgt, daß für Paare von Schnittpunkten λ_1, λ_2 mit $\lambda_1 < \lambda_2$ die echte Inklusion $T(A,\lambda_1) \subset T(A,\lambda_2)$ gilt. Deshalb hat die Menge der stochastischen Sprachen, die durch den SA A mit Hilfe aller Schnittpunkte $\lambda \in [0,1]$ dargestellt werden, die Mächtigkeit des Kontinuums. □

Korollar 3.3.1 *Es gibt nicht-reguläre stochastische Sprachen.*

Der Beweis folgt aus Theorem 3.3.1, da die Klasse der regulären Sprachen abzählbar ist.

Übung 1 zu diesem Kapitel zeigt ein konkretes Beispiel einer nichtregulären stochastischen Sprache.

Unsere nächste Aufgabe besteht darin, eine kontinuierliche Familie nichtstochastischer Sprachen zu konstruieren, wobei sich diese Konstruktion anschaulich geometrisch interpretieren läßt.

Seien A ein endlicher SA und $\Sigma_1 = \{w_1, \ldots, w_m\}$ eine minimale Menge von Wörtern, so daß die Menge der Zustandsvektoren $\{\boldsymbol{\mu}(w_1), \ldots, \boldsymbol{\mu}(w_m)\}$ eine Basis des linearen Raumes E_A bildet. Wir werden Σ_1 eine *rechtsseitige Basis bezüglich des SA A* nennen. Entsprechend werden wir eine minimale Wortmenge $\Sigma_2 = \{w_1, \ldots, w_t\}$, für die die Menge der Spaltenvektoren

$\{\boldsymbol{\tau}(w_1), \ldots, \boldsymbol{\tau}(w_t)\}$ eine Basis des linearen Raumes $\mathcal{E}_A$ bildet, eine *linksseitige Basis bezüglich des SA A* nennen. Eine rechtsseitige (entsprechend linksseitige) Basis werden wir *kompakt* nennen, wenn sie der Bedingung

$$\forall x \in X : wx \in \Sigma_1 \Rightarrow w \in \Sigma_1$$

$$\Big(\forall x \in X : xw \in \Sigma_2 \Rightarrow w \in \Sigma_2\Big)$$

genügt.

Bemerkung 3.3.1 Das leere Wort gehört zu jeder kompakten Basis.

Wir werden eine Wortmenge Γ_{Σ} eine *Umrandung* einer rechtsseitigen (linksseitigen) Basis Σ_1 bzw. Σ_2 nennen, wenn sie der Bedingung

$$\forall x : \quad x \in X \quad \wedge \quad w \in \Sigma_1 \quad \wedge \quad wx \notin \Sigma_1 \quad \Rightarrow \quad wx \in \Gamma_{\Sigma_1}$$

$$\Big(\forall x : \quad x \in X \quad \wedge \quad w \in \Sigma_2 \quad \wedge \quad wx \notin \Sigma_2 \quad \Rightarrow \quad wx \in \Gamma_{\Sigma_2}\Big)$$

genügt.

Lemma 3.3.2 *Für jeden endlichen SA A gibt es eine kompakte rechtsseitige (linksseitige) Basis. Gemäß Definition ist die Zahl der Elemente in dieser Basis gleich der Dimension der linearen Hülle der Menge L_A (beziehungsweise $\mathcal{L}_A$).*

Beweis Ist die Zahl der Zustände des Automaten A endlich, so ist $\dim(E_A) = k$ für ein geeignetes natürliches k. Wir konstruieren eine kompakte Basis, wobei wir mit dem Vektor $\boldsymbol{\mu}(e)$ beginnen. Sei schon der Teil Σ' der kompakten Basis konstruiert. Wir betrachten dann die Umrandung der Menge Σ' und fügen zu Σ' nacheinander in lexikographischer Ordnung die Elemente der Umrandung $\Gamma_{\Sigma'}$ hinzu, die linear unabhängig von den schon zur Basis hinzugefügten Elementen sind. Erneut betrachten wir die Umrandung des auf diese Weise vergrößerten Teiles der Basis. Nach endlich vielen Schritten werden alle Elemente der Umrandung linear abhängig von den Elementen der schon konstruierten Basis sein. Damit ist eine kompakte Basis konstruiert. Dies ist einfach zu beweisen und bleibe daher dem Leser überlassen. □

Sei $\Sigma = \{w_1, \ldots, w_m\}$ eine endliche Menge von Wörtern und W eine Sprache in X^*. Wir setzen

$$\sigma_i = \begin{cases} 1 & , \text{ für } w_i \in W \\ 0 & , \text{ für } w_i \notin W \end{cases} \qquad i = 1, \ldots, m\,.$$

Die Folge $\sigma_{\sum}(W) = (\sigma_1, \ldots, \sigma_m)$, die entsprechend der natürlichen Ordnung auf den Wörtern der Menge Σ geordnet sei, nennen wir *Signatur der Menge* Σ *(bezüglich der Sprache* W*)*.

Seien $\Sigma_1 = \{w_1, \ldots, w_m\}$ eine endliche rechtsseitige Basis in X^* bezüglich des endlichen SA A und w ein beliebiges Wort. Für die Darstellung $\boldsymbol{\mu}(w) = \sum_{i=1}^{m} \alpha_i \boldsymbol{\mu}(w_i)$ setzen wir

$$\gamma_i = \begin{cases} 0 & , \text{ für } \alpha_i \leq 0 \\ 1 & , \text{ für } \alpha_i > 0 \end{cases} \qquad i = 1, \ldots, m .$$

Die entsprechend der natürlichen Ordnung auf den Wörtern der Menge Σ_1 geordnete Folge $\gamma_{\sum_1}(w) = (\gamma_1, \ldots, \gamma_m)$ nennen wir *Signatur des Wortes* w *(bezüglich der rechtsseitigen Basis* Σ_1 für den SA A).

Entsprechend werde der Begriff der Signatur eines Wortes w bezüglich einer linksseitigen Basis für den SA A definiert.

Lemma 3.3.3 *Sei für den SA A die Matrix $A(w_0)$ nicht singulär. Dann ist die Signatur eines Wortes w bezüglich einer rechtsseitigen (linksseitigen) Basis Σ_1 gleich der Signatur des Wortes ww_0 (w_0w) bezüglich der Basis, die entsteht, indem an alle Wörter von Σ_1 von rechts (links) das Wort w_0 angefügt wird.*

Beweis Wir führen den Beweis nur für den Fall einer rechtsseitigen Basis. Sei

$$\boldsymbol{\mu}(w) = \sum_{i=1}^{m} \alpha_i \boldsymbol{\mu}(w_i) = \sum_{a_i > 0} \alpha_i \boldsymbol{\mu}(w_i) + \sum_{a_i \leq 0} \alpha_i \boldsymbol{\mu}(w_i) .$$

Wenn wir die Konkatenation des Wortes w_0 von rechts durchführen, erhalten wir

$$\boldsymbol{\mu}(ww_0) = \sum_{i=1}^{m} \alpha_i \boldsymbol{\mu}(w_i) A(w_0) = \sum_{a_i > 0} \alpha_i \boldsymbol{\mu}(w_i w_0) + \sum_{a_i \leq 0} \alpha_i \boldsymbol{\mu}(w_i w_0) .$$

Da die Matrix $A(w_0)$ nicht singulär ist, sind die Vektoren $\boldsymbol{\mu}(w_i w_0)$ unabhängig und bilden eine rechtsseitige Basis. Folglich sind die Koeffizienten der Zerlegung von $\boldsymbol{\mu}(ww_0)$ bezüglich $\{\boldsymbol{\mu}(w_i w_0) | i = 1, \ldots, m\}$ eindeutig, das heißt

$$\gamma_{\sum_1}(w) = \gamma_{\sum_1 w_0}(ww_0) .$$

Die Signatur des Wortes ww_0 stimmt also bezüglich der verschobenen Basis $\Sigma_1 w_0 = \{w_1 w_0, \ldots, w_m w_0\}$ mit der Signatur des Wortes w bezüglich der ursprünglichen Basis überein. □

Wir bemerken, daß das Lemma in einem gewissem Sinne auch für singuläre Matrizen wahr bleibt: Die Signatur eines Wortes ww_0 (bzw. w_0w) bezüglich der Menge, die durch Konkatenation des Wortes w_0 von rechts (bzw. links) an alle Wörter einer rechtsseitigen (bzw. linksseitigen) Basis Σ_1 entsteht, kann so gewählt werden, daß sie mit der Signatur des Wortes w bezüglich der Basis Σ_1 übereinstimmt.

Lemma 3.3.4 *Sei $W = T(A, \lambda)$ eine Sprache, die durch den endlichen SA A dargestellt wird. Sei des weiteren $\Sigma_1 = \{w_1, \ldots, w_m\}$ eine rechtsseitige Basis bezüglich A mit Signatur $\sigma_{\Sigma_1}(W) = \{\sigma_1, \ldots, \sigma_m\}$ der Menge Σ_1 bezüglich der Sprache W und Signatur $\gamma_{\Sigma_1}(w) = \{\gamma_1, \ldots,$ gamma$_m\}$ eines beliebigen Wortes w bezüglich der rechtsseitigen Basis Σ_1 für A. Ist $\sigma_i + \gamma_i \equiv 0 \mod 2$ für alle $i = 1, \ldots, m$, so ist $w \in T(A, \lambda)$.*

Beweis Nach Definition gilt:

$$\forall w \in X^* : \Big(w \in T(A, \lambda) \Leftrightarrow \boldsymbol{\mu}(w)\boldsymbol{\tau}_F > \lambda\Big).$$

Für ein beliebiges Wort w haben wir (vgl. Beweis zu Lemma 3.3.3)

$$\boldsymbol{\mu}(w) = \sum_{i \in \mathcal{A}'} \alpha_i \boldsymbol{\mu}(w_i) + \sum_{j \in \mathcal{A}''} \alpha_j \boldsymbol{\mu}(w_j) ,$$

wobei $\mathcal{A}'$ aus allen Indizes i mit $\alpha_i > 0$ und $\mathcal{A}''$ aus allen Indizes j mit $\alpha_j \leq 0$ bestehen. Wegen $\sigma_i + \gamma_i \equiv 0$ folgt für $i \in \mathcal{A}'$, daß $\gamma_i = 1$ und daher $\sigma_i = 1$ ist. Deshalb ist $w_i \in T(A, \lambda)$ oder $\boldsymbol{\mu}(w_i)\boldsymbol{\tau}_F > \lambda$. Entsprechend folgt $\boldsymbol{\mu}(w_j)\boldsymbol{\tau}_F \leq \lambda$ für $j \in \mathcal{A}''$. Für die charakteristische Funktion $\chi_A(w)$ von A erhalten wir daher

$$\chi_A(w) = \boldsymbol{\mu}(w)\boldsymbol{\tau}_F = \sum_{i \in \mathcal{A}'} \alpha_i \boldsymbol{\mu}(w_i)\boldsymbol{\tau}_F + \sum_{j \in \mathcal{A}''} \alpha_j \boldsymbol{\mu}(w_j)\boldsymbol{\tau}_F > \lambda ,$$

das heißt $w \in T(A, \lambda)$. □

Analog gilt ein Lemma für eine linksseitige Basis. Im weiteren Verlauf dieses Abschnitts werde unter dem Wort „Basis“ eine rechts- oder linksseitige Basis bezüglich eines geeigneten Automaten verstanden.

Um eine kontinuierliche Familie von Sprachen konstruieren zu können, die nicht durch einen endlichen SA darstellbar sind, müssen wir eine Reihe neuer Begriffe einführen.

Die *Bezeichnung* einer Menge $\Sigma = \{w_1, \dots, w_m\}$ besteht darin, daß dieser Menge eine Signatur mitgegeben wird, mit anderen Worten: Jedem Wort der Menge wird das Symbol 0 oder 1 beigefügt. Σ heißt dann eine *bezeichnete* Menge. Für Mengen können, wie auch für Basen, die Begriffe „dichte Menge" und „Umrandung der Menge" benutzt werden. Wir ordnen alle dichten bezeichneten Mengen, beginnend mit der einelementigen Menge $\{e\}$, die durch die Signatur (0) bezeichnet wird. Dann wird jede dichte Menge Σ, die durch eine Signatur σ_Σ gekennzeichnet ist, eine Nummer $n(\Sigma, \sigma_\Sigma)$ erhalten, d. h. sie ist durch Σ_n eindeutig bestimmt, wobei Σ die dichte Menge und n die zugehörige Nummer ist. In der Umrandung jeder dichten Menge Σ halten wir drei verschiedene Wörter fest, die wir mit $\overline{w}_1(\Sigma)$, $\overline{w}_2(\Sigma)$ und $\overline{w}_3(\Sigma)$ bezeichnen, und fügen die Wörter $\overline{w}_1(\Sigma)$ und $\overline{w}_2(\Sigma)$ zu der Menge Σ hinzu. Enthält die Umrandung von Σ weniger als drei Wörter, werden aus der Umrandung der größeren Mengen $\Sigma \cup \overline{w}_1(\Sigma)$ bzw. $\Sigma \cup \overline{w}_1(\Sigma) \cup \overline{w}_2(\Sigma)$ Wörter ausgewählt. Die Wörter $\overline{w}_1(\Sigma)$, $\overline{w}_2(\Sigma)$ und $\overline{w}_3(\Sigma)$ seien beliebig gewählt; wir legen nur fest, daß als $\overline{w}_3(\Sigma)$ immer eines der Wörter von maximaler Länge in der Umrandung gewählt wird, so daß die Beziehungen

$$|\overline{w}_3(\Sigma_n)| > \max_{w_i \in \Sigma} |w_i| \quad , \quad |\overline{w}_3(\Sigma_n)| \geq \max\{|\overline{w}_1(\Sigma_n)|, |\overline{w}_2(\Sigma_n)|\}$$

erfüllt sind. Die Erweiterung der Menge hängt nicht von der sie bezeichnenden Signatur ab, d. h. eine Menge hat, auch wenn sie durch verschiedene Signaturen bezeichnet wird, eine eindeutige Erweiterung. Von der Folge der erhaltenen erweiterten Mengen $\overline{\Sigma}_n = \Sigma_n \cup \overline{w}_1(\Sigma_n) \cup \overline{w}_2(\Sigma_n)$ ($\overline{\Sigma}_n$ sei durch die Signatur σ_{Σ_n} bezeichnet) gehen wir zu „verschobenen" bezeichneten Mengen über. Das Verfahren des Verschiebens besteht in folgendem:

Jeder bezeichneten dichten Menge mit der Nummer n wird ein Wort $v(n)$ zugeordnet. Der ersten Menge $(\{e\}, (0))$ mit $n = 1$ ordnen wir $v(1) := e$ zu; die weiteren Wörter ergeben sich aus der folgenden Konstruktion. Der dichten bezeichneten Menge $(\Sigma_n, \sigma_{\Sigma_n})$ mit der Nummer n entspreche das Wort $v(n)$. Das bedeutet, daß die Verschiebung der Menge $\overline{\Sigma}_n$ durch die Konkatenation

$$v(n)\overline{\Sigma}_n = \{v(n)w_1, \dots, v(n)w_m, v(n)\overline{w}_1(\Sigma_n), v(n)\overline{w}_2(\Sigma_n)\}$$

erfolgt. Die nun folgende bezeichnete dichte Menge $(\overline{\Sigma}_{n+1}, \sigma_{\Sigma_{n+1}})$ erhalten wir als linke Verschiebung durch die Konkatenation der Wörter $v(n)$ und $\overline{w}_3(\Sigma_n)$:

$$v(n+1) = v(n)\overline{w}_3(\Sigma_n) .$$

Wir nennen eine Folge von Mengen, die entsprechend der dargestellten Verschiebeprozedur konstruiert wurde, eine *Kette von Mengen*. Jedes Element einer Kette von Mengen ist ein Paar, bestehend aus eine Menge und einer diese Menge bezeichnenden Signatur. Wir werden die folgenden Bezeichnungen benutzen: Durch den Buchstaben Σ, möglicherweise mit einem Index, werden wir die ursprüngliche dichte bezeichnete Menge kennzeichnen, ein überstrichener Buchstabe $\overline{\Sigma}$ wird die erweiterte Menge bezeichnen und eine Menge aus einer Kette von Mengen wird durch $v(n)\overline{\Sigma}_n$ gekennzeichnet werden.

Lemma 3.3.5 *In einer Kette von Mengen sind alle Durchschnitte leer, das heißt: Es gibt keine verschiedenen Zahlen n_1 und n_2 mit*

$$v(n_1)\overline{\Sigma}_{n_1} \cap v(n_2)\overline{\Sigma}_{n_2} \neq \emptyset \,.$$

Beweis Seien $\overline{\Sigma}_{n_1} = \{w_1, \ldots, w_m\}$ und $\overline{\Sigma}_{n_2} = \{w'_1, \ldots, w'_l\}$ zwei dichte Mengen mit $n_1 < n_2$. Die verschobenen Mengen in der Kette haben dann die Form

$$v(n_1)\overline{\Sigma}_{n_1} = \{v(n_1)w_1, \ldots, v(n_1)w_m\} \,,$$

$$v(n_2)\overline{\Sigma}_{n_2} = \{v(n_2)w'_1, \ldots, v(n_2)w'_l\} \,.$$

Die Verschiebungen hängen vermöge der Beziehung

$$v(n_2) = v(n_1)\overline{w}_3(\Sigma_{n_1}) \ldots \overline{w}_3(\Sigma')$$

zusammmen, wobei Σ' eine dichte bezeichnete Menge ist, die dem Paar $(\overline{\Sigma}_{n_2}, \sigma_{\Sigma_{n_2}})$ vorangeht. Da für Wörter der Menge $\overline{\Sigma}_{n_1}$ die Beziehung $|w_i| < |\overline{w}_3(\Sigma_{n_1})|$ gilt, ist jedes Wort der Menge $v(n_2)\overline{\Sigma}_{n_2}$ länger als das längste Wort der Menge $v(n_1)\overline{\Sigma}_{n_1}$. Deshalb können die betrachteten Mengen kein Element gemeinsam haben. □

Wir benutzen die eingeführten Begriffe zur Konstruktion eines Beispiels. Wir definieren Sprachen $T(\alpha)$ mit Hilfe ihrer charakteristischen Funktion χ_α, die den Wert 1 auf Wörtern w annimmt, die zur Sprache $T(\alpha)$ gehören, und den Wert 0 auf den übrigen Wörtern des freien Monoids X^*.

Die Definitionsregel der Werte von $\chi_\alpha(w)$ lautet für eine Zahl $0 < \alpha < 1$: Wenn ein Wort $w \in X^*$ zu dem nicht erweiterten Teil einer Menge in einer Kette von Mengen $v(n)\Sigma_n = v(n)\{w_1, \ldots, w_{m_n}\}$ gehört, dann stimmt $\chi_\alpha(w)$ mit seinem Wert in der Ordnung der Signatur überein, durch die die gegebene

Menge bezeichnet wird. Ist das Wort w gleich dem Wort $v(n)\overline{w}_1(\Sigma_n)$ für die Menge mit der Nummer n, so nimmt $\chi_\alpha(w)$ den Wert der n-ten Stelle in der Dualzerlegung der Zahl $\alpha = 0, \alpha_1 \ldots \alpha_n \ldots$ an. In den übrigen Fällen sei der Wert von $\chi_\alpha(w)$ gleich Null. Wir setzen also

$$\chi_\alpha(w) = \begin{cases} \sigma_i(n) & , \text{ für } w = v(n)w_i\,,\ w_i \in \Sigma_n\,, \\ \alpha_n & , \text{ für } w = v(n)\overline{w}_1(\Sigma_n)\,, \\ 0 & \text{sonst}\,. \end{cases}$$

Wegen Lemma 3.3.5 ist diese Definition nicht widersprüchlich.

Theorem 3.3.2 *Für jede Zahl α mit $0 < \alpha < 1$ gilt: Die Sprache $T(\alpha)$ ist nicht durch einen endlichen SA darstellbar.*

Beweis Wir nehmen das Gegenteil an. Dann gibt es zu einer Zahl α einen SA A mit k Zuständen, der die Sprache $T(\alpha)$ darstellt. Sei die Dimension der linearen Hülle von L_A gleich m. Nach Lemma 3.3.2 findet sich eine dichte rechtsseitige Basis $\Sigma = \{w_1, \ldots, w_m\}$ bezüglich dieses SA. Dieser Basis, als Menge betrachtet, sei das Wort $\overline{w}_2(\Sigma)$ zugeordnet, das bezüglich Σ die Signatur γ_Σ hat. Im Verlauf der Konstruktion der Kette der bezeichneten Mengen findet sich eine Menge $v(n)\overline{\Sigma}$ mit der Nummer n, die durch die Signatur γ_Σ bezeichnet ist: $\Sigma = \Sigma_n$. Nach Lemma 3.3.3 ist die Signatur des Wortes $v(n)\overline{w}_2(\Sigma)$ bezüglich der Menge $v(n)\Sigma_n$ gleich γ_Σ. Zugleich hat gemäß der Definiton der Sprache $T(\alpha)$ die bezeichnete Menge $v(n)\Sigma_n$ die Signatur γ_Σ bezüglich eben dieser Sprache. Wegen Lemma 3.3.4 gehört in diesem Fall jedoch das Wort $v(n)\overline{w}_2(\Sigma)$ zur Sprache $T(\alpha)$, was der Definition der charakteristischen Funktion der Sprache χ_α widerspricht: $\chi_\alpha(v(n)\overline{w}_2(\Sigma)) = 0$. □

Korollar 3.3.2 *Es gibt ein Kontinuum von Sprachen, das nicht durch einen endlichen SA darstellbar ist.*

Die Behauptung folgt daraus, daß die von uns konstruierten Sprachen vom kontinuierlichen Parameter α mit $0 < \alpha < 1$ abhängen.

Die vorgestellte Methode, nicht-stochastische Sprachen mit Parametern zu konstruieren, kann verallgemeinert und in überaus kompakter Form beschrieben werden. Seien $W \subseteq X^*$ eine beliebige Sprache über dem Alphabet X und Σ eine endliche Menge von Wörtern über diesem Alphabet. Durch $\Sigma_w(W) = \Sigma \cap W_w$ bezeichnen wir den möglicherweise leeren Durchschnitt der rechten w-Projektion der Sprache W, nämlich W_w, mit der endlichen Menge Σ. $\Sigma_w(W)$ besteht also aus allen Wörten $w_1 \in \Sigma$ mit der Eigenschaft, daß $w_1 w \in W$ ist. Wir führen die Äquivalenzbeziehung $\equiv_\pi (\Sigma, W)$ auf dem freien Monoid X^* durch die Bedingung

$$w_1 \equiv_\pi w_2(\Sigma, W) \Leftrightarrow \Sigma_{w_1}(W) = \Sigma_{w_2}(W)$$

ein.
Analog zu $\equiv_\pi$ kann die Äquivalenz $_\pi\!\equiv (\Sigma, W)$ für die linke w-Projektion der Sprache W eingeführt werden.

Bemerkung 3.3.2 Der Rang der Äquivalenz $\equiv (\Sigma, W)$ ist nicht größer als $2^{|\Sigma|}$.

Der Rang oder die Anzahl der Klassen der Äquivalenz $\equiv (\Sigma, W)$ ist offensichtlich gleich der Zahl der verschiedenen Teilmengen der Form $\Sigma' \subseteq \Sigma$. Das Maximum der Ränge wird angenommen, wenn für jede Teilmenge $\Sigma' \subseteq \Sigma$ ein Wort w existiert, so daß $\Sigma' = \Sigma_w(W)$ gilt.

Lemma 3.3.6 *Die Sprache W sei über eine charakteristische Funktion* φ *durch die Bedingung*

$$\forall w \in X^* : \Big(w \in W \Leftrightarrow \varphi(w) > 0\Big)$$

definiert. Ist für eine endliche Sprache $\Sigma \subset X^*$ *der Rang der Äquivalenz* $\equiv_\pi (\Sigma, W)$ *oder* $_\pi\!\equiv (\Sigma, W)$ *gleich* $2^{|\Sigma|}$, *so ist* $\dim E_\varphi \geq |\Sigma|$.

Beweis Sei $\Sigma = \{w_1, \ldots, w_k\}$. Wir werden zeigen: Wenn der Rang der Äquivalenzbeziehung $\equiv_\pi (\Sigma, W)$ maximal ist, dann sind die Wortfunktionen $\varphi_{w_1}(w), \ldots, \varphi_{w_k}(w)$ linear unabhängig. Der Beweis wird durch Widerspruch geführt. Seien $c_1, \ldots, c_k$ gegeben, die nicht alle gleich Null sind, so daß

$$\forall w \in X^* : \Big(\sum_{i=1}^{k} c_i \varphi_{w_i}(w) = 0\Big)$$

gilt. Wir bezeichnen mit $\mathcal{I}$ die Menge der Indizes i, für die $c_i > 0$ ist. Gemäß den Voraussetzungen des Lemmas gibt es zu jeder Menge $\mathcal{I}$ ein Wort w, so daß $\Sigma_w(W) = \{w_i | i \in \mathcal{I}\}$ gilt. Folglich ist für alle $i \in \mathcal{I}$, und nur für diese, $w_i w \in W$, das heißt $\varphi(w_i w) = \varphi_{w_i}(w) > 0$. Für dieses Wort w ist dann aber $\sum_{i=1}^{k} c_i \varphi_{w_i}(w) > 0$, was der Voraussetzung über die lineare Abhängigkeit der

φ_{w_i} widerspricht. Ist die Menge $\mathcal{I}$ leer, wählen wir ein Wort w mit $\Sigma_w(W) = \Sigma$. Folglich ist $\varphi_{w_i}(w) > 0$ für alle $i = 1, \ldots, k$. Dann ist $\sum_{i=1}^{k} c_i \varphi_{w_i}(w) < 0$, was wiederum einen Widerspruch liefert. □

Aus Theorem 2.4.1 und Lemma 3.3.6 folgt das

Theorem 3.3.3 *Die Sprache W habe die folgende Eigenschaft: Für jede natürliche Zahl n gibt es eine endliche Sprache Σ mit $|\Sigma| = n$, so daß der Rang der Äquivalenz $\equiv (\Sigma, W)$ (rechts oder links) gleich 2^n ist. Dann ist die Sprache W durch keinen endlichen SA darstellbar.*

Aus dem Beweis des Lemmas 3.3.6 folgt: Die Formulierung des Theorems 3.3.3 ist die Verallgemeinerung der Idee, nach der schon früher ein Beispiel einer nicht-stochastischen Sprache konstruiert worden ist. Das Theorem 3.3.3 stellt eine Technik zur Konstruktion von Beispielen nicht-stochastischer Sprachen dar.

Wir weisen noch zwei notwendige Bedingungen für stochastische Sprachen nach. Die erste (Theorem 3.3.4) stellt eine interessante Beweismethode vor. Die zweite (Theorem 3.3.5) zeigt eine wichtige Eigenschaft stochastischer Sprachen.

Theorem 3.3.4 *Sei W eine stochastische Sprache. Dann existiert eine natürliche Zahl n, so daß es für jedes Wort w eine Teilmenge $\mathcal{I}$ der Menge $\{0, 1, \ldots, n-1\}$ gibt, so daß für beliebige Wörter w_1 und w_2 die Beziehung*

$$\left(i \in \mathcal{I} \Leftrightarrow w_1 w^i w_2 \in W\right) \Rightarrow w_1 w^n w_2 \in W$$

gilt.

Beweis Die stochastische Sprache W sei dargestellt durch den SA A mit n Zuständen. Für jedes Wort w ist die Übergangsmatrix $A(w)$ stochastisch, und folglich ist eine der charakteristischen Wurzeln dieser Matrix gleich 1. Ist $t^n - a_{n-1}t^{n_1} - \ldots - a_1 t - a_0 = 0$ die charakteristische Gleichung der Matrix $A(w)$, so ist also $a_{n-1} + a_{n-2} + \ldots + a_0 = 1$. Aus dem Satz von Hamilton-Cayley folgt

$$A(w^n) - a_{n-1}A(w^{n-1}) - \ldots - a_1 A(w) - a_0 E = 0\,. \tag{3.3.2}$$

Indem wir die Beziehung (3.3.2) für beliebige Wörter w_1 und w_2 von links mit dem Zustandsvektor $\boldsymbol{\mu}(w_1)$ und von rechts mit dem Spaltenvektor $\boldsymbol{\tau}_F(w_2)$

multiplizieren, erhalten wir

$$\chi_A(w_1 w^n w_2) - a_{n-1}\chi_A(w_1 w^{n-1} w_2) - \ldots - a_1\chi_A(w_1 w w_2) - a_0\chi_A(w_1 w_2) = 0.$$

Sei $\mathcal{I}$ die Menge der natürlichen Zahlen $i \in \{0, 1, \ldots, n-1\}$, für die $a_i \geq 0$ ist. Wir nehmen an, daß genau dann $w_1 w^i w_2 \in W$ ist, wenn $i \in \mathcal{I}$ ist. Dann gilt $\chi_A(w_1 w^i w_2) < \lambda$ für $a_i \geq 0$, und $\chi_A(w_1 w^i w_2) \leq \lambda$ für $a_i < 0$. Folglich ist

$$\chi_A(w_1 w^n w_2) = \sum_{a_i \geq 0} a_i \chi_A(w_1 w^i w_2) + \sum_{a_i < 0} a_i \chi_A(w_1 w^i w_2) >$$

$$\sum_{a_i \geq 0} a_i \lambda + \sum_{a_i < 0} a_i \lambda = \lambda\,,$$

das heißt $w_1 w^n w_2 \in W$. □

Seien $\Sigma \subset X$ ein Teilalphabet von X und k eine ganze Zahl. Eine Sprache W definiert im freien Monoid X^* folgende zweistelligen Relationen

$$R_{W,\Sigma,k}(w_1, w_2) \Leftrightarrow \forall w \in \Sigma^* \text{ mit } |w| \leq k : \Big(w_1 w \in W \Leftrightarrow w_2 w \in W\Big),$$

$$L_{W,\Sigma,k}(w_1, w_2) \Leftrightarrow \forall w \in \Sigma^* \text{ mit } |w| \leq k : \Big(w w_1 \in W \Leftrightarrow w w_2 \in W\Big).$$

Diese Beziehungen besitzen endlich viele Äquivalenzklassen, d. h. sie sind *Äquivalenzrelationen endlichen Ranges.* Wir bezeichnen die Ränge der Äquivalenzrelationen $R_{W,\Sigma,k}$ und $L_{W,\Sigma,k}$ mit $r_R(W, \Sigma, k)$ beziehungsweise $r_L(W, \Sigma, k)$. Im Falle $\Sigma = X$ werden wir die Bezeichnung Σ weglassen und $R_{W,k}$ bzw. $L_{W,k}$ schreiben. Die Äquivalenzklassen von $R_{W,k}$ und $L_{W,k}$ sind in der Theorie der DA bekannt, sofern man die Länge k der Wörter wegläßt (sog. Nerode-Äquivalenz). Wenn die Sprache W regulär ist, stabilisiert sich der Rang der Äquivalenzklasse $R_{W,k}$ mit wachsendem k und nimmt den Wert der Zahl der Zustände eines minimalen DA an, der W akzeptiert. Sofern W nicht regulär ist, wächst der Rang der Äquivalenzklasse $R_{W,k}$ mit wachsendem k unbeschränkt. In diesem Fall stellt sich die Frage nach dem Wachstumsverhalten der Funktion $r_R(W, \Sigma, k)$ für bestimmte Klassen von Sprachen, insbesondere für die Klasse der stochastischen Sprachen. Teilweise wird diese Frage beantwortet durch das

Theorem 3.3.5 *Seien W eine stochastische Sprache und Σ ein Teilalphabet von X. Dann gibt es eine natürliche Zahl n und eine Konstante $c > 1$, so daß für $k > 1$ gilt:*

1) $r_R(k) \leq (k+2)^n$, $r_L(k) \leq (k+2)^n$, *für* $|\Sigma| = 1$
2) $r_R(k) \leq c^k$, $r_L(k) \leq c^k$, *für* $|\Sigma| > 1$

Beweis Wir nehmen an, daß die Sprache W durch einen SA A mit n Zuständen, den Übergangsmatrizen $A(x)$ und der Zahl λ dargestellt wird. Mit $W = \{w_1, \ldots, w_m\}$ bezeichnen wir die Menge der Wörter über Σ, deren Länge höchstens k ist. Für jedes Wort aus W definieren wir die Hyperebene

$$P_i = \{w \mid \boldsymbol{\mu}(w)\boldsymbol{\tau}_F(w_i) = \boldsymbol{\mu}(w)A(w_i)\boldsymbol{\tau}_F = \lambda\} \quad \text{für alle } i = 1, \ldots, m .$$

Das Wort ww_i gehört genau dann zu W, wenn $\boldsymbol{\mu}(w)\boldsymbol{\tau}_F(w_i) > \lambda$ gilt. Somit ist für beliebige Wörter w_1 und w_2 das Prädikat $R_{W,\Sigma,k}(w_1, w_2)$ genau dann wahr, wenn die entsprechenden Punkte $\boldsymbol{\mu}(w_1)$ und $\boldsymbol{\mu}(w_2)$ des euklidischen Raumes R^n in ein und demselbem der zusammenhängenden Teilgebiete liegen, die durch die Hyperebenen $P_1, \ldots, P_m$ definiert sind. Alle Punkte $\boldsymbol{\mu}(w)$ liegen in der Hyperebene $\boldsymbol{\mu}(w)\boldsymbol{\varepsilon} = 1$, die einen $(n-1)$-dimensionalen euklidischen Raum bildet, und ihre Durchschnitte mit den Hyperebenen P_i $(i = 1, \ldots, m)$ sind $(n-2)$-dimensionale Hyperebenen, die wir mit $Q_1, \ldots, Q_m$ bezeichnen. Folglich kann der Rang der Äquivalenz $r_R(k)$ nicht größer sein als die Zahl der zusammenhängenden Bereiche, die in einem $(n-1)$-dimensionalen euklidischen Raum durch h Hyperebenen der Dimension $(n-2)$ definiert werden können. Diese Zahl $\xi(n,h)$ kann für $n \geq 2$ und $h \geq 2$ nach oben abgeschätzt werden:

$$\xi(n,h) \leq (h+1)^{n-1} .$$

Im vorliegenden Fall erhalten wir (unter der Voraussetzung $n > 2$), daß $r_R(W, \Sigma, k) \leq (m+1)^{n-1}$ gilt. Daher ist:

1) $m = k+1$ und $r_R(k) \leq (k+2)^{n-1}$, für $|\Sigma| = 1$;
2) $m = \frac{t^{k+1}-1}{t-1}$, für $|\Sigma| = t > 1$.

Wir setzen $c = t^{2(n-1)}$. Für $k > 1$ gilt, wie man leicht zeigt:

$$(m+1)^{n-1} = \left(\frac{t^{k+1}-1}{t-1} + 1\right)^{n-1} < t^{2k(n-1)} .$$

Also ist $r_R(W, \Sigma, k) \leq c^k$. Eine entsprechende Abschätzung erhalten wir für die Zahl $r_L(W, \Sigma, k)$. □

Eine wichtige Aufgabe bilden die Beziehungen zwischen der Klasse der stochastischen Sprachen und anderen bekannten Sprachklassen. Es wurde bereits festgestellt, daß jede reguläre Sprache stochastisch ist. Weiter unten, im Abschnitt 3.5, werden wir eine Reihe von Eigenschaften rationaler stochastischer Sprachen herleiten (Vergleiche Kybernetika 1977, 3, S. 39-50).

Wir werden nun einige Beziehungen zwischen den Klassen der stochastischen, der rekursiven und der kontextfreien Sprachen vorstellen.

Definition 3.3.1 Eine Sprache $W \subseteq X^*$ heißt *rekursiv*, wenn es einen für alle Eingaben terminierenden Algorithmus gibt, der

1. auf jedes Wort des freien Monoids X^* anwendbar ist;
2. jedes Wort der Sprache W, und nur diese Wörter, in ein festgelegtes spezielles Symbol umwandelt.

Bemerkung 3.3.3 Die nicht-stochastische Sprache $T(\alpha)$, die im Beweis des Theorems 3.3.2 beschrieben worden ist, bildet ein Beispiel einer rekursiven, nicht-stochastischen Sprache. In diesem Fall dient als Algorithmus, der die Sprache $T(\alpha)$ beschreibt, das Verfahren, mit dem die charakteristische Funktion der Sprache berechnet wird. Er ist anwendbar auf alle Wörter des freien Monoids $X^* = \{0,1\}^*$ und führt die Wörter aus $T(\alpha)$, und nur diese, in das spezielle Symbol Eins über.

Wir geben ein Beispiel einer stochastischen, nicht-rekursiven Sprache an.

Theorem 3.3.6 *Sei der SA wie im Theorem 3.3.1 definiert. Ist die Zahl* $0 < \lambda < 1$ *nicht berechenbar, so ist die Sprache* $T(A, \lambda)$ *nicht rekursiv.*

Beweis Wir nehmen an, daß die Sprache $T(A, \lambda)$ rekursiv ist. Wir zeigen, daß es dann einen Algorithmus gibt, der alle Ziffern in der dualen Zerlegung $\lambda = 0,\sigma_1\sigma_2\ldots$ berechnet. Nach Voraussetzung gibt es nämlich einen Algorithmus $\boldsymbol{\mathcal{A}}$, der für alle Wörter des freien Monoids X^* definiert ist und genau alle Wörter der Sprache $T(A, \lambda)$ in ein spezielles Symbol überführt, das wir ohne Beschränkung der Allgemeinheit gleich Null setzen können. Die übrigen Wörter möge der Algorithmus in Eins überführen. Damit ist

$$w \in T(A, \lambda) \Leftrightarrow \boldsymbol{\mathcal{A}}(w) = 0 \quad \text{und} \quad w \notin T(A, \lambda) \Leftrightarrow \boldsymbol{\mathcal{A}}(w) = 1\,.$$

Für $n \geq 1$ seien die ersten $n - 1$ Ziffern der Zahl λ hinter dem Komma schon berechnet und gleich $\sigma_1, \sigma_2, \ldots, \sigma_{n-1}$. Wir betrachten das Wort

$w = 1\sigma_{n-1}\ldots\sigma_2\sigma_1$ (Ist $n = 1$, so ist $w = 1e = 1$.). Da für das Wort $w = \gamma\sigma_{n-1}\ldots\sigma_2\sigma_1$ die Äquivalenz

$$w \in T(A,\lambda) \Leftrightarrow \chi_A(w) > \lambda \Leftrightarrow 0,\sigma_1\sigma_2\ldots\sigma_{n-1}\gamma > \lambda$$

gilt, folgt aus $1\sigma_{n-1}\ldots\sigma_2\sigma_1 \in T(A,\lambda)$, daß $\sigma_n = 0$ gilt; und entsprechend folgt aus $1\sigma_{n-1}\ldots\sigma_2\sigma_1 \notin T(A,\lambda)$ dann $\sigma_n = 1$. Damit erhalten wir $\sigma_n = \mathcal{A}(1\sigma_{n-1}\ldots\sigma_2\sigma_1)$ für alle $n \geq 1$, das heißt, es gibt einen Algorithmus, der eine beliebig vorgegebene Stelle in der Dualzerlegung der Zahl λ errechnet, was der Voraussetzung für λ widerspricht. □

Klassen, Definitionen oder Bedingungen, die beliebige Teilmengen R und Q von Elementen der gleichen Menge beschreiben, heißen *wechselseitig unabhängig*, wenn diese Untermengen und ihre Komplemente jeweils einen nichtleeren Durchschnitt haben. Das heißt, die Mengen $R \cap Q$, $R \cap \overline{Q}$, $\overline{R} \cap Q$ und $\overline{R} \cap \overline{Q}$ sind nicht leer.

Korollar 3.3.3 *Die Klassen der stochastischen und der rekursiven Sprachen sind wechselseitig unabhängig.*

Wir erinnern: Eine erzeugende Grammatik ist ein Quadrupel der Form $G = \langle V, \Sigma, P, \sigma\rangle$, wobei V ein endliches Alphabet, $\Sigma \subseteq V$ ebenfalls ein endliches Alphabet (von Terminalsymbolen), P eine endliche Menge geordneter Paare (u, v) mit $u \in (V \setminus \Sigma)^* \setminus \{e\}$ und $v \in V^*$, sowie σ ein Element der Menge $V \setminus \Sigma$ ist, das *Anfangssymbol* oder *Axiom* genannt wird. Die Elemente (u, v) der Menge P werden *Ersetzungsregeln*, *Produktionen* oder *Regeln* genannt und in der Form $u \to v$ dargestellt. Wir schreiben $w \Rightarrow w'$, falls es Wörter z_1, z_2 aus V^* und Wörter u, v gibt, so daß $w = z_1uz_2$ und $w' = z_1vz_2$ sind, und die Produktion $u \to v$ in P existiert. Man sagt, w' ist aus w *in einem Schritt ableitbar*. Ferner schreiben wir $w \Rightarrow^* w'$, falls es eine – möglicherweise leere (das heißt $w = w'$) – Kette von Wörtern $w_0, w_1, \ldots, w_r$ gibt, so daß $w_0 = w$, $w_r = w'$ und $w_i \Rightarrow w_{i+1}$ für alle $i = 0, 1, \ldots, r-1$ gelten. Man sagt dann, w' sei aus w *herleitbar* oder *ableitbar*.

Die Menge $L(G) = \{w \in \Sigma^* | \sigma \Rightarrow^* w\}$ heißt *die durch die Grammatik G erzeugte Sprache*. Eine Grammatik heißt *kontextfrei*, wenn jede ihrer Produktionen die Form $\xi \to \nu$ mit $\xi \in V \setminus \Sigma$ und $\nu \in V^*$ hat.

Definition 3.3.2 Eine Sprache W heißt *kontextfrei*, wenn es eine kontextfreie Grammatik gibt, die diese Sprache erzeugt.

Aus der Theorie der formalen Sprachen ist bekannt, daß eine Sprache genau dann kontextfrei ist, wenn sie von einem nichtdeterministischen Kellerautomaten erkannt werden kann. Weiterhin setzen wir voraus, daß das Pumping-Lemma für kontextfreie Sprachen bekannt ist.

Theorem 3.3.7 *Die kontextfreie Sprache über dem Alphabet mit zwei Buchstaben* $X = \{a, b\}$

$$W = \{ a^i ba^{j_1} ba^{j_2} \dots ba^{j_r} b \,|\, \exists l : 1 \leq l \leq r \wedge i = j_1 + j_2 + \dots + j_l \}$$

ist nicht stochastisch.

Beweis Der Beweis, daß die Sprache W nicht stochastisch ist, nutzt das Theorem 3.3.3. Wir setzen $\Sigma_n = \{a^1, \dots, a^n\}$. Sei $\Sigma' = \{a^{i_1}, \dots, a^{i_s}\}$ eine beliebige Teilmenge von Σ_n, wobei die Exponenten entsprechend der Bedingung $i_1 < \dots < i_s$ geordnet sind. Wir bilden das Wort $w = ba^{j_1} ba^{j_2} \dots ba^{j_s} b$ so, daß für alle $1 \leq k \leq s$ die Gleichheit $j_1 + \dots + j_k = i_k$ gilt. Offensichtlich ist dann

$$\forall i : a^i \in \Sigma_n \Rightarrow \left(a^i w \in W \Leftrightarrow a^i \in \Sigma' \right).$$

Für die Menge Σ' sind somit die Bedingungen des Theorems 3.3.3 erfüllt. Deshalb ist die Sprache W nicht stochastisch.

Die Sprache W ist kontextfrei: Man kann leicht einen deterministischen Kellerautomaten angeben, der W akzeptiert: Der Kellerautomat legt alle a bis zum ersten b auf den Keller, kellert danach für jedes nun gelesene a ein a aus, bis der Keller leer ist, und überprüft dann, ob noch genau der (reguläre) Ausdruck $(ba^*)^*b$ folgt. □

Theorem 3.3.8 *Die Sprache* W *über dem einelementigen Alphabet* $\{a\}$ *sei auf die folgende Weise gebildet: Die unendliche binäre Folge*

$$\sigma_1 \sigma_2 \sigma_3 \dots \sigma_k \dots \tag{3.3.3}$$

sei das Ergebnis der Konkatenation aller Wörter über dem Alphabet $\{0, 1\}$ *gemäß ihrer lexikographischen Anordnung. Dann ist die Sprache* $W = \{a^i | \sigma_i = 1\}$ *weder kontextfrei noch stochastisch.*

Beweis Wir zeigen zunächst, daß W nicht stochastisch ist. Sei wiederum $\Sigma_n = \{a^1, \ldots, a^n\}$ und $\Sigma' = \{a^{i_1}, \ldots, a^{i_s}\}$ eine beliebige Teilmenge von Σ_n. Für jede Teilmenge der Form Σ' kann eine Teilfolge $\sigma_{l+1}, \ldots, \sigma_{l+n}$ ausgewählt werden, so daß $\sigma_{l+i} = 1$ genau dann gilt, wenn $a^i \in \Sigma'$ ist, das heißt, es gibt ein l mit

$$\forall i : a^i \in \Sigma_n \Rightarrow \left(a^{l+i} \in W \Leftrightarrow a^i \in \Sigma'\right).$$

Dies bedeutet jedoch, daß für die Sprache W die Bedingungen des Theorems 3.3.3 erfüllt sind.

Wir zeigen jetzt, das W nicht kontextfrei ist. Wir nehmen das Gegenteil an. Nach dem Pumping-Lemma gibt es dann eine Zahl n, so daß jedes Wort $a^m \in W$ mit $m > n$ zerlegt werden kann in $a^m = a^h a^i a^j a^k a^l$ mit $i+k > 0$, so daß für alle natürlichen Zahlen $t \geq 0$ auch $a^h a^{i*t} a^j a^{k*t} a^l = a^{h+j+l} a^{(i+k)*t} \in W$ gilt. Ab einem n müßte also in der Folge (3.3.3) jeder $(i+k)$-te Buchstabe eine 1 sein. Dies ist aber unmöglich, da sich in dieser Folge Serien von aufeinanderfolgenden Nullen beliebiger Länge befinden. Dieser Widerspruch beweist den Satz. □

Korollar 3.3.4 *Die Klassen der stochastischen Sprachen und der kontextfreien Sprachen sind wechselseitig unabhängig.*

Die Theoreme 3.3.5 und 3.3.6 zeigen, daß die Durchschnitte der Klasse der nicht-stochastischen Sprachen mit den Klassen der kontextfreien Sprachen und ihrer Komplemente nicht leer sind. Der Durchschnitt der Klasse der stochastischen Sprachen mit der Klasse der kontextfreien Sprachen ist nicht leer, da jede reguläre Sprache stochastisch und kontextfrei ist. Schließlich gibt Übung 1 ein Beispiel einer nicht-regulären Sprache über einem Alphabet mit einem Buchstaben, die stochastisch ist. Da eine kontextfreie Sprache über einem einelementigen Alphabet sogar regulär ist, ist dies zugleich ein Beispiel für eine stochastische Sprache, die nicht kontextfrei ist.

3.4 Darstellbarkeit von Sprachen durch endliche Automaten

In diesem Abschnitt wird eines der frühesten, aber noch nicht zufriedenstellend gelösten Probleme untersucht, nämlich die Formulierung notwendiger und hinreichender Bedingungen für die Darstellbarkeit von Sprachen durch endliche SAs. Wir haben schon gesehen, daß die Familie der stochastischen

Sprachen wie auch ihr Komplement die Mächtigkeit des Kontinuums besitzen. Dieser Umstand erschwert Kriterien für die Darstellbarkeit durch einen endlichen Automaten, da sich Familien stochastischer Sprachen nicht in der Form geeigneter endlich erzeugter Algebren über einem endlichen System von Operationen beschreiben lassen. Wir werden Kriterien für die Frage, ob Sprachen stochastisch sind, auf verschiedene Arten und mit unterschiedlichen mathematischen Mitteln formulieren; jedoch sind alle diese Kriterien nicht konstruktiv. Als natürlichste mathematische Objekte, die mit SAs zusammenhängen, erweisen sich nicht Sprachen, sondern Wortfunktionen. Diese Aussage bezieht sich auf stochastische Operatoren, die auch Wortfunktionen mit zwei Argumenten darstellen, und, wie aus dem weiteren klar werden wird, ebenfalls auf Folgen von Paaren von Zufallsvariablen.

In Abschnitt 2.2 wurde bewiesen, daß über rationalen Wortfunktionen solche Operationen eingeführt werden können, daß jeder von ihnen eine Operation über endlichen LAs, die die Argumente der Wortfunktionen definieren, entspricht. Die endliche Erzeugbarkeit der Algebra der rationalen Wortfunktionen, die im Theorem 2.3.3 bewiesen wurde, hängt hiervon wesentlich ab. Beim Übergang von einer Wortfunktion φ zu einer Sprache W, die mit dieser Wortfunktion durch eine Bedingung der Form $w \in W \Leftrightarrow \varphi(w) > \lambda$ verbunden ist, „entfernt" sich (wegen der Ungleichheit auf der rechten Seite der Bedingung) die Algebra der Sprachen von der Algebra der Automaten. Warum verhält sich die Angelegenheit aber im Fall endlicher DAs anders? Die Antwort ist einfach. Eine Wortfunktion, die durch einen endlich DA definiert wird, nimmt nur die Werte 0 und 1 an, wodurch sie sich als charakteristische Funktion derjenigen regulären Sprache erweist, die dieser DA darstellt. Somit ist die Algebra der regulären Sprachen genau die Algebra der rationalen Wortfunktionen, die durch endliche DAs definiert werden. Hingegen scheint die algebraische Beschreibung der Klasse der stochastischen Sprachen durch endlich erzeugte Algebren nicht möglich zu sein. Nach dieser Einleitung gehen wir über zur Beschreibung geeigneter Kriterien, ob Sprachen stochastisch sind.

Sei φ eine Wortfunktion über dem freien Monoid X^*, dann kann die Sprache $W \subseteq X^*$ durch eine Bedingung der Form

$$\forall w \in X^* : (w \in W \Leftrightarrow \varphi(w) > \lambda) \tag{3.4.1}$$

definiert werden, wobei λ eine geeignete reelle Konstante ist. Beachtet man die Definitionen einer rationalen Wortfunktion und einer stochastischen Sprache, so folgt aus Theorem 3.1.2 das

Theorem 3.4.1 *Eine Sprache W ist genau dann stochastisch, wenn eine rationale Wortfunktion φ und eine reelle Konstante λ existieren, so daß die Sprache W durch eine Bedingung der Form (3.4.1) definierbar ist.*

Bemerkung 3.4.1 In der Formulierung des Theorems 3.4.1 kann die Konstante λ durch Null ersetzt werden. Ist nämlich die Wortfunktion φ rational, so ist auch die Wortfunktion $\varphi - \lambda$ rational. Somit können stochastische Sprachen in der Form $W = T(\varphi, 0) = T(\varphi)$ dargestellt werden, wobei φ eine rationale Wortfunktion ist.

In der Automatentheorie gibt es ein Kriterium, ob eine Sprache regulär ist, das sich auf den Rang der mit dieser Sprache verbundenen Äquivalenz stützt. Wir erinnern an dieses Kriterium. Sei W eine Sprache in X^*. Dann erzeugt sie in X^* folgende Äquivalenzbeziehung auf den Wörtern

$$w_1 \equiv_W w_2 \Leftrightarrow \forall w \in X^* : (w_1 w \in W \Leftrightarrow w_2 w \in W)\,.$$

Eine Sprache W ist genau dann regulär, wenn die Äquivalenz $\equiv_W$ endlichen Rang, also eine endliche Zahl von Äquivalenzklassen hat. Ist dieser Rang gleich k, so ist k genau die Zahl der Zustände des minimalen vollständigen deterministischen Automaten, der die Sprache W darstellt.

Das weiter unten beschriebene Kriterium, ob eine Sprache stochastisch ist, entspricht in der Form dem angeführten Kriterium für Regularität. Der Beweis erlaubt es ebenfalls, die Zahl der Zustände des darstellenden SA zu minimieren.

Um die Idee der folgenden Konstruktionen zu verdeutlichen, betrachten wir die geometrische Interpretation der Darstellbarkeit von Sprachen durch endliche Automaten. Sei der Einfachheit halber $A = \langle X, S, \{A(x) | x \in X\}\rangle$ ein beliebiger SA mit 3 Zuständen, der eine Sprache W durch die Bedingung

$$w \in W \Leftrightarrow \boldsymbol{\mu}(e)A(w)\begin{pmatrix}0\\0\\1\end{pmatrix} > \lambda$$

darstellt. Geometrisch bedeutet dies (siehe Abbildung 3.3 mit $w \in W$ und $w' \notin W$), daß die Hyperebene $\boldsymbol{\mu\tau}_F = \lambda$ alle Punkte der Mannigfaltigkeit $L_A = \{\boldsymbol{\mu}(w) | w \in X^*\}$ in zwei Teilmengen unterteilt, wobei alle Punkte $\boldsymbol{\mu}(w)$ für $w \in W$ in der Abbildung 3.3 oberhalb dieser Hyperebene liegen. Wir könnten eine entsprechende Zerlegung des freien Monoids X^* vornehmen (indem wir einen Automaten mit einer geringeren Zahl von Zuständen benutzen), wenn das Bild der Transformation des Vektors $\boldsymbol{\mu}(e)$ in Vektoren von L_A eine Projektion auf eines der Koordinaten-Simplizes von geringerer Dimension zuließe, wobei:

1. sich die Eigenschaft der Transformation erhielte, linear und stochastisch zu sein,
2. die teilende Hyperebene erneut in eine teilende Hyperebene überführt würde.

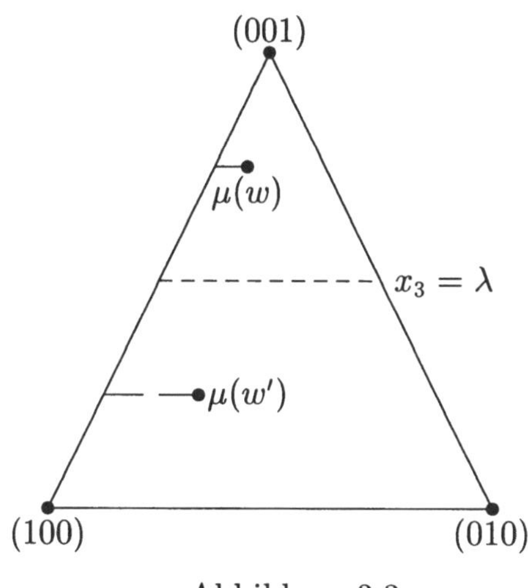

Abbildung 3.3

Es ist bekannt, daß die Projektion in einem Vektorraum gleichbedeutend ist zur Einführung einer linearen Äquivalenz (dieser Begriff wird weiter unten erläutert), die alle die Vektoren in eine Äquivalenzklasse legt, die auf denselben Punkt in der Hyperebene projiziert werden. Daher müssen wir im linearen Raum E_A lineare Äquivalenzen untersuchen, die zu der durch den SA A dargestellten Sprache in Beziehung stehen. Ist der SA A gegeben und hat der lineare Raum E_A endliche Dimension, so findet man leicht eine Idee für die Konstruktion eines Minimalisierungsalgorithmus für die Zahl der Zustände von A. Zugleich kann hierbei ein Kriterium für die Darstellbarkeit einer Sprache durch einen endlichen stochastischen Automaten abgeleitet werden.

Seien $\mathcal{K}$ und $\mathcal{K}'$ Räume reellwertiger Folgen $\boldsymbol{\xi} = (\xi_1, \xi_2, \ldots) \in \mathcal{K}$ und $\boldsymbol{\eta} = (\eta_1, \eta_2, \ldots)^T \in \mathcal{K}'$ mit den Normen $\|\boldsymbol{\xi}\| = \sum_{i=1}^{\infty} |\xi_i| < \infty$ beziehungsweise $\|\boldsymbol{\eta}\| = \sup_i |\boldsymbol{\eta}_i| < \infty$. Wir bezeichnen mit Δ^+ die Menge der Vektoren aus

$\mathcal{K}$ mit nicht-negativen Komponenten und der Norm $\|\boldsymbol{\xi}\| = 1$. Jeder Vektor $\boldsymbol{\xi} \in \mathcal{K}$ läßt sich in der Form

$$\boldsymbol{\xi} = \sum_{i=1}^{\infty} \xi_i \boldsymbol{\nu}_i \tag{3.4.2}$$

darstellen, wobei in den Vektoren $\boldsymbol{\nu}_i$ alle Koordinaten bis auf die i-te gleich Null sind und die i-te Koordinate den Wert 1 besitzt. Die Gleichheit (3.4.2) versteht sich im Sinne der Konvergenz in der Norm von $\mathcal{K}$. Wir bezeichnen mit $H = H(\mathcal{K}, \mathcal{K}')$ die Menge aller abzählbar-dimensionalen Matrizen A mit reellen Elementen a_{ij} für $i, j = 1, \ldots$, für die

$$\sup_j \sum_{i=1}^{\infty} |a_{ij}| < \infty \tag{3.4.3}$$

gilt. Wir werden durch $\boldsymbol{\xi} A = \boldsymbol{\xi}'$ den abzählbar-dimensionalen Vektor bezeichnen, dessen j-te Koordinate $\xi'_j = \sum_{i=1}^{\infty} \xi_i a_{ij}$ ist, und mit $\boldsymbol{\eta}' = A\boldsymbol{\eta}$ den abzählbar-dimensionalen Vektor, desse i-te Koordinate $\eta'_i = \sum_{j=1}^{\infty} a_{ij}\eta_j$ ist. Das Produkt der abzählbar-dimensionalen Matrizen A und B ist so definiert, daß das (i, j)-te Element der Matrix AB gleich dem Produkt des i-ten Zeilenvektors der Matrix A mit dem j-ten Spaltenvektor der Matrix B ist. Daß es ein so definiertes Matrizenprodukt gibt, wird durch die Linearität von $\mathcal{K}$ und $\mathcal{K}'$ sowie durch die Bedingung (3.4.3) sichergestellt.

Bemerkung 3.4.2 Aus $\xi \in \mathcal{K}$, $\eta \in \mathcal{K}'$ und $A \in H(\mathcal{K}, \mathcal{K}')$ folgt $\boldsymbol{\xi} A \in \mathcal{K}$ und $A\boldsymbol{\eta} \in \mathcal{K}'$. Gehören die Matrizen A, B und C zu H, so ist $AB \in H$ und $(AB)C = A(BC)$. Insbesondere gehören alle stochastischen Matrizen zu H.

Seien $\boldsymbol{\xi} \in \mathcal{K}$, $\boldsymbol{\eta} \in \mathcal{K}'$ und $A(x) \in H(\mathcal{K}, \mathcal{K}')$.

Definition 3.4.1 Ein *linearer ($\mathcal{K}$,$\mathcal{K}$')-Automat* ist ein Quadtrupel der Form

$$A = \langle X, \boldsymbol{\xi}, \boldsymbol{\eta}, \{A(x) | x \in X\} \rangle\,. \tag{3.4.4}$$

Ist eine reelle Konstante λ gegeben, so definiert ein $(\mathcal{K}, \mathcal{K}')$-Automat eine Sprache durch die Bedingung

$$\forall w \in X^* : (w \in W \Leftrightarrow \boldsymbol{\xi} A(w) \boldsymbol{\eta} > \lambda)\,. \tag{3.4.5}$$

Ein freier SA ohne Ausgabe, wie in Abschnit 1.1 definiert, ist offensichtlich ein linearer $(\mathcal{K}, \mathcal{K}')$-Automat.

Wir werden Äquivalenzen auf den linearen Räumen $\mathcal{K}$ und $\mathcal{K}'$ untersuchen. Wir erinnern daran, daß eine Äquivalenz R im linearen Raum E *linear* genannt wird, wenn für beliebige Elemente $\boldsymbol{u}_1$, $\boldsymbol{z}_1$, $\boldsymbol{u}_2$, $\boldsymbol{z}_2$ aus E und reelle Zahlen α und β aus $\boldsymbol{u}_1 R \boldsymbol{z}_1$ und $\boldsymbol{u}_2 R \boldsymbol{z}_2$ folgt, daß auch $(\alpha \boldsymbol{u}_1 + \beta \boldsymbol{u}_2) R (\alpha \boldsymbol{z}_1 + \beta \boldsymbol{z}_2)$ gilt.

Definition 3.4.2 Eine lineare Äquivalenz auf dem Raum $\mathcal{K}$ (oder $\mathcal{K}'$) heißt *stabil bezüglich eines linearen* $(\mathcal{K}, \mathcal{K}')$*-Automaten (gemäß 3.4.4)*, wenn sie stabil bezüglich jedes Automorphismus Φ_x ist, der durch die Multiplikation der Matrix $A(x)$ von rechts (links) an Elemente des Raums $\mathcal{K}$ (oder $\mathcal{K}'$) definiert ist.

Die R-Äquivalenzklassen, die stabil bezüglich eines linearen $(\mathcal{K}, \mathcal{K}')$-Automaten sind, werden wir durch den Buchstaben ω sowohl im Faktorraum $\mathcal{K}/R$ als auch im Faktorraum $\mathcal{K}'/R$ bezeichnen. Entsprechend der Bemerkung 2.4.4 induziert jeder Automorphismus, der durch eine Matrix $A(x)$ definiert ist, im Faktorraum $\mathcal{K}/R$ (bzw. $\mathcal{K}'/R$) einen Automorphismus. Die Matrix, die zu diesem Automorphismus im Faktorraum gehört, werden wir mit $A^R(x)$ bezeichnen. Weiterhin setzen wir $\omega(w) = \omega_0 A^R(w)$ für $\xi_0 A(w) = \xi'$, $\xi_0 \in \omega_0$, $\xi' \in \omega(w)$ (bzw. $\omega(w) = A^R(w)\omega_0$ für $A(w)\eta_0 = \eta'$, $\eta_0 \in \omega_0$, $\eta' \in \omega(w)$).

Theorem 3.4.2 *Eine Sprache W ist genau dann stochastisch, wenn die Bedingungen des folgenden Kriteriums K_W erfüllt sind:*

Die Sprache W kann durch einen linearen $(\mathcal{K}, \mathcal{K}')$-Automaten mit Hilfe von (3.4.5) bestimmt werden. Weiter gibt es eine lineare Äquivalenz R endlichen Ranges im linearen Raum $\mathcal{K}$ (bzw. $\mathcal{K}'$), die stabil ist bezüglich des linearen $(\mathcal{K}, \mathcal{K}')$-Automaten, der die Sprache W definiert. Ferner gibt es ein lineares reelles Funktional g mit Definitionsbereich $\mathcal{K}/R$ (bzw. $\mathcal{K}'/R$), eine Äquivalenzklasse ω_0 und eine reelle Konstante λ, so daß

$$\forall w \in X^* : (w \in W \Leftrightarrow g(\omega(w)) > \lambda) \tag{3.4.6}$$

gilt, wobei $\omega(w) = \omega_0 A^R(w)$ (bzw. $\omega(w) = A^R(w)\omega_0$) ist.

Beweis

- Die Bedingung K_W ist notwendig.

Sei die Sprache W stochastisch. Für eine natürliche Zahl k gibt es dann ein System von $k \times k$-Matrizen $B(x)$, einen k-dimensionalen Vektor $\boldsymbol{a}(e)$, einen ebenfalls k-dimensionalen Spaltenvektor $\boldsymbol{b}$ und eine reelle Zahl λ, so daß genau für jedes $w \in W$ die Beziehung $\boldsymbol{a}(e)B(w)\boldsymbol{b} > \lambda$ gilt. Wir wählen ein beliebiges System von Matrizen $C(x) \in H(\mathcal{K}, \mathcal{K}')$ aus.

Der abzählbar-dimensionale Vektor $\boldsymbol{\xi} = (\boldsymbol{a}(e), 0, 0, \ldots)$ gehört zum Raum $\mathcal{K}$, der abzählbar-dimensionale Spaltenvektor $\boldsymbol{\eta} = (\boldsymbol{b}^T(e), 0, 0, \ldots)^T$ gehört zu $\mathcal{K}'$. Wir bezeichnen mit $A(x)$ die abzählbar-dimensionale Matrix

$$A(x) = \begin{pmatrix} B(x) & 0 \\ 0 & C(x) \end{pmatrix}$$

und mit E' die abzählbar-dimensionale Matrix (mit k Einsen im oberen Teil der Diagonale)

$$E' = \begin{pmatrix} E_k & 0 \\ 0 & 0 \end{pmatrix}.$$

Die Matrizen $A(x)$ und E' gehören zu $H(\mathcal{K}, \mathcal{K}')$. Wir definieren im linearen Raum $\mathcal{K}$ die lineare Äquivalenz R durch die Bedingung

$$\boldsymbol{u}' =_R \boldsymbol{u}'' \Leftrightarrow \forall w \in X^* : \boldsymbol{u}'A(w)E' = \boldsymbol{u}''A(w)E' \ ,$$

entsprechend im Fall des Raumes $\mathcal{K}'$:

$$\boldsymbol{z}' =_R \boldsymbol{z}'' \Leftrightarrow \forall w \in X^* : E'A(w)\boldsymbol{z}' = E'A(w)\boldsymbol{z}'' \ .$$

Die Äquivalenz R hat endlichen Rang. Sie führt nämlich zu einer Aufteilung der k-dimensionalen Vektoren $\{\boldsymbol{a}(e)B(w) | w \in X^*\}$ (bzw. $\{B(w)\boldsymbol{b} | w \in X^*\}$) im linearen Raum aller k-dimensionalen Zeilenvektoren (Spaltenvektoren) mit reellen Koordinaten – und zwar in Äquivalenzklassen bezüglich der üblichen Vektorgleichheit (unter Beachtung der Linearität der beiden Äquivalenzen).

Wir definieren ein Funktional g auf ω durch die Multiplikation eines Vektors aus der Äquivalenzklasse ω, die als Argument dient, mit dem Spaltenvektor $E'\boldsymbol{\eta}$ von rechts (bzw. dem Zeilenvektor $\boldsymbol{\xi}E'$ von links). Damit ist das lineare Funktional $g(\omega)$ eindeutig definiert; zugleich ist es unabhängig von der Auswahl des Vektorrepräsentanten der Äquivalenzklasse. Sei ω_0 die Äquivalenzklasse, die den Vektor $\boldsymbol{\xi}$ (bzw. $\boldsymbol{\eta}$) enthält. Dann gilt

$$g(\omega_0(w)) = \boldsymbol{a}(e)B(w)\boldsymbol{b} \ .$$

- Die Bedingung ist hinreichend.

Seien die Bedingungen des Kriteriums K_W erfüllt und R eine lineare Äquivalenz des Ranges k, die stabil bezüglich linearer Transformationen ist, die durch die Matrizen $A(x)$ definiert seien. Aufgrund der Linearität und Stabilität der Äquivalenz R sind die linearen Transformationen $\omega \to \omega A(x)$ auf dem Raum der Äquivalenzklassen $\mathcal{K}/R$ (bzw. $\mathcal{K}'/R$) eindeutig definiert. Da die Äquivalenz R endlichen Rang k hat, ist der Raum $\mathcal{K}/R$ (bzw. $\mathcal{K}'/R$) von der Dimension k. Indem wir in diesem Raum eine geeignete Basis $\{\omega_1, \ldots, \omega_k\}$ auswählen, können wir $\boldsymbol{a}_\omega B(x) = \boldsymbol{a}_{\omega(x)}$ setzen. Dabei seien $B(x)$ $k \times k$-Matrizen, $\boldsymbol{a}_\omega$ ein Zeilenvektor, der die Klasse ω, und $\boldsymbol{a}_{\omega(x)}$ ein Zeilenvektor, der die Klasse $\omega(x)$ definiert. In einem k-dimensionalen linearen Raum mit gegebenem Koordinatensystem kann das lineare Funktional $g(\omega)$ mit Hilfe eines Spaltenvektors $\boldsymbol{b}$ dargestellt werden: $g(\omega) \equiv \boldsymbol{a}_\omega \boldsymbol{b}$. Für jedes $w \in W$ erhalten wir deshalb schließlich die Beziehung $\boldsymbol{a}_{\omega_0} B(w)\boldsymbol{b} > \lambda$, das heißt die Sprache W kann durch einen endlichen linearen Automaten dargestellt werden und ist entsprechend Theorem 3.1.2 stochastisch. □

Korollar 3.4.1 *Sei eine Wortfunktion φ gegeben. Das Kriterium K_φ entstehe aus dem Kriterium K_W, indem die Bedingung (3.4.6) durch*

$$\forall w \in X^* : \varphi(w) = g(\omega(w))$$

ersetzt wird. Dann ist die Wortfunktion φ genau dann rational, wenn das Kriterium K_φ erfüllt ist.

Der Beweis ist im Beweis des Theorems 3.4.2 mit enthalten.

Korollar 3.4.2 *Die Sprache W ist genau dann regulär, wenn sie das Kriterium K_W erfüllt und die Menge $\{\eta | \eta = g(\omega(w)), w \in X^*\}$ endlich ist.*

Beweis Die Notwendigkeit folgt aus Theorem 3.4.2: Wird nämlich als Automat, der die Sprache W darstellt, ein endlicher DA genommen, so kann das Funktional $g(\omega(w))$ bei geeigneten Anfangs- und Endvektoren für alle Wörter aus X nur die beiden Werte 0 oder 1 annehmen. Zum Beweis, daß die Bedingung hinreichend ist, zeigen wir das folgende Lemma.

Lemma 3.4.1 *Das reell- oder komplexwertige Funktional ψ, das auf einem Monoid G definiert ist, nehme auf diesem Monoid eine endliche Anzahl von Werten an. Dann ist die lineare Hülle T der Menge $T_\psi \equiv \{\psi_u(\cdot) | u \in G\}$ mit $\psi_u(z) = \psi(uz)$ genau dann endlich-dimensional, wenn die Menge T_ψ endlich ist.*

Beweis Es ist nur die Notwendigkeit zu zeigen. Die lineare Hülle T wird zu einem endlich-dimensionalen normierten Raum mit der folgenden Norm: $\|\psi\| = \sup_{u \in G} |\psi(u)|$.

Die beschränkte Teilmenge T_ψ des endlich-dimensionalen Banachraumes T ist in diesem kompakt. Da gemäß Voraussetzung das Funktional $\psi(u)$ nur eine endliche Zahl verschiedener Werte annimmt, gibt es eine Konstante $c > 0$, so daß für beliebige Paare verschiedener Funktionale ψ_{u_1} und ψ_{u_2} aus T_ψ die Ungleichung $\|\psi_{u_1} - \psi_{u_2}\| \geq c$ gilt. Daher ist die Menge T_ψ endlich. Darüber hinaus kann als obere Abschätzung für die Mächtigkeit von T_ψ die ε-Entropie der kompakten Menge T_ψ gewählt werden: $|T_\psi| \leq 2^{H_\varepsilon(T_\psi)}$. □

Wir kehren zum Beweis des Korollars 3.4.2 zurück. Da nach Voraussetzung die Wortfunktion φ rational ist, hat die lineare Hülle der Menge L_φ endliche Dimension. Damit ist nach Lemma 3.4.1 die Menge L_φ endlich. Durch Anwendung der Standardmethode wird ein DA konstruiert, der die Sprache darstellt, wobei $\{\varphi_w | w \in X^*\}$ als endliche Zustandsmenge dient und $\varphi_w \xrightarrow{x} \varphi_{wx}$ die Übergangsfunktion definiert. Mit dem Anfangszustand φ_e und der Menge $\{\varphi_w | \varphi_w(e) > \lambda\}$ von Endzuständen stellt dieser DA die Sprache W dar. □

Aus Lemma 3.4.1 und Theorem 3.4.2 folgen

Korollar 3.4.3 *Eine reelle skalare Wortfunktion φ, die nur eine endliche Zahl von Werten annimmt, ist genau dann rational, wenn ihre Zustandsmenge $\{\varphi_w | w \in X^*\}$ endlich ist.*

Korollar 3.4.4 *Die charakteristische Wortfunktion einer Sprache W ist genau dann rational, wenn die Sprache W regulär ist.*

In diesem Fall ist die rationale Wortfunktion auch positiv-rational. Allgemeiner gilt das

Korollar 3.4.5 *Eine reelle skalare Wortfunktion φ, die nur eine endliche Zahl von Werten annimmt, ist genau dann rational, wenn für jede reelle Zahl λ die Sprache $W(\lambda) = \{w | \varphi(w) = \lambda, w \in X^*\}$ regulär ist.*

Beweis Die Notwendigkeit folgt aus Korollar 3.4.2. Wir zeigen, daß die Bedingung hinreichend ist. Sei die Zahl der Sprachen vom Typ $W(\lambda)$ gleich m. Sei für $i = 1, \ldots, m$ jeweils $B_i = \langle B_i(x) | x \in X \rangle$ die Matrizenform eines endlichen DA, der die reguläre Sprache $W(\lambda_i)$ mit Anfangszustandsvektor $\boldsymbol{\mu}_i(e)$ und Endvektor $\boldsymbol{\eta}_i$ darstellt. Wir konstruieren die Matrizen

$$B(x) = \begin{pmatrix} B_1(x) & & & 0 \\ & B_2(x) & & \\ & & \ddots & \\ 0 & & & B_m(x) \end{pmatrix}.$$

Der endlich-dimensionale LA mit diesen Übergangsmatrizen $B(x)$, dem Anfangszustandsvektor $\boldsymbol{a}(e) = (\boldsymbol{\mu}_1(e) \ldots \boldsymbol{\mu}_m(e))$ und dem Endvektor $\boldsymbol{b} = (\lambda_1 \boldsymbol{\eta}_1^T \ldots \lambda_m \boldsymbol{\eta}_m^T)^T$ berechnet die Wortfunktion φ durch $\varphi(w) = \boldsymbol{a}(e)B(w)\boldsymbol{b}$. Dieses ist leicht einzusehen, da die Sprachen $W(\lambda_i)$ für alle $i = 1, \ldots, m$ eine Zerlegung des freien Monoids X^* bilden. □

Bemerkung 3.4.3 Wenn in Korollar 3.4.5 die Zahl λ nur Werte aus dem Intervall $[0, 1]$ annimmt, so ist die entsprechende Wortfunktion φ positiv-rational.

Im Hinblick auf Lemma 3.1.2 enthält der Beweis des Korollars 3.4.5 den Beweis der Bemerkung vollständig.

Sei N (beziehungsweise M) eine Basismatrix des linearen $(\mathcal{K}, \mathcal{K}')$-Automaten A. Im linearen Raum $\mathcal{K}$ ($\mathcal{K}'$) sei die Äquivalenz R durch die Bedingung

$$\boldsymbol{u}_1 \equiv_R \boldsymbol{u}_2 \Leftrightarrow \boldsymbol{u}_1 N = \boldsymbol{u}_2 N \quad (\boldsymbol{z}_1 \equiv_R \boldsymbol{z}_2 \Leftrightarrow M\boldsymbol{z}_1 = M\boldsymbol{z}_2) \tag{3.4.7}$$

definiert.

Korollar 3.4.6 *Hat die lineare Äquivalenz R (3.4.7) endlichen Rang (dies gilt insbesondere, wenn die Basismatrix N (oder M) eine endliche Zahl von Spalten (oder Zeilen) enthält), so sind die Kriterien K_φ und K_W für die Wortfunktion φ mit $\varphi(w) = \boldsymbol{\xi}A(w)\boldsymbol{\eta}$ und die Sprache $W = T(\varphi)$ erfüllt.*

Beweis Daß die eingeführte Äquivalenz R linear und stabil in bezug auf $(\mathcal{K}, \mathcal{K}')$-Automaten ist, ist offensichtlich, da die Matrizen N, bzw. M Basismatrizen sind.

Wir definieren das Funktional g auf ω als das Ergebnis der Multiplikation eines beliebigen Vektors aus der Äquivalenzklasse ω mit dem Spaltenvektor $\boldsymbol{\eta}$ (beziehungsweise dem Vektor $\boldsymbol{\xi}$). Da N, bzw. M Basismatrizen sind, hängt das Ergebnis nicht von der Wahl des konkreten Vektors aus der Klasse ω ab, und das Funktional g ist wohldefiniert.

Wir bezeichnen mit ω_0 die Äquivalenzklasse, die den Vektor $\boldsymbol{\xi}$ (beziehungsweise den Spaltenvektor $\boldsymbol{\eta}$) enthält. Die eingeführten mathematischen Objekte erfüllen dann die Kriterien K_φ und K_W. □

Wie schon am Anfang des Abschnitts erwähnt wurde, liefert der Beweis des Theorems 3.4.2 einen Algorithmus zur Minimierung der Dimension eines linearen Automaten.

Sei die Sprache W durch den endlich-dimensionalen LA L mit einer Bedingung der Form (3.4.5) dargestellt. Wenn es in dem endlich-dimensionalen linearen Raum E_L eine lineare Äquivalenz gibt, die bezüglich des LA L stabil ist, so ist die Dimension des Faktorraumes E_L/R kleiner als $\dim E_L$, und es kann somit ein linearer Automat kleinerer Dimension konstruiert werden, der die Sprache W darstellt (wie im zweiten Teil des Beweises von Theorem 3.4.2 angegeben).

Wir werden dies nicht näher untersuchen, sondern einen anderen Algorithmus vorstellen, der unmittelbar die Zustandszahl von stochastischen Automaten minimiert.

Wir betrachten erneut die geometrische Interpretation der Faktorisierung des linearen Raumes E_L bezüglich einer linearen Äquivalenz R, die bezüglich eines die Sprache W darstellenden LA L stabil ist. Die auf dem Faktorraum E_L/R induzierten linearen Transformationen können genau dann durch stochastische Matrizen beschrieben werden, wenn jede dieser Transformationen in sich ein Koordinatensimplex des Faktorraumes E_L/R darstellt. Dies trifft genau dann zu, wenn das Koordinatensimplex des linearen Raumes E_L (bei der Faktorisierung nach der bezüglich L stabilen linearen Äquivalenz R) vollständig in das Koordinatensimplex des linearen Faktorraumes E_L/R abgebildet wird. Unsere geometrischen Überlegungen definieren Bedingungen, unter denen die Zustandszahl eines endlichen stochastischen Automaten, der eine gegebene positiv-rationale Wortfunktion oder eine stochastische Sprache darstellt, minimiert werden kann.

Definition 3.4.3 Als *Richtung in einem Simplex* Δ wird ein Zeilenvektor ungleich dem Nullvektor bezeichnet, bei dem die Summe der Komponenten Null ist. Sei $\Delta^{(k)}$ ein Koordinatensimplex. Eine Richtung $\boldsymbol{\nu}$ in $\Delta^{(k)}$ heißt *innerlich*, wenn es eine Spitze $\boldsymbol{\nu}_i = (0, \dots, 0, 1, 0, \dots, 0)$ des Simplexes und eine reelle Zahl $\lambda > 0$ gibt, so daß der Zeilenvektor $\boldsymbol{\nu}_i + \lambda \boldsymbol{\nu}$ stochastisch ist.

Eine Richtung $\boldsymbol{\nu}$ ist genau dann innerlich, wenn $\boldsymbol{\nu}$ eine einzige negative Koordinate hat. Sei nämlich die i-te Koordinate $\boldsymbol{\nu}_i$ negativ, so gibt es genau einen Vektor $\boldsymbol{\mu} = \boldsymbol{\nu}_i + \frac{1}{\tau_i}\boldsymbol{\nu}$, der stochastisch ist.

Im weiteren werden wir innerliche Richtungen $\boldsymbol{\nu}$ charakterisieren, deren negative Komponente gleich -1 ist. Folglich bilden die übrigen einen stochastischen Vektor $\boldsymbol{\nu}'$ mit $(k-1)$ Komponenten.

Theorem 3.4.3 *Der SA A mit k Zuständen stelle die Sprache W durch die Bedingung*

$$\forall w \in X^* : w \in W \Leftrightarrow \boldsymbol{\mu}(e)A(w)\boldsymbol{\tau}_F > \lambda$$

dar. In dem Koordinatensimplex $\Delta^{(k)}$ gebe es eine innerliche Richtung $\boldsymbol{\nu}$, die der Bedingung

$$\forall w \in X^* : \boldsymbol{\nu}A(w)\boldsymbol{\tau}_F = 0 \tag{3.4.8}$$

genügt. Dann gibt es einen SA mit $(k-1)$ Zuständen, der mit der Konstanten λ die gleiche Sprache W und die gleiche Wortfunktion darstellt. Wenn der innerlichen Richtung $\boldsymbol{\nu}$ die k-te Spitze des Koordinatensimplexes entspricht, also $\boldsymbol{\nu} = (\nu_1, \ldots, \nu_{k-1}, -1)$ gilt, so werden die Übergangsmatrizen dieses Automaten durch die Bedingung

$$B(x) = H_1 A(x) H_2$$

definiert, wobei

$$H_1 = \left(\begin{array}{c|c} E_{k-1} & \begin{matrix} 0 \\ \vdots \\ 0 \end{matrix} \end{array} \right), \quad H_2 = \begin{pmatrix} E_{k-1} \\ \boldsymbol{\nu}' \end{pmatrix} \quad \textit{mit } \boldsymbol{\nu}' = (\nu_1, \ldots, \nu_{k-1})$$

gilt. Dabei ist E_{k-1} die $(k-1) \times (k-1)$-Einheitsmatrix.

Beweis Für einen beliebigen Punkt $\boldsymbol{\mu}$ des Simplexes $\Delta^{(k)}$ sei die k-te Koordinate des stochastischen Vektors $\boldsymbol{\mu}' = \boldsymbol{\mu} + \mu_k\boldsymbol{\nu}$ gleich Null. Die Matrix $A(w)$ habe die Form

$$A(w) = \begin{pmatrix} \boldsymbol{a}_1(w) \\ \cdots \\ \boldsymbol{a}_k(w) \end{pmatrix},$$

wobei $\boldsymbol{a}_i(w) = (a_{i1}(w), \ldots, a_{ik}(w))$ gilt. Sei $\boldsymbol{\varepsilon}_k$ der Spaltenvektor, dessen letzte Koordinate gleich Eins und dessen übrige Koordinaten gleich Null sind.

Dann sind alle Vektoren $\boldsymbol{a}'(x) = \boldsymbol{a}_i(x) + a_{ik}(x)\boldsymbol{\nu} = \boldsymbol{a}_i(x)(E_k + \boldsymbol{\varepsilon}_k\boldsymbol{\nu})$ stochastisch, wobei ihre letzte Koordinate gleich Null ist. Sei $\boldsymbol{b}_i(x)$ der Zeilenvektor, der aus dem Vektor $\boldsymbol{a}'_i(x)$ durch Streichung der letzten Koordinate entsteht. Die stochastischen Matrizen

$$B(x) = \begin{pmatrix} \boldsymbol{b}_1(x) \\ \cdots \\ \boldsymbol{b}_{k-1}(x) \end{pmatrix} = H_1 A(x)(E_k + \boldsymbol{\varepsilon}_k\boldsymbol{\nu}) \begin{pmatrix} E_{k-1} \\ \mathbf{0} \end{pmatrix}$$

definieren einen SA mit $(k-1)$ Zuständen. Man beachte, daß das Produkt der letzten zwei Matrizen die Matrix H_2 ist. Ist der Anfangszustandsvektor des SA A gleich $\boldsymbol{\mu}(e)$, so wählen wir als Anfangszustandsvektor des SA B den Vektor $\widetilde{\boldsymbol{\mu}}(e)$, der aus dem Zeilenvektor $\boldsymbol{\mu}'(e) = \boldsymbol{\mu}(e) + \mu_k\boldsymbol{\nu}$ entsteht, indem die letzte Koordinate gestrichen wird.

Als Endvektor wählen wir den Spaltenvektor $\widetilde{\boldsymbol{\tau}}_F$, der aus τ_F durch Streichung der letzten Koordinate entsteht. Damit definiert der SA B dieselbe Wortfunktion wie der SA A. Indem wir nämlich (3.4.8) für das leere Wort ausrechnen und beachten, daß die letzte Koordinate von $\boldsymbol{\mu}'(e)$ gleich Null ist, erhalten wir

$$\chi_B(e) = \widetilde{\boldsymbol{\mu}}_F\widetilde{\boldsymbol{\tau}}_F = \boldsymbol{\mu}'(e)\boldsymbol{\tau}_F = \boldsymbol{\mu}(e)\boldsymbol{\tau}_F + \mu_k\boldsymbol{\nu}\boldsymbol{\tau}_F = \boldsymbol{\mu}(e)\boldsymbol{\tau}_F = \chi_A(e)\ .$$

Da die letzte Spalte der Matrix $A(x)(E_k + \boldsymbol{\varepsilon}_k\boldsymbol{\nu})$ aus lauter Nullen besteht, gilt für Wörter der Länge Eins

$$B(x)\widetilde{\boldsymbol{\tau}}_F = H_1 A(x)(E_k + \boldsymbol{\varepsilon}_k\boldsymbol{\nu})\boldsymbol{\tau}_F = H_1 A(x)\boldsymbol{\tau}_F\ .$$

Sei $B(w)\widetilde{\boldsymbol{\tau}}_F = H_1 A(w)\boldsymbol{\tau}_F$ für alle Wörter der Länge $|w| = t$ bereits bewiesen. Für Wörter xw erhalten wir dann

$$B(xw)\widetilde{\boldsymbol{\tau}}_F = B(x)B(w)\widetilde{\boldsymbol{\tau}}_F = H_1 A(x)(E_k + \boldsymbol{\varepsilon}_k\boldsymbol{\nu})A(w)\boldsymbol{\tau}_F = H_1 A(xw)\boldsymbol{\tau}_F\ .$$

Folglich ist

$$\chi_B(w) = \widetilde{\boldsymbol{\mu}}(e)B(w)\widetilde{\boldsymbol{\tau}}_F = \boldsymbol{\mu}(e)(E_k + \boldsymbol{\varepsilon}_k\boldsymbol{\nu})A(w)\boldsymbol{\tau}_F = \boldsymbol{\mu}(e)A(w)\boldsymbol{\tau}_F = \chi_A(w)\ .$$

□

Eine innerliche Richtung $\boldsymbol{\nu}$, die den Bedingungen (3.4.8) genügt, ist offensichtlich eine Lösung der Matrixgleichung

$$\boldsymbol{\nu} N_A = 0\ , \tag{3.4.9}$$

wobei N_A eine Basismatrix der linearen Hülle der Menge $\mathcal{L}_A$ ist. Umgekehrt ergibt jede Lösung der Matrixgleichung (3.4.9), bei der die Summe aller Koordinaten gleich Null ist und die genau eine negative Koordinate hat, eine innerliche Richtung, die den Bedingungen (3.4.8) genügt. Die vorgestellte Methode ähnelt der Methode der Minimierung eines SA allgemeiner Form (siehe Theorem 2.5.6).

Eine innerliche Richtung als Lösung der Matrixgleichung (3.4.9) zu finden, ist eine Aufgabe der linearen Programmierung. Wir suchen eine Lösung $\boldsymbol{\nu}$ der Form $\boldsymbol{\nu} = (\widetilde{\boldsymbol{\nu}}, -1)$, deren letzte Koordinate gleich -1 ist. Wenn die Matrix N_A die Form

$$N_A = \begin{pmatrix} H \\ \boldsymbol{n} \end{pmatrix}$$

besitzt, so ist die Gleichung (3.4.9) äquivalent zur Matrixgleichung

$$\widetilde{\boldsymbol{\nu}} H = \boldsymbol{n} \,. \tag{3.4.10}$$

Sei die folgende Aufgabe C der linearen Programmierung gegeben: Gesucht ist die Lösung eines Systems linearer algebraischer Gleichungen, das in der Matrizenform

$$(\boldsymbol{x}_1 \boldsymbol{x}_2) \begin{pmatrix} H \\ E \end{pmatrix} = \boldsymbol{n}$$

gegeben ist. Zu minimieren ist dabei der Wert

$$y = \boldsymbol{x}_2 \boldsymbol{\varepsilon} \tag{3.4.11}$$

unter den zusätzlichen Bedingungen $x_1^i \geq 0$, $x_2^j \geq 0$ für $i, j = 1, \ldots, n$.

Die Existenz einer nicht-negativen Lösung der Matrixgleichung (3.4.10) ist äquivalent dazu, daß der minimale Wert von (3.4.11) bei einer Lösung von C gleich Null ist. Deshalb ist die Aufgabe, eine innerliche Richtung zu finden, äquivalent zu einer Aufgabe der linearen Programmierung: *Eine innerliche Richtung der Form $\boldsymbol{\nu} = (\widetilde{\boldsymbol{\nu}}, -1)$ gibt es genau dann, wenn es eine Lösung der Aufgabe C gibt, wobei das Minimum für y gleich Null ist.*

3.5 Rationale stochastische Automaten

Die Ergebnisse der vorhergehenden Abschnitte zeigen, daß die Klasse der stochastischen Sprachen nicht leicht zu bechreiben ist. Wir wollen bestimmte Klassen von SAs untersuchen, insbesondere Automaten, die den deterministischen Automaten nahestehen. Eine dieser Klassen ist die Klasse der rationalen stochastischen Automaten (RSA).

Definition 3.5.1 Ein SA ohne Ausgabe $A = \langle X, S, \{p(s'/s, x)\}\rangle$ heißt *rational*, wenn alle bedingten Wahrscheinlichkeiten $p(s'/s, x)$ rationale Zahlen sind.

In Matrizenform wird ein RSA in der Form $A = \langle X, S, \{A(x)|x \in X\}\rangle$ dargestellt, wobei die Übergangsmatrizen $A(x)$ Matrizen mit rationalen Elementen sind. Alle Komponenten des Anfangszustandsvektors $\boldsymbol{\mu}(e)$ eines initialen RSA gehören ebenso wie alle Komponenten des Endvektors $\boldsymbol{N}$ zum Körper der rationalen Zahlen. Wir werden die Darstellbarkeit von Sprachen durch RSAs ohne Ausgabe untersuchen. Ist die Sprache W durch einen RSA A mit der Bedingung

$$\forall w \in X^* : w \in W \Leftrightarrow \boldsymbol{\mu}(e)A(w)\boldsymbol{N} \,\nabla\, \lambda \qquad (3.5.1)$$

darstellbar, so werden wir die Bezeichnung $W = T(A, \lambda, \nabla)$ benutzen, wobei das Zeichen ∇ entweder größer ($>$) oder kleiner ($<$) oder gleich ($=$) bedeutet. Der Kürze halber werden Sprachen, die durch endliche RSAs mit rationalen Schnittpunkten darstellbar sind, *rationale Sprachen* genannt werden.

Bemerkung 3.5.1 Jede reguläre Sprache ist eine rationale Sprache.

Für den Beweis reicht es aus, den endlichen DA, der eine reguläre Sprache darstellt, in seiner stochastischen Variante aufzuschreiben, wie sie im Lemma 3.2.1 angegeben ist. Der so konstruierte endliche SA ist rational.

Die Klasse der rationalen Sprachen ist jedoch größer als die Klasse der regulären Sprachen, was wir als erstes zeigen werden. Weiter unten werden wir uns davon überzeugen, daß die Klasse der rationalen Sprachen angenehme algebraische Eigenschaften hat. So ist sie beispielsweise bezüglich des Komplements abgeschlossen.

Theorem 3.5.1 *Für jede rationale Zahl λ mit $0 < \lambda < 1$ gibt es einen endlichen RSA A, so daß die Sprachen $T(A, \lambda, >)$, $T(A, \lambda, <)$ und $T(A, \lambda, =)$ nicht regulär sind.*

Beweis Der Beweis wird auf das folgende Lemma zurückgeführt, das wir für SAs allgemeiner Form beweisen werden. Der Hilfssatz liefert ein konkretes Beispiel einer nicht-regulären stochastischen Sprache, während in Korollar 3.3.1 nur die Existenz solcher Sprachen bewiesen wurde.

Lemma 3.5.1 *Für jede beliebige reelle Zahl λ mit $0 < \lambda < 1$ gibt es einen endlichen SA A, so daß die Sprachen $T(A, \lambda, \nabla)$ nicht regulär sind.*

Teilabbildung a)

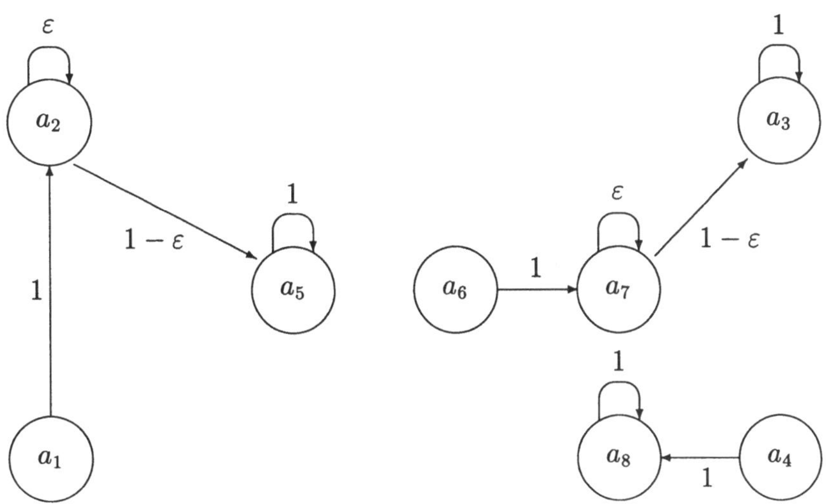

Teilabbildung b)

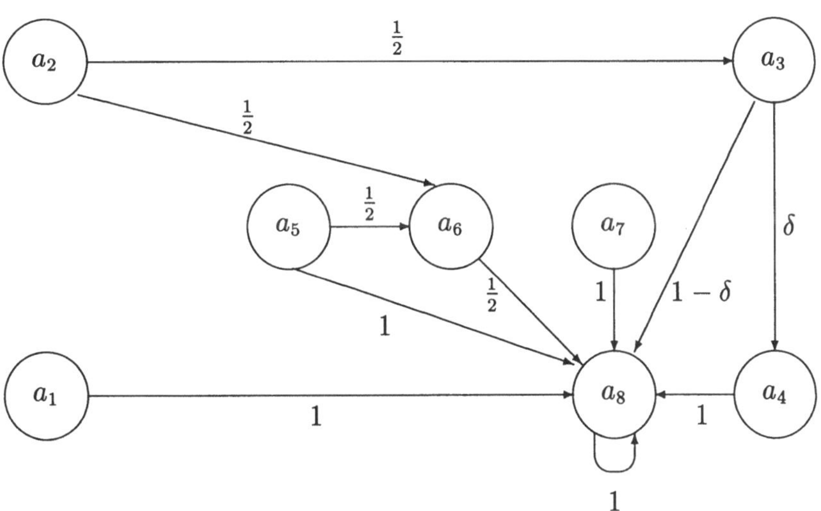

Abbildung 3.4

Beweis

- Fall 1: $0 < \lambda \leq \frac{1}{2}$

Sei $\delta = 2\lambda$, also $0 < \delta \leq 1$. Wir betrachten den SA A mit 8 Zuständen über dem Alphabet $X = \{0, 1\}$ und den Übergangsmatrizen

$$A(0) = \begin{pmatrix} 0 & 1 & 0 & 0 & 0 & 0 & 0 & 0 \\ & \varepsilon & & & 1-\varepsilon & & & \\ & & 1 & & & & & \\ & & & 0 & & & & 1 \\ & & & & 1 & & & \\ & & & & & 0 & 1 & \\ & 1-\varepsilon & & & & & \varepsilon & \\ 0 & 0 & 0 & 0 & 0 & 0 & 0 & 1 \end{pmatrix},$$

$$A(1) = \begin{pmatrix} 0 & 0 & 0 & 0 & 0 & 0 & 0 & 1 \\ & & \frac{1}{2} & & & \frac{1}{2} & & \\ & & & \delta & & & & 1-\delta \\ & & & & & & & 1 \\ & & & & & \frac{1}{2} & & \frac{1}{2} \\ & & & & & & & 1 \\ & & & & & & & 1 \\ & & & & & & & 1 \end{pmatrix}.$$

Auf den nicht ausgefüllten Plätzen der Matrizen stehen Nullen. Als Anfangszustandsvektor dient $\boldsymbol{\mu}(e) = (1, 0, \ldots, 0)$ und als Endvektor $\boldsymbol{N}_F^T = (0, 0, 0, 1, 0, 0, 0, 0)$. Den Graph dieses SA zeigt Abbildung 3.4, wobei die Teilabbildung a) zur Matrix $A(0)$ und die Teilabbildung b) zur Matrix $A(1)$ gehören. Die Übergänge, die mit Wahrscheinlichkeit Null stattfinden, fehlen im Graphen. Es ist leicht, die folgenden elementaren Behauptungen nachzuweisen:

1. $p(s_4/s_1, w) = 0$, für $|w| \leq 2$
2. $p(s_4/s_1, w) = 0$, für $w = 1w'$
3. $p(s_4/s_1, w) = 0$, für $w = w''0$
4. $p(s_4/s_1, w) = 0$, wenn das Wort w zweimal das Eingabesymbol 1 enthält und nicht die Punkte 2 oder 3 erfüllt. In diesem Fall hat w die Form $w = 0^n 1 0^k 1$ für geeignete $n \geq 1$, $k \geq 0$.

(a) Sei $w = 0^n 11\,(n \geq 1)$. Dann ist

$$p(s_4/s_1, 0^n 11) = \tfrac{\varepsilon^{n-1}\delta}{2} = \varepsilon^{n-1}\lambda < \lambda\,, \quad \text{für } n > 1\,;$$
$$p(s_4/s_1, 011) = \lambda \quad , \quad \text{für } n = 1\,.$$

(b) Wir berechnen die Wahrscheinlichkeit für den Fall, daß das Wort w die Form $w = 0^n 10^k 1$ mit geeigneten $k, n \geq 1$ hat:

$$p(s_4/s_1, 0^n 10^k 1) = p(s_4/s_2, 0^{n-1} 10^k 1)$$

$$= \varepsilon^{n-1} p(s_4/s_2, 10^k) + (1 - \varepsilon^{n-1}) p(s_4/s_5, 10^k 1)$$

$$= \frac{\varepsilon^{n-1}}{2} p(s_4/s_6, 0^k 1) + \frac{\varepsilon^{n-1}}{2} p(s_4/s_3, 0^k 1)$$

$$+ \frac{(1 - \varepsilon^{n-1})}{2} p(s_4/s_6, 0^k 1)$$

$$= \frac{p(s_4/s_6, 0^k 1)}{2} + \frac{\varepsilon^{n-1}\delta}{2} = \frac{p(s_4/s_7, 0^{k-1} 1)}{2} + \varepsilon^{n-1}\lambda$$

$$= \frac{(1 - \varepsilon^{k-1})}{2} p(s_4/s_3, 1) + \varepsilon^{n-1}\lambda$$

$$= (1 - \varepsilon^{k-1})\lambda + \varepsilon^{n-1}\lambda = \lambda(1 - \varepsilon^{k-1} + \varepsilon^{n-1})\,.$$

Wir untersuchen die Sprache $T(A, \lambda, =)$. Aus Punkt 4 folgt, daß

$$T(A, \lambda, =) = W_1 = \{w | \boldsymbol{\mu} A(w) \boldsymbol{N}_F = \lambda\}$$

$$= \{w | p(s_4/s_1, w) = \lambda\} = \{w | w = 0^n 10^n 1, n \geq 1\} \cup \{011\}$$

gilt. Wir zeigen, daß diese Sprache nicht regulär ist. Wir betrachten die unendliche Folge von Wörtern $w_1, \ldots, w_n, \ldots$ mit $w_i = 0^i 1$ für alle $i \geq 1$. Für jedes Paar (w_i, w_j) mit $i \neq j$ erhalten wir

$$\boldsymbol{\mu} A(w_i w_i) \boldsymbol{N}_F = \lambda \text{ und } \boldsymbol{\mu} A(w_j w_i) \boldsymbol{N}_F \neq \lambda\,.$$

Das heißt, die Wörter w_i und w_j liegen in verschiedenen Äquivalenzklassen, wobei die Unendlichkeit des Ranges bekanntlich die nichtregulären Sprachen charakterisiert. Entsprechend wird bewiesen, daß die Sprachen

$$W_2 = T(A, \lambda, >) = \{w | w = 0^n 10^k 1, k > n \geq 1\} \text{ und}$$

$$W_1 \cup W_2 = \{w | w = 0^n 10^k 1, k \geq n \geq 1\} \cup \{011\}$$

nicht regulär sind.

Schließlich ist auch die Sprache $W_3 = T(A, \lambda, <)$, das Komplement der nichtregulären Sprache $W_1 \cup W_2$, nicht regulär.

Somit haben wir für den Fall $0 < \lambda \leq \frac{1}{2}$ nicht nur das Lemma 3.5.1, sondern, wie leicht ersichtlich ist, auch den Satz bewiesen.

- Fall 2: $\frac{1}{2} < \lambda < 1$

Dann ist $0 < 1 - \lambda < \frac{1}{2}$. Es sei $\delta = 2 - 2\lambda$. Wie im ersten Fall läßt sich zeigen, daß die Sprachen $T(A, 1-\lambda, >)$, $T(A, 1-\lambda, <)$ und $T(A, 1-\lambda, =)$ nicht regulär sind. Wir untersuchen den ESA $\overline{A}$, bei dem als Endvektor der Spaltenvektor $\overline{\boldsymbol{N}}_F = \boldsymbol{\varepsilon} - \boldsymbol{N}_F$ gewählt wird. Dann erhalten wir:

$$\chi_{\overline{A}}(w) = \boldsymbol{\mu}\overline{A}(w)\overline{\boldsymbol{N}}_F = \boldsymbol{\mu}A(w)(\boldsymbol{\varepsilon} - \boldsymbol{N}_F) = 1 - \chi_A(w) \ .$$

Damit ist $T(A, \lambda, <) = T(\overline{A}, 1-\lambda, >)$. Entsprechende Beziehungen können auch für $>$ und $=$ nachgewiesen werden.

Aus diesem Beweis des Lemmas folgt zugleich der Beweis des Theorems 3.5.1. □

Korollar 3.5.1 *Sind $\mathcal{L}_{\mathsf{st}}$, $\mathcal{L}_{\mathsf{rat}}(\nabla)$ und $\mathcal{L}_{\mathsf{det}}$ die Klassen der stochastischen, der rationalen (mit dem Zeichen ∇) beziehungsweise der regulären Sprachen, so gilt*

$$\mathcal{L}_{\mathsf{det}} \subset \mathcal{L}_{\mathsf{rat}}(=) \text{ und } \mathcal{L}_{\mathsf{det}} \subset \mathcal{L}_{\mathsf{rat}}(<) = \mathcal{L}_{\mathsf{rat}}(>) \subset \mathcal{L}_{\mathsf{st}} \ .$$

Da ein RSA gleichzeitig ein SA ist, ist die Inklusion $\mathcal{L}_{\mathsf{rat}}(>) \subseteq \mathcal{L}_{\mathsf{st}}$ offensichtlich. Die Menge der Sprachen, die durch endliche RSAs darstellbar sind, ist höchstens abzählbar, da nur rationale Schnittpunkte betrachtet werden und die Menge der endlichen rationalen stochastischen Automaten abzählbar ist. Da die Klasse der stochastischen Sprachen die Mächtigkeit des Kontinuums hat, ist die Inklusion echt.

Definition 3.5.2 Ein LA $L = \langle X, \boldsymbol{M}, \{L(x) | x \in X\}\rangle$ heißt *ganzzahlig linear*, wenn alle Elemente der Übergangsmatrizen $L(x)$ und die Komponenten des Endvektors $\boldsymbol{M}$ ganze Zahlen sind.

Wenn die Komponenten des Anfangszustandsvektors $\boldsymbol{a}(e)$ und der Schnittpunkt λ zum Ring $\mathbb{Z}$ der ganzen Zahlen gehören, wird die Klasse der Sprachen, die durch endlich-dimensionale ganzzahlig lineare Automaten mit dem Zeichen ∇ darstellbar sind, mit $\mathcal{L}_{\mathsf{int}}(\nabla)$ bezeichnet. Sind zusätzlich die Elemente der Übergangsmatrizen, die Komponenten des Anfangszustandsvektors und des Endvektors, sowie der Schnittpunkt nicht-negativ, so wird die entsprechende Sprachklasse mit $\mathcal{L}^{+}_{\mathsf{int}}(\nabla)$ bezeichnet.

Lemma 3.5.2 *Für jede rationale Sprache gibt es einen endlich-dimensionalen, ganzzahlig linearen Automaten, der sie darstellt.*

Beweis Der RSA A stelle die Sprache W mit Hilfe des Schnittpunktes $\lambda \in [0,1)$, des Anfangszustandsvektors $\boldsymbol{\mu}$ und des Endvektors $\boldsymbol{N}$ dar. Wir setzen $\boldsymbol{M} = \boldsymbol{N} - \lambda\boldsymbol{\varepsilon}$ und erhalten $\boldsymbol{\mu}A(w)\boldsymbol{M} = \boldsymbol{\mu}A(w)\boldsymbol{N} - \lambda$, das heißt, für den Endvektor $\boldsymbol{M}$ gilt: $W = T(A,0,>)$. Die Elemente der Matrizen $A(x)$, sowie der Vektoren $\boldsymbol{\mu}$ und $\boldsymbol{M}$ sind rationale Zahlen, deshalb gibt es eine ganze Zahl $k > 0$, so daß die Elemente der Matrizen $kA(x)$ und der Vektoren $k\boldsymbol{\mu}$ sowie $k\boldsymbol{M}$ ganzzahlig sind. Für den endlich-dimensionalen, ganzzahlig linearen Automaten $L = \langle X, k\boldsymbol{M}, \{kA(x) | x \in X\}\rangle$ erhalten wir mit dem Anfangszustandsvektor $k\boldsymbol{\mu}$ die Gleichheit $W = T(L,0,>)$. □

Der Beweis für die Darstellbarkeit bzgl. „$=$“ und „$<$“ verläuft analog. Damit gilt das

Korollar 3.5.2 *Für jede Auswahl des Zeichens* ∇ *aus* $\{=,<,>\}$ *gilt:*

$$\mathcal{L}_{\mathsf{rat}}(\nabla) \subseteq \mathcal{L}_{\mathsf{int}}(\nabla) .$$

Bemerkung 3.5.2 Sei $W = T(A,\lambda,\nabla)$ die stochastische Sprache, die durch den endlichen SA A mit dem Schnittpunkt $\lambda \in (0,1)$ und dem Endvektor $\boldsymbol{N}$ dargestellt wird. Für jede reelle Zahl c ist die Sprache W durch diesen SA mit Hilfe des Schnittpunktes $\lambda + c$ und mit dem entsprechenden ∇ darstellbar, wenn als Endvektor der Spaltenvektor $\boldsymbol{M} = \boldsymbol{N} + c\varepsilon$ gewählt wird.

Theorem 3.5.2 *Für jede Auswahl des Zeichens* ∇ *aus* $\{=,<,>\}$ *gilt:*

$$\mathcal{L}^{+}_{\mathsf{int}}(\nabla) \subseteq \mathcal{L}_{\mathsf{rat}}(\nabla) .$$

Wir stellen dem Beweis des Theorems einige Hilfssätze voran.

Lemma 3.5.3 *Eine Sprache, die durch einen endlichen, ganzzahlig linearen Automaten darstellbar ist, ist auch darstellbar durch einen entsprechenden Automaten mit Übergangsmatrizen, bei denen die Summe der Elemente in allen Zeilen und Spalten gleich Null ist.*

Beweis Wir konstruieren die Matrizen

$$L'(x) = \left(\begin{array}{c|c|c} 0 & 0\dots 0 & 0 \\ \hline \alpha_1(x) & & 0 \\ \vdots & L(x) & \vdots \\ \alpha_n(x) & & 0 \\ \hline \beta_0(x) & \beta_1(x)\dots\beta_n(x) & 0 \end{array}\right),$$

wobei $L(x)$ die Übergangsmatrizen des ganzzahlig linearen Automaten L sind, der die Sprache W mit Hilfe des ganzzahligen Schnittpunktes λ und der ganzzahligen Vektoren $\boldsymbol{a}(e)$ und $\boldsymbol{M}$ darstellt. Die Koeffizienten $\alpha_i(x)$; $\beta_0(x)$ und $\beta_i(x)$ seien für alle $i = 1, \dots, n$ so gewählt, daß in $L'(x)$ jede Zeilen- und jede Spaltensumme gleich Null ist. Wir setzen $\boldsymbol{a}'(e) = (0, \boldsymbol{a}(e), 0)$ und $\boldsymbol{M}' = (0, \boldsymbol{M}^T, 0)^T$. Dann erhalten wir $\boldsymbol{a}(e)L(w)\boldsymbol{M} = \boldsymbol{a}'(e)L'(w)\boldsymbol{M}'$, das heißt, mit dem Schnittpunkt λ stellen die ganzzahlig linearen Automaten L und L' dieselbe Sprache W dar. □

Lemma 3.5.4 *Ist die Sprache W durch einen endlich-dimensionalen, ganzzahlig linearen Automaten L darstellbar, so ist sie auch durch einen endlich-dimensionalen, ganzzahlig linearen Automaten mit nicht-negativen Elementen in den Übergangsmatrizen darstellbar.*

Beweis Entsprechend Lemma 3.5.3 nehmen wir an, daß die Sprache durch einen endlich-dimensionalen, ganzzahlig linearen Automaten $L = \langle X, \boldsymbol{M}, \{L(x) | x \in X\}\rangle$ darstellbar ist, in dessen Übergangsmatrizen sämtliche Zeilen- und Spaltensummen gleich Null sind. Wir bezeichnen mit $N(b)$ die Matrix, deren Elemente alle gleich einer gegebenen ganzen Zahl b sind, und wählen $b > 0$ so groß, daß für jedes x alle Elemente der Matrix $L_2(x) = L(x) + N(b)$ nicht negativ sind. Da die Zeilen- und Spaltensummen der Matrizen $L(x)$ gleich Null sind, erhalten wir für jedes Wort w die Gleichung $L_2(w) = L(w) + N(n^{|w|-1}b^{|w|})$.

Wir untersuchen den ganzzahlig linearen Automaten L_3 der Dimension $2n+2$ mit den Übergangsmatrizen

$$L_3(x) = \begin{pmatrix} L_2(x) & 0 & 0 \\ 0 & N(b) & 0 \\ 0 & 0 & A \end{pmatrix} \text{ mit } A = \begin{pmatrix} 0 & 1 \\ 0 & 1 \end{pmatrix},$$

dem Anfangszustandvektor $\boldsymbol{a}_3 = (\boldsymbol{a}, \boldsymbol{a}, \boldsymbol{a}\boldsymbol{M}, 0)$ und dem Endvektor $\boldsymbol{M}_3^T = (\boldsymbol{M}^T, -\boldsymbol{M}^T, 1, 0)$. Für jedes Wort w mit $|w| \geq 1$ gilt nun

$$L_3(w) = \begin{pmatrix} L_2(w) & 0 & 0 \\ 0 & N\left(n^{|w|-1}b^{|w|}\right) & 0 \\ 0 & 0 & A \end{pmatrix},$$

$\boldsymbol{a}_3 L_3(w) \boldsymbol{M}_3 = \boldsymbol{a} L_2(w) \boldsymbol{M} + \boldsymbol{a} N(n^{|w|-1}b^{|w|}) \boldsymbol{M} = \boldsymbol{a} L(w) \boldsymbol{M}$ für $w \neq e$, sowie $\boldsymbol{a}_3 L_3(e) \boldsymbol{M}_3 = \boldsymbol{a}_3 \boldsymbol{M}_3 = \boldsymbol{a}\boldsymbol{M}$, das heißt, der Automat L_3 stellt die Sprache W mit derselben Konstante dar wie der Automat L. □

Lemma 3.5.5 *Ist die Sprache W, die das leere Wort nicht enthält, durch einen endlich-dimensionalen, ganzzahlig linearen Automaten darstellbar, so ist sie auch durch einen endlichen RSA mit positivem rationalem Schnittpunkt darstellbar.*

Beweis Entsprechend Lemma 3.5.4 nehmen wir an, daß die Sprache W durch einen endlich-dimensionalen, ganzzahlig linearen Automaten L mit nicht-negativen Übergangsmatrizen dargestellt wird: $W = T(L, \lambda, \nabla)$. Wir wählen eine rationale Zahl $c \geq 1$ so, daß sie größer ist als die Summe der Elemente einer beliebigen Zeile aus den Übergangsmatrizen $L(x)$. Seien die rationalen Zahlen $b_i(x)$ mit $0 \leq b_i(x) \leq 1$ so gewählt, daß jede der Matrizen

$$A(x) = \left(\begin{array}{c|c} 1 & 0\dots0 \\ \hline b_1(x) & \\ \vdots & c^{-1}L(x) \\ b_n(x) & \end{array}\right)$$

stochastisch ist. Damit hat offensichtlich jede Matrix $A(w)$ die Form

$$A(w) = \left(\begin{array}{c|c} 1 & 0\dots0 \\ \hline b_1(w) & \\ \vdots & c^{-|w|}L(w) \\ b_n(w) & \end{array}\right).$$

Sei $\mathcal{A}_1 = \langle X, S_1, \{A_1(x) | x \in X\}\rangle$ ein endlicher RSA mit $|S_1| = l = n + 3$, und für jedes x habe die Matrix $A_1(x)$ die Form

$$A_1(x) = \left(\begin{array}{c|cc} A(x) & 0 & 0 \\ \hline 0 & c^{-1} & 1 - c^{-1} \\ 0 & 0 & 1 \end{array}\right).$$

Seien $\boldsymbol{\mu}_1 = (0, \boldsymbol{a}, \lambda, 0)$ und $\boldsymbol{N}_1^T = (0, \boldsymbol{M}^T, -1, 0)$. Dann ist $\boldsymbol{\mu}_1 A_1(w) \boldsymbol{N}_1 = c^{-|w|}(\boldsymbol{a}L(w)\boldsymbol{M} - \lambda)$. Folglich gilt $W = T(\mathcal{A}_1, 0, \nabla)$, und für jedes x sind die Matrizen $A_1(x)$ stochastisch. Sei der Zustandsvektor $\boldsymbol{\mu}_1 = (\mu_1, \ldots, \mu_l)$, dann wählen wir eine ganze Zahl $r > 0$ so, daß alle Koordinaten des Vektors $\boldsymbol{\mu}_2 = (\mu_1 + r, \ldots, \mu_l + r)$ positiv sind. Wir setzen $d = \mu_1 + \ldots + \mu_l + 2lr$; also ist $d > 0$. Nun untersuchen wir den RSA $\mathcal{A}_2 = \langle X, S_2, \{A_2(x) | x \in X\}\rangle$, wobei $|S_2| = 2l$ und $\boldsymbol{\mu}_2 = d^{-1}(\mu_1 + r, \ldots, \mu_l + r, r, r, \ldots, r)$ stochastische Vektoren sind. Der Spaltenvektor $\boldsymbol{N}_2^T = (\boldsymbol{N}_1^T, -\boldsymbol{N}_1^T)$ hat ganzzahlige Koordinaten, und für jedes x ist die Matrix

$$A_2(x) = \left(\begin{array}{c|c} A_1(x) & 0 \\ \hline 0 & A_1(x) \end{array}\right)$$

stochastisch. Wir erhalten nun $\boldsymbol{\mu}_1 A_1(w) \boldsymbol{N}_1 = d^{-1} \boldsymbol{\mu}_2 A_2(w) \boldsymbol{N}_2$ und somit $W = T(\mathcal{A}_2, 0, \nabla)$, wobei für den RSA $\mathcal{A}_2$ der Anfangszustandsvektor $\boldsymbol{\mu}_2$ und die Matrizen $A_2(x)$ stochastisch mit rationalen Elementen sind. Wegen Bemerkung 3.5.1 können wir einen RSA $\mathcal{A}_3$ konstruieren, so daß der Spaltenvektor $\boldsymbol{N}_3^T = (n_3^1, \ldots, n_3^{2l})$ positive Koordinaten hat und $W = T(\mathcal{A}_3, c, \nabla)$ für ein geeignetes ganzzahliges $c > 0$ ist. Wir konstruieren einen RSA $\mathcal{A}_{\mathsf{rat}} = \langle X, S, \{A(x) | x \in X\}\rangle$, wobei $|S| = k^2$, $\boldsymbol{\mu} = k^{-1}(\boldsymbol{\mu}_2, \boldsymbol{\mu}_2, \ldots, \boldsymbol{\mu}_2)$, $k = 2l$ und die Menge der Endzustände $F = \{s_1, s_{k+2}, s_{2k+3}, \ldots, s_{k^2}\}$ seien, das heißt, der Spaltenvektor $\boldsymbol{\tau}$ hat die Form $\boldsymbol{\tau}^T = (1, 0, \ldots, 0, 1, 0, \ldots, 0, 1)$. Seien

$$A(x) = \begin{pmatrix} \alpha_1 A_2(x) \cdots \alpha_k A_2(x) \\ \cdots\cdots\cdots\cdots\cdots\cdots \\ \alpha_1 A_2(x) \cdots \alpha_k A_2(x) \end{pmatrix},$$

$$\text{mit } \alpha_i = \frac{n_3^i}{\beta} \text{ für alle } i = 1, \ldots, k \text{ und } \beta = \sum_{i=1}^{k} n_3^i > 0\,.$$

Aus der Konstruktion ist ersichtlich, daß der Vektor $\boldsymbol{\mu}$ und die Matrizen $A(x)$ stochastisch sind. Für ein beliebiges Wort w bleibt die Form der Matrix $A(w)$ erhalten, wobei der Buchstabe x durch das Wort w ersetzt wird. Deshalb gilt $\boldsymbol{\mu}A(w)\boldsymbol{\tau} = \sum_{i=1}^{k}\sum_{j=1}^{k}\mu_2^i\alpha_j a_{ij}(w)$, wobei $a_{ij}(w)$ die Elemente der Matrix $A(w)$ und μ_2^i die Elemente des Vektors $\boldsymbol{\mu}_2$ sind. Wegen $\boldsymbol{\mu}_2 A_2(w)\boldsymbol{N}_3 = \sum_{i=1}^{k}\sum_{j=1}^{k}\mu_2^i n_3^j a_{ij}(w)$ und $\alpha_j = \frac{n_3^j}{\beta}$ gilt für jedes Wort $w \neq e$ die Gleichung

$$\boldsymbol{\mu}A(w)\boldsymbol{\tau} = \frac{1}{\beta}\boldsymbol{\mu}_2 A_2(w)\boldsymbol{N}_3 \,.$$

Ist $w \in T(A_3, \lambda, \nabla) \setminus \{e\}$, so gilt daher $w \in T(A_{\mathsf{rat}}, \lambda', \nabla)$, wobei $\lambda' = \frac{c}{\beta}$ eine rationale Zahl mit $0 < \lambda' < 1$ ist. □

Lemma 3.5.6 *Sind $W_1 \in \mathcal{L}_{\mathsf{rat}}(>)$ eine rationale stochastische Sprache und W_2 ein reguläre Sprache, so sind auch die Sprachen $W_1 \cup W_2$, $W_1 \cap W_2$ und $W_1 \setminus W_2$ rationale stochastische Sprachen.*

Der Beweis für die Vereinigung und den Durchschnitt der Sprachen wird wie der Beweis des Lemmas 3.2.2 geführt. Die Differenz $W_1 \setminus W_2$ ist gleich $W_1 \cap \overline{W}_2$, wobei $\overline{W}_2$ das Komplement der Sprache W_2 ist. Ist W_2 regulär, so ist auch das Komplement eine reguläre Sprache und damit $W_1 \setminus W_2$ rational stochastisch. □

Mit diesem Hilfssatz vervollständigen wir den Beweis des Theorems 3.5.2.

Korollar 3.5.3 *Es gilt*

$$\mathcal{L}_{\mathsf{int}}(\nabla) \subseteq \mathcal{L}_{\mathsf{rat}}(>) \textit{ mit } \nabla \in \{>,<\}\,.$$

Beweis Sei $W = T(A_{\mathsf{int}}, \lambda, \nabla)$ mit ganzzahligem λ. Nach Lemma 3.5.5 gilt

$$\begin{aligned} T(A_{\mathsf{int}}, \lambda, \nabla) &= (T(A_{\mathsf{int}}, \lambda, >) - \{e\}) \cup \{e\} \\ &= (T(A_{\mathsf{rat}}, \lambda', >) - \{e\}) \cup \{e\}\,. \end{aligned}$$

Hier ist die Sprache $T(A_{\mathsf{rat}}, \lambda', >) - \{e\}$ rational stochastisch, da

$$\mathcal{L}_{\mathsf{rat}}(>) = \mathcal{L}_{\mathsf{rat}}(<)$$

ist. Nach Lemma 3.5.6 ist die Vereinigung dieser rationalen stochastischen Sprachen mit der regulären Sprache $\{e\}$ ebenfalls eine rational stochastische Sprache. □

Korollar 3.5.4 *Es gilt*

$$\mathcal{L}_{\mathsf{rat}}(>) = \mathcal{L}_{\mathsf{rat}}(<) = \mathcal{L}_{\mathsf{int}}(>) = \mathcal{L}_{\mathsf{int}}(<).$$

Wir beweisen eine wichtige Eigenschaft der Familie der rationalen stochastischen Sprachen, die für die ganze Familie der stochastischen Sprachen noch ungelöst ist.

Theorem 3.5.3 *Die Klasse der rationalen stochastischen Sprachen ist bezüglich des Komplements abgeschlossen.*

Beweis Sei W eine rationale stochastische Sprache. Nach Lemma 3.5.2 gibt es einen endlichen ganzzahligen Automaten A_{int} mit $W = T(A_{\mathsf{int}}, 0, >)$. Sei $A_{\mathsf{int}} = \langle X, \boldsymbol{\mu}, \boldsymbol{N}, \{A(x) | x \in X\}\rangle$, so ist für jedes Wort w der Ausdruck $\boldsymbol{\mu} A(w) \boldsymbol{N}$ eine ganze Zahl. Daher gilt

$$\begin{aligned} \overline{W} &= \{w | w \in X^*, \ \boldsymbol{\mu} A(w) \boldsymbol{N} \leq 0\} \\ &= \{w | w \in X^*, \ \boldsymbol{\mu} A(w) \boldsymbol{N} < 1\} \in \mathcal{L}_{\mathsf{int}}(<) = \mathcal{L}_{\mathsf{rat}}(>). \end{aligned}$$ □

3.6 Stochastische Sprachen über Alphabeten mit einem Buchstaben

Homogene stochastische Sprachen

Wir betrachten zwei spezielle Klassen von SAs, deren Sprachen in analytischer Form beschrieben werden können. Die erste ist die Klasse der *autonomen* SAs, deren Eingabealphabet nur ein Symbol enthält: $X = \{x\}$. Die Übergangsmatrix eines autononem SA definiert eine homogene Markov-Kette. Wir werden auf autonome SAs alle Definitionen übertragen, die sich auf homogene Markov-Ketten ohne zusätzliche Bedingungen beziehen, beispielsweise die Begriffe rekurrenter, nicht-rekurrenter, absorbierender Zustand, ergodische Klasse usw.. Für die zweite Klasse von SAs benötigen wir zunächst einige Definitionen. Zusätzlich formulieren wir mehrere Resultate aus der Theorie der Matrizen (ohne Beweise).

Sei A eine beliebige $n \times n$-Matrix mit reellen Elementen. Mit $\lambda_1, \ldots, \lambda_\mu$ bezeichnen wir die charakteristischen Wurzeln der Matrix A, die ungleich

Null sind, mit $m_1, \ldots, m_\mu$ die Exponenten der entsprechenden Elementarteiler im Körper der komplexen Zahlen und mit $m_{\mu+1}, \ldots, m_\nu$ die Exponenten aller Elementarteiler, die zu der charakteristischen Wurzel Null gehören:

$$\sum_{i=1}^{\mu} m_i + \sum_{j=\mu+1}^{\nu} m_j = n\,.$$

Sei ferner die $n \times n$-Matrix $\mathcal{I}_s$ in Blockdiagonalform

$$\mathcal{I}_s = \begin{pmatrix} 0 & & \\ & \boxed{\begin{matrix} 0 & & \\ 1 & \ddots & \\ & 1 & 0 \end{matrix}} & \\ & & 0 \end{pmatrix}$$

gegeben, wobei der Block, der ungleich Null ist (außerhalb dieses Blockes seien alle Elemente gleich Null), an der Stelle steht, die der charakteristischen Wurzel λ_s in der Jordanschen Normalform der Matrix A entspricht. Es sei E_s die $n \times n$-Matrix, die Einsen in der Diagonalen des von Null verschiedenen Blockes der Matrix $\mathcal{I}_s$ besitzt; überall sonst sei E_s gleich Null. Die nicht-singuläre Matrix T überführe A in die Jordansche Normalform.

Bemerkung 3.6.1 Es gilt

$$A^k = \sum_{i=1}^{\nu} \sum_{s=0}^{m_i-1} C_k^s T^{-1} E_i \left(\frac{\mathcal{I}_i}{\lambda_i}\right)^s T \lambda_i^k + \sum_{j=\mu+1}^{\nu} T^{-1} \mathcal{I}_j^k T \qquad \text{für alle } k = 1, 2, \ldots\,,$$

wobei C_k^s der Binomialkoeffizient „k über s“, also die Anzahl der Kombinationen von s Elementen aus einer Menge von k Elementen für $k \geq s$, bzw. Null für $k < s$ ist.

Eine endliche Menge von $n \times n$-Matrizen $\{A_1, \ldots, A_n\}$ heißt *abgestimmt*, wenn es eine nicht-singuläre Matrix T gibt, die gleichzeitig jede Matrix der Menge und ihre Summe in eine Jordansche Normalform des gleichen Typs überführt. Aus der Bemerkung 3.6.1 folgt die

Bemerkung 3.6.2 Es gibt abgestimmte kommutative polynomiale Matrizen $A_1(k), \ldots, A_\mu(k)$ mit dem jeweiligen Exponenten $m_i - 1$ für $i = 1, \ldots, \mu$

und $(\nu-\mu)$ nilpotente Matrizen $\mathcal{I}_{\mu+1},\ldots,\mathcal{I}_\nu$ jeweils mit dem Nilpotenzindex m_j für $j=\mu+1,\ldots,\nu$, so daß gilt:

$$A^k = \sum_{s=1}^{\mu} A_s(k)\lambda_s^k + \sum_{s=\mu+1}^{\nu} \mathcal{I}_s^k \quad \text{für alle } k=1,2,\ldots .$$

Dabei erfüllen die Matrizen folgende Bedingungen:

i. Das Produkt paarweise verschiedener Matrizen ist gleich Null.

ii. Die polynomialen Matrizen erfüllen die Beziehung

$$A_s(k)A_s(l) = A_s(k+l) \quad \text{für alle } s=1,\ldots,\mu \text{ und } k,l=1,\ldots .$$

iii. Für jede natürliche Zahl k hat die Matrix $A_s(k)$ die Form $A_s(k) = B_s+\mathcal{I}_s^k$, wobei B_s eine konstante Matrix und $\mathcal{I}_s^k$ eine nilpotente Matrix mit Nilpotenzindex m_s ist.

Eine abgestimmte Menge von Matrizen $\{A_1,\ldots,A_s\}$ heißt *maximal*, wenn keine der Matrizen so in Summanden zerlegt werden kann, daß $A_k = A_k'+A_k''$ gilt und die Menge $\{A_1,\ldots,A_{k-1},A_k',A_k'',A_{k-1},\ldots,A_s\}$ abgestimmt bleibt.

Definition 3.6.1 [Matrixspektrum im Körper der komplexen Zahlen]
Als *Matrixspektrum* wird eine abgestimmte, für $k=1$ maximale Menge von polynomialen $n\times n$-Matrizen

$$\Sigma = \{\, P_i(k) \,|\, i=1,\ldots,\mu\} \cup \{\mathcal{I}_j \,|\, j=\mu+1,\ldots,\nu \text{ mit } \nu\le n\}$$

bezeichnet, wobei $P_i(k)$ reelle oder komplexe (dann befindet sich in der Menge auch die konjugiert komplexe Matrix zu $P_i(k)$) polynomiale Matrizen mit Exponenten m_i-1 und $\mathcal{I}_j$ reelle nilpotente Matrizen mit Nilpotenzindex m_j sind. Dabei gilt $\sum_{i=1}^{\mu} m_i + \sum_{j=\mu+1}^{\nu} m_j = n$.

Die Eigenschaften des Matrixspektrums folgen aus der Abgestimmtheit und der Maximalität von Σ. Insbesondere gelten die Eigenschaften aus der Bemerkung 3.6.2.

Bemerkung 3.6.3 Seien ein Matrixspektrum Σ und eine Menge $\Lambda = \{\lambda_i | i=1,\ldots,\mu\}$ von reellen oder komplexen Zahlen gegeben (wobei im letzteren Fall immer auch die konjugiert komplexen Zahlen enthalten seien), die ungleich Null sind. Dann hat die Matrix

$$A = \sum_{s=1}^{\mu} P_s(1)\lambda_s + \sum_{\mu+1}^{\nu} \mathcal{I}_s \tag{3.6.1}$$

die charakteristischen Wurzeln $(\lambda_1, \ldots, \lambda_\mu, 0, \ldots, 0)$. Dabei werden die konjugiert komplexen Zahlen der Menge Λ entsprechend mit den konjugiert komplexen, polynomialen Matrizen der Menge Σ multipliziert. Jeder charakteristischen Wurzel ungleich Null entspricht der Elementarteiler mit dem Exponenten, der um Eins höher ist als der Exponent der entsprechenden polynomialen Matrix. Die Nullen entsprechen den nilpotenten Matrizen.

Mit Bemerkung 3.6.3 läßt sich eine Matrix mit vorgegebenem Tupel von charakteristischen Wurzeln und gegebenem Matrixspektrum konstruieren. Der Begriff des Matrixspektrums kann auch über dem Körper der reellen Zahlen definiert werden. Dann ist die Bemerkung 3.6.3 entsprechend umzuformulieren.

Definition 3.6.2 Ein SA heißt *homogen*, wenn alle seine Übergangsmatrizen dasselbe Matrixspektrum haben.

Entsprechend werden homogene lineare und ganzzahlig lineare Automaten definiert. Angenommen, die Matrizen A und B haben dasselbe Matrixspektrum. Die charakteristischen Wurzeln λ_s^A und λ_s^B der Matrizen A und B, die in der Zerlegung (3.6.1) Koeffizienten derselben Matrix $P_s(1)$ sind, nennen wir *(einander) entsprechend.*

Bemerkung 3.6.4 Bei der Multiplikation von Matrizen, die dasselbe Matrixspektrum haben, ist jede charakteristische Wurzel λ_s^{AB} des Matrixproduktes das Produkt der entsprechenden charakteristischen Wurzeln der Faktoren: $\lambda_s^{AB} = \lambda_s^A \lambda_s^B$. Aus den Eigenschaften des Matrixspektrums und der Zerlegung (3.6.1) folgt nämlich

$$AB = \sum_{s=1}^{\mu} P_s(2)\lambda_s^A \lambda_s^B + \sum_{s=\mu+1}^{\nu} \mathcal{I}_s^2 .$$

Diese Aussage bringt die homogenen und die autonomen SAs einander näher. Der Begriff des Matrixspektrums und die Zerlegung (3.6.1) erlauben es, notwendige und hinreichende Bedingungen dafür herzuleiten, daß Sprachen über einem Alphabet mit einem Buchstaben stochastisch sind.

Theorem 3.6.1 *Eine Sprache W über einem einelementigen Alphabet ist genau dann stochastisch, wenn gilt:*

1. *Es gibt endlich viele reelle Zahlen $\lambda_1, \ldots, \lambda_k$ und ihnen entsprechende Polynome mit reellen Koeffizienten $P_1(t), \ldots, P_k(t)$,*

2. *es gibt endlich viele reelle Zahlen $\rho_{k+1}, \ldots, \rho_{k+l}$ und $\varphi_{k+1}, \ldots, \varphi_{k+l}$, sowie ihnen entsprechende Paare von Polynomen mit reellen Koeffizienten $P_{k+1}^{(1)}(t), P_{k+1}^{(2)}(t), \ldots, P_{k+l}^{(1)}(t), P_{k+l}^{(2)}(t)$, und*

3. *es gibt endlich viele reelle Zahlen $c_1, \ldots, c_N$, so daß gilt:*

$$\begin{aligned} w \in W \quad &\Leftrightarrow \\ &\sum_{s=1}^{k} P_s(|w|)\lambda_s^{|w|} + \\ &\sum_{s=1}^{l} \left(P_{k+s}^{(1)}(|w|)\cos(|w|\varphi_{k+s}) + P_{k+s}^{(2)}(|w|)\sin(|w|\varphi_{k+s})\right)\rho_{k+s}^{|w|} + c_{|w|} > 0 \end{aligned}$$

mit $c_{|w|} = 0$, falls $|w| > N$ ist.

Beweis Ist die Sprache W stochastisch, so gibt es wegen Theorem 3.1.2 und Korollar 3.1.1 einen endlich-dimensionalen, autonomen LA L, der W mit dem Schnittpunkt Null darstellt, also $W = T(L, 0)$.

Die Menge von Übergangsmatrizen des LA L habe das Matrixspektrum $\Sigma = \{A_1(t), \ldots, A_s(t), \mathcal{I}_{s+1}, ldots, \mathcal{I}_{s+m}\}$. Eine Potenz der Matrix L ist dann darstellbar als Summe

$$L^t = \sum_{i=1}^{s} A_i(t)\lambda_i^t + \sum_{i=s+1}^{s+m} \mathcal{I}_i^t ,$$

wobei polynomiale Matrizen $A_i(t)$ und $A_j(t)$, die komplex konjugierte Koeffizienten λ_i^t und λ_j^t haben, zueinander komplex konjugiert sind. Seien $\lambda_1, \ldots, \lambda_k$ reelle und $\lambda_{k+1}, \ldots, \lambda_{k+l}$ sowie $\overline{\lambda}_{k+1}, \ldots, \overline{\lambda}_{k+l}$ komplex konjugierte charakteristische Wurzeln, so daß

$$\begin{aligned} \lambda_{k+j} &= \rho_{k+j}\left(\cos\varphi_{k+j} + \sqrt{-1}\sin\varphi_{k+j}\right), \\ \overline{\lambda}_{k+j} &= \rho_{k+j}\left(\cos\varphi_{k+j} - \sqrt{-1}\sin\varphi_{k+j}\right), \text{ für alle } j = 1, \ldots, l \end{aligned}$$

gilt. Wir setzen ferner $N = \max_{i=s+1,\ldots,s+m}(m_i - 1)$, so daß es ein j gibt mit $\mathcal{I}_j^N \neq 0$, jedoch für alle j die Gleichheit $\mathcal{I}_j^{N+1} = 0$ gilt.

Für den Anfangszustandsvektor $\boldsymbol{a}$ und den Endvektor $\boldsymbol{N}$ gelte

$$P_i(t) = \boldsymbol{a}A_i(t)\boldsymbol{N} \quad , \text{ für } i = 1, \ldots, k,$$

$$P_i^{(1)}(t) = 2\boldsymbol{a}A_i^{(1)}(t)\boldsymbol{N}$$
$$P_i^{(2)}(t) = -2\boldsymbol{a}A_i^{(2)}(t)\boldsymbol{N} \quad , \text{ für } i = k+1, \ldots, k+l,$$

wobei $A_i^{(j)}(t)$ für $j = 1, 2$ reelle polynomiale Matrizen sind mit den Eigenschaften

$$A_i(t) = A_i^{(1)}(t) + \sqrt{-1}A_i^{(2)}(t) \quad , \text{ für } i = k+1, \ldots, k+l$$

und

$$\boldsymbol{a} \sum_{i=s+1}^{s+m} \boldsymbol{\mathcal{I}}_i^t \boldsymbol{N} = c_t \quad , \text{ für } t = 1, \ldots, N.$$

Dann ist

$$\boldsymbol{a}A^t\boldsymbol{N} = \sum_{i=1}^{k} P_i(t)\lambda_i^t + \sum_{i=k+1}^{k+l} \left(P_i^{(1)}(t)\cos t\varphi_i + P_i^{(2)}(t)\sin t\varphi_i\right)\rho_i^t + c_t \, ,$$

was die Notwendigkeit der Bedingungen des Theorems beweist.

Wir zeigen, daß die Bedingungen hinreichend sind. Hierzu werden wir 9 Hilfssätze beweisen. Seien Mengen von Polynomen und Koeffizienten gegeben, wie sie in den Bedingungen des Theorems aufgezählt sind. Wir werden zeigen, daß ein entsprechender Automat immer konstruiert werden kann.

Sei L eine $n \times n$-Matrix, λ_i ihre reellen charakteristischen Wurzeln mit den Vielfachheiten m_i für $i = 1, \ldots, k$, sowie λ_{k+i} und $\overline{\lambda}_{k+i}$ komplex konjugierte charakteristische Wurzeln mit den Vielfachheiten m_{k+i} für $i = 1, \ldots, l$; die übrigen charakteristischen Wurzeln seien Null. Die Matrizen E_s und $\boldsymbol{\mathcal{I}}_s$ seien für reelle charakteristische Wurzeln λ_s wie in Bemerkung 3.6.1 definiert, und die Matrizen P_s und Q_s seien für Paare komplex konjugierter charakteristischer Wurzeln $\rho_s(\cos\varphi_s \pm i\sin\varphi_s)$ wie die Matrizen E_s bzw. $\boldsymbol{\mathcal{I}}_s$ konstruiert mit dem Unterschied, daß anstelle der Elemente, die gleich Eins sind, folgende Matrizen der Ordnung zwei

$$R_s = \begin{pmatrix} \cos\varphi_s & -\sin\varphi_s \\ \sin\varphi_s & \cos\varphi_s \end{pmatrix}$$

und anstelle der Elemente, die gleich Null sind, Nullmatrizen der Ordnung zwei eingesetzt werden. Die Blöcke, die nicht Null sind, haben dann eine

Ordnung, die gleich der doppelten Vielfachheit $2m_s$ einer der komplex konjugierten charakteristischen Wurzeln ist, und nehmen den Platz des Jordan-Blockes ein, der diesem Paar charakteristischer Wurzeln entspricht. Die Matrix $\mathcal{I}$ habe die Form $\mathcal{I}_{k+l+1}$.

Lemma 3.6.1 *Für jede $n \times n$-Matrix L mit reellen Elementen gibt es eine nicht-singuläre Matrix T, so daß die ganzzahligen positiven Potenzen der Matrix $\overline{L} = TLT^{-1}$ in der Form*

$$\overline{L}^t = \sum_{s=1}^{k} A_s(t)\lambda_s^t + \sum_{s=k+1}^{k+l} P_s(t)\rho_s^t + \mathcal{I}^t \quad , \text{ für alle } t = 1, \ldots \tag{3.6.2}$$

darstellbar sind, mit $A_s(1) = E_s + \mathcal{I}_s$ und $P_s(1) = P_s + Q_s$.

Beweis Wir betrachten den Fall reeller charakteristischer Wurzeln. Die Matrix T_1 überführe die Matrix L in Jordansche Normalform $\widetilde{L} = T_1 L T_1^{-1}$. Wir betrachten eine beliebige Jordan-Zelle $\widetilde{L}' = (E + \mathcal{I}/\alpha)\alpha$ der Matrix L, die zu einer charakteristischen Wurzel α ungleich Null mit der Vielfachheit s gehört. Die nicht-singuläre Matrix mit reellen Koeffizienten

$$T_0 = \begin{pmatrix} 1 & & & & \\ 1 & \alpha & & & \\ 0 & \alpha & \alpha^2 & & \\ \cdots & \cdots & \cdots & \cdots & \cdots \\ 0 & \ldots & 0 & \alpha^{s-2} & \alpha^{s-1} \end{pmatrix}$$

bewirkt die Transformation

$$T_0 \widetilde{L}' T_0^{-1} = \begin{pmatrix} 1 & & & & \\ \alpha & \alpha & & & \\ 0 & \alpha & \alpha & & \\ \cdots & \cdots & \cdots & \cdots & \cdots \\ 0 & \ldots & 0 & \alpha & \alpha \end{pmatrix} = (E + \mathcal{I})\alpha \, .$$

Folglich überführt die nicht-singuläre Matrix T_2, die in entsprechender Weise aus Diagonalblöcken zusammengesetzt ist (die die Form der nicht-singulären Matrix T_0 für die reellen vielfachen charakteristischen Wurzeln ungleich Null haben), die Matrix $\widetilde{L}$ in die Form $\overline{L}$; das heißt $T = T_2 T_1$.

Wir betrachten jetzt den Fall komplex konjugierter charakteristischer Wurzeln. Sei

$$\widetilde{L}' = \begin{pmatrix} \lambda & & & & & & & & \\ 1 & \lambda & & & & & & & \\ & 1 & \ddots & & & & & & \\ & & \ddots & & & & & & \\ & & & 1 & \lambda & & & & \\ & & & & 0 & \overline{\lambda} & & & \\ & & & & & 1 & \overline{\lambda} & & \\ & & & & & & 1 & \ddots & \\ & & & & & & & \ddots & \overline{\lambda} \\ & & & & & & & & 1 \quad \overline{\lambda} \end{pmatrix}$$

eine Jordan-Zelle, die einem Paar konjugiert komplexer charakteristischer Wurzeln λ und $\overline{\lambda}$ der Vielfachheit s entspricht. Wir werden zeigen, daß es eine nicht-singuläre Matrix T_2 mit reellen Koeffizienten gibt, die die Matrix $\widetilde{L}'$ in die Form $\widetilde{L}'' = T_2\widetilde{L}'T_2^{-1}$ überführt, wobei

$$\widetilde{L}'' = \begin{pmatrix} R & & & & \\ E & R & & & \\ & E & R & & \\ & & \cdots\cdots\cdots & & \\ & & & E & R \end{pmatrix}$$

ist. Dabei hat die Matrix R der Ordnung zwei die Form

$$R = \begin{pmatrix} \cos\varphi_s & -\sin\varphi_s \\ \sin\varphi_s & \cos\varphi_s \end{pmatrix}$$

für $\lambda = \rho(\cos\varphi + i\sin\varphi)$, und E ist die Einheitsmatrix der Ordnung zwei.

Dafür muß gezeigt werden, daß die Matrixgleichung $\widetilde{L}''T_2 = T_2\widetilde{L}'$ eine Lösung im Körper der reellen Zahlen hat oder daß die Matrix $\widetilde{L}''$ dieselben charakteristischen Wurzeln mit denselben Vielfachheiten wie die Matrix $\widetilde{L}'$ hat. Aus der Beziehung $|\widetilde{L}'' - \lambda E| = |R - \lambda E|^s$ folgt, daß die Matrix $\widetilde{L}''$ genau s Paare konjugiert komplexer charakteristischer Wurzeln λ und $\overline{\lambda}$ besitzt. Wir suchen den größten gemeinsamen Teiler der Unterdeterminanten

$(2s-1)$-ter Ordnung der polynomialen Matrizen

$$\Delta(\lambda) = (\widetilde{L}'' - \lambda E) = \begin{pmatrix} R-\lambda E & & & & \\ E & R-\lambda E & & & \\ & E & R-\lambda E & & \\ & & \cdots\cdots\cdots & & \\ & & & E & R-\lambda E \end{pmatrix}.$$

Wir führen die Bezeichnung $\Delta_1(2s-1)$ für die Unterdeterminante ein, die wir aus $\Delta(\lambda)$ erhalten, indem die erste Zeile und die letzte Spalte gestrichen werden, und die Bezeichnung $\Delta_2(2s-1)$ für die Unterdeterminante, die aus $\Delta(\lambda)$ entsteht, indem die zweite Zeile und die letzte Spalte gestrichen werden. Dann gelten für $k = s, s-1, \ldots, 2$ die rekursiven Formeln

$$\begin{aligned} \Delta_1(2k-1) &= -(\cos\varphi - \lambda)\Delta_1(2k-3) - \sin\varphi\,\Delta_2(2k-3) \text{ und} \\ \Delta_2(2k-1) &= -\sin\varphi\,\Delta_1(2k-3) - (\cos\varphi - \lambda)\Delta_2(2k-3)\,. \end{aligned}$$

Mit $P_1(\lambda) = (\cos\varphi - \lambda)|R - \lambda E|^{s-1}$ und $P_2(\lambda) = \sin\varphi|R - \lambda E|^{s-1}$ werden die Werte zweier weiterer Unterdeterminaten $(2s-1)$-ter Ordnung bezeichnet, die längs der Hauptdiagonalen genommen werden. Da $\Delta_1(3) = -2\sin\varphi(\cos\varphi - \lambda)$ und $\Delta_2(3) = \sin^2\varphi - (\cos\varphi - \lambda^2)$ sind, haben $\Delta_1(3)$ und $\Delta_2(3)$ keinen gemeinsamen Teiler außer der Eins; wegen der rekursiven Gleichungen haben auch die Polynome $\Delta_1(2s-1)$, $P_1(\lambda)$ und $P_2(\lambda)$ den größten gemeinsamen Teiler Eins. Daher besitzt die Matrix $\widetilde{L}''$ ein einziges nichttriviales invariantes Polynom, das gleich dem charakteristischen Polynom der Matrix ist, und die charakteristischen Wurzeln λ und $\overline{\lambda}$ haben die Vielfachheit s.

Der weitere Beweis folgt demselben Schema wie für reelle charakteristische Wurzeln. Die nicht-singuläre Matrix mit reellen Elementen

$$T_0 = \begin{pmatrix} E & & & & \\ E & R & & & \\ & R & R^2 & & \\ & & \cdots\cdots & & \\ & & & R^{s-2} & R^{s-1} \end{pmatrix}$$

überführt die Matrix $\widetilde{L}''$ in die Form

$$T_0\widetilde{L}''T_0^{-1} = \begin{pmatrix} R & & & \\ R & R & & \\ & \ddots & \ddots & \\ & & R & R \end{pmatrix} \begin{pmatrix} E & & & \\ E & E & & \\ & \ddots & \ddots & \\ & & E & E \end{pmatrix} \begin{pmatrix} R & & \\ & \ddots & \\ & & R \end{pmatrix}.$$

Die Matrix T_3 möge in entsprechender Weise aus Diagonalblöcken bestehen. Diese haben für reelle mehrfache charakteristische Wurzeln ungleich Null die Form der nicht-singulären Matrix T_0, für mehrfache charakteristische Wurzeln, die gleich Null sind, die Form der Matrix E und für Paare komplex konjugierter mehrfacher charakteristischer Wurzeln die Form der nicht-singulären Matrix T_0T_2. T_3 überführt die Matrix $\widetilde{L}$ offensichtlich in die Form $\overline{L}$, das heißt im allgemeinen Fall $T = T_3T_1$. □

Wir führen den Beweis des Theorems fort. Wir werden eine Matrix L konstruieren, wobei wir annehmen, daß sie keine einfachen charakteristischen Wurzeln hat, die gleich Null sind, und eine einzige mehrfache charakterische Wurzel, die gleich Null ist, wenn $c_N \neq 0$ gilt. Wegen Lemma 3.6.1 kann ohne Beschränkung der Allgemeinheit angenommen werden, daß die Exponenten der Matrix L in der Form der Zerlegung (3.6.2) darstellbar sind.

Lemma 3.6.2 *Sei wiederum C_n^k der Binomialkoeffizient „n über k" (vgl. Bemerkung 3.6.1). Dann ist*

$$\Delta(m) = \begin{vmatrix} 1 & 1 & \dots & 1 & 1 \\ C_1^1 & C_2^1 & \dots & C_{m-1}^1 & C_m^1 \\ \dots & \dots & \dots & \dots & \dots \\ C_1^{m-1} & C_2^{m-1} & \dots & C_{m-1}^{m-1} & C_m^{m-1} \end{vmatrix} = 1 \, .$$

Beweis Allgemein gilt $C_n^k + C_n^{k-1} = C_{n+1}^k$. Daraus folgt

$$\begin{aligned} \Delta(m) &= \begin{vmatrix} 1 & 0 & 0 & \dots & 0 \\ C_1^1 & C_2^1 - C_1^1 & C_3^1 - C_2^1 & \dots & C_m^1 - C_{m-1}^1 \\ \dots & \dots & \dots & \dots & \dots \\ C_1^{m-1} & C_2^{m-1} - C_1^{m-1} & C_3^{m-1} - C_2^{m-1} & \dots & C_m^{m-1} - C_{m-1}^{m-1} \end{vmatrix} \\ &= \begin{vmatrix} C_1^0 & C_2^0 & \dots & C_{m-1}^0 \\ C_1^1 & C_2^1 & \dots & C_{m-1}^1 \\ \dots & \dots & \dots & \dots \\ C_1^{m-2} & C_2^{m-2} & \dots & C_{m-1}^{m-2} \end{vmatrix} \\ &= \Delta(m-1) = \dots = \Delta(1) = 1 \, . \end{aligned}$$

□

Lemma 3.6.3 *Es seien C_n^k wiederum die Binomialkoeffizienten. Für*

$$A = \begin{pmatrix} 1 & 0 & 0 & \ldots\ldots & 0 \\ 1 & 1 & 0 & \ldots\ldots & 0 \\ 0 & 1 & 1 & \ldots\ldots & 0 \\ 0 & 0 & 1 & 1 \ \ldots & 0 \\ & & \ldots\ldots\ldots\ldots & & \\ 0 & \ldots\ldots & 0 & 1 & 1 \end{pmatrix} \quad \textit{ist } A^k = \begin{pmatrix} 1 & 0 & 0 & \ldots & 0 \\ C_k^1 & 1 & 0 & \ldots & 0 \\ C_k^2 & C_k^1 & 1 & \ldots & 0 \\ & \ldots\ldots\ldots\ldots & & & \\ C_k^{m-1} & C_k^{m-2} & \ldots & C_k^1 & 1 \end{pmatrix}.$$

Beweis Für $k = 1$ ist der Hilfssatz offensichtlich. Ist er schon für k bewiesen, so gilt für $k+1$:

$$\begin{aligned} A^{k+1} &= \begin{pmatrix} 1 & 0 & \ldots & 0 \\ 1 & 1 & \ldots & 0 \\ & \ldots\ldots & & \\ 0 & \ldots & 1 & 0 \\ 0 & \ldots & 1 & 1 \end{pmatrix} \begin{pmatrix} 1 & 0 & 0 & \ldots & 0 \\ C_k^1 & 1 & 0 & \ldots & 0 \\ C_k^2 & C_k^1 & 1 & \ldots & 0 \\ & \ldots\ldots\ldots\ldots & & & \\ C_k^{m-1} & C_k^{m-2} & \ldots & C_k^1 & 1 \end{pmatrix} \\ &= \begin{pmatrix} 1 & 0 & 0 & \ldots & 0 \\ C_{k+1}^1 & 1 & 0 & \ldots & 0 \\ C_{k+1}^2 & C_{k+1}^1 & 1 & \ldots & 0 \\ & \ldots\ldots\ldots\ldots & & & \\ C_{k+1}^{m-1} & C_{k+1}^{m-2} & \ldots & C_{k+1}^1 & 1 \end{pmatrix}, \end{aligned}$$

wobei wieder die Beziehung $C_n^k + C_n^{k-1} = C_{n+1}^k$ benutzt wird. □

Lemma 3.6.4 *Sei A die $m \times m$-Matrix aus Lemma 3.6.3. Dann hat das Gleichungssystem*

$$\boldsymbol{a}A^k\boldsymbol{N} = b_k \qquad \textit{für alle } k = 1, \ldots, m \tag{3.6.3}$$

für beliebig vorgegebene reelle Zahlen b_k immer eine Lösung in Form eines Zeilenvektors $\boldsymbol{a}$ und eines Spaltenvektors $\boldsymbol{N}$.

Beweis Als Spaltenvektor $\boldsymbol{N}$ wählen wir

$$\boldsymbol{N} = \begin{pmatrix} 1 \\ 0 \\ \vdots \\ 0 \end{pmatrix}.$$

Für $k = 1, \dots, m$ erhält man ein System linearer algebraischer Gleichungen, dessen Determinante gleich $\Delta(m) = 1$ ist. Folglich gibt es eine Lösung für $\boldsymbol{a}$, und falls der Vektor $(b_1, \dots, b_m)$ nicht der Nullvektor ist, so ist diese Lösung ungleich Null. □

Lemma 3.6.5 *Sei $P(k) = \sum_{s=0}^{m-1} a_s k^s$ ein Polynom vom Grad $m-1$ mit reellen Koeffizienten. Dann gibt es einen reellen Zeilenvektor $\boldsymbol{a}$, einen reellen Spaltenvektor $\boldsymbol{N}$ und eine reelle $m \times m$-Matrix A, deren Potenzen in der Form (3.6.2) mit $A^k = \sum_{s=0}^{m-1} A_s k^s$ für $k = 1, \dots, m$ darstellbar sind, mit der einzigen charakteristischen Wurzel Eins der Vielfachheit m, so daß die Beziehungen*

$$\boldsymbol{a} A_s \boldsymbol{N} = a_s \quad \text{für } s = 1, \dots, m-1$$

gelten.

Beweis Es sei $P(k) = b_k$ für alle $k = 1, \dots, m$. Nach Lemma 3.6.4 können wir $\boldsymbol{a}$ und $\boldsymbol{N}$ so konstruieren, daß die Beziehungen (3.6.3) gelten. Wir betrachten jetzt die Darstellung $A^k = \sum_{s=0}^{m-1} A_s k^s$ für $k = 1, \dots, m$. Indem wir diese Gleichung von links mit dem Zeilenvektor $\boldsymbol{a}$ und von rechts mit dem Spaltenvektor $\boldsymbol{N}$ multiplizieren, erhalten wir

$$\sum_{s=0}^{m-1} \boldsymbol{a} A_s \boldsymbol{N} k^s = b_k \quad \text{für } k = 1, \dots, m. \tag{3.6.4}$$

Nach Voraussetzung sind die Zahlen b_k jedoch die Werte des Polynoms $P(k)$, also ist $\sum_{s=0}^{m-1} a_s k^s = b_k$ für $k = 1, \dots, m$. Die Determinante des linearen Gleichungssystems (3.6.4) ist ungleich Null, weswegen eine eindeutige Lösung vorliegt. Folglich ist $a_s = \boldsymbol{a} A_s \boldsymbol{N}$ für alle $s = 0, 1, \dots, m-1$. □

Wir betrachten jetzt den Fall komplexer Wurzeln.

Lemma 3.6.6 *Ist*

$$K_R = \begin{pmatrix} R & 0 & \dots\dots & 0 \\ R & R & \dots\dots & 0 \\ 0 & R & R \;\dots & 0 \\ & & \dots\dots\dots\dots & \\ 0 & 0 & \dots\dots & R \end{pmatrix}$$

(insgesamt mit m Blöcken R in der Diagonalen), wobei R eine beliebige quadratische Matrix endlicher Ordnung ist, so ist

$$K_R^t = \begin{pmatrix} R^t & 0 & 0 & \dots & 0 \\ C_t^1 R^t & R^t & 0 & \dots & 0 \\ C_t^2 R^t & C_t^1 R^t & R^t & \dots & 0 \\ \dots & \dots & \dots & \dots & \dots \\ C_t^{m-1} R^t & C_t^{m-2} R^t & \dots & C_t^1 R^t & R^t \end{pmatrix} \quad \textit{für alle } t = 1, 2, \dots .$$

Der Beweis entspricht dem Beweis des Lemmas 3.6.3. □

Lemma 3.6.7 *Sei die $2m \times 2m$-Matrix K_R wie in Lemma 3.6.6 definiert, wobei R die Form*

$$R = \begin{pmatrix} \cos\varphi & -\sin\varphi \\ \sin\varphi & \cos\varphi \end{pmatrix}$$

hat. Für beliebige reelle Zahlen a_s, b_s besitzt dann das Gleichungssystem

$$\boldsymbol{a} K_R^s \boldsymbol{N} = a_s \cos(s\varphi) + b_s \sin(s\varphi) \quad \textit{für alle } s = 1, \dots, m \tag{3.6.5}$$

immer eine Lösung mit einem geeigneten Zeilenvektor $\boldsymbol{a}$ und einem geeigneten Spaltenvektor $\boldsymbol{N}$.

Beweis Wir werden ein Lösung suchen, bei der der Spaltenvektor $\boldsymbol{N}$ die Form

$$\boldsymbol{N} = \begin{pmatrix} n_1 \\ \vdots \\ n_m \end{pmatrix} \quad \text{mit } n_i = \begin{pmatrix} 1 \\ 0 \end{pmatrix} \quad \text{für } i = 1, \dots, m$$

und der Zeilenvektor die Form $\boldsymbol{a} = (\boldsymbol{a}_1, \dots, \boldsymbol{a}_m)$ mit $\boldsymbol{a}_i = (a_i^{(1)}, a_i^{(2)})$ hat. Unter Berücksichtigung des Lemmas 3.6.6 und der Form des Spaltenvektors $\boldsymbol{N}$ gewinnt das System (3.6.5) für $s = 1, \dots, m$ die Form

$$\sum_{i=1}^{m} \boldsymbol{a}_i C_s^{i-1} R^s n_i = a_s \cos(s\varphi) + b_s \sin(s\varphi)$$

oder

$$\sum_{i=1}^{m} a_i^{(1)} C_s^{i-1} \cos(s\varphi) + \sum_{i=1}^{m} a_i^{(2)} C_s^{i-1} \sin(s\varphi) = a_s \cos(s\varphi) + b_s \sin(s\varphi) .$$

Daher sind $a_i^{(1)}$ und $a_i^{(2)}$ für $i = 1, \dots, m$ die eindeutige Lösung eines linearen algebraischen Gleichungssystems (mit der Determinante 1) für die vorgegebenen rechten Seiten und die vorgegebenen Koeffizienten a_s und b_s. □

Lemma 3.6.8 *Seien*

$$P_1(t)\cos(t\varphi) + P_2(t)\sin(t\varphi) = \sum_{i=0}^{m-1} a_i t^i \cos(t\varphi) + \sum_{i=0}^{m-1} b_i t^i \sin(t\varphi)$$

polynomial-trigonometrische Funktionen vom Grad $(m-1)$ *mit beliebigen reellen Koeffizienten* a_i *und* b_i. *Dann gibt es einen reellen Zeilenvektor* $\boldsymbol{a}$, *einen reellen Spaltenvektor* $\boldsymbol{N}$ *und eine reelle* $2m \times 2m$*-Matrix* L, *deren Potenzen in der Form (3.6.2) darstellbar sind, mit einem einzigen Paar* $\cos\varphi \pm i \sin\varphi$ *von komplex konjugierten charakteristischen Wurzeln der Vielfachheit* m, *so daß die Beziehungen*

$$L^t = \sum_{i=0}^{m-1} K_i^{(1)} t^i \cos(t\varphi) + \sum_{i=0}^{m-1} K_i^{(2)} t^i \sin(t\varphi) ,$$

$$\boldsymbol{a}K_i^{(1)}\boldsymbol{N} = a_i , \quad \boldsymbol{a}K_i^{(2)}\boldsymbol{N} = b_i \quad \textit{für alle } i = 1, \dots, m$$

gelten.

Beweis Der Beweis verläuft wie der Beweis des Lemmas 3.6.5. Als Matrix L wählen wir die $2m \times 2m$-Matrix

$$L = \begin{pmatrix} R & 0 & 0 & \dots & 0 \\ R & R & 0 & \dots & 0 \\ 0 & R & R & \dots & 0 \\ & \dots & \dots & \dots & \\ 0 & 0 & 0 & \dots & R \end{pmatrix} \begin{pmatrix} E & 0 & 0 & \dots & 0 \\ E & E & 0 & \dots & 0 \\ 0 & E & E & \dots & 0 \\ & \dots & \dots & \dots & \\ 0 & 0 & 0 & \dots & E \end{pmatrix} \begin{pmatrix} R & 0 & \dots & 0 \\ 0 & R & \dots & 0 \\ & \dots & \dots & \\ 0 & 0 & \dots & R \end{pmatrix},$$

wobei

$$R = \begin{pmatrix} \cos\varphi & -\sin\varphi \\ \sin\varphi & \cos\varphi \end{pmatrix}$$

ist. Als Spaltenvektor $\boldsymbol{N}$ nehmen wir

$$\boldsymbol{N} = \begin{pmatrix} 1 \\ 0 \\ \vdots \\ 0 \end{pmatrix}$$

und suchen den Zeilenvektor $\boldsymbol{a} = (a_1, \ldots, a_m)$ wie im Beweis zu Lemma 3.6.4. □

Für den Beweis des Theorems 3.6.1 ist noch der Fall nilpotenter Matrizen zu betrachten.

Lemma 3.6.9 *Es seien N reelle Zahlen $c_1, \ldots, c_N$ mit $c_N \neq 0$ gegeben. Dann gibt es eine nilpotente $(N+1) \times (N+1)$-Matrix $\mathcal{I}$ mit Nilpotenzindex $(N+1)$, die wie im Lemma 3.6.1 definiert ist, einen Zeilenvektor $\boldsymbol{a}$ und einen Spaltenvektor $\boldsymbol{N}$, so daß das Gleichungssystem*

$$\begin{aligned} \boldsymbol{a}\mathcal{I}^k\boldsymbol{N} &= c_k \quad , \text{ für alle } k = 1, \ldots, N \\ \boldsymbol{a}\mathcal{I}^k\boldsymbol{N} &= 0 \quad , \text{ für alle } k > N \end{aligned}$$

lösbar ist.

Beweis Den Bedingungen des Hilfssatzes genügen der Zeilenvektor

$$\boldsymbol{a} = (0, c_1, \ldots, c_N)$$

und der Spaltenvektor

$$\boldsymbol{N} = \begin{pmatrix} 1 \\ 0 \\ \vdots \\ 0 \end{pmatrix}.$$

□

Jetzt ist der Beweis, daß die Bedingungen des Theorems 3.6.1 hinreichend sind, elementar. Die Matrizen $A_1, \ldots, A_k$, $K_{R_1}, \ldots, K_{R_l}$, $\mathcal{I}$ zusammen mit den Zeilenvektoren $\boldsymbol{a}_1, \ldots, \boldsymbol{a}_k, \ldots, \boldsymbol{a}_{k+l}, \boldsymbol{a}_{k+l+1}$ und den Spaltenvektoren $\boldsymbol{N}_1, \ldots, \boldsymbol{N}_k, \boldsymbol{N}_{k+1}, \ldots, \boldsymbol{N}_{k+l}, \boldsymbol{N}_{k+l+1}$ bestimmen eine der polynomialen oder der polynomial-trigonometrischen Summen oder ein nilpotentes Glied in der Zerlegung der charakteristischen Wortfunktionen. Der konstruktive Beweis für die Existenz der Matrizen und Vektoren ist in den Lemmata 3.6.1–3.6.9 enthalten. Dann definiert der LA mit der Übergangsmatrix

$$L = \sum_{s=1}^{k} A'_s \lambda_s + \sum_{s=1}^{l} K'_{R_s} \rho_{k+s} + \mathcal{I}'_{k+l+1}$$

die charakteristische Wortfunktion mit dem Anfangszustandsvektor

$$\boldsymbol{a} = (\boldsymbol{a}_1, \ldots, \boldsymbol{a}_k, \ldots, \boldsymbol{a}_{k+l+1})$$

und dem Endvektor

$$\boldsymbol{N}^T = (\boldsymbol{N}_1^T, \ldots, \boldsymbol{N}_k^T, \boldsymbol{N}_{k+1}^T, \ldots, \boldsymbol{N}_{k+l}^T, \boldsymbol{N}_{k+l+1}^T)\,.$$

In der Darstellung von L hat jede der mit einem Strich versehenen Matrizen eine Ordnung, die gleich der Summe der Ordnungen der Matrizen $A_1, \ldots, A_k$ beziehungsweise $K_{R_1}, \ldots, K_{R_l}$ oder $\boldsymbol{\mathcal{I}}$ ist, und auf der Diagonalen einen einzigen Block ungleich Null, der gleich einer dieser Matrizen ist, so daß wir insgesamt das Matrixspektrum erhalten. □

Korollar 3.6.1 *Jede stochastische Sprache über einem Alphabet mit einem Buchstaben kann durch einen endlichen LA dargestellt werden, dessen Übergangsmatrizen nur verschiedene charakteristische Wurzeln haben, die weder einfach (das heißt: linearen Elementarteilen entsprechend) noch gleich Null sind.*

Anmerkung: Die Methode, eine kontinuierliche Familie nicht-stochastischer Sprachen zu konstruieren, die wir in Abschnitt 3.3 untersucht haben, ist auch für ein einbuchstabiges Alphabet anwendbar. Somit ist die Familie der nicht-stochastischen Sprachen über einem einbuchstabigen Alphabet kontinuierlich.

Wir kommen zur Untersuchung der Darstellbarkeit von Sprachen durch endlich-dimensionale, homogene LAs. Abkürzend werden wir Sprachen, die durch solche Automaten darstellbar sind, *homogene stochastische Sprachen* nennen. Eine grundlegende Eigenschaft homogener LAs ist in Bemerkung 3.6.4 dargelegt worden.

Wir führen die folgenden Bezeichnungen ein: Sind $A(x_1), \ldots, A(x_m)$ $n \times n$-Matrizen, die zu demselben Matrixspektrum gehören, λ_k^x die k-te charakteristische Wurzel der Matrix $A(x)$ für $k = 1, \ldots, n$ und $w = x_1 \ldots x_s$ ein Wort, so setzen wir $\lambda_k^w = \lambda_k^{x_1} \ldots \lambda_k^{x_s}$. Aus der Bemerkung 3.6.4 folgt: Wenn die Matrizen $A(x_1), \ldots, A(x_m)$ zu ein und demselbem Matrixspektrum gehören, dann ist für jedes Wort w die k-te charakteristische Wurzel der Matrix $A(w)$ gleich λ_k^w. Ist

$$\lambda_k^x = \rho_k^x(\cos\varphi_k^x \pm i \sin\varphi_k^x)\,,$$

so werden wir analog zum Fall konjugiert komplexer charakteristischer Wurzeln

$$\lambda_k^w = \rho_k^w(\cos\varphi_k^w \pm i\sin\varphi_k^w)$$

setzen, wobei $\rho_k^w = \rho_k^{x_1}\dots\rho_k^{x_s}$ und $\varphi_k^w = \varphi_k^{x_1}+\dots+\varphi_k^{x_s}$ sind. Wir formulieren nun das

Theorem 3.6.2 *Eine Sprache W ist genau dann homogen und stochastisch, wenn die folgenden Bedingungen gelten:*

1. *Es gibt reelle Zahlen $\lambda_1^x,\dots,\lambda_k^x$ und ihnen entsprechende Polynome mit reellen Koeffizienten $P_1(t),\dots,P_k(t)$;*
2. *es gibt reelle Zahlen $\rho_1^x,\dots,\rho_l^x$, $\varphi_1^x,\dots,\varphi_l^x$ und ihnen entsprechende Paare von Polynomen mit reellen Koeffizienten*

$$P_{k+1}^{(1)}(t), P_{k+1}^{(2)}(t),\dots,P_{k+l}^{(1)}(t), P_{k+l}^{(2)}(t)\,;$$

3. *es gibt reelle Zahlen $c_1,\dots,c_N$, so daß*

$$w\in W \Leftrightarrow \sum_{s=1}^{k} P_s(|w|)\lambda_s^w +$$
$$\sum_{s=1}^{l}\left(P_s^{(1)}(|w|)\cos\varphi_{k+s}^w + P_s^{(2)}(|w|)\sin\varphi_{k+s}^w\right)\rho_{k+s}^w + c_{|w|} > 0$$

gilt, wobei $c_{|w|}=0$ sei für $|w|>N$.

Der Beweis verläuft wie der Beweis des Theorems 3.6.1, weil er nur auf die Eigenschaften des Matrixspektrums zurückgreift, das für alle Übergangsmatrizen des homogenen LA das gleiche ist. Ein Unterschied besteht darin, daß anstelle der Potenzen der charakteristischen Wurzeln λ_k^t für die Potenzen A^t der Matrix A jetzt die Produkte von charakteristischen Wurzeln der Form $\lambda_k^w, \varphi_k^w, \rho_k^w$ für Matrixprodukte der Form $A(w)$ betrachtet werden müssen. Im Körper der komplexen Zahlen erhält Theorem 3.6.2 eine einfachere und einsichtigere Form:

Theorem 3.6.3 *Eine Sprache W ist genau dann homogen und stochastisch, wenn endlich viele komplexe Zahlen $\lambda_1^x,\dots,\lambda_k^x$ und ihnen entsprechende Polynome mit komplexen Koeffizienten $P_1(t),\dots,P_k(t)$ existieren, sowie reelle Zahlen $c_1,\dots,c_N$, so daß die folgenden Bedingungen gelten:*

1. *Die Summe*

$$\sum_{s=1}^{k} P_s(|w|)\lambda_s^w$$

ist für jedes Wort w aus dem freien Monoid X^* reell, und

2. *es gilt*

$$w \in W \Leftrightarrow \sum_{s=1}^{k} P_s(|w|)\lambda_s^w + c_{|w|} > 0 \,,$$

wobei $c_{|w|} = 0$ ist für $|w| > N$.

Der Beweis folgt dem Beweis von Theorem 3.6.1 mit den Bemerkungen bezüglich Theorem 3.6.2 . Er ist jedoch einfacher, weil die Notwendigkeit entfällt, die Operationen über komplexen Zahlen im Körper der reellen Zahlen zu interpretieren.

Korollar 3.6.2 *Jede homogene stochastische Sprache W ist kommutativ, das heißt*

$$\forall w_1, w_2 \in X^* : w_1 w_2 \in W \Rightarrow w_2 w_1 \in W \,.$$

Wir zeigen nun, daß ein endlicher autonomer SA nur endlich viele nichtreguläre Sprachen bei Veränderung des Schnittpunkts darstellen kann. Diesen Satz kann man auf Theorem 3.6.1 zurückführen. Wir wollen ihn jedoch unabhängig davon mit Hilfe der Theorie endlicher homogener Markov-Ketten beweisen.

Theorem 3.6.4 *Zu jedem endlichen autonomen SA A gibt es nur eine endliche Zahl $r(A)$ reeller Zahlen λ, so daß die Sprache $T(A, \lambda)$, die durch diesen Automaten mit dem Schnittpunkt λ dargestellt wird, nicht regulär ist.*

Die Zahl $r(A)$ ist beschränkt durch das kleinste gemeinsame Vielfache der Zahlen der zyklischen Unterklassen in den ergodischen Klassen der Zustandsmenge des Automaten A.[1] *Ist insbesondere A ein regulärer SA, so gibt es nur eine solche reelle Zahl λ.*

[1]Zu den Begriffen „ergodische Klasse" und „zyklische Unterklasse" siehe Bücher über Markov-Ketten, z. B. das Standardwerk von J. Kemeny und J. L. Snell.

Beweis Wir nehmen an, daß A ein regulärer SA ist. Dann hat die Folge der Potenzen der Matrix A den Grenzwert $\lim_{k\to\infty} A^k = B = \boldsymbol{\varepsilon}^T\boldsymbol{a}$, wobei der stochastische Vektor $\boldsymbol{a}$ die stationäre Wahrscheinlichkeitsverteilung der entsprechenden Markov-Kette definiert. Sei $\lambda_0 = \boldsymbol{a}\boldsymbol{\tau}_F$. Wir unterscheiden drei Fälle.

Falls $\lambda < \lambda_0$ ist, so gibt es zu $\varepsilon = \lambda_0 - \lambda > 0$ eine Zahl $k = k(\varepsilon)$, so daß für alle Wörter w mit $|w| > k$ gilt: $\chi_A(w) > \lambda$. Dann ist $T(A, \lambda)$ eine Sprache, deren Komplement endlich ist, d. h. eine reguläre Sprache. Falls $\lambda > \lambda_0$ ist, so gibt es zu $\varepsilon = \lambda - \lambda_0$ eine Zahl $k = k(\varepsilon)$, so daß für alle Wörter w mit $|w| > k$ gilt: $\chi_A(w) < \lambda$. Also ist $T(A, \lambda)$ endlich und somit regulär. Nur im Fall $\lambda = \lambda_0$ kann daher $T(A, \lambda)$ eventuell nicht-regulär sein. Für reguläre Automaten ist das Theorem bewiesen.

Wir nehmen an, daß die Matrix A eine zyklische Markov-Kette definiert. Es bezeichne $C_0, C_1, \ldots, C_{d-1}$ (für $d > 1$) die zyklischen Klassen der Zustandsmenge, die in der Reihenfolge der Zustandsübergänge zwischen den Klassen numeriert seien. Wir halten einen Anfangszustand a_0 fest, der zur Klasse C_0 gehört. Die Matrix A^d kann als Übergangsmatrix einer Markov-Kette mit d gesonderten ergodischen Mengen, die nicht zyklisch sind, angesehen werden. Deshalb existiert der Grenzwert $\lim_{k\to\infty} A^{kd} = B$. In der Matrix B sind alle Elemente, die nicht durch Folgezustände definiert sind, die zu einer zyklischen Klasse gehören, gleich Null; die übrigen Elemente definieren diagonale Blöcke, die den zyklischen Klassen entsprechen und Grenzwerte der regulären Unterkette sind, die jeder Klasse entspricht. Folglich haben die Potenzen A^{kd+t} für jedes Wort w (mit $|w| = t = 0, 1, \ldots, d-1$) den Grenzwert BA^t. Das (i, j)-te Element der Matrix BA^t sei mit a_{ij}^t bezeichnet. Sei F die Menge der Endzustände, dann setzen wir

$$F_i = F \cap C_i \quad (i = 0, 1, \ldots, d-1) ,$$

wobei jedes der F_i auch leer sein kann, und setzen dann

$$\lambda_t = \sum_{s_j \in F_t} a_{0,j}^t \quad , \ t = 0, 1, \ldots, d-1 . \tag{3.6.6}$$

Für alle $t = 0, 1, \ldots, d-1$ enthält die Sprache $T(A, F_t, \lambda)$, die von A mit der Endzustandsmenge F_t und dem Schnittpunkt λ akzeptiert wird, nur Wörter der Länge $|w| = kd + t$. Wie im ersten Teil des Beweises folgt: Für jedes $\lambda \neq \lambda_t$ existiert ein k_0, so daß die Sprache $T(A, F_t, \lambda)$ entweder endlich ist oder alle Wörter der Länge $|w| = kd + t$ enthält, wobei $k \geq k_0$ ist. Es ist klar, daß

$$T(A,\lambda) = \bigcup_{t=0}^{d-1} T(A,F_t,\lambda)$$

gilt. Ist also $\lambda \neq \lambda_t$ für $t = 0,1,\ldots,d-1$, so ist die Sprache $T(A,\lambda)$ regulär.

Schließlich betrachten wir den allgemeinen Fall, daß der Automat A nicht-wesentliche Zustände, einige ergodische Klassen und einen beliebigen Anfangszustandsvektor besitzt. Da sich Sprachen stets durch Automaten mit einem festen Anfangszustand darstellen lassen (man füge einen neuen Zustand hinzu und definiere die Übergangswahrscheinlichkeiten geeignet mit Hilfe des bisherigen Anfangszustandsvektors), können wir ohne Beschränkung der Allgemeinheit davon ausgehen, daß A einen Anfangszustand hat. Wir unterscheiden dann zwei Fälle für die Menge der Endzustände F.

Fall 1: Die Menge F gehöre vollständig zu einer ergodischen Klasse R mit d zyklischen Unterklassen $C_0, C_1, \ldots, C_{d-1}$ (mit $d \geq 1$).

Wir definieren Zahlen λ_t entsprechend (3.6.6) mit dem Unterschied, daß sich die Koeffizienten a_{ij} jetzt auf die Grenzmatrix des ergodischen Automaten A_R beziehen, der aus dem Automaten A entsteht, indem nur die ergodische Klasse R betrachtet wird. Die Zahlen λ_t hängen nicht von der anfänglichen Wahrscheinlichkeitsverteilung der Zustände von A_R ab.

Für einen beliebigen Zustand $s \in R$ bezeichnen wir mit $p(s,k)$ die Übergangswahrscheinlichkeit des Automaten A in den Zustand s für das Eingabewort x^k mit der zusätzlichen Bedingung, daß er zum ersten Mal in einen Zustand aus R gerät. Dann konvergiert die Summe $\sum_{k=1}^{\infty} p(s,k)$. Sei $0 < t \leq d-1$. Wir setzen

$$p_1(s,t) = \sum_{k=1}^{\infty} p(s, kd+t) \ ,$$

wobei $p_1(s,t)$ die Wahrscheinlickeit ist, daß der Automat A zum ersten Mal in den Zustand s unter einem Eingabewort der Form x^{kd+t} für $k = 1,\ldots$ gelangt, ohne zuvor einen anderen Zustand aus R zu erreichen.

Wir setzen $t(s) = j$, falls $s \in C_j$ ist, und führen die Zahlen

$$\zeta_r = \sum_{l=0}^{d-1} \sum_{s} p_1(s, \mathsf{Re}_d(r + t(s) - l))\lambda_l \quad , \text{ für alle } r = 0,1,\ldots,d-1$$

ein, wobei s die gesamte Zustandsmenge R durchläuft, und $\mathsf{Re}_d(z)$ sei der kleinste nicht-negative Rest, falls z durch d geteilt wird. Ist $\lambda \neq \zeta_r$, so ist die Sprache $T(A,\lambda) \cap x^r\{x^d\}^*$ entweder endlich oder enthält alle Wörter der

Form x^{kd+r} für alle k ab einem geeigneten k_0. Daraus folgt, daß für $\lambda \neq \zeta_r$ die Sprache $T(A,\lambda)$ regulär ist. Der Beweis für den Fall $F \subset R$ ist damit beendet.

Fall 2: Wir nehmen an, daß

$$F = \bigcup_{i=1}^{n} F^{(i)} \text{ mit } F^{(i)} \subset R^{(i)} \quad , \text{ für } i = 1, \ldots, n$$

ist, wobei jede Menge $R^{(i)}$ eine einzelne ergodische Menge mit $d(i)$ zyklischen Klassen ist. Wir setzen D gleich dem kleinsten gemeinsamen Vielfachen der Zahlen $d(1), d(2), \ldots, d(n)$. Wir haben schon bewiesen, daß es für jede Zahl $i = 1, \ldots, n$ genau $d(i)$ Zahlen $\zeta_r^{(i)}$ (für $r = 0, 1, \ldots, d(i) - 1$) gibt, so daß für $\lambda \neq \zeta_r^{(i)}$ die Sprache $T(A,\lambda) \cap x^r\{x^{d(i)}\}^*$ entweder endlich ist oder alle Wörter der Form $x^{kd(i)+r}$ für alle k ab einem geeigneten k_0 enthält. Wenn daher

$$\lambda \neq \omega_r = \sum_i \zeta^{(i)}_{\mathrm{Re}_{d(i)}}(r) \quad , \text{ für alle } r = 0, 1, \ldots, D-1 \tag{3.6.7}$$

gilt, dann ist die Sprache

$$T(A,\lambda) \bigcap x^r\{x^D\}^* \tag{3.6.8}$$

entweder endlich oder sie enthält alle Wörter der Form x^{kD+r} für hinreichend große k. Folglich ist auch in dem Fall, daß F unwesentliche Zustände enthält, die dargestellte Sprache regulär. □

Korollar 3.6.3 *Die Menge der verschiedenen Sprachen, die durch einen festen autonomen endlichen SA mit verschiedenen Schnittpunkten darstellbar sind, ist höchstens abzählbar.*

Für jeden festen autonomen SA A gibt es eine Zahl $\overline{k}(A)$, so daß die reguläre Sprache $\{x^k\}^*$ für jedes ganzzahlige $k \geq \overline{k}(A)$ nicht durch ihn darstellbar ist. Deshalb erhalten wir:

Korollar 3.6.4 *Für jeden endlichen SA gibt es reguläre Sprachen, die durch ihn bei keinem Wert für den Anfangszustandsvektor, den Endvektor und den Schnittpunkt λ dargestellt werden können.*

Das Korollar 3.6.4 besagt, daß es keine „universellen“ endlichen SAs gibt, die alle regulären Sprachen durch Verändern von Parametern darstellen. Es ist jedoch bekannt, daß es unendliche „universelle“ Automaten gibt, etwa den freien (deterministischen) Automaten ohne Ausgabe, der gleichzeitig alle stochastischen Sprachen darstellt.

In Abschnitt 3.1 wurde die Anwendung stochastischer Sprachen auf die Beschreibung von Lernsequenzen in einem stochastischen, linearen Modell des Lernens untersucht. Seien $\boldsymbol{\mathcal{I}} = \{1, \ldots, k\}$ und $\boldsymbol{\mu} = \boldsymbol{\mu}(e)$ ein stochastischer Vektor, der eine Wahrscheinlickeitsverteilung definiert, die dem Lernen zugrunde liegt. Das Prädikat F definiere eine Menge $F = \{i_1, \ldots, i_t\} \subset \boldsymbol{\mathcal{I}}$, und das Monoid lehrender Operatoren sei durch eine Menge lehrender stochastischer Matrizen $\{A(x)|x \in X\}$ beschrieben, die zu demselben reellen Matrixspektrum einfacher Struktur $(A_1, \ldots, A_k)$ gehören. Für ein beliebiges Wort $w = x_1 \ldots x_r$ erhalten wir

$$A(w) = \sum_{s=1}^{k} A_s \lambda_s^{(w)} ,$$

wobei $\lambda_s^{(w)} = \lambda_s^{x_1} \ldots \lambda_s^{x_r}$ bedeute. Wir setzen $a_s = \boldsymbol{\mu} A_s \boldsymbol{N}_F$ für $s = 1, \ldots, k$. Dann wird die Menge der lehrenden Folgen von Operatoren bezüglich der Konstanten λ durch die Ungleichungen

$$\sum_{s=1}^{k} a_s \lambda_s^{(w)} > \lambda$$

charakterisiert. Wir betrachten als Beispiel die Analyse eines Lernmodells, bei dem die Menge der lehrenden Operatoren einen homogen SA definiert.

Beispiel 3.6.1 In der Klasse $\Sigma = (A_1, \ldots, A_k)$ stochastischer Matrizen, die zu demselben stochastischen Matrixspektrum einfacher Struktur gehören, gibt es eine Matrix, die den stochastischen Vektor $\boldsymbol{\mu}$ das Prädikat F bezüglich der Konstanten λ in höchstens r Schritten lehrt. Die Menge der Tupel von charakteristischen Wurzeln von Matrizen aus Σ wird als konvexe lineare Kombination von Basistupeln $\lambda_1, \ldots, \lambda_N$ dargestellt (siehe [36]):

$$\lambda = \sum_{i=1}^{N} \alpha_i \lambda_i , \quad \alpha_i \geq 0 , \quad \sum_{i=1}^{N} \alpha_i = 1 .$$

Die gesuchte stochastische Matrix ist vollständig durch die Angabe ihres Tupels charakteristischer Wurzeln bestimmt, weswegen sich das Problem auf die Lösung eines Systems von Ungleichungen der Form

$$\sum_{s=1}^{k} a_s \lambda_s^t > \lambda \quad , \text{ für } 0 \leq t \leq r$$

oder der Form

$$\sum_{s=1}^{k} a_s \left(\sum_{i=1}^{N} a_i \lambda_{i,s} \right)^t > \lambda \quad , \text{ für } 0 \leq t \leq r$$

bezüglich der Koeffizienten $\alpha_i (i = 1, \ldots, N)$ reduziert. Dieses System läßt sich lösen mit Hilfe des Extremums (Maximums) des Ausdrucks

$$y = a_1 + \sum_{s=2}^{k} a_s \lambda_s^t$$

unter folgenden $N + 1$ Nebenbedingungen

$$\sum_{s=1}^{k} a_{ij}^s \lambda_s \geq 0 \quad , \text{ für alle } i = 1, \ldots, k \text{ mit } \lambda_1 = 1 \, .$$

Jede lineare Ungleichung bestimmt eine der Hyperebenen, die die Menge Θ der Randwerte von Tupeln der charakteristischen Wurzeln aller Matrizen aus Σ definieren.

Die Werte $y < a_1$ sind ohne Belang, da in diesem Fall als Lösung das Tupel $(1, 0, \ldots, 0)$ gewählt werden kann, und als lehrende Matrix die Matrix A_1. Lernen im eigentlichen Sinne findet dann nicht statt, da die Matrix A_1 jede beliebige Wahrscheinlichkeitsverteilung in ein und dieselbe Wahrscheinlichkeitsverteilung überführt (auch wenn das Kriterium des Lernens erfüllt ist).

Wir zeigen, daß für $y \geq a_1$ das Extremum am Rand des Bereiches $\Theta(A_1, \ldots, A_k)$ angenommen wird. Das obige Tupel $(1, 0, \ldots, 0)$ geht nämlich über in Θ. Θ ist ein konvexer Bereich, deshalb gehen zusammen mit einem beliebigen Punkt $(1, \lambda_2, \ldots, \lambda_k)$ aus dem Rand alle Punkte in den Bereich Θ über, die auf der Verbindung mit dem Punkt $(1, 0, \ldots, 0)$ liegen, das heißt also alle Punkte der Form $(1, \alpha\lambda_2, \ldots, \alpha\lambda_k)$ für alle $0 \leq \alpha \leq 1$. Sei der Wert der Funktion y auf dem Rand gleich c:

$$\sum_{s=2}^{k} a_s \lambda_s^t = c - a_1 \quad \text{mit } c > a_1 \geq 0 \, .$$

In einem beliebigen Punkt $(1, \alpha\lambda_2, \ldots, \alpha\lambda_k)$ erhalten wir dann

$$y = a_1 + \alpha^t \sum_{s=2}^{k} a_s \lambda_s^t = a_1 + \alpha^t (c - a_1) \leq c\,.$$

Daraus folgt, daß sich in Gebieten positiver Differenz $c - a_1$ für einen beliebigen Punkt auf der Verbindung ein Punkt auf dem Rand befindet, für den y einen Wert annimmt, der mindestens ebenso groß ist. Sei $c = a_1$. Dann definiert die Gleichung

$$\sum_{s=2}^{k} a_s \lambda_s^t = 0$$

einen Hyperkonus mit dem Gipfel am Koordinatenursprung, der invariant bezüglich Transformationen der Form $\lambda_s' = \alpha\lambda_s$ (für $s = 2, \ldots, k$) ist. Dieser Hyperkonus schneidet den Rand des Gebietes Θ und enthält folglich Punkte, auf denen y den Wert a_1 annimmt. Somit ist die Problemlösung darauf zurückgeführt worden, ein Extremum von y auf dem Rand des Gebietes Θ zu finden.

3.7 Übungen und zusätzliche Theoreme

1. Der SA mit drei Zuständen, einem Eingabesymbol und der Übergangsmatrix

$$A = \begin{pmatrix} \frac{2}{3} & 0 & \frac{1}{3} \\ \frac{5}{9} & \frac{1}{3} & \frac{1}{9} \\ \frac{1}{4} & \frac{1}{4} & \frac{1}{2} \end{pmatrix}$$

stellt mit dem Anfangszustandsvektor $\boldsymbol{\mu}(e) = (0, 0, 1)$, dem Endvektor $\boldsymbol{\tau}_F = \begin{pmatrix} 0 \\ 0 \\ 1 \end{pmatrix}$ und dem Schnittpunkt $\lambda = \frac{4}{11}$ eine nicht-reguläre Sprache dar. [384]

2. Durch einen autonomen SA mit zwei Zuständen können nur reguläre Sprachen dargestellt werden. [384]

3. Eine Sprache W heißt *definit*, wenn für eine natürliche Zahl k gilt: Ist $|w| \geq k$, so ist $w \in W$ genau dann, wenn $w = w_1 w_2$ mit $|w_2| = k$ und $w_2 \in W$ gilt, d. h. die letzten k Zeichen entscheiden bereits über die Zugehörigkeit eines Wortes w zur Sprache.

Durch einen autonomen SA mit einem absorbierenden Zustand können nur definite Sprachen dargestellt werden. [411]

4. Sei $W = T(A, \lambda)$ eine stochastische Sprache, und die Sprache $T(A, \lambda, =)$ sei regulär. Dann ist das Komplement $\overline{W}$ der Sprache W eine stochastische Sprache. [475]

5. Die Vereinigung und der Durchschnitt stochastischer Sprachen sind nicht notwendig wieder stochastische Sprachen. [107]

6. Für jeden Schnittpunkt $\lambda \in (0, 1)$ gibt es eine Wortfunktion $\varphi(w)$, die durch einen endlichen SA definiert ist, so daß die Sprache $T(\varphi(w) = \lambda)$ nicht regulär ist. [442]

7. Sind $\varphi(w)$ und $\psi(w)$ positiv-rationale Wortfunktionen und ist die Sprache $\{w | \varphi(w) > \psi(w)\}$ regulär, so sind auch die Wortfunktionen

$$\max\{\varphi(w), \psi(w)\} \quad \text{und} \quad \min\{\varphi(w), \psi(w)\}$$

positiv-rational. [362]

8. Ist die Wortfunktion $\varphi(w)$ durch einen endlichen DA definiert, so sind die Sprachen $T(\varphi(w) = 0)$ und $T(\varphi(w) = 1)$ regulär. [442]

9. Eine Wortfunktion $\varphi(w)$, die nur endlich viele Werte annimmt, ist genau dann positiv-rational, wenn für jedes $\lambda \in [0, 1]$ die Sprache $T(\varphi = \lambda)$ regulär ist. [442]

10. Ein SA A ist *zusammenhängend*, wenn alle seine Zustände erreichbar sind, d. h., für jeden Zustand $s \in S$ gibt es ein Wort w, so daß $\boldsymbol{\mu}_s(w) > 0$ ist. Zwei SAs A und B sind *streng äquivalent*, wenn die Sprachen $T(A, \lambda)$ und $T(B, \lambda)$ für jedes $\lambda \in [0, 1)$ übereinstimmen. Jeder SA besitzt einen zu ihm streng äquivalenten zusammenhängenden SA. [384]

11. Wenn für zwei endliche SAs A und B mit Zustandsmengen S beziehungsweise U die charakteristischen Wortfunktionen χ_A und χ_B auf allen Wörtern der Länge $|w| \leq |S| + |U| - 2$ übereinstimmen, so sind A und B streng äquivalent. [384]

12. Ein autonomer SA habe eine Übergangsmatrix A, so daß $\lambda_1, \ldots, \lambda_t$ die charakteristischen Wurzeln auf dem Einheitskreis

$$|\lambda_1| = \ldots = |\lambda_t| = 1$$

und $\lambda_{p+1}, \ldots, \lambda_{p+q}$ die charakteristischen Wurzeln in dessen Innerem sind:

$$|\lambda_{p+1}|, \ldots, |\lambda_{p+q}| < 1 .$$

Es gelte die Beziehung

$$\sum_{k=p+1}^{p+q} \lambda_k^m \omega_{ijk}(m) \neq 0 ,$$

wobei die Elemente ω_{ijk} erhalten werden aus der Beziehung

$$a_{ij}^{(m)} = \sum_{k=1}^{r} \lambda_k^m \omega_{ijk}(m) ,$$

die durch das Matrixspektrum für A definiert wird. Haben die Winkel $\arg \lambda_{p+1}, \ldots, \arg \lambda_{p+q}$ die Form $2\pi\rho$, wobei ρ rational ist, so ist die Sprache $T(A, \lambda)$ für jedes λ regulär. Haben alle Winkel diese Form (beispielsweise seien alle λ_i reell), so ist insbesondere die Sprache $T(A, \lambda)$ regulär. [384] (Hieraus folgt die Behauptung von Aufgabe 2.)

13. Ein SA mit zwei Zuständen, m Eingabesymbolen $X = \{0, 1, \ldots, m-1\}$ und den Übergangsmatrizen $A(k) = (a_{ij}(k))$, wobei

$$\max_j a_{ij}(k) - \min a_{ij}(k) = \frac{1}{m}$$

ist und $a_{12}(k) = \frac{k}{m}$, heißt *m-adisch* (mit zwei Zuständen).

Dieser SA stellt genau dann eine reguläre Sprache dar, wenn der Schnittpunkt eine rationale Zahl ist. [384]

14. Eine Sprache $E(\eta)$ mit $E \subseteq X^*$, $X = \{0, 1, \ldots, m-1\}$ heißt *m-adisch*, wenn $w \in E(\eta) \Leftrightarrow 0, w > \eta$, wobei die rationale Zahl $0, w$ im m-adischen Zahlensystem berechnet wird.

Es gibt einen SA mit drei Zuständen, der die Sprache $E(\eta)$ darstellt, und einen SA mit zwei Zuständen, der mi $E(\eta)$ darstellt. [384]

15. Sei die Wortfunktion $\varphi(w)$ für $w \in X^*$ definiert über einen $(\mathcal{K}, \mathcal{K}')$-Automaten durch die Bedingung: $\varphi(w) = \boldsymbol{a}L(w)\boldsymbol{b}$, und seien M und N eine rechte beziehungsweise linke Basismatrix des Automaten.

Die Wortfunktion $\varphi(w)$ ist genau dann rational, wenn der Rang der Matrix MN endlich ist. [387]

16. Eine *berechenbare stochastische Sprache* ist eine Sprache, die durch einen endlichen SA dargestellt werden kann, bei dem sämtliche Elemente in den Übergangsmatrizen, die Koordinaten des Anfangszustandsvektors, des Endvektors und der Schnittpunkt berechenbare Zahlen sind. Jede berechenbare stochastische Sprache ist rekursiv aufzählbar. [399]

17. Es gibt keinen Algorithmus, der für jede berechenbare stochastische Sprache einen berechenbaren SA konstruiert, der ihr Komplement darstellt. [399]

18. Der SA mit zwei Zuständen und zwei Eingabesymbolen, der die Übergangsmatrizen

$$A(0) = \begin{pmatrix} 1 & 0 \\ \frac{1}{2} & \frac{1}{2} \end{pmatrix} \quad \text{und} \quad A(1) = \begin{pmatrix} \frac{1}{2} & \frac{1}{2} \\ 0 & 1 \end{pmatrix}$$

besitzt, stellt mit einem geeigneten Schnittpunkt eine nicht-aufzählbare Sprache dar, deren Komplement aufzählbar ist. [121]

19. Wir betrachten in freien Monoiden beliebige Homomorphismen h, die insbesondere Wörter auch in das leere Wort e abbilden können. Die Sprachfamilie $\mathcal{L}_{rat}(=)$ enthält eine Sprache W_0, so daß jede rekursiv aufzählbare Sprache W darstellbar ist in der Form

$$W = h_1(h_2^{-1}(W_0) \cap R)$$

für geeignete Homomorphismen h_1, h_2 und eine geeignete reguläre Sprache R. [482]

20. Jede rekursiv aufzählbare Sprache W ist darstellbar in der Form $W = h(W_1)$, wobei W_1 eine rationale stochastische Sprache über dem Alphabet $X \cup \{c, d\}$ mit $c, d \notin X$, $h(c) = h(d) = e$ und $h(x) = x$ ist. [482]

3.8 Bibliographie zum Kapitel 3

Die Definition der Darstellbarkeit von Sprachen durch einen SA mit Hilfe eines Schnittpunktes λ stammt von M. O. Rabin [401]. Eigenschaften dieser Darstellbarkeit wurden von vielen Autoren untersucht [26,328,363,391,413,

439,475 u. a.]. Theorem 3.1.2, das die Verschärfung eines Satzes von P. Turakainen [477] ist, wurde von Ju. A. Alpin bewiesen. Daß die Klasse der stochastischen Sprachen überabzählbar ist, entdeckte schon M. O. Rabin [401]. R. G. Bukharaev konstruierte das erste Beispiel einer nicht-stochastischen Sprache [27] und bewies zusammen mit T. I. Jewdokimowa, daß das Komplement der Klasse der stochastischen Sprachen kontinuierlich ist [43]. Von mehreren Autoren [12,193,387] wurden Methoden entwickelt, um nicht-stochastische Sprachen zu konstruieren (Theoreme 3.3.4 und 3.3.5). Viele Arbeiten widmen sich der Untersuchung der algebraischen Eigenschaften der Klasse der stochastischen Sprachen [40,107,331,363,391, 397,413,439,475 u. a.]. Tiefliegende Ergebnisse in dieser Richtung stammen von P. Turakainen [470-473], von M. Nasu und N. Honda [363] sowie von Ja. K. Lapinsch [107]. In [26,40] wurde der Begriff der w-Projektion von Sprachen eingeführt und das Theorem 3.2.1 gezeigt; die Theoreme 3.2.2 und 3.2.3 wurden in [474] bewiesen.

Zu den Beziehungen der Klasse der stochastischen Sprachen zu anderen bekannten Sprachklassen: Das Beispiel einer rekursiven und einer nicht-rekursiven stochastischen Sprache folgt aus der Konstruktionsmethode eines Beispiels in [401]. Auf der Grundlage dieses Beispiels (Lemma 3.3.1) wird eine nicht-rekursive stochastische Sprache konstruiert. Die Theoreme 3.3.7 und 3.3.8 über den Zusammenhang der Klasse der stochastischen Sprachen mit der Klasse der kontextfreien Sprachen werden wie bei M. Nasu und N. Honda [363] hergeleitet. Kriterien für die Darstellbarkeit von Sprachen durch endliche SAs wurden erstmals in [27] veröffentlicht. Später erhielten die Formulierung und der Beweis durch ein Ergebnis von P. Turakainen in [477] eine einfachere Form in [40]. Den Begriff RSA definierte P. Turakainen. Alle grundlegenden Ergebnisse über RSAs stammen aus [476]. Die ersten Resultate über autonome SAs stammen von A. Salomaa [411] und seinem Schüler P. Turakainen [469]. Homogene SAs betrachtete R. G. Bukharaev [35]. P. Starke untersuchte ebenfalls eine besondere Klasse von SAs, die er homogen nannte [438], aber bei Starke ist die Homogenität mit einer Eigenschaft des stochastischen Operators verbunden, der durch den SA dargestellt wird, wogegen in [35] die Übereinstimmung aller Matrixspektren der Übergangsmatrizen des SA wesentlich ist. Die Theoreme 3.6.2 und 3.6.3 wurden in [41] bewiesen. Theorem 3.6.4 ist aus [411] entnommen.

Kapitel 4

Ausgewählte Probleme aus der Theorie der stochastischen Automaten

4.1 Das Rückführungsproblem

Stochastische Automaten sind mathematische Modelle von statistischen Objekten. Mit SAs kann man statistische Experimente durchführen, um zu klären, ob ein Wort w zu einer Sprache $W = T(A, \lambda)$ gehört. Hierzu muß die Wahrscheinlichkeit $\chi_A(w) = \boldsymbol{\mu}(e)A(w)N_F$ bestimmt und mit der Konstanten λ verglichen werden. $\chi_A(w)$ läßt sich näherungsweise ermitteln, indem das Wort w wiederholt in den Automaten A eingegeben und gezählt wird, wie oft ein Endzustand erreicht wird. Dabei müssen wir die Zahl der Experimente durch einen geeigneten, hinreichend großen Wert begrenzen. Das Ergebnis eines solchen Experimentes kann falsch sein, d. h. es kann $w \in T(A, \lambda)$ sein, obwohl das Experiment $w \notin T(A, \lambda)$ lieferte, bzw. $w \notin T(A, \lambda)$, obwohl das Experiment $w \in T(A, \lambda)$ ergab.

Dieses experimentelle Vorgehen wäre sinnvoll, wenn es zu jedem Monoid X^* und zu jeder Zahl $\varepsilon > 0$ eine vom SA und von λ unabhängige natürliche Zahl $N(\varepsilon)$ gäbe, so daß die Wahrscheinlichkeit, nach $N(\varepsilon)$ Versuchen ein falsches Ergebnis zu erhalten, für jedes Wort w kleiner als ε ist. Eine solche Zahl $N(\varepsilon)$ gibt es jedoch im allgemeinen nicht. Seien nämlich A ein SA und $\lambda \in (0,1)$. Das Wort w werde N-mal in den Automaten eingegeben, und es sei N_1 die Zahl der Fälle, in denen der Automat in einen Endzustand gelangt. Dann ist $N_1/N = \xi(w)$ ein Näherungswert für $\chi_A(w)$ in diesem konkreten Experiment. Wir nehmen an, daß $w \in T(A, \lambda)$ ist, falls $N_1/N > \lambda$ gilt, anderenfalls $w \notin T(a, \lambda)$. Ein Irrtum ist möglich, da der Wert N_1/N das Ergebnis eines Zufalls-Experiments ist. Die Fehlerwahrscheinlichkeit ist gleich

$$\begin{aligned}
&P((\xi(w) - \lambda)(\lambda - \chi_A(w)) > 0) \\
&= P(\xi(w)(\lambda - \chi_A(w)) > \lambda(\lambda - \chi_A(w))) \\
&= P((\xi(w) - \chi_A(w))(\lambda - \chi_A(w))^2 > (\lambda - \chi_A(w))) \\
&\leq P(|\xi(w) - \chi_A(w)| > |\lambda - \chi_A(w)|) \, .
\end{aligned}$$

Durch Anwendung der Tschebyscheffschen Ungleichung erhalten wir

$$P(|\xi(w) - \chi_A(w)| > |\lambda - \chi_A(w)|) \leq \frac{D\xi(w)}{(\lambda - \chi_A(w))^2} \, .$$

Dieser Ausdruck soll durch ε beschränkt sein, d. h.

$$P((\xi(w) - \lambda)(\lambda - \chi_A(w)) > 0) \leq \frac{\chi_A(w)(1 - \chi_A(w)))}{N(\lambda - \chi_A(w)))^2} \leq \varepsilon \, . \tag{4.1.1}$$

Formel (4.1.1) zeigt: Die Zahl N von Experimenten, die durchgeführt werden müssen, um sicherzustellen, daß mit einer Wahrscheinlichkeit von mindestens $1 - \varepsilon$ richtig erkannt wird, ob ein Wort w zu einer Sprache gehört, hängt von dem Wert $\chi_A(w)$ ab. Im allgemeinen gibt es daher keine vom Wort w unabhängige Zahl $N(\varepsilon)$.

Definition 4.1.1 Ein Schnittpunkt $\lambda \in (0,1)$ heißt *isoliert bzgl. des SA A*, wenn es eine positive Zahl δ gibt, so daß für alle Wörter aus dem freien Monoid X^* die Beziehung

$$|\chi_A(w) - \lambda| \geq \delta \tag{4.1.2}$$

gilt.

Aus der Formel (4.1.1) folgt, daß es im Falle eines isolierten Schnittpunktes λ eine ganzzahlige Funktion $N(\delta, \varepsilon)$ gibt, so daß für jedes Wort $w \in X^*$ die Wahrscheinlichkeit eines Fehlers bei der Klassifikation des Wortes w (durch Vergleich der Zahl N_1/N mit λ) den Wert ε nicht übersteigt.

Dies motiviert die Untersuchung isolierter Schnittpunkte. Es gilt das folgende

Theorem 4.1.1 (Rückführung) *Seien A ein SA mit n Zuständen und λ ein isolierter Schnittpunkt. Sei $W = T(A, \lambda)$ die durch diesen Automaten mit dem Schnittpunkt λ dargestellte Sprache.*

Dann ist die Sprache W regulär, und die Zahl k der Zustände eines minimalen DA, der die Sprache W darstellt, kann nach oben abgeschätzt werden durch

$$k \leq \left(1 + \frac{1}{\delta}\right)^{n-1}, \tag{4.1.3}$$

wobei δ die in (4.1.2) angegebene Konstante ist.

Beweis Seien die Wörter $w_1, \ldots, w_k$ paarweise nicht äquivalent bezüglich der Sprache W (vgl. die Äquivalenz nach Bem. 3.4.1). Für jedes Paar von Wörtern w_i und w_j mit $w_i \neq w_j$ und $1 \leq i, j \leq k$ gibt es dann ein Wort w, so daß $w_i w \in W$ und $w_j w \notin W$ ist oder umgekehrt. Also gilt

$$\chi(w_i w) > \lambda \text{ und } \chi(w_j w) \leq \lambda\,. \tag{4.1.4}$$

Aus (4.1.2) und (4.1.1) folgt, da λ ein isolierter Schnittpunkt ist:

$$\chi(w_i w) - \chi(w_j w) \geq 2\delta\,.$$

Indem wir die Definition von $\chi(w)$ einsetzen, erhalten wir

$$(\boldsymbol{\mu}(e)A(w_i) - \boldsymbol{\mu}(e)A(w_j))A(w)\boldsymbol{\tau}_F \geq 2\delta\,.$$

Der Spaltenvektor $A(w)\boldsymbol{\tau}_F = \boldsymbol{\tau}_F(w)$ besitzt nur Komponenten zwischen 0 und 1. Für $i \neq j$ gilt deshalb

$$2\delta \leq (\boldsymbol{\mu}(w_i) - \boldsymbol{\mu}(w_j))\boldsymbol{\tau}_F(w) \leq \sum_{l=1}^{n} |\mu_l(w_i) - \mu_l(w_j)|\,. \tag{4.1.5}$$

Mit dieser Ungleichung können wir nun eine Schranke für k angeben. Jedem w_i für $1 \leq i \leq k$ ordnen wir die folgende Menge von Vektoren σ_i zu: $\sigma_i = \{\boldsymbol{\mu} | \mu_l(w_i) \leq \mu_l$ für $l = 1, \ldots, n,\ (\boldsymbol{\mu} - \boldsymbol{\mu}(w))\boldsymbol{\varepsilon} = \delta\}$. Jede Menge σ_i ist eine parallele Transformation der Menge $\sigma = \{\boldsymbol{\mu} | \mu_l \geq 0$ für $l = 1, \ldots, n,\ \boldsymbol{\mu}\boldsymbol{\varepsilon} = \delta\}$ um den Vektor $\boldsymbol{\mu}(w_i)$. σ ist gleich dem Simplex $\delta^{(n)}$. Der Inhalt von σ ist offensichtlich gleich $c\delta^{n-1}$, wobei die Konstante c nur von der Dimension des Raumes E_A, nicht aber von δ abhängt. Die Beziehung $(\boldsymbol{\mu} - \boldsymbol{\mu}(w))\boldsymbol{\varepsilon} = \delta$ kann in die Form $\boldsymbol{\mu}\boldsymbol{\varepsilon} = 1 + \delta$ umgeschrieben werden, woraus folgt, daß alle σ_i zur Menge $\Delta = \{\boldsymbol{\mu} | \mu_l \geq 0,\ l = 1, \ldots, n,\ \boldsymbol{\mu}\boldsymbol{\varepsilon} = 1 + \delta\}$ gehören. Das

Volumen von Δ ist gleich $c(1+\delta^{n-1})$. Wir zeigen, daß die Gebiete σ_i und σ_j für $i \neq j$ keine gemeinsamen inneren Punkte haben. Aus der Annahme, daß $\boldsymbol{\mu}$ ein innerer Punkt der beiden Gebiete σ_i und σ_j für $i \neq j$ ist, folgt

$$\mu_l - \mu_l(w_i) > 0 \text{ und } \mu_l - \mu_l(w_j) > 0$$

für $l = 1, \ldots, n$. Wegen

$$|\mu_l(w_i) - \mu_l(w_j)| < |\mu_l - \mu_l(w_i)| + |\mu_l - \mu_l(w_j)|$$

folgt dann

$$\sum_{l=1}^{n} |\mu_l(w_i) - \mu_l(w_j)| < \sum_{l=1}^{n}(|\mu_l - \mu_l(w_i)| + |\mu_l - \mu_l(w_j)|) = 2\delta\,,$$

was (4.1.5) widerspricht.

Indem wir die Volumina von σ_i für $i = 1, \ldots, k$ und Δ vergleichen, erhalten wir $kc\delta^{n-1} \leq c(1+\delta)^{n-1}$. Daraus folgt $k \leq (1+1/\delta)^{n-1}$. □

Wir bezeichnen mit $H(A)$ die Punktmenge $H(A) = \{\chi_A(w) | w \in X^*\}$ in $[0,1]$. Wenn die Menge $H(A)$ nicht überall dicht in $[0,1]$ ist, gibt es isolierte Schnittpunkte λ, für die die Sprachen $T(A,\lambda)$ regulär sind. Ist dagegen der Schnittpunkt λ Häufungspunkt von $H(A)$, so läßt sich die Aufgabe, beliebige Wörter $w \in X^*$ als zur Sprache $T(A,\lambda)$ gehörig zu erkennen, nicht mit Hilfe eines statistischen Experimentes mit vorgegebener Zuverlässigkeit $1-\varepsilon$ lösen. Zu jeder natürlichen Zahl N gibt es ein Wort w, für das die Wahrscheinlichkeit eines Irrtums größer als die vorgegebene Fehlerwahrscheinlichkeit ε ist.

Stochastische Automaten scheinen aus experimenteller Sicht die Möglichkeiten von DAs nicht zu erweitern. Dennoch werden wir später sehen, daß das Rückführungstheorem Anwendungen für SAs eröffnet.

Mit dem folgenden Satz zeigen wir, daß SAs eine Vielzahl großer DAs „ersetzen" können.

Theorem 4.1.2 *Es gibt einen SA A mit 2 Zuständen und eine Folge λ_n für $n = 1, 2, \ldots$ von isolierten Schnittpunkten, so daß für jedes n ein DA A_n, der die reguläre Sprache $W_n = T(A,\lambda_n)$ darstellt, mindestens n Zustände hat.*

Beweis Die Übergangsmatrizen des SA A seien

$$A(0) = \begin{pmatrix} 1 & 0 \\ 2/3 & 1/3 \end{pmatrix} \text{ und } A(2) = \begin{pmatrix} 1/3 & 2/3 \\ 0 & 1 \end{pmatrix}.$$

Aus Lemma 3.3.1 erhalten wir für den Anfangszustandsvektor $\boldsymbol{\mu}(e) = (1, 0)$ und den Endvektor der Form $\boldsymbol{\tau}_F = \binom{0}{1}$, daß für beliebige Wörter $w = \delta_1 \ldots \delta_s$ über dem Alphabet $\{0, 2\}$ die charakteristische Funktion den Wert $\chi(w) = 0, \delta_s \delta_{s-1} \ldots \delta_1$ annimmt, wobei die Zahl $\chi(w)$ im dreiadischen Zahlensystem geschrieben ist. Für alle $j = 1, \ldots, s$ ist $\delta_j \in \{0, 2\}$; also ist CH, die topologische Hülle von H, ein Cantorsches Diskontinuum. Daher sind alle Schnittpunkte, die zum Komplement von CH gehören, isolierte Schnittpunkte bzgl. des Automaten A.

Sei $\lambda_n = 0, 22 \ldots 211$ im dreiadischen Zahlensystem geschrieben mit $n+1$ Ziffern nach dem Komma. Für jedes $n \geq 1$ ist der Schnittpunkt λ_n isoliert, und die Ungleichung $\lambda_n < \chi_A(w)$ gilt genau dann, wenn das Wort w die Form $w = w_1 2^n$ mit $w_1 \in \{0, 2\}^*$ hat. Somit ist die Menge $W_n = T(A, \lambda_n)$ nichtleer, für $w \in W_n$ ist $|w| \geq n$, und ein minimaler DA, der diese Sprache darstellt, hat mindestens $(n + 1)$ Zustände. □

Wir betrachten eine Anwendung des Theorems 4.1.1.

Beispiel 4.1.1 Wir nehmen an, es seien die Elemente eines Matrizenproduktes aus einer endlichen Menge $\{A_1, \ldots, A_n\}$ mit einer vorgegebenen Genauigkeit ε mit Hilfe eines Computers zu berechnen, der über ein endliches Gedächtnis verfügt, wobei die Zahl der Faktoren des Produktes nicht von vornherein beschränkt ist. Für eine hinreichend große Zahl von Faktoren kann diese Aufgabe unter einer vorgegebenen Irrtumswahrscheinlichkeit ε nicht gelöst werden. Es gibt jedoch Bedingungen, unter denen die Aufgabe für eine beliebige Zahl von Faktoren durch eine Anwendung des Rückführungstheorems gelöst werden kann. Die Reihenfolge der Faktoren sei definiert durch das Wort $w = i_1 \ldots i_s$ mit $i_j \in \{1, \ldots, n\}$. Ein Element des Produktes sei festgelegt durch die Angabe einer Zeile und einer Spalte. Das Element $a_{ij}(w)$ des Matrizenproduktes $A(w)$ ist dann der Wert einer charakteristischen Wortfunktion $\varphi(w) = a_{ij}(w)$ des LA A im Punkt $w \in \{1, \ldots, n\}^*$. Nach Theorem 2.3.1 kann diese Aufgabe zurückgeführt werden auf die Berechnung des Wertes der charakteristischen Funktion $\chi(w) = \alpha^{|w|+1}\varphi(w) + 1/(k+2)$ eines endlichen SA. Wir formulieren das Problem nun genauer.

Seien $\Sigma = \{A_1, \ldots, A_n\}$ eine endliche Menge stochastischer $k \times k$-Matrizen und $\varepsilon > 0$ eine reelle Zahl. Zu diskreten Zeitpunkten $m \geq 1$ möge die Matrix $A_{i_m} \in \Sigma$ ausgewählt werden. Zu jedem Zeitpunkt m wollen wir mit Genauigkeit ε das Element $a_{1k}(w) = a_{1k}(i_1, \ldots, i_m)$ des Matrixproduktes $A_{i_1} \ldots A_{i_m}$ ermitteln. Dieses Problem kann für jedes ε gelöst werden, wenn

Σ einer weiteren Bedingung genügt:

Theorem 4.1.3 *Sei* $X = \{1, \ldots, n\}$. *Für die Matrixmenge* $\Sigma = \{A_1, \ldots, A_n\}$ *möge gelten, daß für den SA* $A = \langle X, S, \{A_x | x \in X\}\rangle$ *mit* $|S| = k$, *dem Anfangsvektor* $\boldsymbol{\mu} = (1, 0, \ldots, 0)$ *und dem Endvektor* $\boldsymbol{\tau} = (0, \ldots, 0, 1)^T$ *die Menge* $H(A)$ *nirgends in* $[0,1]$ *dicht ist.*

Für jedes $\varepsilon > 0$ *gibt es dann ein ganzzahliges positives* t, *reelle Zahlen* $\lambda_1, \ldots, \lambda_t$ *und DAs* $\bar{A}_1, \ldots, \bar{A}_t$ *über dem Eingabealphabet* X, *so daß*

$$0 = \lambda_1 < \ldots < \lambda_t = 1, \quad \lambda_{i+1} - \lambda_i < \varepsilon \text{ für } 1 \leq i \leq t-1 \tag{4.1.6}$$

gelten, und für jedes Wort $w \in X^*$ *ist* $\lambda_i \leq \chi(w) \leq \lambda_{i+1}$ *für alle* i *mit* $1 \leq i \leq t-1$ *genau dann, wenn das folgende gilt:*

$$w \in T(\bar{A}_i) \setminus T(\bar{A}_{i+1}) = T(A, \lambda_i) \setminus T(A, \lambda_{i+1}) \,. \tag{4.1.7}$$

Beweis Wegen der Wahl des Anfangs- und Endvektors beschreibt die Wortfunktion $\chi_A(w)$ für $w = i_1 \ldots i_m$ das $(1,k)$-te Element des Matrixproduktes $A_{i_1} \ldots A_{i_m}$. Daß die Menge $H(A)$ nirgends dicht ist, bedeutet, daß für eine natürliche, hinreichend große Zahl t eine Folge gemäß (4.1.6) existiert, so daß für $2 \leq i \leq t-1$ der Wert $\lambda_i \notin H(A)$ ist. Die Zahlen λ_i (für $2 \leq i \leq t-1$) sind isolierte Schnittpunkte für den Automaten A. Damit sind die Sprachen $T(A, \lambda_i)$ regulär und werden dargestellt durch geeignete endliche DAs $\bar{A}_i$. Für $2 \leq i \leq t-1$ gilt daher genau dann $\lambda_i < \chi_A(w)$, wenn $w \in T(\bar{A}_i)$ ist. Seien $\bar{A}_1$ und $\bar{A}_t$ endliche DAs mit $T(\bar{A}_1) = X^*$ und $T(\bar{A}_t) = \emptyset$. Dann erfüllen die Automaten $\bar{A}_i$ für $i = 1, \ldots, t$ die Bedingungen des Theorems 4.1.3. □

Durch eine topologische Analyse der Bedingungen, unter denen das Theorem 4.1.1 für endliche SAs richtig ist, läßt sich ein allgemeineres Theorem formulieren, das Bedingungen für die Rückführung auf DAs mit abzählbarer Anzahl von Zuständen enthält.

Sei $A = \langle X, \boldsymbol{\mathcal{A}}, \sigma\rangle$ ein initialer DA mit einer Menge von Eingabesymbolen X, einer abzählbaren Zustandsmenge $\boldsymbol{\mathcal{A}}$ und der Übergangsfunktion σ. Oft gehört die Zustandsmenge $\boldsymbol{\mathcal{A}}$ zu einem metrischen Raum E. Die Zustandmenge $\boldsymbol{\mathcal{A}}$ kann jedoch immer in einen metrischen Raum „eingebettet" werden, indem man z. B. die Menge $\boldsymbol{\mathcal{A}}$ auf die natürlichen Zahlen abbildet. Die natürlichen Zahlen metrisieren wir als eine totalbeschränkte Menge. Beispielsweise ist es möglich, die Metrik

$$\rho(m,n) = \sum_{t=1}^{\infty} \frac{\chi_t(m,n)}{2^t}$$

zu verwenden. Dabei seien m und n beliebige natürliche Zahlen, und es gelte

$$\chi_t(m,n) = \begin{cases} 0 & \text{, für } m \equiv n (mod\ t) \\ 1 & \text{, für } m \not\equiv n (mod\ t) \end{cases}$$

Das folgende Theorem beschreibt Bedingungen, unter denen ein Automat A eine reguläre Sprache darstellt.

Theorem 4.1.4 (Verallgemeinertes Rückführungstheorem) *Sei der DA* $A = \langle X, \boldsymbol{S}, \sigma_A(s,x)\rangle$ *gegeben, wobei die Menge* $\boldsymbol{S}$ *eine totalbeschränkte Teilmenge eines metrischen Raumes* E *sei, und sei die Abbildung* $\sigma_A(s,x)$ *kontrahierend im metrischen Raum* E, *d. h.*

$$\rho(\sigma_A(s_1,x), \sigma_A(s_2,x)) \leq \rho(s_1,s_2) \tag{4.1.8}$$

für jedes Paar von Zuständen s_1 *und* s_2 *sowie für jedes* $x \in X$.

Sei R *eine Teilmenge von* $\boldsymbol{S}$, *die der Bedingung der „Isoliertheit“ genügt: Es gibt eine Zahl* $\delta > 0$, *so daß für alle* s_1, s_2 *gilt*

$$(s_1 \in R) \wedge (s_2 \notin R) \Rightarrow \rho(s_1,s_2) \geq \delta\,. \tag{4.1.9}$$

Dann ist die Sprache $W = \{w | \sigma_A(s_0,w) \in R\}$ *regulär. Die minimale Zahl von Zuständen eines DA, der* W *darstellt, ist nach oben durch* $n \leq 2^{H_{\delta/2}(\boldsymbol{S})}$ *beschränkt, wobei* $H_\varepsilon(\boldsymbol{S})$ *die* ε*-Entropie der totalbeschränkten Menge* $\boldsymbol{S}$ *ist.*

Beweis Wir erinnern an die Äquivalenz auf X^*:

$$w_1 \equiv_W w_2 \text{ genau dann, wenn } \forall v \in X^* : (w_1 v \in W \Leftrightarrow w_2 v \in W)\,.$$

Wir müssen beweisen, daß die Menge der Äquivalenzklassen $\equiv_W$ endlich ist, und wollen eine Abschätzung der Mächtigkeit dieser Menge nach oben finden.

Seien $K_1, \ldots, K_n$ Äquivalenzklassen von $\equiv_W$ und w_1 und w_2 Wörter aus verschiedenen Klassen. Nach Definition der Äquivalenz gibt es ein Wort v, so daß $w_1 v \in W$, aber $w_2 v \notin W$, d. h. es gilt $s_1 = \sigma_A(s_0, w_1 v) \in R$ und $s_2 = \sigma_A(s_0, w_2 v) \notin R$ (oder umgekehrt). Aus (4.1.9) folgt dann $\rho(s_1,s_2) \geq \delta$. Wegen (4.1.8) erhalten wir die ε-Entropie der total beschränkten Menge

S als dyadischen Logarithmus der Anzahl der Elemente einer minimalen Überdeckung von S durch Teilmengen von S, deren Durchmesser nicht größer als 2ε ist[1]. Somit ist

$$\delta \leq \rho(s_1, s_2) = \rho(\sigma_A(s_0, w_1 v), \sigma_A(s_0, w_2 v)) \leq \rho(\sigma_A(s_0, w_1), \sigma_A(s_0, w_2)) .$$

Als *ε-Inhalt* der totalbeschränkten Menge $\boldsymbol{S}$ bezeichnen wir den dyadischen Logarithmus der Kardinalität der maximalen Menge von Elementen aus $\boldsymbol{S}$, die paarweise mehr als 2ε voneinander entfernt sind.

Wir wählen aus jeder Äquivalenzklasse einen Repräsentanten w_i für $i = 1, \ldots$ und betrachten die entsprechenden Zustände $\sigma_A(s_0, w_1) = s_1, \ldots, s_n, \ldots$. Für $i \neq j$ ist dann $\rho(s_i, s_j) \geq \delta$. Deshalb ist die Anzahl der verschiedenen Zustände $s_1, s_2, \ldots$ nach oben durch das Maximum der Zahl von Elementen in der totalbeschränkten Menge $\boldsymbol{S}$ des metrischen Raumes E beschränkt, die paarweise voneinander mindestens um δ entfernt sind. Es ist bekannt, daß diese Zahl $n_\varepsilon(\boldsymbol{S})$ für $\varepsilon = \delta/2$ mit dem ε-Inhalt $h_\varepsilon(\boldsymbol{S})$ der Menge $\boldsymbol{S}$ durch die Beziehung $h_\varepsilon(\boldsymbol{S}) = \log_2 n_\varepsilon(\boldsymbol{S})$ verbunden ist, und letztere ist nach oben durch die ε-Entropie begrenzt, die für jedes ε endlich ist, da die Menge $\boldsymbol{S}$ totalbeschränkt ist: $h_\varepsilon(\boldsymbol{S}) \leq H_\varepsilon(\boldsymbol{S})$. Daraus folgt das Theorem.

□

Wir wenden Theorem 4.1.4 auf einen endlichen SA A an. Dann müssen wir als Menge $\boldsymbol{S}$ von Zuständen die Menge der Zustandsvektoren $L_A = \{\boldsymbol{\mu}_A(w) | w \in X^*\}$ betrachten, wobei $\boldsymbol{\mu}(e)$ der Anfangszustandsvektor ist und $A(x)$ die Übergangsmatrizen sind. Die Menge F sei definiert durch die Bedingung $\boldsymbol{\mu}(w)\boldsymbol{\tau}_F > \lambda$. Der metrische Raum E sei die Hyperebene $\boldsymbol{\mu\varepsilon} = 1$, und die Menge $\boldsymbol{S}$ ist totalbeschränkt durch die Bedingungen

$$\mu_i \geq 0 \text{ und } \sum_{i=1}^{n} \mu_i = 1 .$$

Daß die Sprache, die durch den endlichen SA A mit der Zustandsmenge $\boldsymbol{S}$ und dem isolierten Schnittpunkt λ (d. h. $|\chi(w) - \lambda| > \delta$) dargestellt wird, regulär ist, folgt direkt aus Theorem 4.1.4 . Nach Kapitel 1 realisiert eine stochastische Matrix eine Abbildung der Hyperebene $\boldsymbol{\mu\varepsilon} = 1$ in sich selbst, die der Bedingung „kontrahierend" (4.1.8) genügt. Weiterhin folgt aus der Bedingung der Isoliertheit, daß die Bedingung (4.1.9) erfüllt ist.

[1] siehe A. G. Wituschkin: *Ozenki sloschnosti sadatschi tabulirowanija* (russisch), Fismatgis 1959

Das hier für SAs vorgestellte Rückführungstheorem liefert in natürlicher Weise eine bessere Abschätzung für die Zahl der Zustände eines modellierenden DA, wenn beim Beweis zusätzlich die Linearität des Automaten benutzt wird.

Bemerkung 4.1.1 Im Beweis des Theorems 4.1.4 wurde die Eigenschaft der Linearität der Transformation $s' = \sigma(s, x)$ nicht benutzt, sondern nur die Eigenschaft „kontrahierend" der gegebenen Metrik. Daraus folgt, daß das Rückführungstheorem auch auf stochastische Transducer mit Gedächtnis angewandt werden kann, deren Übergangsoperatoren nichtlinear sind.

Definition 4.1.2 Ein beliebiger Automorphismus $R : \Delta^{(n)} \to \Delta^{(n)}$ des Koordinatensimplexes $\Delta^{(n)}$ in sich selbst heißt *Simplexautomorphismus.*
Das Bild des Vektors $\boldsymbol{\mu}$ unter dem Operator R wird als $\boldsymbol{\mu}R$ geschrieben.

Definition 4.1.3 Seien X eine endliche Menge von Eingabesymbolen, $\boldsymbol{S}$ eine Menge stochastischer Zustandsvektoren, $\boldsymbol{S} \subseteq \Delta^{(n)}$ und $\{R(x)|x \in X\}$ eine Menge von Simplexautomorphismen, die die Menge $\boldsymbol{S}$ in sich selber abbilden. Dann heißt ein Tripel $R = \langle X, \boldsymbol{S}, \{R(x)|x \in X\}\rangle$ *automatischer Simplexautomorphismus* über der Menge der Wahrscheinlichkeitsverteilungen (der stochastischen Vektoren von) $\boldsymbol{S}$.

Theorem 4.1.5 *Seien $R = \langle X, \boldsymbol{S}, \{R(x)|x \in X\}\rangle$ ein automatischer Simplexautomorphismus und $Q \subseteq \boldsymbol{S}$, so daß für die Metrik*

$$\rho(\boldsymbol{\mu}_1, \boldsymbol{\mu}_2) = \max |\mu_1^i - \mu_2^i| \tag{4.1.10}$$

die folgenden Bedingungen erfüllt sind:

1. *Es gilt $\rho(\boldsymbol{\mu}_1 R(x), \boldsymbol{\mu}_2 R(x)) \leq \rho(\boldsymbol{\mu}_1, \boldsymbol{\mu}_2)$ für alle Vektoren $\boldsymbol{\mu}_1$ und $\boldsymbol{\mu}_2$ aus $\boldsymbol{S}$ und jedes Eingabesymbol $x \in X$.*

2. *Es gilt für ein gegebenes festes $\delta > 0$ und für alle $\boldsymbol{\mu}_1, \boldsymbol{\mu}_2 \in S$:*

$$(\boldsymbol{\mu}_1 \in Q \textit{ und } \boldsymbol{\mu}_2 \notin Q) \Rightarrow \rho(\boldsymbol{\mu}_1, \boldsymbol{\mu}_2) \geq \delta\ .$$

Dann ist die Sprache $W = \{w|\boldsymbol{\mu}(e)R(w) \in Q\}$ regulär. Die minimale Anzahl von Zuständen N eines DA, der die Sprache W darstellt, läßt sich nach oben abschätzen durch

$$N \leq C_{n+]2/\delta[-1}^{]2/\delta[}\ .$$

Dabei bedeute $]\gamma[$ die kleinste ganze Zahl, die nicht kleiner ist als γ. C_k^m bezeichnet wiederum den Binomialkoeffizienten.

Beweis Mit der Metrik (4.1.10) ist das Simplex $\Delta^{(n)}$ eine totalbeschränkte Menge. Sein Durchmesser ist gleich Eins. Folglich ist auch seine Teilmenge $\boldsymbol{S}$ totalbeschränkt. Deshalb sind für den automatischen Simplexautomorphismus R die Bedingungen des Theorems 4.1.4 erfüllt, und die Sprache W, die durch den Automaten mit der Zustandsmenge Q dargestellt wird, ist regulär. Es ist daher nur noch die Zahl der Zustände eines minimalen DA, der diese Sprache darstellt, abzuschätzen.

Setze

$$F_m^n = \{\boldsymbol{\mu} | \mu_i = \frac{k_i}{m}, \ i = 1, \ldots, n, \ \sum_{i=1}^{n} k_i = m\} ,$$

wobei k_i und m natürliche Zahlen seien. Für jeden Vektor $\boldsymbol{\mu}$ aus dem Simplex $\Delta^{(n)}$ gibt es einen Vekor $\boldsymbol{\mu}'$ in der Menge F_m^n, so daß der Abstand zwischen ihnen bzgl. der Metrik (4.1.10) nicht größer als $1/m$ ist: $\rho(\boldsymbol{\mu}, \boldsymbol{\mu}') \leq 1/m$. Daher stellt die Familie der Vektoren F_m^n ein $1/m$-Netz des Simplexes $\Delta^{(n)}$ dar. Daraus folgt, daß $H_{1/m}(\Delta^{(n)})$ nicht größer ist als der dyadische Logarithmus der Zahl der Elemente von F_m^n. Die Zahl $N(n, m)$ der Elemente von F_m^n ist gleich der Zahl der Möglichkeiten, m Elemente auf n Kästchen zu verteilen, d. h. C_{n+m-1}^m, und deshalb erhalten wir

$$H_{1/m}(\Delta^{(n)}) \leq \log_2 C_{n+m-1}^m .$$

Für $0 < \varepsilon < 1/2$ ist H_ε eine monoton wachsende Funktion von ε. Wir wählen $m =]1/\varepsilon[$. Dann ist

$$H_\varepsilon(\Delta^{(n)}) \leq H_{1/m}(\Delta^{(n)})$$

und folglich

$$H_\varepsilon(\Delta^{(n)}) \leq \log_2 C_{n+]1/\varepsilon[-1}^{]1/\varepsilon[} .$$

Aus Theorem 4.1.4 folgt die Abschätzung für N. □

Beispiel 4.1.2 Wir betrachten die Evolution einer Population, die aus einer sehr großen Zahl von Einzelwesen besteht. Zu einer Eigenschaft, die durch ein rezessives Gen „A“ bestimmt wird, gebe es eine letale Mutation „a“, die ebenfalls rezessiv vererbt wird. Folglich gibt es in der Population nur Paare der Form „aA“, „Aa“ oder „AA“, deren Häufigkeit gleich

$$\left\{ \begin{array}{ll} p \, , & \text{für Aa, aA} \\ q \, , & \text{für AA} \end{array} \right\} \quad \text{mit } p + q = 1 \text{ und } p, \ q \geq 0$$

ist. Wir nehmen an, daß für die Vererbung das Zusammentreffen beliebiger Paare von Genen in der Population gleich wahrscheinlich ist, d. h. falls die Häufigkeit der Gene gleich

$$p/2 \text{ für a}, \qquad q+p/2 \text{ für A}$$

ist, so treffen Gene gemäß einer unabhängigen Auswahl von Paaren aus der Population mit Wiederholung zusammen. Im Laufe der Evolution erhalten wir folglich zunächst Paare mit den Häufigkeiten

aa	aA	Aa	AA
$p^2/4$	$(p/2)(q+p/2)$	$(p/2)(q+p/2)$	$(q+p/2)^2$

Da das Gen „aa“ letal ist, werden die Häufigkeiten in der nächsten Generation gleich

$$\text{für Aa, aA}: \frac{2(p/2)(q+p/2)}{1-p^2/4} = \frac{p}{1+p/2} = p_1 ,$$

$$\text{für AA}: \frac{(q+p/2)^2}{1-p^2/4} = \frac{q+p/2}{1+p/2} = q_1 .$$

Folglich hat der Transformationsoperator die Form

$$R(p,q) = \left(\frac{p}{1+p/2}, \frac{q+p/2}{1+p/2}\right),$$

d. h. er ist linear. Wir erhalten einen automatischen Simplexautomorphismus über der Menge stochastischer Vektoren der Form $\mu = (p,q)$. Die Sprache $W \subset \{x\}^*$, die durch die Bedingung $x^r \in W \Leftrightarrow (p,q)R^r\binom{0}{1} > \lambda$ definiert ist, bezeichnet die Generationen der Population, bei denen die Häufigkeit der Eigenschaft „AA“ größer als λ ist. Im allgemeinen muß diese Sprache nicht regulär sein, im vorliegenden Fall ist sie es jedoch. Insbesondere kann auf diesen automatischen Simplexautomorphismus das verallgemeinerte Rückführungstheorem 4.1.4 angewandt werden. Wir verwenden die Metrik $\rho(p_1,p_2) = |p_1 - p_2|$. Sei $p_1 \geq p_2$. Dann ist

$$\frac{p_1}{1+p_1/2} - \frac{p_2}{1+p_2/2} = \frac{p_1-p_2}{(1+p_1/2)(1+p_2/2)} \leq p_1 - p_2 .$$

Da $p_1, p_2 \geq 0$ sind, ist

$$\rho(R(p_1,q_1), R(p_2,q_2)) \leq \rho((p_1,q_1),(p_2,q_2)) .$$

Der Abstand zwischen der Menge $Q = \{x^r | q_r > \lambda\}$ und dem Komplement $\bar{Q}$ ist endlich, da die Folge der q_i für $i = 1,\ldots$ monoton wächst. Weil diese

Folge monoton ist, muß man die Sprache W in diesem Fall nicht nach dem allgemeinen Schema konstruieren. Zur Sprache W gehört jedes Wort der Länge t beginnend mit der Länge r, wobei r durch die Bedingungen

$$\frac{q_r + p_r/2}{1 + p_r/2} > \lambda \text{ und } \frac{q_{r-1} + p_{r-1}/2}{1 + p_{r-1}/2} \leq \lambda$$

bestimmt ist. Wir setzen $p_i/2 = t_i$. Dann ist $t_{i+1} = t_i/(1+t_i)$, woraus folgt, daß $t_r = \frac{t_0}{(1+rt_0)}$ für $r = 0, 1, \ldots$ gilt, d. h. $p_r = \frac{p}{\left(1+\frac{r}{2}p\right)}$ für alle $r = 0, 1, \ldots$. Ferner ist $\frac{1-p_r/2}{1+p_r/2} > \lambda$ und somit $\frac{1+(r-1)p/2}{1+(r+1)p/2} > \lambda$, d. h. $r > \frac{1+\lambda}{1-\lambda} - \frac{2}{p}$.

4.2 Das Problem der Identifizierung. Die Fortsetzung minimalen Ranges

Das Problem der eindeutigen Identifizierung entsteht in jeder wissenschaftlichen Theorie, die das Verhalten formal beschriebener Objekte untersucht. Im allgemeinen soll aus möglichst geringem Ausgangswissen über ein Objekt mit hinreichender Genauigkeit das Objekt selber identifiziert werden.

Ein Beispiel aus der Automatentheorie ist die Identifizierung eines endlichen DA auf Grund eines endlichen Experimentes. Dabei wird im allgemeinen nicht der Automat selber wiederhergestellt, sondern ein (gemäß der Zahl der Zustände minimaler) zu ihm äquivalenter Automat konstruiert. Im stochastischen Fall ist die Lage komplizierter. Auch hier kann das Verhalten eines endlichen SA vollständig auf Grund von Kenntnissen über das Verhalten auf einem endlichen Anfangssegment des Monoids X^* identifiziert werden. Dieses geschieht jedoch durch Konstruktion eines äquivalenten, im allgemeinen Fall endlich-dimensionalen, LA minimaler Dimension.

Die Ergebnisse, die im folgenden hergeleitet werden, verallgemeinern einige Resultate aus der Theorie endlicher DAs. Sie lassen erkennen, daß diese eher eine linear-algebraische als eine kombinatorische Natur besitzen. Anschaulich gesprochen zeigen die in diesem Abschnitt bewiesenen Behauptungen, daß die An- oder Abwesenheit der einen oder anderen Eigenschaft eines gegebenen endlichen Automaten bereits durch ein Anfangsstück seiner Arbeitsweise bestimmt ist.

Das erste Problem besteht darin, zu einem endlichen SA eine Basismatrix N zu finden. Diese Aufgabe gehört zweifellos zur Klasse der Identifikationsaufgaben. Die Kenntnis einer Basismatrix N erlaubt es, äquivalente Zustandsvektoren eines oder verschiedener Automaten zu erkennen und folglich auch einen zum gegebenen Automaten äquivalenten zu konstruieren.

Definition 4.2.1 Zwei Zustände s_1 und s_2 (zwei Zustandsvektoren $\boldsymbol{\mu}_1$ und $\boldsymbol{\mu}_2$) eines SA A heißen *unterscheidbar*, wenn es ein Wort $w \in X^*$ gibt, so daß

$$\boldsymbol{\mu}_1 A(w)\boldsymbol{\tau}_F \neq \boldsymbol{\mu}_2 A(w)\boldsymbol{\tau}_F \tag{4.2.1}$$

gilt.

Definition 4.2.2 Als *Stufe der Unterscheidbarkeit* eines SA A bezeichnen wir die kleinste Zahl $\rho = \rho(A)$ mit der Eigenschaft, daß je zwei unterscheidbare Zustände s_1 und s_2 ($\boldsymbol{\mu}_1$ und $\boldsymbol{\mu}_2$) stets auch ρ-unterscheidbar sind, d. h. es gibt ein Wort w mit $|w| \leq \rho$, so daß (4.2.1) gilt.

Aus (4.2.1) folgt, daß die Stufe der Unterscheidbarkeit eines SA mit Hilfe einer Basismatrix N bestimmt werden kann.

Bemerkung 4.2.1 Die Stufe der Unterscheidbarkeit eines SA A ist genau dann gleich ρ, wenn eine Basismatrix N_A existiert, deren Spaltenvektoren zu den Eingabewörtern $w_1, \ldots, w_k$ mit $|w_i| \leq \rho$ für $i = 1, \ldots, k$ gehören, und es keine kleinere Zahl mit dieser Eigenschaft gibt.

Dieses können wir durch die Formel

$$\mathsf{Lin}\{A(w)\boldsymbol{\tau}_F \,|\, |w| \leq \rho\} = \mathsf{Lin}\{A(w)\boldsymbol{\tau}_F \,|\, w \in X^*\}$$

ausdrücken, wobei ρ minimal ist.

Definition 4.2.3 Als *Stufe der Erreichbarkeit* eines SA A mit dem Anfangszustandsvektor $\boldsymbol{\mu}(e)$ bezeichnen wir die kleinste ganze Zahl $\delta = \delta(A)$ mit der Eigenschaft, daß für alle $u \in X^*$ die Beziehung $\boldsymbol{\mu}(e)A(u) \in \mathsf{Lin}\{\boldsymbol{\mu}(e)A(w) \,|\, |w| \leq \delta\}$ gilt, d. h. es gilt

$$\mathsf{Lin}\{\boldsymbol{\mu}(e)A(w) \,|\, |w| \leq \delta\} = \mathsf{Lin}\{\boldsymbol{\mu}(e)A(w) \,|\, w \in X^*\}\,.$$

Diese Definitionen können auch für lineare Automaten formuliert werden.

Theorem 4.2.1 *Seien $L = \langle X, \boldsymbol{a}, \boldsymbol{m}, \{L(x) | x \in X\}\rangle$ ein endlich-dimensionaler LA und N und M folgende abzählbar dimensionale Matrizen*

$$N = (\boldsymbol{m}, \ldots, L(w)\boldsymbol{m}, \ldots)$$

$$M = \begin{pmatrix} \boldsymbol{a} \\ \vdots \\ \boldsymbol{a}L(w) \\ \vdots \end{pmatrix},$$

dann gilt

1. $\rho(L) \leq \mathsf{rg} N - 1$ *und*

2. $\delta(L) \leq \mathsf{rg} M - 1$.

Beweis Zunächst leiten wir eine allgemeine Hilfsbehauptung her. Seien E ein linearer Raum, $\delta = \{\delta_x | x \in X\}$ eine Menge linearer Operatoren auf E und Q ein Teilraum von E. Wir sagen, der Teilraum Q' sei die *δ-Erweiterung von Q*, falls

$$Q' = Q + \sum_{x \in X} \delta_x(Q) \tag{4.2.2}$$

gilt, wobei $\delta_x(Q)$ das Bild von Q unter der Abbildung δ_x bezeichne und die Zeichen „+" und „$\sum$" sich auf die Addition in linearen Räumen beziehen.

Lemma 4.2.1 *Sei*

$$Q_0 \subseteq Q_1 \subseteq \dots \tag{4.2.3}$$

eine Folge von Teilräumen des linearen Raumes E, die durch fortgesetzte δ-Erweiterungen des Teilraumes Q_0 entsteht. Aus $Q_i = Q_{i+1}$ folgt dann $Q_i = Q_{i+t}$ für alle $t = 1, 2, \dots$.

Der Beweis folgt unmittelbar aus (4.2.2).

Korollar 4.2.1 *Für jede Folge von Teilräumen der Form (4.2.3) gibt es die folgende Alternative: Entweder ist $\dim Q_i < \dim Q_{i+1}$ für jede Zahl i, oder es gibt einen maximalen Wert für die Dimension $\dim Q_i = k$, wobei dieser nach höchstens $k - 1$ Erweiterungen erreicht wird (mit anderen Worten, $\dim Q_{k-1} = k$).*

Ist insbesondere der lineare Raum E endlich-dimensional, so gilt nur die zweite Alternative.

Wir wenden uns jetzt wieder dem Beweis des Theorems 4.2.1 zu. Im wesentlichen folgt er aus dem Korollar 4.2.1 und der Tatsache, daß der lineare Raum E_L (oder $\mathcal{E}_L$), der mit dem endlich-dimensionalen LA L assoziiert ist, endliche Dimension besitzt.

Wir setzen $E = \mathcal{E}_L$. Als Menge linearer Operatoren in $\mathcal{E}_L$ betrachten wir die Menge der Übergangsmatrizen $\{L(x) | x \in X\}$. Seien $Q_0 = \mathsf{Lin}\{\boldsymbol{m}\}$ und $Q_i = \mathsf{Lin}\{L(w)\boldsymbol{m} | |w| \leq i\}$. Infolge der endlichen Dimension von $\mathcal{E}_L$ können die Dimensionen der Teilräume Q_i nicht unbeschränkt wachsen. Deshalb gibt es eine ganze Zahl $r \leq \dim \mathcal{E}_L$, so daß

$$\mathsf{Lin}\{L(w)\boldsymbol{m} | |w| \leq r\} = \mathcal{E}_L$$

gilt. Der maximale Wert von $\dim Q_r$ ist gleich der Dimension von $\mathcal{E}_L$, die ihrerseits gleich dem Rang der Matrix N ist. Der erste Teil des Theorems ist damit bewiesen.

Der zweite Teil wird entsprechend bewiesen, indem anstelle des linearen Raumes $\mathcal{E}_L$ der lineare Raum E_L betrachtet wird. In diesem Fall ist

$$Q_0 = \mathsf{Lin}\{\boldsymbol{a}\} \ ,$$

$$Q_r = \mathsf{Lin}\{\boldsymbol{a}L(w) | |w| \leq r\} = E_L \ ,$$

$$\dim Q_r = \mathsf{rg} M \ . \qquad \square$$

Korollar 4.2.2 *Sei L ein endlich-dimensionaler LA (oder endlicher SA). Dann gilt $\rho(L), \delta(L) \leq |S| - 1$. Die Zahlen $\rho(L)$ und $\mathsf{rg} N$ kennzeichnen den nicht-initalen LA $L = \langle X, \boldsymbol{m}, \{L(x) | x \in X\}\rangle$, die Zahlen $\delta(L)$ und $\mathsf{rg} M$ charakterisieren den initialen LA L mit dem gegebenen Anfangszustandsvektor $\boldsymbol{a}$.*

Wir wollen nun die Wortfunktion identifizieren, die durch den endlich-dimensionalen LA

$$L = \langle X, \boldsymbol{a}, \boldsymbol{m}, \{L(x) | x \in X\}\rangle$$

mit dem gegebenen Anfangszustandsvektor $\boldsymbol{a}$ bestimmt wird.

Definition 4.2.4 Als *(verallgemeinerte) hankelsche Matrix* $\mathsf{Han}(\varphi)$ bezüglich der Wortfunktion φ bezeichnet man eine abzählbar-dimensionale Matrix mit lexikografischer Indizierung der Zeilen und Spalten durch Wörter über dem Alphabet X, so daß $\mathsf{Han}(\varphi) = (h_{w_1 w_2}) = (\varphi_{w_1}(w_2))$ gilt.

Die Zeilen einer hankelschen Matrix $\mathsf{Han}(\varphi)$ sind eine geordnete Aufzählung aller Zustände φ_w der Wortfunktion φ. Daher stimmt die lineare Hülle aller Zeilen der hankelschen Matrix mit dem linearen Raum $E_\varphi = \mathsf{Lin}\{\varphi_w | w \in X^*\}$ überein. Der Rang der abzählbar-dimensionalen Matrix $\mathsf{Han}(\varphi)$ ist nach Definition gleich der Ordnung einer maximalen nichtsingulären Untermatrix in der Matrix $\mathsf{Han}(\varphi)$ und gleich der Dimension der linearen Hülle der Zeilen von $\mathsf{Han}(\varphi)$. Also gilt die

Bemerkung 4.2.2 Ist $r = \dim E_\varphi$ und $Q_i = \mathsf{Lin}\{\varphi_w | |w| \leq i\}$, so gilt

$$\dim Q_{r-1} = r = \mathsf{rg}\,\mathsf{Han}(\varphi) \, .$$

Theorem 4.2.2 *Sei* $\mathsf{Han}(\varphi)$ *eine hankelsche Matrix bzgl. der Wortfunktion* φ. *Hat* $\mathsf{Han}(\varphi)$ *den endlichen Rang* r, *so gibt es eine Basismenge linear unabhängiger Zeilen mit Indizes aus der Menge* $\{w \mid |w| \leq r-1, w \in X^*\}$ *und eine Basismenge linear unabhängiger Spalten mit Indizes aus der Menge* $\{w \mid |w| \leq r-1, w \in X^*\}$.

Der Beweis verläuft wie der Beweis des Theorems 4.2.1. Im linearen Raum der Zeilenvektoren von E betrachten wir das System der linearen rechten w-Drehungen $D_w^{rt}(\varphi) = \varphi_w^{rt}$. Wir wenden das Lemma 4.2.1 auf die Folge linearer Teilräume $Q_0 = \mathsf{Lin}\{\varphi = \varphi_e^{rt}\}$, $Q_1 = \mathsf{Lin}\{\varphi = \varphi_w^{rt} \mid |w| \leq 1\}$, ... an. Da nach Voraussetzung der lineare Raum E_φ die Dimension r hat, erhalten wir aus Korollar 4.2.1 für eine geeignete Zahl k die Beziehung $\dim Q_{k-1} = k = dim E_\varphi = r$ und damit $E_\varphi = Q_{r-1}$. Die Basismenge für die Zeilen von $\mathsf{Han}(\varphi)$ kann daher aus der Menge $\{\varphi_w \mid |w| \leq r-1\}$ gewählt werden. Für eine Basismenge der Spalten argumentiert man genauso, wobei statt der rechten w-Drehungen linke betrachtet werden. □

Seien $w_1 = e, w_2, \ldots, w_r$ die Indizes von Basiszeilen in der Matrix $\mathsf{Han}(\varphi)$ und $v_1 = e, v_2, \ldots, v_r$ die Indizes von Basisspalten, so daß $|w_i|$ und $|v_i| \leq r-1$ für alle $i = 1, \ldots, r$ gilt. Die Matrix $F = (\varphi(w_i v_j))$ der Ordnung r, die im Durchschnitt dieser linear unabhängigen Zeilen und Spalten der Matrix $\mathsf{Han}(\varphi)$ liegt, ist nichtsingulär. Wir bezeichnen die Matrix $(\varphi(w_i w v_j))$ mit $F(w)$.

Theorem 4.2.3 *Für beliebige Wörter* w *und* v *gilt*

$$F(wv) = F(w)F^{-1}F(v).$$

Beweis Wir betrachten die $2r \times 2r$-Matrix

$$\begin{pmatrix} F & F(v) \\ F(w) & F(wv) \end{pmatrix}.$$

Ihr Rang ist gleich r. Ihre Zeilen bestehen nämlich aus den Elementen der Matrix $\mathsf{Han}(\varphi)$, die in Zeilen mit den Indizes $w_1, w_2, \ldots, w_r, w_1 w, w_2 w, \ldots, w_r w$ und den Spalten mit den Indizes $v_1, v_2, \ldots, v_r, v v_1, v v_2, \ldots, v v_r$ liegen. Also ist diese Matrix eine Untermatrix von $\mathsf{Han}(\varphi)$. Folglich sind in dieser Matrix die unteren r Zeilen Linearkombinationen der oberen r Zeilen, die linear unabhängig sind, da sie die nichtsinguläre Untermatrix F enthalten.

Aber die Matrix

$$\begin{pmatrix} A & B \\ C & D \end{pmatrix}$$

hat in dem Fall, daß die Untermatrix A nichtsingulär ist, genau dann den Rang r, wenn $D = CA^{-1}B$ ist. □

Korollar 4.2.3 *Sei $w = x_1 \dots x_t$ ein Wort, dann ist*

$$F(w) = F(x_1)F^{-1} \dots F^{-1}F(x_t)\,.$$

Theorem 4.2.4 *Sei für eine Wortfunktion φ der Rang von* Han (φ) *gleich r. Die Wortfunktion φ ist eindeutig bestimmt durch die Angabe ihres Verhaltens auf dem Segment der Länge $2r-1$, und man kann einen LA konstruieren, der φ darstellt und minimale Dimension r hat.*

Beweis Sei die Wortfunktion φ auf dem Segment der Länge $2r-1$ bekannt. Da das leere Wort e der Index der ersten Basiszeile und der ersten Basisspalte der Matrix $F(w)$ ist, befindet sich in der linken oberen Ecke dieser Matrix die Zahl $\varphi(w)$. Wir betrachten den r-dimensionalen LA $L = \langle X, \boldsymbol{a}, \boldsymbol{m}, \{F(x)F^{-1} | x \in X\}\rangle$. Die Matrizen F und $F(x)$ enthalten die Werte der Funktion φ auf Wörtern, deren Länge nicht größer als $2r-1$ ist. Folglich ist es effektiv möglich, diejenigen Untermatrizen der abzählbar-dimensionalen Matrix Han (φ) zu berechnen, die den endlichen Rang r haben. Sei der Anfangszustandsvektor $\boldsymbol{a} = (1, 0, \dots, 0)$, und sei der Endvektor $\boldsymbol{m}$ gleich der ersten Spalte der Matrix F:

$$\boldsymbol{m}^T = (\varphi(w_1), \dots, \varphi(w_r))\,.$$

Für Wörter $w = x_1 \dots x_t$ erhalten wir

$$F(x_1)F^{-1} \dots F^{-1}F(x_t)F^{-1} = F(w)F^{-1}\,.$$

Deshalb ist $\boldsymbol{a}F(w)F^{-1}\boldsymbol{m} = \varphi(w)$ für alle $w \in X^*$. Somit stellt der konstruierte lineare Automat die Wortfunktion φ dar, und die Funktion φ ist eindeutig durch die Werte auf dem Segment der Länge $2r-1$ bestimmt.

Die Minimalität der Dimension des Automaten L unter all denen, die die Wortfunktion φ darstellen, folgt daraus, daß für jeden LA einer Dimension, die kleiner als r ist, der Rang der hankelschen Matrix ebenfalls kleiner als r ist. □

Korollar 4.2.4 *Sei die Wortfunktion φ durch einen LA L der Dimension n dargestellt und auf dem Segment der Länge $2n - 1$ definiert. Dann ist φ überall auf dem freien Monoid X^* eindeutig festgelegt.*

Die in Lemma 4.2.1 und den Theoremen 4.2.1 bis 4.2.4 vorgestellte Vorgehensweise, eine Wortfunktion zu identifizieren, besitzt viele Anwendungen. Insbesondere liegt diese Methode den Ergebnissen von Abschnitt 2.2, die sich auf die Identifizierung stochastischer Operatoren beziehen, zugrunde.

Das folgende Problem war die erste Identifizierungsaufgabe, die für endliche SAs betrachtet wurde. Es handelt sich um die Identifizierung von Wortfunktionen endlicher homogener Markov-Ketten und Funktionen von Markov-Ketten. Markov-Ketten und Funktionen von Markov-Ketten werden im Abschnitt 4.3, der der Frage nach der Darstellbarkeit von Folgen von Zufallsvariablen durch SAs und DAs gewidmet ist, untersucht.

Die folgende Definition zeigt, daß die Aufgabe, Folgen von Zufallsvariablen zu identifizieren, der Aufgabe, Wortfunktionen aus einer gewissen speziellen Klasse zu identifizieren, entspricht.

Definition 4.2.5 Sei X ein endliches Alphabet. Als *Folge von Zufallsvariablen* mit Werten aus X wird eine Wortfunktion $\varphi : X^* \to [0,1]$ bezeichnet, die den Bedingungen

1. $\varphi(e) = 1$
2. $\sum_{x\in X} \varphi(wx) = \varphi(w)$ für alle $w \in X^*$ (4.2.4)

genügt.

Diese Definition umfaßt alle Zufallsprozesse mit endlichen Werten und diskreter positiver Zeit $t = 0, 1, \ldots$. Eine Folge von Zufallsvariablen gemäß (4.2.4) ist ein Sonderfall eines stochastischen Operators: Sie kann mit einem Operator identifiziert werden, dessen Eingabealphabet aus einem einzigen Buchstaben besteht, d. h. mit einer Quelle von aufeinanderfolgenden Zufallsvariablen. Eine endliche homogene Markov-Kette ist ein recht spezieller, aber wichtiger und oft untersuchter Sonderfall einer Folge von Zufallsvariablen. Wir werden im folgenden Funktionen einer endlichen homogenen Markov-Kette definieren. Da nur homogene endliche Markov-Ketten betrachtet werden, lassen wir in der Regel die Worte „homogen" und „endlich" weg.

Sei eine Markov-Kette mit n Zuständen

$$\mathbb{P} = \langle S, P, \boldsymbol{\mu} \rangle \tag{4.2.5}$$

gegeben, wobei $S = \{s_1, \ldots, s_n\}$ die Zustandsmenge, $\boldsymbol{\mu}(e) = (\mu_1, \ldots, \mu_n)$ die Wahrscheinlichkeitsverteilung der Zustände am Anfang (also der Anfangszustandsvektor) und $P = (P_{ij})$ die stochastische Matrix der Übergangswahrscheinlichkeiten sind. Sei Σ eine beliebige Zerlegung der Menge S in „Blöcke" $\pi_1, \ldots, \pi_k$, d. h.

$$\Sigma = \{\pi_1, \ldots, \pi_k\}$$
$$\bigcup \pi_i = S\,, \quad \pi_i \cap \pi_j = \emptyset \text{ für alle } i \neq j\,.$$

Wir definieren zu $I\!P$ die Wortfunktion $\psi : \Sigma^* \to [0,1]$ auf dem freien Monoid Σ^* folgendermaßen: Für das Wort $w = \pi_1 \ldots \pi_t$ sei

$$\psi(w) = \sum_{i_k \,\in\, \pi_k} \mu_{i_1} p_{i_1 i_2} \cdots p_{i_{t-1} i_t}\,, \tag{4.2.6}$$

wobei sich die Summation auf alle möglichen Zustandsfolgen $s_{i_1} \ldots s_{i_t}$ der Markov-Kette erstreckt, für die $i_k \in \pi_k$ für $k = 1, \ldots, t$ gilt.

Definition 4.2.6 Eine Folge von Zufallsvariablen mit der Wertemenge $\Sigma = \{\pi_1, \ldots, \pi_k\}$, die eine Wortfunktion ψ darstellt, welche durch die Markov-Kette (4.2.5) entsprechend der Formel (4.2.6) definiert wird, heißt *Funktion der Markov-Kette* (4.2.5). Die Funktion der Markov-Kette (4.2.5), die durch eine Zerlegung Σ definiert wird, wird mit $\Phi = \langle \Sigma, S, P, \boldsymbol{\mu} \rangle$ bezeichnet.

Wir bezeichnen mit λ die Abbildung $\lambda : S \to \Sigma$, die jedem Element von S seinen Block aus Σ zuordnet. Dann kann die Formel (4.2.6) in der Form

$$\psi(w) = \sum_{\lambda(s_{i_1}) = \pi_{i_1}} \; \sum_{\lambda(s_{i_2}) = \pi_{i_2}} \cdots \sum_{\lambda(s_{i_t}) = \pi_{i_t}} \mu_{i_1} p_{i_1 i_2} \cdots p_{i_{t-1} i_t} \tag{4.2.7}$$

geschrieben werden. Somit kann durch die Abbildung einer endlichen homogenen Markov-Kette eine Funktion einer Markov-Kette mit einem deterministischen Automaten dargestellt werden, der mit einem Zustand die Abbildung λ realisiert.

Da eine Folge von Zufallsvariablen gemäß (4.2.6) (oder (4.2.7)) eindeutig durch $\langle \Sigma, S, P, \boldsymbol{\mu} \rangle$ (oder durch $\langle \Sigma, S, \lambda, P, \boldsymbol{\mu} \rangle$) gegeben ist, werden wir diese Tupel ebenfalls *Funktion einer Markov-Kette* nennen. Die Definition, die λ einschließt, werden wir in Abschnitt 4.3 benutzen. Die Definition 4.2.6 ist für die Lösung der Identifizierungsaufgabe geeigneter.

Ist B eine $n \times n$-Matrix, so bezeichnen wir mit $B_{\pi_i \pi_j}$ die Untermatrix, die im Durchschnitt aller Zeilen mit Indizes aus $\pi_i \subseteq S$ und aller Spalten mit Indizes aus $\pi_j \subseteq S$ liegt. Entsprechende Bezeichnungen werden für den Zeilenvektor $\boldsymbol{\mu}$ und den Spaltenvektor $\boldsymbol{m}$ verwendet.

Lemma 4.2.2 *Sei $w = \pi_1 \dots \pi_t \in \Sigma^*$, dann ist*

$$\psi(w) = \boldsymbol{\mu}_{\pi_1} P_{\pi_1\pi_2} P_{\pi_2\pi_3} \dots P_{\pi_{t-1}\pi_t} \boldsymbol{\varepsilon}_{\pi_t} \,.$$

Der Beweis bleibt dem Leser als Übungsaufgabe überlassen.

Als E_{π_i} bezeichnen wir die $n \times n$-Matrix, deren (r, l)-tes Element gleich Eins für $r = l$ und $s_r \in \pi_i$ ist, und Null sonst. Offensichtlich ist dann $\sum_i E_{\pi_i} = E$ die $n \times n$-Einheitsmatrix, und ferner ist E_{π_i} für $i = 1, \dots, k$ idempotent. Wir bezeichnen als $\mathcal{I}_{\pi_i}$ die Matrix der Dimensionalität $|\pi_i| \times n$, die aus E_{π_i} entsteht, indem alle Zeilen gestrichen werden, die gleich Null sind, und als $\overline{\mathcal{I}}_{\pi_i}$ die Matrix der Dimensionalität $n \times |\pi_i|$, die aus E_{π_i} nach Streichen der Spalten, die gleich Null sind, entsteht. Dann gelten die folgenden Behauptungen:

1. $\overline{\mathcal{I}}_{\pi_i} = \mathcal{I}^T_{\pi_i}\,, \quad \mathcal{I}^T_{\pi_i}\mathcal{I}_{\pi_i} = E_{\pi_i} \quad$ für $i = 1, \dots, k$.

2. Für beliebige $n \times n$-Matrizen B, Spaltenvektoren $\boldsymbol{m}$ und Zeilenvektoren $\boldsymbol{a}$ gilt

$$B_{\pi_i\pi_j} = \mathcal{I}^T_{\pi_i} B \mathcal{I}_{\pi_j}\,, \quad \boldsymbol{a}_{\pi_i} = \boldsymbol{a}\mathcal{I}^T_{\pi_i} \quad \text{und} \quad \boldsymbol{m}_{\pi_i} = \mathcal{I}_{\pi_i}\boldsymbol{m} \quad \text{für } i = 1, \dots, k\,.$$

Mit den eingeführten Bezeichnungen und dem Lemma 4.2.2 erhalten wir die folgendc Darstellung für die Wortfunktion ψ, die eine Funktion einer Markov-Kette darstellt:

$$\begin{aligned} \psi(w) &= \boldsymbol{\mu}\mathcal{I}^T_{\pi_1}\mathcal{I}_{\pi_1} P \mathcal{I}^T_{\pi_2}\mathcal{I}_{\pi_2} P \mathcal{I}^T_{\pi_3}\mathcal{I}_{\pi_3} \dots \mathcal{I}_{\pi_{t-1}}\mathcal{I}^T_{\pi_t}\mathcal{I}_{\pi_t}\boldsymbol{\varepsilon} \\ &= \boldsymbol{\mu} E_{\pi_1} P E_{\pi_2} P \dots P E_{\pi_t}\boldsymbol{\varepsilon} \end{aligned} \tag{4.2.8}$$

Wir führen die $n \times n$-Matrizen $\Phi(\pi/x) = PE_\pi$ ein. Das System $\Phi = \langle\{x\}, S, \Sigma, \{\Phi(\pi/x) | \pi \in \Sigma\}\rangle$ definiert einen autonomen SA mit n Zuständen und mit der Ausgabemenge Σ. Als $\boldsymbol{\mu}_\pi(e)$ bezeichnen wir die Wahrscheinlichkeitsverteilung $\boldsymbol{\mu}E_\pi$. Wegen (4.2.7) gilt für jedes Wort $\pi w \in \Sigma^*$ die Beziehung

$$\psi(\pi w) = \boldsymbol{\mu}_\pi(e)\boldsymbol{\tau}_\Phi(w/x^{|w|})\,. \tag{4.2.9}$$

Bemerkung 4.2.3 Zu jeder Funktion einer Markov-Kette mit n Zuständen gibt es einen autonomen SA mit n Zuständen und einer Ausgabemenge, die mit der Wertemenge der Funktion der Kette übereinstimmt, so daß der stochastische Operator, der durch den SA dargestellt wird, und die Wortfunktion ψ, die die Funktion der Markov-Kette definiert, durch die Beziehung (4.2.9) miteinander verbunden sind.

Wir sind somit zu einer Interpretation einer Funktion einer Markov-Kette als Sonderfall eines endlichen SA-Operators gekommen. Da sich aber die taktmäßigen Arbeitsweisen leicht unterscheiden, ist eine Funktion einer Markov-Kette nicht genau ein solcher Operator. Denn der erste Ausgabebuchstabe eines SA-Operators ist die Antwort auf den ersten Eingabebuchstaben, während im Fall einer Funktion einer Markov-Kette der erste Wert einer Folge von Zufallsvariablen ihr Anfangswert ist. Dennoch läßt sich mit Hilfe der Bemerkung 4.2.3 die Identifizierungsaufgabe für eine Funktion einer Markov-Kette auf eine Identifizierungsaufgabe für rationale Wortfunktionen zurückführen.

Theorem 4.2.5 *Sei $\Phi = \langle \Sigma, S, P, \mu \rangle$ eine Funktion einer Markov-Kette mit n Zuständen. Dann gibt es einen LA der Dimension $r = \mathsf{rg}\,\mathsf{Han}\,(\psi)$, der die Wortfunktion ψ realisiert, so daß dieser durch die Werte von ψ auf dem Anfangssegment der Länge $2r-1$ bestimmt ist.*

Der Beweis verläuft wie der Beweis von Theorem 4.2.4.

Die so erhaltenen Ergebnisse zeigen: Wenn der Rang r der hankelschen Matrix der Wortfunktion φ und ihre Werte auf dem Anfangssegment der Länge $2r-1$ bekannt sind, dann kann effektiv eine eindeutige Verlängerung dieses Segments konstruiert und damit auch die Wortfunktion φ wiederhergestellt werden. Ist jedoch nur ein Anfangssegment der Wortfunktion, aber nicht ihr Rang bekannt, so kann man im allgemeinen die Wortfunktion nicht ermitteln, d. h. es ist nicht möglich, das Anfangssegment der Wortfunktion in eindeutiger Weise zu verlängern. In diesem Fall erhalten wir eine Familie von Wortfunktionen, die auf dem gegebenen Anfangssegment übereinstimmen.

Wir betrachten nun die folgende Aufgabe:
Gegeben sei eine Wortfunktion f auf dem Anfangssegment der Länge 1. Sie soll auf alle Wörter des freien Monoids X^* fortgesetzt werden, so daß die gesamte Wortfunktion vorgegebene Eigenschaften hat. Diese Aufgabe hat auch eine automatentheoretische Interpretation, nämlich die Bestimmung des Verhaltens eines endlichdimensionalen LA, wenn seine Dimension bekannt ist. Die Lösungsmethode liefert eine parametrisierte Beschreibung möglicher Fortsetzungen einer Wortfunktion für vorgegebenen Rang. Wir betrachten hier Fortsetzungen mit möglichst minimalem Rang.

Es gibt eine eindeutige Zuordnung zwischen Wortfunktionen f und verallgemeinerten hankelschen Matrizen. Man kann nämlich jeder Funktion f die Matrix $\mathsf{Han}\,(f)$ zuordnen, in deren Zeile w_1 und Spalte w_2 der Wert

$f(w_1w_2)$ steht. Umgekehrt beschreibt jede Matrix, deren Zeilen und Spalten mit Wörtern des freien Monoids X^* numeriert sind und die der Definition einer verallgemeinerten hankelschen Matrix genügt, eindeutig eine Wortfunktion f. Deshalb kann die Aufgabe einer minimalen Fortsetzung einer Wortfunktion auch so aufgefaßt werden, daß eine verallgemeinerte hankelsche Matrix mit minimalem Rang zu bestimmen ist. Aus dieser Sicht sind auch andere, rein matrizentheoretische Interpretationen möglich. Für uns ist diese Sicht geeignet, weil sie dichter an den Lösungsmethoden liegt.

Wenn die bekannten Elemente einer Matrix zu einem Körper K gehören, so können undefinierte Elemente als Polynome über K mit Variablen aus einer Menge $\Lambda = \{\lambda_i | i \in \mathcal{I}\}$ aufgefaßt werden. Wir bezeichnen den Polynomring über K mit $K(\Lambda)$. Alle weiteren Ergebnisse dieses Paragraphens werden für einen beliebigen Körper K formuliert. Für Wortfunktionen muß K dann als Körper $\mathbb{R}$ der reellen Zahlen interpretiert werden.

Sei $A(\Lambda)$ eine Polynommatrix über $K(\Lambda)$; das heißt, die Elemente dieser Matrix sind Polynome. Die Determinante von $A(\Lambda)$ heißt *unveränderlich*, wenn ihre Elemente nicht von den λ_i abhängen.

Definition 4.2.7 Als *Rang* $\mathrm{rg} A$ einer Polynommatrix $A(\Lambda)$ wird der maximale Rang ihrer unveränderlichen Unterdeterminanten ungleich Null bezeichnet. Wenn es für eine abzählbardimensionale Matrix $A(\Lambda)$ ein solches Maximum nicht gibt, so sei $\mathrm{rg} A = \infty$.

Für eine unveränderliche Matrix stimmt diese Definition mit der üblichen überein. Für eine beliebige feste Wahl von Werten $\Lambda_0 = \{\lambda_i^0 | i \in \mathcal{I}\}$ für die Variablen gilt $\mathrm{rg} A(\Lambda_0) \geq \mathrm{rg} A(\Lambda)$. Es kann sowohl echte Ungleichheit als auch Gleichheit vorliegen.

Definition 4.2.8 Eine quadratische Matrix A über dem Ring $K(\Lambda)$ heißt *unimodular*, wenn

$$\det A = const \neq 0$$

gilt.

Eine unimodulare Matrix besitzt eine ebenfalls unimodulare Inverse. Diese kann wie in der Matrizenalgebra üblich berechnet werden. Die Ordnung einer Polynommatrix ist gleich der maximalen Ordnung ihrer unimodularen Untermatrizen.

Sei jetzt eine Wortfunktion f auf dem Anfangssegment der Länge l gegeben. Wir setzen die Definition von f auf Wörter w mit $|w| > l$ fort, und zwar durch $f(w) = \lambda_w$. Dabei sei λ_w eine Variable. Dadurch erhalten wir eine Wortfunktion

$$f : X^* \to K(\Lambda_l) \subseteq K(\Lambda)$$

mit $\Lambda_l = \{\lambda_w | w \in X^*,\ |w| > l\}$ und $\Lambda = \{\lambda_w | w \in X^*\}$. Unter dem Rang $\mathsf{rg}(f)$ einer partiell definierten Wortfunktion f verstehen wir den Rang der entsprechenden hankelschen Polynommatrix $\mathsf{Han}(f)$ über $K(\Lambda)$.

Theorem 4.2.6 *Eine Wortfunktion f sei auf dem Anfangssegment der Länge l mit Werten im Körper K gegeben. Dann gibt es eine Wortfunktion $g : X^* \to K(I)$ mit $I \subseteq \{\lambda_w | l < |w| \leq 2l+1\}$. Werden die $\lambda_w \in I$ durch Werte λ_w^0 ersetzt, so wird g zu einer Wortfunktion g^0 mit*

1. *$g^0(w) = f(w)$ für alle w mit $|w| \leq l$,*

2. *$\mathsf{rg}(g^0) = \mathsf{rg}(f)$.*

Jede Erweiterung von einem f minimalen Ranges auf ein Wort w kann durch Ersetzen geeigneter Werte von Variablen aus I im Polynom $g(w)$ erhalten werden.

Beweis Sei $\succ$ die folgende binäre Relation auf $K(\Lambda)$:

Es sei $a \succ b$ genau dann, wenn entweder $a \not\equiv const$ ist oder $a \equiv const$ und $a = b$ gilt.

Für Vektoren $\boldsymbol{a}, \boldsymbol{b}$ und Matrizen A, B über $K(\Lambda)$ gelte $\boldsymbol{a} \succ \boldsymbol{b}$ und $A \succ B$, wenn es komponentenweise gilt. Ferner heiße $\boldsymbol{a}$ *lineare $\succ$-Kombination* der Vektoren $\boldsymbol{b}_1, \ldots, \boldsymbol{b}_k$, wenn es $c_1, \ldots, c_k \in K(\Lambda)$ gibt mit $\boldsymbol{a} \succ \sum_{i=1}^k c_i \boldsymbol{b}_i$.

Wir werden die Zeilen von $\mathsf{Han}(f)$ von oben nach unten untersuchen und gehen folgendermaßen vor:

Wenn die Zeile mit der Nummer w eine lineare $\succ$-Kombination der vorhergehenden Zeilen von $\mathsf{Han}(f)$ ist, wird sie nicht weiter betrachtet; sonst wird sie in eine Liste eingetragen. So erhalten wir eine Folge von Zeilen mit wachsenden Nummern

$$e = w_1 < \ldots < w_n \ , \tag{4.2.10}$$

so daß gilt:

1. Keine dieser Zeilen ist eine $\succ$-Kombination vorhergehender Zeilen von $\mathsf{Han}(f)$.

2. Jede Zeile mit der Nummer w von $\mathsf{Han}(f)$ ist eine $\succ$-Kombination von Zeilen mit Nummern $w_i \leq w$.

Wie bei den Zeilen konstruieren wir eine Folge von Spalten von $\mathsf{Han}(f)$ mit Nummern

$$e = v_1 < \ldots < v_m \,, \tag{4.2.11}$$

so daß gilt:

1. Keine dieser Spalten ist eine $\succ$-Kombination vorhergehender Spalten von $\mathsf{Han}(f)$.
2. Jede Spalte mit Nummer v von $\mathsf{Han}(f)$ ist eine $\succ$-Kombination von Spalten mit Nummern $v_i \leq v$.

Künftig bezeichnen Wörter w und v mit unteren Indizes Nummern aus den Folgen (4.2.10) und (4.2.11).

Für den weiteren Beweis brauchen wir eine Reihe von Hilfssätzen.

Lemma 4.2.3 *Für das Wort w sei*

$$f(wv_j) \succ \sum_{w_i \leq w} a_{w_i} f(w_i v_j) \text{ für alle } j = 1, \ldots, m \,. \tag{4.2.12}$$

Für jedes Wort v gilt dann

$$f(wv) \succ \sum_{w_i \leq w} a_{w_i} f(w_i v) \,.$$

Beweis Für $f(wv) \neq const$ ist die Behauptung offensichtlich. Für $f(wv) = const$ sind $f(w_i v)$, $f(wv_j)$ für alle $w_i \leq w$, $v_j \leq v$ konstant. Nach Konstruktion ist die v-Spalte von $\mathsf{Han}(f)$ eine $\succ$-Kombination von Spalten aus (4.2.11) für $v_j \leq v$ mit Koeffizienten $b_{v_1}, \ldots, b_{v_n}$. Insbesondere ist

$$f(wv) = \sum_{v_j \leq v} b_{v_j} f(wv_j) \,.$$

Wir setzen in diese Formel die Ausdrücke für $f(wv_j)$ aus (4.2.12) ein und änderen die Summationsreihenfolge:

$$\begin{aligned} f(wv) &= \sum_{v_j \leq v} b_{v_j} \sum_{w_i \leq w} a_{w_i} f(w_i v_j) \\ &= \sum_{w_i \leq w} a_{w_i} \sum_{v_j \leq v} b_{v_j} f(w_i v_j) \\ &= \sum_{w_i \leq w} a_{w_i} f(w_i v) \end{aligned}$$

Damit ist Lemma 4.2.3 bewiesen. □

Aus diesem Hilfssatz folgt $n \leq m$ für n und m aus (4.2.10) und (4.2.11). Der folgende Hilfssatz ist dual dazu:

Lemma 4.2.4 *Für das Wort v sei*

$$f(w_i v) \succ \sum_{v_j \leq v} b_{v_j} f(w_i v_j) \textit{ für alle } i = 1, \ldots, n\,.$$

Für jedes Wort w gilt dann

$$f(wv) \succ \sum_{v_j \leq v} b_{v_j} f(wv_j)\,.$$

Somit ist $m \leq n$ und folglich $m = n$.

In Lemma 4.2.4 kann in der $\succ$-Kombination für die w-te Zeile die Bedingung $w_i \leq w$ weggelassen werden. Genauer: Sei die w-te Zeile eine $\succ$-Kombination von Zeilen mit Nummern aus (4.2.10) und Koeffizienten $a_{w_1}, \ldots, a_{w_n}$. Für $w_t > w$ ist dann $a_{w_t} \equiv 0$. Nehmen wir zum Beweis das Gegenteil an. Dann sei t die größte Zahl mit $w_t > w$ und $a_{w_t} \not\equiv 0$. Wir betrachten

$$f(wv_j) \succ \sum_{w_i \neq w_t} a_{w_i} f(w_i v_j) + a_{w_t} f(w_t v_j) \text{ für alle } j = 1, \ldots, n$$

für alle Fälle mit $f(w_t v_j) = \mathit{const}$. Wegen $w_t > w$ ist $f(wv_j) = \mathit{const}$, und alle diese Beziehungen sind Gleichheiten. In diese Gleichungen können anstelle der Polynome a_{w_i} auch Werte $a^0_{w_1}, \ldots, a^0_{w_t}$ mit $a^0_{w_t} \neq 0$ eingesetzt werden. Diese werden nach $f(w_t v_j)$ aufgelöst. Wegen Lemma 4.2.3 ist dann die w_t-te Zeile eine $\succ$-Kombination von Zeilen, die in $\mathsf{Han}\,(f)$ über ihr stehen. Dies widerspricht der Konstruktion von (4.2.10).

Die eben bewiesene Behauptung werden wir in der folgenden speziellen Form ausnutzen: Mit dem Buchstaben F bezeichnen wir die $n \times n$-Matrix $(f(w_i v_j))$, mit $F(w)$ die Matrix $(f(w_i w v_j))$. Für jede Zerlegung des Wortes $w = w'w''$ ist $F(w)$ die Untermatrix von $\mathsf{Han}\,(f)$, die auf den Schnittpunkten der Zeilen mit Nummern $w_1 w', \ldots, w_n w'$ und der Spalten mit Nummern $w'' v_1, \ldots, w'' v_n$ liegt. In der linken oberen Ecke von $F(w)$ befindet sich das Element $f(w)$.

Lemma 4.2.5 *Sei $A(x) = (a_{w_i} a_{w_j}(x))$ eine Matrix über $K(\Lambda)$ mit $F(x) \succ A(x)F$. Für $w_j > w_i x$ ist dann $a_{w_i w_j}(x) \equiv 0$. Das heißt $A(x)$ ist „annähernd eine linke Dreiecksmatrix“.*

Zum Beweis reicht es, die oben bewiesene Beziehung auf die Zeilen mit den Nummern $w_i x$, $i = 1, \ldots, n$ anzuwenden. □

Korollar 4.2.5 *Für jedes v gilt unter den Bedingungen des Lemmas 4.2.5 die Beziehung*

$$F(xv) \succ A(x)F(v) \; . \tag{4.2.13}$$

Der Beweis folgt unmittelbar aus Lemma 4.2.3, da $F(v)$ auf den Zeilen mit den Nummern $w_1, \ldots, w_n$ und Spalten mit den Nummern $vv_1, \ldots, vv_n$ sowie $F(xv)$ auf den Zeilen mit den Nummern $w_1 x, \ldots, w_n x$ und denselben Spalten liegen. □

Die Beziehung (4.2.13) besagt, daß jedes unveränderliche Element $(f(w_i xvv_j))$ der Matrix $F(xv)$ berechnet werden kann, indem die w-te Zeile von $A(x)$ mit der v-ten Spalte von $F(v)$ multipliziert wird:

$$(f(w_i xvv_j)) = \sum_{k=1}^{n} a_{w_i w_k}(x) f(w_k vv_j)$$

Ist dabei $f(w_k vv_j) \not\equiv const$, so ist $w_k > w_i x$; und gemäß Lemma 4.2.5 ist dann $a_{w_i w_k} \equiv 0$. Daraus erhalten wir das

Korollar 4.2.6 *Es gelten die Voraussetzungen von Lemma 4.2.5 und $F(v) \succ G$. Dann ist*

$$F(xv) \succ A(x)G \; .$$

Lemma 4.2.6 *Sei für jedes $x \in X$ eine Matrix $A(x)$ gegeben mit*

$$F(x) \succ A(x)F \; .$$

Für jedes Wort $w \in X^*$ gilt dann $F(w) \succ A(w)F$.

Beweis Es sei schon $F(w) \succ A(w)F$ für alle Wörter einer festen Länge k bewiesen. Für ein beliebiges $x \in X$ folgt aus Korollar 4.2.6 dann

$$F(xw) \succ A(x)A(w)F = A(xw)F \; .$$ □

Lemma 4.2.7 $\det(F) \equiv const \neq 0$.

Beweis Die w-te Zeile von $\mathsf{Han}(f)$ ist genau dann eine $\succ$-Kombination von Zeilen mit Nummern $w_i \leq w$, wenn der Vektor $(f(wv))$, wobei v über $\{v \| wv| \leq l\}$ läuft, eine Linearkombination von Vektoren $(f(w_i q))$ mit $w_i \leq w$ und $q \in \{v \| wv| \leq l\}$ ist. Die lineare Abhängigkeit mit Koeffizienten aus einem Körper $K' \supseteq K$ von Vektoren über K ist äquivalent zur linearen Abhängigkeit mit Koeffizienten aus K. Für den Fall, daß F über K irreduzibel ist, erhalten wir deshalb in einem geeigneten Körper $K' \supseteq K$ die widersprüchliche Beziehung $\det F' = 0$ mit $F \succ F'$. Folglich ist $\det F \equiv \mathit{const} \neq 0$. Denn gemäß Lemma 4.2.3 ist keine der Zeilen von F eine $\succ$-Kombination anderer Zeilen. □

Wir beenden jetzt den Beweis des Theorems 4.2.6.

Die Matrix $A(x) = F(x)F^{-1}$ erfüllt die Beziehung $F(x) \succ A(x)F$. Die Aussage von Lemma 4.2.6 für solche $A(x)$ führt zur Formel

$$F(w) \succ F(x_1)F^{-1} \ldots F^{-1}F(x_k) = \tilde{F}(w)$$

für $w = x_1 \ldots x_n$. Äquivalent dazu ist

$$F(wv) \succ \tilde{F}(w)F^{-1}\tilde{F}(v)$$

für alle w, v. Durch $\boldsymbol{a} = (1, 0, \ldots, 0)$, $A(x) = F(x)F^{-1}$ für $x \in X$ und $\boldsymbol{b} = (f(w_1), \ldots, f(w_n))^T$, wobei $\boldsymbol{b}$ die erste Spalte von F ist, wird ein LA über $K[I]$ definiert. Dabei sei I die Menge der Variablen, die zu F und $F(x)$ gehören. Dieser Automat definiert eine Abbildung $g : X^* \rightarrow K[I]$ mit $g(w) = \boldsymbol{a}A(w)\boldsymbol{b} = (1, 0, \ldots, 0)\tilde{F}(w)(1, 0, \ldots, 0)^T$. Dabei sei $\tilde{F}(e) \equiv F$. Offensichtlich gilt $f(w) \succ g(w)$ für alle w. Indem wir in F und $F(x)$ alle möglichen Werte anstelle der Variablen aus I einsetzen, erhalten wir eine Familie von Fortsetzungen der Funktion f über K mit Rang n, oder, als Matrizen betrachtet, eine Familie von Fortsetzungen der verallgemeinerten hankelschen Matrix mit minimalem Rang n. In jeder dieser Fortsetzungen sind die Zeilen mit Nummern $w_1, \ldots, w_n$ linear unabhängig und die übrigen Linearkombinationen von ihnen.

Es bleibt zu zeigen, daß eine beliebige Fortsetzung $\hat{f}$ einer Funktion f von Rang n ebenfalls in dieser Familie enthalten ist. Die einer solchen Fortsetzung entsprechenden Matrizen $\mathsf{Han}(\hat{f})$, $\hat{F}$, $\hat{F}(w)$ entstehen, indem die entsprechenden Werte anstelle der Variablen λ_w in die Matrizen $\mathsf{Han}(f)$, F, $F(w)$ eingesetzt werden.

Wir zeigen $\hat{F}(wv) = \hat{F}(w)\hat{F}^{-1}\hat{F}(v)$ für alle w, v. Gilt für beliebige w, v,

i, j nämlich

$$\hat{f}(w_i w v v_j) \neq \left(\hat{f}(w_i w v_1), \ldots, \hat{f}(w_i w v_n)\right) \hat{F}^{-1} \begin{pmatrix} \hat{f}(w_1 v v_j) \\ \vdots \\ \hat{f}(w_n v v_j) \end{pmatrix},$$

so ist die Determinante der Ordnung $n+1$

$$\begin{vmatrix} & \widehat{F} & & \begin{matrix} \hat{f}(w_1 v v_j) \\ \vdots \\ \hat{f}(w_n v v_j) \end{matrix} \\ \hat{f}(w_i w v_1) & \cdots & \hat{f}(w_i w v_n) & \hat{f}(w_i w v v_j) \end{vmatrix} \neq 0$$

Diese Determinante jedoch hat entweder zwei identische Zeilen, nämlich für den Fall $w_i w \in \{w_1, \ldots, w_n\}$, oder zwei identische Spalten, nämlich für $v v_j \in \{v_1, \ldots, v_n\}$, oder sie ist eine Unterdeterminante der Ordnung $n+1$ der Matrix $\mathsf{Han}(f)$ vom Range n. In jedem Falle ist also die Determinante gleich Null. Damit ist die oben behauptete Gleichheit gezeigt. Aus ihr folgt jedoch, daß der oben konstruierte Automat mit $\hat{F}$, $\hat{F}(x)$ und $\hat{\boldsymbol{b}}$ anstelle von F, $F(x)$ und $\boldsymbol{b}$ die Funktion $\hat{f}$ realisiert.

Aus Lemma 4.2.7 folgt $\mathsf{rg}\,\mathsf{Han}(f) \geq n$. Da gezeigt wurde, daß eine Fortsetzung von $\mathsf{Han}(f)$ über K des Ranges n existiert, wissen wir, daß der Rang der Polynommatrix $\mathsf{Han}(f)$ (Def. 4.2.7) genau gleich n ist. Damit ist F eine maximale Untermatrix von $\mathsf{Han}(f)$ mit unveränderlicher Determinante ungleich Null, und Theorem 4.2.6 ist bewiesen. □

Wir führen die folgende Definition ein.

Definition 4.2.9 Sei $\langle p(w), w \in X^* \rangle$ eine Folge von Zufallsvariablen. Der *Rang* $\mathsf{rg}\,x$ des Buchstabens $x \in X$ sei das größte r, so daß eine nichtsinguläre $r \times r$-Matrix

$$(p(w_i x v_j)) \text{ mit } w_i, v_j \in X^*,\ i, j = 1, \ldots, r$$

existiert. Für die Wortfunktion $p(w)$ sei der *Rang* $\mathsf{rg}_G p$ (im Unterschied zum Rang rg) die Zahl $\sum_{x \in X} \mathsf{rg}\,x$. Ist $p(w)$ eine Funktion einer Markov-Kette mit n Zuständen, so ist $rg_G p \leq n$.

E. J. Gilbert bewies das folgende

Theorem 4.2.7 *Eine Funktion einer Markov-Kette mit n Zuständen wird eindeutig festgelegt durch die Werte der Wortfunktion $p(w)$ auf dem Anfangssegment der Länge $2(n - r + 1)$ mit $r = |\Sigma|$.*

A. Paz präzisierte das Theorem 4.2.7, wobei er jedoch einen komplizierteren Begriff einführt. Als *Pseudo-Markov-Kette* wird ein System $\Phi = \langle \mathcal{U}, A, \boldsymbol{\mu}, \boldsymbol{M} \rangle$ bezeichnet, dessen Elemente wie bei Markov-Ketten definiert sind. Nur A und $\boldsymbol{\mu}$ dürfen auch negative Einträge haben. Es muß aber $\boldsymbol{\mu M} = 1$ gelten.

Theorem 4.2.8 *Die Folge von Zufallsvariablen $\langle p(w), w \in X^* \rangle$ habe den endlichen Rang $\mathsf{rg}_G p$. Dann kann eine Pseudo-Markov-Kette mit n Zuständen konstruiert werden, so daß $p(w)$ eine Funktion dieser Pseudo-Kette im Sinne der Definition 4.2.5 ist. Hierfür ist es nur nötig, die Werte der Wortfunktion $p(w)$ auf dem Anfangssegment der Länge $2(\mathsf{rg}_G p - |\Sigma| + 1)$ zu kennen.*

Der Begriff der Pseudo-Markov-Kette stimmt mit dem Begriff des LA bis auf die zusätzliche Forderung $\boldsymbol{\mu M} = 1$ überein. Folglich induziert jede Wortfunktion $p(w)$ endlichen Ranges eine endliche Pseudo-Markov-Kette. Aber genau diese Wortfunktionen werden mit Funktionen einer Markov-Kette identifiziert! Im Unterschied zum Begriff der Pseudo-Kette selber erweitert somit der Begriff einer Funktion einer Pseudo-Markov-Kette die Klasse der induzierten Wortfunktionen nicht. Diese Überlegungen zeigen, daß der Begriff des LA für die Identifizierungsaufgabe relevanter ist.

Die Theoreme 4.2.5, 4.2.7 und 4.2.8 geben eine Antwort auf die folgende Frage: Welches ist das kleinste l, für das das Anfangssegment der Länge l eine Wortfunktion p vollständig bestimmt, wenn über diese a priori einige Zusatzinformation bekannt ist. In den genannten Theoremen ist diese Zusatzinformation verschieden. Wegen $\mathsf{rg}_G p \leq n$ ist die Längenabschätzung für das Segment in Theorem 4.2.8 nie größer als die Abschätzung im Theorem 4.2.7.

Das folgende Beispiel zeigt, daß die Schranken für l in den Theoremen 4.2.7 und 4.2.8 nicht scharf sind. Gegeben seien die beiden Markov-Ketten mit n Zuständen

$$A_1 = \begin{pmatrix} 0 & & \\ \vdots & & E \\ 0 & & \\ 1 & 0 \cdots 0 & \end{pmatrix}, \quad A_2 = \begin{pmatrix} 0 & & \\ \vdots & & E \\ 0 & & \\ \frac{1}{2} & \frac{1}{2}\, 0 \cdots 0 & \end{pmatrix}$$

und der Anfangsverteilung $\boldsymbol{\mu} = (1, 0, \ldots, 0)$ für beide Ketten. Eine Markov-Kette kann für $\mathcal{U} = \Sigma$ als triviale Funktion einer Markov-Kette angesehen werden. In diesem Falle liefert Theorem 4.2.7 die Abschätzung $|w| \leq 2$. In unserem Beispiel stimmen die Werte der Wortfunktionen $p_1(w)$ und $p_2(w)$ für die sich auf offensichtliche Weise unterscheidenden Markov-Ketten auf allen Wörtern der Länge $|w| \leq n$ überein. Wir bestimmen $\mathsf{rg}_G p$ für die beiden Funktionen im Beispiel. Die $n \times n$-Untermatrizen $\mathsf{Han}(p_1)$ und $\mathsf{Han}(p_2)$, die auf den Zeilen mit Nummern e, S_1, $S_1 S_2$, ..., $S_1 S_2 \ldots S_{n-1}$ und den Spalten mit Nummern $S_1, \ldots, S_n$ liegen, sind Einheitsmatrizen. Wegen $\mathsf{rg} p_1, \mathsf{rg} p_2 \leq n$ erhalten wir $\mathsf{rg}_G p_1 = \mathsf{rg}_G p_2 = n$. In beiden Fällen ist die Abschätzung der Länge des Anfangssegments gleich $2n - 1$.

Die Frage nach Abschätzungen, „Anzeigern für die Identifizierbarkeit", die nur von n und k oder von $\mathsf{rg}_G p$ abhängen, bleibt also offen. Übrigens läßt auch Theorem 4.2.5 die Frage nach einer Verbesserung der Abschätzung für l offen, die durch ein allgemeines Ergebnis erzielt werden könnte, das die spezielle Form einer Wortfunktion ausnutzt, wenn diese eine Funktion einer endlichen Markov-Kette definiert.

4.3 Darstellbarkeit von Folgen von Paaren von Zufallsvariablen

Wir untersuchen nun die Abhängigkeit zwischen SAs und Folgen von Zufallsvariablen. In einen SA wird eine zufällige Folge von Zeichen eingegeben, und man erhält eine zufällige Folge von Zeichen als Ausgabe. Die beiden Folgen sind durch die Zustandsfolge des SA miteinander verbunden. Wir untersuchen daher Folgen von Zufallsvariablen, die paarweise den Eingabe- bzw. Ausgabesymbolen des Automaten entsprechen. Wie in Definition 4.2.5 werden wir als *Folge von Paaren von Zufallsvariablen* eine Wortfunktion $p : (X \times Y)^* \to [0, 1]$ bezeichnen, die den folgenden Bedingungen genügt:

1. $p(e, e) = 1$,

2. $\sum\limits_{x \in X, y \in Y} p(wx, vy) = p(w, v)$, für alle $(w, v) \in (X \times Y)^*$.

Wir werden für Folgen von Paaren von Zufallsvariablen auch die Bezeichnung

$$J = \langle p(w, v), \ (w, v) \in (X \times Y)^* \rangle \tag{4.3.1}$$

verwenden.

Sei eine Folge von Paaren von Zufallsvariablen wie in (4.3.1) über dem Alphabet $X \times Y$ gegeben.

Definition 4.3.1 Die Folge von Zufallsvariablen J_x, die durch die Wortfunktion p^x mit $p^x(w) = \sum_{|v|=|w|} p(w,v)$ gegeben ist, heißt *linke Folge von Zufallsvariablen zu J.*

Entsprechend wird die rechte Folge von Zufallsvariablen zu J definiert.

Definition 4.3.2 Die Sprache $d^{\text{lt}}(J) = \{w | p^x(w) \neq 0\}$ heißt *linker Determinator* der Folge von Zufallsvariablen J.

Entsprechend wird der rechte Determinator definiert.

Bemerkung 4.3.1 Enthält der Determinator $d^{\text{lt}}(J)$ das Wort w, dann enthält er auch alle Anfangsstücke dieses Wortes.

Die Menge der *rechts unverkürzbaren* Wörter $w'x$ im Komplement des Determinators $d^{\text{lt}}(J)$ wird durch die Bedingung

$$w'x \notin d^{\text{lt}}(J) \Rightarrow w' \in d^{\text{lt}}(J)$$

definiert.

Definition 4.3.3 Ein stochastischer Operator $\tau(J) = \langle X, Y, \tau \rangle$ mit den Bedingungen

$$\tau(v/w) = \begin{cases} 0 & \text{für } |w| \neq |v|\,, \\ p(w,v)/p^x(w) & \text{für } w \in d^{\text{lt}}(J) \text{ und } |w| = |v|\,, \\ \text{beliebige Wahrschein-} \\ \text{lichkeitsverteilung} & \text{für } w \notin d^{\text{lt}}(J) \end{cases}$$

heißt *ein mit J assoziierter direkter stochastischer Operator.*

Bemerkung 4.3.2 Zur Vereinfachung kann angenommen werden, daß für alle Folgen von Paaren von Zufallsvariablen J das Wahrscheinlichkeitsmaß $\tau(v/w)$ auf allen Wörtern w mit $w \notin d^{\text{lt}}$ in gleicher Weise durch denselben Zustand des Operators gegeben ist, also durch einen SA-Operator mit einem Zustand $\widehat{\tau}$:

$$\tau(vy_1 \ldots y_t/wx_1 \ldots x_t) = \tau(v/w)\widehat{\tau}(y_1/x_1) \ldots \widehat{\tau}(y_t/x_t)\,.$$

Sei der SA $A = \langle X, Y, S, \{p(s', y/s, x)\}\rangle$ gegeben.

Definition 4.3.4 Eine Folge von Paaren von Zufallsvariablen (4.3.1) heißt *dargestellt durch den* SA A (mit Anfangszustandsvektor $\boldsymbol{\mu}(e)$), wenn der direkte stochastische Operator $\tau(J)$ auf dem linken Determinator $d^{\text{lt}}(J)$ mit dem SA-Operator τ_A, der durch den SA A dargestellt wird, übereinstimmt.

Theorem 4.3.1 *Eine Folge von Paaren von Zufallsvariablen* $J = \langle p(w, v), (w, v) \in (X \times Y)^*\rangle$ *ist genau dann durch einen SA darstellbar, wenn für alle Paare von Wörtern* (w, v) *und* (w', v') *aus* $(X \times Y)^*$ *mit* $w'w \in d^{\text{lt}}(J)$ *und* $\tau(v'/w') \neq 0$ *die Beziehung* $\tau(v'v/w'w)/\tau(v'/w') = \tau_{w',v'}(v/w)$ *eine bedingte Wahrscheinlichkeit bezüglich der Wörter* w' *und* v' *ist.*

Beweis Die Notwendigkeit folgt daraus, daß der Operator $\tau_A \equiv \tau$ das Theorem 2.1.1 erfüllt. Wir beweisen, daß die Bedingung hinreichend ist. Dazu werden wir zeigen, daß für die Folge J der stochastische Operator, der aus τ entsprechend der Bemerkung 4.3.2 konstruiert wurde, ein SA-Operator ist, d. h. dem Theorem 2.1.1 genügt.

Die Bedingung 1 des Theorems 2.1.1 ist nach Definition erfüllt. Sei $\tau(v/w) = 0$ mit $|w| = |v|$.

Ist $p^x(w) = 0$, so folgt aus der Bemerkung 4.3.2, daß $\tau(vv_1/ww_1) = \tau(v/w)\hat{\tau}(v_1/w_1) = 0$ ist.

Sei $p^x(w) \neq 0$, dann gilt $\tau(v/w) = p(w, v)/p^x(w)$ und $p(w, v) = 0$. Für jedes Paar von Wörtern $|w_1| = |v_1|$ erhalten wir dann aber $p(ww_1, vv_1) = 0$. Ist $p^x(ww_1) \neq 0$, so gilt $\tau(vv_1/ww_1) = p(ww_1, vv_1)/p^x(ww_1) = 0$. Ist jedoch $p^x(ww_1) = 0$, so finden wir Zerlegungen $w_1 = w_2w_3$ und $v_1 = v_2v_3$, so daß $ww_2 \in d^{\text{lt}}(J)$ und $\tau(vv_1/ww_1) = \tau(vv_2/ww_2)\hat{\tau}(v_3/w_3)$ gelten. Wie oben gezeigt, ist dann $\tau(vv_2/ww_2) = 0$ und folglich $\tau(vv_1/ww_1) = 0$.

Seien schließlich $\tau(v/w) \neq 0$ und $p^x(ww_1) \neq 0$. Dann ist $p^x(w) \neq 0$ und $\tau(vv_1/ww_1)/\tau(v/w)$ eine bedingte Wahrscheinlichkeitsverteilung nach Voraussetzung. Die entsprechende Behauptung folgt für $p^x(ww_1) = 0$ aus der Definition des Operators $\hat{\tau}$ und der Voraussetzung. □

Korollar 4.3.1 *Die Folge von Paaren von Zufallsvariablen (4.3.1) wird genau dann durch einen SA dargestellt, wenn die Wahrscheinlichkeitsverteilung* p *der Bedingung*

$$\sum_{|v'|=|w'|} \tau(vv'/ww') = \tau(v/w) \quad \textit{für alle } ww' \in d^{\text{lt}}(J)$$

genügt.

Der Beweis verläuft wie der Beweis des Theorems 2.1.2.

Um Bedingungen für die Darstellbarkeit von Folgen von Paaren von Zufallsvariablen durch endliche SAs aufzufinden, werden wir die gleiche Methode anwenden, die für die Lösung der Darstellbarkeit stochastischer Operatoren und von Wortfunktionen benutzt wurde. Wir führen eine Menge von Zuständen ein, die die Darstellbarkeit von Zufallsvariablen durch einen Automaten sicherstellen soll.

Sei $J = \langle p(w,v),\ (w,v) \in (X \times Y)^* \rangle$ eine dargestellte Folge von Paaren von Zufallsvariablen. Für Wörter gleicher Länge $|w| = |v|$ sei $p(w,v) \neq 0$. Dann sei

$$\frac{p(ww_1, vv_1)}{p(w,v)} = p_{w_1,v_1}(w,v) \ .$$

Definition 4.3.5 Eine Folge von Paaren von Zufallsvariablen

$$J_{w_1,v_1} = \langle p_{w_1,v_1}(w,v),\ (w,v) \in (X \times Y)^* \rangle$$

heißt *(wesentlicher) Zustand* der Folge J.

Die Menge der wesentlichen Zustände einer dargestellten Folge von Zufallsvariablen heißt *Zustandsmenge.*

Bemerkung 4.3.3 Die wesentlichen Zustände einer dargestellten Folge von Zufallsvariablen J, einer linken Folge von Zufallsvariablen J_x zu J und eines direkten stochastischen Operators τ, der mit J assoziert ist, sind miteinander durch die Beziehung

$$p_{w_1,v_1}(w,v) = p^x_{w_1}(w) \cdot \tau_{w_1,v_1}(v/w) \ \text{ für alle } (w,v) \in (X \times Y)^* \qquad (4.3.2)$$

verknüpft.

Sei nämlich $p(w,v) \neq 0$. Da $p(w,v) = p^x(w) \cdot \tau(v/w)$ ist, sind $p^x(w) \neq 0$ und $\tau(v/w) \neq 0$. Daher gilt

$$\frac{p(ww_1, vv_1)}{p(w,v)} = \frac{p^x(ww_1) \cdot \tau(vv_1/ww_1)}{p^x(w) \cdot \tau(v/w)} = p^x_{w_1}(w) \cdot \tau_{w_1,v_1}(v/w) \ ,$$

so daß (4.3.2) erfüllt ist.

Wird die Mächtigkeit der Zustandsmengen von J, J_x und $\tau(J)$ durch $n(J)$, $n(J_x)$ bzw. $n(\tau(J))$ bezeichnet, so folgt aus der Formel (4.3.2) die Ungleichung

$$n(J) \leq n(J_x) n(\tau(J)) \ . \qquad (4.3.3)$$

Theorem 4.3.2 *Die Zustandsmenge einer dargestellten Folge von Paaren von Zufallsvariablen J ist genau dann endlich, wenn die Zustandsmengen von J_x und $\tau(J)$ endlich sind.*

Beweis Daß die Bedingungen des Theorems hinreichend sind, folgt aus der Ungleichung (4.3.3). Wir zeigen die Notwendigkeit. Die Folge J habe eine endliche Zustandsmenge. Wir betrachten zwei beliebige Paare von Wörtern (w_1, v_1) und (w_2, v_2) aus $(X \times Y)^*$, so daß $p(w_1, v_1) \neq 0$ und $p(w_2, v_2) \neq 0$ sind. Sei

$$p_{w_1,v_1} \equiv p_{w_2,v_2} \;.$$

Wir zeigen, daß in diesem Fall

$$p^x_{w_1} \equiv p^x_{w_2} \tag{4.3.4}$$

und

$$\tau_{w_1,v_1} \equiv \tau_{w_2,v_2} \tag{4.3.5}$$

gelten. Angenommen, (4.3.4) gelte nicht. Dann gibt es ein Wort $w \in X^*$, so daß $p^x_{w_1}(w) \neq p^x_{w_2}(w)$ ist. Damit ist einer dieser Werte ungleich Null: Sei $p^x_{w_1}(w) \neq 0$. Für jedes Wort $v \in Y^{|w|}$ folgt aus (4.3.2) somit

$$\tau_{w_2,v_2}(v/w) = \tau_{w_1,v_1}(v/w)(p^x_{w_2}(w)/p^x_{w_1}(w)) \;.$$

Wegen Theorem 4.3.1 folgt, da J dargestellt ist,

$$\begin{aligned} 1 &= \sum_{|v|=|w|} \tau_{w_2,v_2}(v/w) = \sum_{|v|=|w|} \tau_{w_1,v_1}(v/w)(p^x_{w_2}(w)/p^x_{w_1}(w)) \\ &= p^x_{w_2}(w)/p^x_{w_1}(w) \;. \end{aligned}$$

Aus diesem Widerspruch folgt (4.3.4) und ebenso die Gleichheit (4.3.5) für alle Wörter $w \in X^*$, mit Ausnahme der Fälle, in denen $p^x_{w_1}(w) = p^x_{w_2}(w) = 0$ gilt. Ist jedoch dies erfüllt, so können wir (4.3.5) aus der Bemerkung 4.3.2 folgern.

Aus dem oben Gezeigten folgt, daß die Ungleichungen

$$n(J_x) \leq n(J) \text{ und } n(\tau(J)) \leq n(J)$$

gelten. Deshalb zieht die Endlichkeit der Zustandsmenge von J die Endlichkeit der Zustandsmengen von J_x und $\tau(J)$ nach sich. □

Wir merken an, daß die Endlichkeit der Zustandsmenge einer beliebigen Folge von Paaren von Zufallsvariablen J keine hinreichende Bedingung dafür ist, daß J durch einen endlichen SA dargestellt werden kann.

Korollar 4.3.2 *Eine dargestellte Folge J besitzt genau dann eine endliche Anzahl von Zuständen, wenn die linke Folge J_x zu J endlich viele Zustände hat und die folgenden beiden Bedingungen gelten:*

1. *Es gibt ein endliches System von bedingten Wahrscheinlichkeitsverteilungen $\tau_a(y/x)$ mit $a \in \mathcal{I} = \{1, \dots, n\}$.*

2. *Es gibt eine ganzzahlige Wortfunktion $a : (X \times Y)^* \to \mathcal{I}$, die nur endlich viele Werte annimmt und der Forderung*

$$a(w_1, v_1) = a(w_2, v_2) \Rightarrow a(w_1 x, v_1 y) = a(w_2 x, v_2 y) \qquad (4.3.6)$$

   genügt, wobei für ein beliebiges Paar von Wörtern gleicher Länge (w, v), $w \in d^{\,\mathrm{lt}}(J)$ die bedingte Wahrscheinlichkeit für das Paar (wx, vy) durch die Formel

$$\tau(vy/wx) = \tau(v/w)\tau_{a(w,v)}(y/x) \qquad (4.3.7)$$

   festgelegt ist.

Beweis Die Gültigkeit von (4.3.6) und (4.3.7) ist äquivalent dazu, daß der Operator τ genau n Zustände hat oder durch einen halbdeterministischen Automaten mit n Zuständen darstellbar ist (Theorem 2.2.2). □

Wir betrachten den wichtigen Fall, daß der darstellende Automat deterministisch ist. Falls die Folge von Paaren von Zufallsvariablen J durch einen DA A dargestellt wird, so sagen wir, daß der Automat A die linke („Eingabe-") Folge von Zufallsvariablen J_x in die rechte („Ausgabe-") Folge von Zufallsvariablen J_y *umwandelt.*

Aufbauend auf den Ergebnissen dieses Abschnittes leiten wir nun Kriterien dafür her, daß eine Folge von Zufallsvariablen in eine andere durch einen deterministischen Automaten umgewandelt werden kann. Wir beginnen mit einem vorbereitenden Hilfssatz.

Lemma 4.3.1 *Ein stochastischer Operator τ ist genau dann durch einen DA darstellbar, wenn er die Form*

$$\tau(v/w) = \begin{cases} 1 & \text{für } v = \varphi(w)\,, \\ 0 & \text{sonst}\,, \end{cases} \qquad \text{für alle } (w, v) \in (X \times Y)^*$$

hat, wobei $\varphi : X^* \to Y^*$ eine geeignete Automatenabbildung ist. Dabei gibt es eine eineindeutige Beziehung zwischen den Zustandsmengen des SA-Operators τ und der Automatenabbildung φ.

Beweis Man verwende die bedingte Wahrscheinlichkeitsverteilung für den DA A in der Form

$$p_A(s', y/s, x) = \begin{cases} 1 & \text{für } s' = \delta_A(s, x)\,,\ y = \lambda_A(s, x)\,, \\ 0 & \text{sonst} \end{cases}$$

und benutze die Definition des stochastischen Operators $\tau_A(v/w)$, der durch den DA A in der Form

$$\tau_A(y_1 \dots y_t/x_1 \dots x_t) = \sum_{s_0, s_1, \dots, s_{t-1}} \mu(s_0) p(s_1, y_1/s_0, x_1) \dots p(s_t, y_t/s_{t-1}, x_t)$$

dargestellt wird. Der Hilfssatz folgt dann leicht. □

Seien $J_1 = \langle p_1(w),\ w \in X^* \rangle$ und $J_2 = \langle p_2(v),\ v \in Y^* \rangle$ zwei Folgen von Zufallsvariablen.

Theorem 4.3.3 *Es gibt genau dann einen deterministischen Mealy-Automaten, der eine Folge von Zufallsvariablen J_1 in eine Folge von Zufallsvariablen J_2 umwandelt, wenn für jedes Wort v die Beziehung*

$$p_2(v) = \sum_{v = \varphi(w)} p_1(w) \tag{4.3.8}$$

erfüllt ist, wobei $\varphi : X^* \to Y^*$ cinc gccignete Automatenabbildung ist.

Beweis Sei A ein DA, der J_1 in J_2 umwandelt. Wir halten die Zahl i fest und betrachten eine Zufallsvariable J_1^i, die jedes Wort w mit $|w| = i$ mit der Wahrscheinlichkeit $p_1(w)$ annimmt. Die Zufallsvariable J_1^i impliziert eine Zufallsvariable J_2^i, die ein Wort v mit $|v| = i$ mit der Wahrscheinlichkeit $p_2(v)$ annimmt, wobei die Implikationsfunktion eine Automatenabbildung φ_A ist, die durch den Automaten A bestimmt ist. Mit Lemma 1.2.1 erhalten wir deshalb (4.3.8) für alle Wörter v der festen Länge i. Da die Länge i beliebig gewählt wurde, gilt (4.3.8) auf dem gesamten Monoid Y^*.

Sei umgekehrt für Folgen von Zufallsvariablen J_1 und J_2 die Beziehung (4.3.8) erfüllt, wobei φ eine Automatenabbildung ist. Wir konstruieren einen DA A, der diese Abbildung φ realisiert. Er wandelt die Eingabefolge J_1 in eine geeignete Folge von Zufallsvariablen J_2' um. Die Wahrscheinlichkeiten $p'(v)$ der Folge J_2' werden durch die Beziehung $p'(v) = \sum_{v=\varphi(w)} p_1(w)$ bestimmt, woraus gemäß der Definition einer Folge von Zufallsvariablen folgt, daß J_2 und J_2' übereinstimmen. □

Bemerkung 4.3.4 Aus Lemma 4.3.1 und Theorem 4.3.3 folgt, daß eine Folge J_1 genau dann durch einen endlichen DA in eine Folge J_2 umgewandelt werden kann, wenn die Automatenabbildung φ in (4.3.8) eine endliche Zahl von Zuständen besitzt.

Definition 4.3.6 Eine Folge von Zufallsvariablen J_1 *impliziert* eine Folge von Zufallsvariablen J_2 *(endlich-) automatisch*, wenn es einen (endlichen) DA gibt, der J_1 in J_2 umwandelt. Die Folgen J_1 und J_2 heißen *(endlich-) automatisch-äquivalent*, wenn jede von ihnen die andere (endlich-) automatisch impliziert.

Für einen DA $A = \langle X, Y, S, \delta, \lambda \rangle$ und eine Folge von Zufallsvariablen $J = \langle p(w),\ w \in X^* \rangle$ definieren wir für jeden erreichbaren Zustand $s \in S$ die Menge der möglichen Eingaben

$$X(s) = \{x | \exists w \in X^* : \delta(s_0, w) = s, p(wx) \neq 0\}$$

und die Menge der möglichen Ausgaben

$$Y(s) = \{y | \exists w \in X^*, x \in X : \delta(s_0, w) = s, p(wx) \neq 0, \lambda(s, x) = y\}\ .$$

Definition 4.3.7 Ein DA $A = \langle X, Y, S, \delta, \lambda \rangle$ heißt *Umbenennungsautomat* für die Eingabefolge J, wenn für jeden erreichbaren Zustand s die Funktion $\lambda_s : X(s) \to Y(s)$ (mit $\lambda_s(x) = \lambda(s, x)$) bijektiv ist.

Theorem 4.3.4 *Zwei Folgen von Zufallsvariablen J_1 und J_2 sind genau dann (endlich-) automatisch-äquivalent, wenn ein (endlicher) Umbenennungsautomat für die Folge J_1 existiert, der J_1 in J_2 umwandelt.*

Beweis Wir nehmen an, daß die Folgen J_1 und J_2 automatisch-äquivalent sind. Dann gibt es Automatenabbildungen $\varphi : X^* \to Y^*$ und $\psi : Y^* \to X^*$, so daß für Paare von Wörtern (w, v) gleicher Länge

$$p_2(v) = \sum_{w=\varphi(v)} p_1(w) \quad \text{und} \quad p_1(w) = \sum_{v=\psi(w)} p_2(v)$$

gelten. Aus der ersten Beziehung folgt, daß die Zahl der Wörter der Länge $|w|$ im Determinator $d(J_2)$ nicht größer ist als die Zahl der Wörter w derselben Länge im Determinator $d(J_1)$. Aus der zweiten Beziehung folgt die Umkehrung. Somit definieren die Abbildungen φ und ψ eine eineindeutige Beziehung zwischen den Wörtern gleicher Länge in den Determinatoren

$d(J_1)$ und $d(J_2)$, wobei für die einander entsprechenden Wörter w und v die Gleichung $p_1(w) = p_2(v)$ gilt. Somit ist der Automat, der der (endlichen) Automatenabbildung φ entspricht, ein (endlicher) Umbenennungsautomat für J_1.

Wir nehmen jetzt umgekehrt an, daß der Umbenennungsautomat A die Folge J_1 in die Folge J_2 überführt. Dann läßt sich zu ihm auf natürliche Weise ein Umkehrautomat A^{-1} definieren, der dieselbe Zustandsmenge und denselben Zustandsgraphen wie A besitzt. Der Unterschied zu A besteht nur darin, daß im Graphen von A^{-1} die Bezeichnung an jeder Kante des Graphen A, nämlich (y_i/x_j), durch ihre Vertauschung, nämlich (x_j/y_i) ersetzt wird, d. h. ein Eingabesymbol geht in ein Ausgabesymbol über und umgekehrt. Wegen Definition 4.3.7 ist dies für jeden erreichbaren Zustand für alle $x \in X(s)$ und $y \in Y(s)$ möglich. Für die übrigen Zustände und Eingabesymbole $y \in Y - Y(s)$ werden die Übergangsfunktion und die Ausgabefunktion beliebig definiert. Der Automat A^{-1} ist ein Umbenennungsautomat für J_2. Für jeden seiner erreichbaren Zustände s ist die Menge der möglichen Eingaben und der möglichen Ausgaben gleich $Y(s)$ bzw. $X(s)$. Offensichtlich überführt A^{-1} die Folge J_2 in J_1. □

Als Illustration für eine Anwendung des Theorems 4.3.4 betrachten wir einige Eigenschaften von Funktionen endlicher homogener Markov-Ketten.

Definition 4.3.8 Eine Folge von Zufallsvariablen $J = \langle p(w),\ w \in X^*\rangle$ heißt *stationär mit unabhängigen Werten*, wenn für jedes Wort $w = x_1 \dots x_t$ die Bedingung

$$p(x_1 \dots x_t) = p(x_1) \dots p(x_t) \tag{4.3.9}$$

erfüllt ist.

Theorem 4.3.5 *Eine Folge von Zufallsvariablen $J = \langle p(v),\ v \in Y^*\rangle$ ist genau dann eine Funktion einer endlichen homogenen Markov-Kette, wenn sie Ausgabefolge eines endlichen DA mit stationärer Eingabefolge mit unabhängigen Werten und zufälligem Anfangszustand ist.*

Beweis Die stationäre Folge mit unabhängigen Werten $J_1 = \langle p_1(w),\ w \in X^*\rangle$ sei Eingabefolge für einen deterministischen endlichen Automaten $A = \langle X, Y, S, \delta, \lambda\rangle$ mit dem Anfangsverteilungsvektor $\boldsymbol{\mu}$. Die Folge der Zustände

$s_0, \ldots, s_t$ des Automaten A wird durchlaufen mit der Wahrscheinlichkeit

$$p_2(s_0 \ldots s_t) =_{\mathrm{df}} \mu(s_0) \sum_{\substack{s_1=\delta(s_0,x_1) \\ \vdots \\ s_t=\delta(s_{t-1},x_t)}} p_1(x_1 \ldots x_t) = \mu(s_0) \prod_{i=1}^{t} \sum_{s_i=\delta(s_{i-1},x_i)} p_1(x_i) \,.$$

Folglich ist die Wahrscheinlichkeit dafür, daß nach Eingabe eines Wortes der Länge t der Automat den Zustand s_t angenommen hat, gleich

$$p_3(s_t) =_{\mathrm{df}} \sum_{s_0,\ldots s_{t-1}} \mu(s_0) \prod_{i=1}^{t} \sum_{s_i=\delta(s_{i-1},x_i)} p_1(x_i) \,.$$

Mit der Bezeichnung $p_{ss'} = \sum_{s'=\delta(s,x)} p_1(x)$ erhalten wir

$$p_3(s_t) = \sum_{s_0,\ldots,s_{t-1}} \mu(s_0) p_{s_0 s_1} \ldots p_{s_{t-1} s_t} \,.$$

Somit bildet die Folge der Zustände des Automaten A eine endliche homogene Markov-Kette mit der Übergangsmatrix $P = (p_{ss'})$ und der Anfangsverteilung $\boldsymbol{\mu}$. Wir betrachten die Markov-Kette mit der Zustandsmenge $\{(s,x) | s \in S, x \in X\}$, der Anfangsverteilung $\{\mu(s)p_1(x)\}$ und den Übergangswahrscheinlichkeiten

$$p_{(s,x)(s',x')} = \begin{cases} p_{ss'} & \text{für } x' = x \,, \\ 0 & \text{sonst} \,. \end{cases}$$

Die Ausgabefolge des Automaten A ist dann eine Funktion dieser Markov-Kette.

Umgekehrt gebe es eine stochastische Matrix $P = (p_{ss'})$, eine Anfangsverteilung $\boldsymbol{\mu}$ und eine Funktion $\lambda : S \to Y$, so daß die Folge J eine Funktion λ der Markov-Kette mit Übergangsmatrix A und Anfangsverteilung $\boldsymbol{\mu}$ ist. Eine Zufallsvariable mit Wahrscheinlichkeitsverteilung p_1 impliziere jede Wahrscheinlichkeitsverteilung $\{p_{ss'} | s \in S\}$ der Zeilen der stochastischen Matrix P. Ist $\{\varphi_s | s \in S\}$ ein System von Implikationsfunktionen für jede der Zeilen von P, so setzen wir $\delta(s,x) = \varphi_s(x)$. Wir setzen ferner $\lambda(s,x) = \lambda(s)$. Man erkennt dann, daß der DA $\langle X, Y, S, \delta, \lambda \rangle$ mit der Anfangsverteilung der Zustände $\boldsymbol{\mu}$ und stationärer Eingabefolge mit unabhängigen Werten, die gemäß (4.3.9) durch die Wahrscheinlichkeitsverteilung p_1 definiert wird, die Folge J als Ausgabefolge hat. □

Korollar 4.3.3 *Die Klasse der Funktionen endlicher homogener Markov-Ketten ist abgeschlossen bzgl. deterministischer endlich-automatischer Umwandlung.*

Der Beweis folgt daraus, daß die aufeinanderfolgende Umwandlung durch zwei endliche DAs wiederum durch einen endlichen DA bewerkstelligt werden kann.

Abschließend erhalten wir erneut ein Ergebnis, das wir schon in Abschnitt 4.2 hergeleitet haben.

Korollar 4.3.4 *Eine Folge von Zufallsvariablen ist genau dann eine Funktion einer endlichen homogenen Markov-Kette, wenn sie Ausgabefolge eines endlichen autonomen SA ist.*

Beweis Sei $J = \langle p(v),\ v \in Y^* \rangle$ eine Funktion einer endlichen homogenen Markov-Kette. Nach Theorem 4.3.5 gibt es eine Anfangsverteilung $\boldsymbol{\mu}$ und ein System endlicher Automatenabbildungen $\varphi_s(w)$ mit $s \in S$, so daß für jedes Wort $v = y_1 \dots y_t \in Y^*$ die Beziehung

$$p(y_1 \dots y_t) = \sum_{s_0 \in S} \mu(s_0) \sum_{v = \varphi_{s_0}(w)} p(w)$$

mit $p(w) = p(x_1) \dots p(x_t)$ gilt. Mit der Bezeichnung

$$p_{ss'}(y) =_{\text{df}} \sum_{\substack{y = \varphi_s(x) \\ s' = sx}} p(x)$$

erhalten wir

$$\begin{aligned}
&p(y_1 \dots y_t) \\
&\quad = \sum_{s_0 \in S} \mu(s_0) \sum_{y_1 \dots y_t = \varphi_{s_0}(x_1 \dots x_t)} p(x_1) \dots p(x_t) \\
&\quad = \sum_{s_0 \in S} \mu(s_0) \sum_{y_1 = \varphi_{s_0}(x_1)} p(x_1) \dots \sum_{y_t = \varphi_{s_0 x_1 \dots x_{t-1}}(x_t)} p(x_t) \\
&\quad = \sum_{s_0 \in S} \mu(s_0) \sum_{\substack{s_1 \in S \\ s_1 = s_0 x_1}} \sum_{y_1 = \varphi_{s_0}(x_1)} p(x_1) \dots
\end{aligned}$$

$$\ldots \sum_{\substack{s_t \in S \\ s_t = s_0 x_1 \ldots x_{t-1} x_t}} \quad \sum_{y_t = \varphi_{s_0 x_1 \ldots x_{t-1}}(x_t)} p(x_t)$$

$$= \sum_{s_0, s_1, \ldots, s_t} \mu(s_0) p_{s_0 s_1}(y_1) \ldots p_{s_{t-1} s_t}(y_t) \ .$$

Die Menge von Matrizen $A(y) = (p_{ss'}(y))$ definiert einen endlichen autonomen SA, der unter der Anfangszustandsverteilung μ die Folge J als Ausgabefolge hat.

Umgekehrt gelte für jedes Wort $v = y_1 \ldots y_s$ die Darstellung

$$p(y_1 \ldots y_t) = \sum_{s_0, s_1, \ldots, s_t} \mu(s_0) p_{s_0 s_1}(y_1) \ldots p_{s_{t-1} s_t}(y_t) \ , \tag{4.3.10}$$

wobei die Zahlen $p_{ss'}(y) = p_s(s', y)$ für festes $s \in S$ eine Wahrscheinlichkeitsverteilung bilden. Eine Zufallsvariable mit Wahrscheinlichkeitsverteilung $p(x)$ impliziere jede der Wahrscheinlichkeitsverteilungen $p_s(s', y)$. Dann gibt es eine Implizierungsfunktion $(s', y) = \varphi_s(x)$, die in der Form $s' = \delta(s, x)$ und $y = \lambda(s, x)$ dargestellt werden kann. Wir führen die Bezeichnung

$$p_{ss'}(y) =_{\text{df}} \sum_{\substack{y = \lambda(s,x) \\ s' = \delta(s,x)}} p(x)$$

ein und erhalten

$$\begin{aligned} p(y_1 \ldots y_t) \\ &= \sum_{s_0, s_1, \ldots, s_t} \mu(s_0) p_{s_0 s_1}(y_1) \ldots p_{s_{t-1} s_t}(y_t) \\ &= \sum_{s_0, \ldots, s_t} \mu(s_0) \sum_{\substack{y_1 = \lambda(s_0, x_1) \\ s_1 = \delta(s_0, x_1)}} p(x_1) \ldots \sum_{\substack{y_t = \lambda(s_{t-1}, x_t) \\ s_t = \delta(s_{t-1}, x_t)}} p(x_t) \\ &= \sum_{s_0} \mu(s_0) \sum_{y_1 \ldots y_t = \varphi_{s_0}(x_1 \ldots x_t)} p(x_1) \ldots p(x_t) \ , \end{aligned}$$

wobei $\varphi_{s_0}(w)$ eine endliche Automatenabbildung ist, die durch einen DA mit Übergangsfunktion δ und Ausgabefunktion λ definiert wird. Nach Theorem 4.3.5 ist die Folge J eine Funktion einer endlichen homogenen Markov-Kette. □

Die Formel (4.3.10) definiert eine Funktion einer Markov-Kette in kanonischer Form als direkte Verallgemeinerung einer Markov-Kette. Der Beweis des Korollars 4.3.4 liefert gleichzeitig eine Methode für die Synthese eines DA und einer Ausgabefolge von Zufallsvariablen, die den Automaten in eine vorgegebene Funktion einer endlichen homogenen Markov-Kette überführt.

4.4 Übungen und zusätzliche Theoreme

1. Gibt es einen Algorithmus, der für einen beliebigen endlichen RSA mit rationalem Schnittpunkt λ entscheidet, ob das gegebene λ ein isolierter Schnittpunkt ist?

   Dieses Problem ist algorithmisch unentscheidbar. [251]

2. Wir bezeichnen mit $E_M(m, k, n)$ die Menge der regulären Sprachen über einem Alphabet mit m Buchstaben, die durch einen Ausgabebuchstaben mit einem deterministischen Mealy-Automaten mit k Zuständen und n Ausgabebuchstaben darstellbar sind. Dann können für beliebige feste $m, n \geq 2$ fast alle Sprachen aus der Menge $E_M(m, k, n)$ nicht mit einem Ausgabebuchstaben in einem SA mit einer Zustandszahl dargestellt werden, die kleiner ist als $c \log_2 k$, wobei c eine geeignete Konstante ist. [168]

3. Formulieren und beweisen Sie ein Rückführungstheorem für den Fall der Darstellbarkeit durch einen abzählbaren DA für Sprachen von unendlichen Folgen über einem endlichen Alphabet. Es sind verschiedene Definitionen für die Darstellbarkeit von solchen Sprachen durch Automaten möglich. Beispielsweise kann man sagen, die Folge w_∞ sei *darstellbar* durch den Automaten A, wenn für eine ausgezeichnete Teilmenge V der Zustandsmenge $V \cap \bigcup_i \{s_i(w_\infty)\} \neq \emptyset$ (beziehungsweise $V \cap \bigcup_i \{s_i(w_\infty)\}$ abzählbar) gilt. Dabei sei $s_1 \ldots s_n \ldots = s(w_\infty)$ die durchlaufene Zustandsfolge für die unendliche Eingabefolge w_∞.

4. Seien L ein beliebiger LA, der die Wortfunktion φ darstellt, N und M Matrizen, wie in Abschnitt 4.2 eingeführt. Dann ist $\mathsf{Han}(\varphi) = MN$, woraus folgt, daß die folgende Ungleichung für den Rang der hankelschen Matrix $\mathsf{Han}(\varphi)$ gilt:

$$\mathsf{rg} M + \mathsf{rg} N - \dim L \leq \mathsf{rg}\,\mathsf{Han}(\varphi) \leq \min(\mathsf{rg} M, \mathsf{rg} N) \leq \dim L\,.$$

5. Aus den Ungleichungen von Aufgabe 4 folgt, daß der n-dimensionale LA, der die Wortfunktion φ darstellt, genau dann minimalen Rang unter allen LAs hat, die diese Funktion darstellen, wenn $\operatorname{rg} M = n$ und $\operatorname{rg} N = n$ gilt (es gibt keine äquivalenten Zustände).

6. Es gibt Funktionen endlicher Markov-Ketten mit einer unendlichen Anzahl von Zuständen.

7. Jede Folge mit einer endlichen Zustandszahl kann durch einen endlichen autonomen SA modelliert werden. Daraus folgt insbesondere, daß für zwei beliebige Folgen von Zufallsvariablen mit endlicher Zustandszahl ein endlicher SA existiert, der die eine dieser Folgen in die andere überführt.

8. Bestimmen Sie, ob für einen gegebenen DA eine Folge von Zufallsvariablen mit endlicher Zustandsmenge existiert, die den gegebenen Automaten in eine Folge mit unendlicher Anzahl von Zuständen überführt. [155]

9. Wann hat eine Folge von Zufallsvariablen, die eine konvexe Kombination von Folgen mit endlicher Zustandsmenge ist, selber eine endliche Zustandsmenge?

10. Gibt es einen Algorithmus, der entscheidet, ob die Zustandsmenge einer Funktion einer Markov-Kette endlich ist? Ist die Antwort positiv, so geben Sie eine Funktion an, die von der Mächtigkeit der Zustandsmenge der Kette und der Mächtigkeit des Alphabets der Funktion der Kette abhängt und die die Schrittzahl des gegebenen Algorithmus begrenzt. [156]

Folgen von Zufallsvariablen mit endlicher Anzahl von Zuständen können durch endliche autonome SAs modelliert werden (Übung 7). Deshalb möchte man eine beliebige Folge von Zufallsvariablen mit Hilfe von Folgen mit einer endlichen Anzahl von Zuständen annähern. Dieses Problem wird in den folgenden Übungen untersucht. [157]

11. Für zwei beliebige Folgen von Zufallsvariablen p und q über dem Alphabet X definieren wir eine Funktion ρ auf folgende Weise:

$$\rho(p,q) = \sup_{w \in X^* \setminus \{e\}} \left(|p(w) - q(w)| / |w| \right) .$$

Beweisen Sie, daß ρ auf dem Raum der Folgen von Zufallsvariablen eine Metrik ist.

12. Beweisen Sie, daß für die Metrik, die in der vorhergehenden Aufgabe eingeführt wurde, die folgende Behauptung gilt: Für jede Folge von Zufallsvariablen p und jede positive Zahl ε gibt es eine Folge von Zufallsvariablen q mit endlicher Zustandsmenge, die von p höchstens ε entfernt ist. Schätzen Sie die Zahl der Zustände von q ab.

4.5 Bibliographischer Kommentar zum Kapitel 4

Das in diesem Kapitel betrachtete Rückführungsproblem wurde zum ersten Mal von M. O. Rabin [401] untersucht. Er bewies das Theorem 4.1.1 und zeigte, daß man dieses auf das Problem, ein Produkt von einer beliebigen Zahl von Matrizen mit nichtnegativen Elementen zu berechnen, anwenden kann. Ferner wies er einen Unterschied zwischen endlichen DAs und SAs mit isolierten Schnittpunkten nach (Theorem 4.1.2). Weitere Ergebnisse in Richtung auf allgemeinere Rückführungssätze stammen von R. G. Bukharaev. Er konstruierte einen SA mit einer überall dichten Menge $H(A)$, die eine reguläre Sprache darstellt, und fand die notwendige und hinreichende Bedingung für die Regularität einer Sprache, die durch einen endlichen SA dargestellt wird [35]. Diese Bedingung wurde unabhängig auch von Van Din Sieu ([193]) gefunden. Außerdem bewies er das Theorem 4.1.4 [42].

Die Identifizierungsaufgabe für SAs wurde von E. J. Gilbert [300] als ein Problem für die Identifizierung einer Funktion endlicher Markov-Ketten gestellt. Die Arbeit von J. W. Carlyle über die Identifizierung stochastischer Operatoren mit endlichem Gedächtnis [260] benutzt Methoden von E. J. Gilbert [300] und D. Blackwell, L. Koopmans [252]. Die Ergebnisse, die in unserem Buch vorgestellt werden, stammen im wesentlichen von Ju. A. Alpin. Die Vorgehensweise von E. J. Gilbert für die Identifizierung einer Markov-Kette beruht auf dem in Abschnitt 4.2 eingeführten Begriff des Ranges einer Funktion einer Markov-Kette im Unterschied zum Begriff des Ranges einer Wortfunktion. Wie schon bemerkt, entstand dieser Begriff geschichtlich früher und ist ein algebraischer Weg zur Identifizierung stochastischer und linearer Automaten.

Verallgemeinerte hankelsche Matrizen finden sich in der Arbeit von J. W. Carlyle [260]. Eine präzise Definition der verallgemeinerten hankelschen Matrix stammt von Ju. A. Alpin und N. S. Gabbasow. Eine Theorie (und die

Fortsetzbarkeit) der hankelschen Matrizen wurde in der Arbeit von I. S. Jochwidow entwickelt. Die von uns vorgestellte Methode und das grundlegende Theorem 4.2.4 stammen von Ju. A. Alpin und N. S. Gabbasow.

Die Darstellbarkeit von Folgen von Paaren von Zufallsvariablen durch endliche SAs und endliche DAs stammen von R. G. Bukharaev und teilweise von R. G. Mubaraksianow. Die Aufgabenstellung und grundlegende Ergebnisse finden sich in den Arbeiten [25,28,35]. Die Theoreme 4.3.2 und 4.3.4 wurden dort erstmals bewiesen.

Kapitel 5

Strukturtheorie der stochastischen Automaten

5.1 Schleifenfreie Dekomposition

In diesem Kapitel werden wir in der Regel Moore-Automaten mit deterministischer Ausgabefunktion betrachten. Wegen Theorem 1.2.2 bedeutet dies keine wesentliche Beschränkung gegenüber allgemeinen SAs. Auch sind die Ergebnisse der Strukturtheorie, bezogen auf Moore-Automaten mit deterministischen Übergangsfunktionen, übersichtlicher und erlauben eine anschaulichere Interpretation.

Als schleifenfreie Dekomposition eines SA bezeichnet man das Hintereinanderschalten endlich vieler Teilautomaten, wobei keine Rückkopplungen zugelassen sind. Wir präzisieren nun diesen Begriff.

Definition 5.1.1 Seien $A = (a_{ij})$ und $B = (b_{kl})$ Matrizen der Dimensionen $m \times n$ beziehungsweise $t \times h$. Die Matrix $C = A \otimes B$ der Dimension $mt \times nh$ mit $C = (c_{ik,jl}) = (a_{ij} \cdot b_{kl})$ heißt *Kronecker-Produkt* der Matrizen A und B.

Die Matrix C kann dargestellt werden in der Form

$$C = \begin{pmatrix} a_{11}B & \dots & a_{1n}B \\ \dots\dots & \dots\dots & \dots\dots \\ a_{m1}B & \dots & a_{mn}B \end{pmatrix}, \qquad (5.1.1)$$

wobei aB das Ergebnis der Multiplikation aller Elemente der Matrix B mit dem Element a ist. Es ist

$$AB \otimes A'B' = (A \otimes A')(B \otimes B') . \qquad (5.1.2)$$

Wegen Definition 5.1.1 gilt nämlich

$$\left(\sum_{s=1}^{m} a_{is} b_{sk}\right)\left(\sum_{r=1}^{t} a'_{jr} b'_{rl}\right) = \sum_{s=1}^{m}\sum_{r=1}^{t} a_{is} b_{sk} a'_{jr} b'_{rl}$$
$$= \sum_{s,r=1}^{m,t} (a_{is} a'_{jr})(b_{sk} b'_{rl}) \; .$$

Definition 5.1.2 Sei $A = (a_{ij})$ eine Matrix der Dimension $m \times n$, und sei $B(i) = (b_{kl}(i))$ für $i = 1, \ldots, m$ eine Menge von m Matrizen der Dimension $t \times h$. Die Matrix C' der Dimension $mt \times nh$ mit $C' = (c_{ik,jl}) = (a_{ij} b_{kl}(i))$ heißt *Schiefprodukt* der Matrix A und der Matrizen $B(i)$ mit $i = 1, \ldots, m$.

Die Matrix C' kann in der Form

$$C' = \begin{pmatrix} a_{11}B(1) & \ldots & a_{1n}B(1) \\ \ldots\ldots & \ldots\ldots & \ldots\ldots \\ a_{m1}B(m) & \ldots & a_{mn}B(m) \end{pmatrix} \tag{5.1.3}$$

geschrieben werden. Ein Schiefprodukt des Typs (5.1.3), das parametrisiert ist, werden wir durch $C' = [A \otimes B(i)]$ bezeichnen.

Definition 5.1.3 Als *Kaskadenkomposition* der beiden SAs

$$A_1 = \langle X, Y_1, S_1, \{A_1(x) | x \in X\}, \delta_1 \rangle$$

und

$$A_2 = \langle X_2 = X \times Y_1, Y_2, S_2, \{A_2(x_2) | x_2 \in X_2\}, \delta_2 \rangle$$

wird der SA

$$C = \langle X, Y, S, \{C(x) | x \in X\}, \delta \rangle$$

mit

$$Y = Y_1 \times Y_2 \; , \quad S = S_1 \times S_2 \; , \quad C(x) = [A_1(x) \otimes A_2\,(x, \delta_1(s_1, x))] \; ,$$

$$y = (y_1, y_2) = \delta((s_1, s_2), x) = (\delta_1(s_1, x), \delta_2(s_2, (x, \delta_1(s_1, x))))$$

bezeichnet.

Die Kaskadenkomposition ist in der Abb. 5.1 graphisch dargestellt.

Ein Sonderfall der Kaskadenkomposition ist die *sequentielle Komposition* von SAs, siehe Abb. 5.2 In diesem Fall wird der Ergebnisautomat in der Form

$$C = \langle X, Y_2, S_1 \times S_2, \{C(x) | x \in X\}, \delta \rangle$$

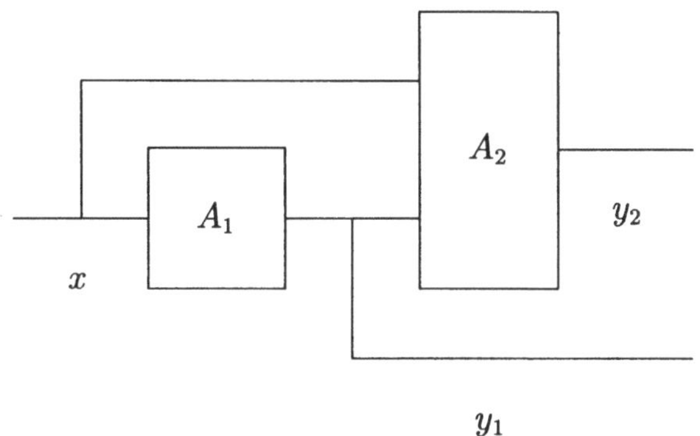

Abbildung 5.1

dargestellt mit

$$C(x) = [A_1(x) \otimes A_2(\delta_1(s_1, x))]_s \ ,$$
$$y = \delta((s_1, s_2), x) = \delta_2(s_2, \delta_1(s_1, x)) \ .$$

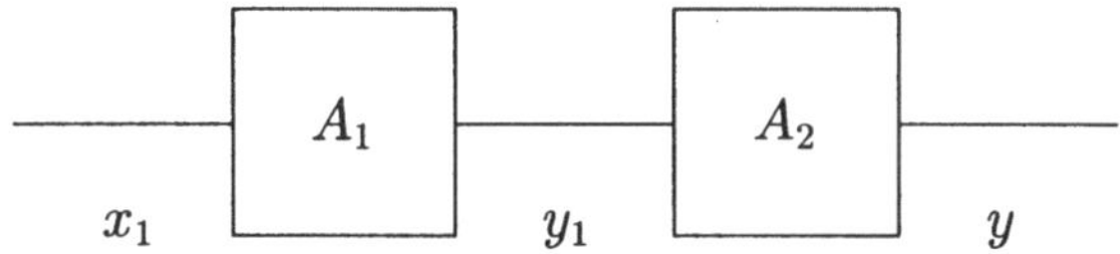

Abbildung 5.2

Ein anderer Sonderfall der Kaskadenkomposition ist die *parallele Komposition* von SAs (siehe Abb. 5.3)

$$C = \langle X, Y_1 \times Y_2, S_1 \times S_2, \{C(x) | x \in X\}, \delta \rangle$$

mit

$$C(x) = A_1(x) \otimes A_2(x) \ ,$$
$$y = (y_1, y_2) = \delta((s_1, s_2), x) = (\delta_1(s_1, x), \delta_2(s_2, x)) \ .$$

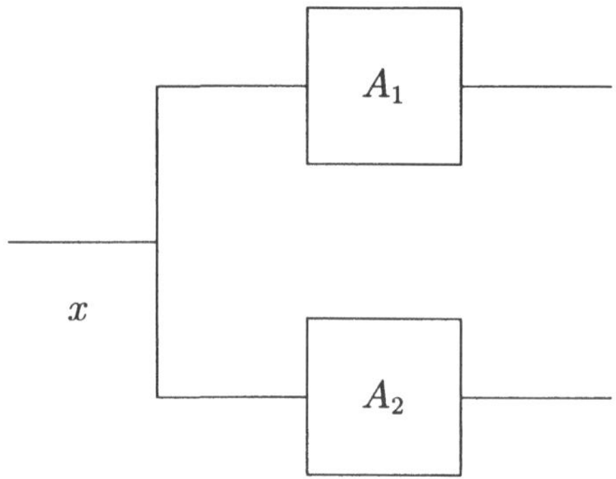

Abbildung 5.3

Definition 5.1.4 Gegeben sei der SA $A = \langle X, Y, S, \{p_A(s', y/s, x)\}\rangle$. Der SA $A' = \langle X, Y, S', \{p_{A'}(s', y/s, x)\}\rangle$ heißt *Unterautomat* von A, wenn die folgenden Bedingungen erfüllt sind:

1. $S \subseteq S'$,

2. auf $S' \times X$ gilt für alle $(s', y) \in S' \times Y$
$$p_A(s', y/s, x) = p_{A'}(s', y/s, x)\,,$$

3. für jeden Zustand $s \in S'$ gehört jeder Zustand, der von s aus erreichbar ist, zu S'.

Definition 5.1.5 Ein SA ist *zerlegt* in eine Kaskaden-, sequentielle oder parallele Komposition von Automaten, wenn er isomorph zu einem Unterautomaten einer Kaskaden-, sequentiellen oder parallelen Komposition von Automaten ist, die jeder weniger Zustände haben als der Ausgangsautomat.

Um einen SA zu zerlegen, wäre es eine zu einschränkende Forderung, wenn die konstruierte Komposition einfacher Automaten zu dem Ausgangsautomaten isomorph sein müßte. Es reicht zu fordern, daß der Ausgangsautomat zu einem Unterautomaten der konstruierten Komposition isomorph ist. In diesem Fall läßt sich das Verhalten des Ausgangs-SA nachbilden, indem ein passender Anfangszustandsvektor für die Komposition gewählt wird. Ebenso sollte man fordern, daß jeder der Automaten, aus denen die Komposition besteht, weniger Zustände hat als der zu zerlegende Ausgangsautomat.

Eine *Partition* π der Menge S ist eine endliche oder abzählbare Klasse von Teilmengen $\pi = \{R_i | i \in T\}$ bezüglich einer Indexmenge T, so daß die Bedingungen

1. $R_i \cap R_j = \emptyset$, für alle $i \neq j$, $i, j \in T$,
2. $\bigcup_{i \in T} R_i = S$

erfüllt sind. Die Elemente einer Partition heißen für gewöhnlich *Blöcke*. Ist somit $\pi = \{R_1, R_2, \ldots\}$ eine Partition einer Zustandsmenge S, so gibt es für jeden Zustand s genau einen Block R_s von π, zu dem s gehört. Als 1 wird die Partition von S bezeichnet, die genau einen Block enthält. Als 0 wird die Partition von S bezeichnet, bei der jeder Block genau ein Element von S enthält, d. h. $1 = \{S\}$ und $0 = \{\{s\} | s \in S\}$.

Wir führen auf der Menge aller Partitionen einer Menge S eine *Halbordnung* ein, indem wir $\pi \leq \tau$ setzen, wenn jeder Block der Partition τ die Vereinigung eines oder mehrerer Blöcke der Partition π ist. Somit gilt für jede beliebige Partition π die Beziehung $0 \leq \pi \leq 1$.

Seien π und τ Partitionen der Menge S. Die Partition ν heißt *Produkt der Partitionen* π *und* τ und wird als $\nu = \pi\tau$ bezeichnet, wenn es die größte Partition von S ist, für die $\nu \leq \pi$ und $\nu \leq \tau$ gilt.

Will man einen SA strukturell zerlegen, dann spielen die folgenden Definitionen der Substitutionseigenschaft und der Unabhängigkeit von Partitionen einer Zustandsmenge eines SA eine besondere Rolle.

Definition 5.1.6 Sei $\{A(x) | x \in X\}$ die Menge der Übergangsmatrizen des SA A. Sei π eine Partition der Zustandsmenge S. Wenn für alle Blöcke Q_k und Q_r von π, für jedes Eingabezeichen x und für alle Zustände $s_i, s_j \in Q_k$ die Gleichung

$$\sum_{s_t \in Q_k} a_{it}(x) = \sum_{s_t \in Q_r} a_{jt}(x) \tag{5.1.4}$$

gilt, so besitzt π *die Substitutionseigenschaft (bezüglich des SA A).*

Die Substitutionseigenschaft einer Partition ist eng verbunden mit der *Erweiterbarkeit* einer stochastischen Matrix.

Definition 5.1.7 Eine stochastische Matrix A heißt *erweiterbar (bezüglich der Partition π)*, wenn es eine Partition π der Menge ihrer Zeilennummern (und Spaltennummern) gibt, die die Substitutionseigenschaft (aus Definition 5.1.6) bezüglich dieser Matrix besitzt.

Die Erweiterbarkeit von Matrizen hängt mit dem Homomorphiebegriff zusammen: Wenn eine Matrix A erweiterbar bezüglich einer nicht-trivialen Partition π ist, so ist dies äquivalent dazu, daß es eine stochastische Matrix H_π gibt, deren Elemente 0 oder 1 sind, und eine quadratische Matrix B, deren Zeilenanzahl gleich der Zahl der Elemente von π ist, so daß

$$AH_\pi = H_\pi B \tag{5.1.5}$$

gilt. Es ist nicht schwierig, in der Matrixgleichung (5.1.5) die Homomorphiebedingung (Definition 2.6.2) für SAs mit Übergangsmatrizen A und B wiederzuerkennen. Bei der Erweiterbarkeit wird zusätzlich gefordert, daß die Matrix H_π einen deterministischen Homomorphismus definiert. Wie wir später sehen werden, ist eine deterministische Struktur in einem SA eng verbunden mit ihrer Darstellung durch einen deterministischen Homomorphismus.

Definition 5.1.8 Seien π und τ Partitionen der Zustandsmenge S eines SA A. π und τ heißen *wechselseitig unabhängig (bezüglich des SA A)*, wenn für jedes Paar von Blöcken Q_r und R_k von π bzw. τ, jeden Zustand s_i und jedes Eingabezeichen x die Bedingung

$$\sum_{s_j \in Q_r \cap R_k} a_{ij}(x) = \sum_{s_j \in Q_r} a_{ij}(x) \sum_{s_j \in R_k} a_{ij}(x) \tag{5.1.6}$$

erfüllt ist.

Theorem 5.1.1 *Ein SA C läßt eine Zerlegung in eine nicht-triviviale Kaskadenkomposition von Automaten zu, wenn es Partitionen π und τ seiner Zustandsmenge gibt, die den folgenden Bedingungen genügen:*

1. *π besitzt die Substitutionseigenschaft, und es gilt* $0 < \pi, \tau < 1$;

2. *π und τ sind wechselseitig unabhängig;*

3. $\pi\tau = 0$.

Beweis

- Die Bedingungen sind notwendig.

Der SA $C = \langle X, Y, S, \{C(x)|x \in X\}, \delta\rangle$ sei in eine Kaskadenkomposition eines SA A und eines SA B entsprechend den Definitionen 5.1.3 und 5.1.5 zerlegt. Dann ist die Zustandsmenge S des SA C eine Teilmenge des Kreuzproduktes $S' = S_1 \times S_2$ der Zustandsmengen der SAs A und B, und C ist ein Unterautomat der Kaskadenkomposition von A und B, also ein Unterautomat des Automaten C', dessen Übergangsmatrizen für alle $x \in X$ gleich $C'(x) = [A(x) \otimes B(x, \delta_1(s, x))]_s$ sind, d. h.:

$$c'_{s,u,s',u'}(x) = a_{s,s'}(x) b_{u,u'}(x, \delta_1(s, x)) \ . \tag{5.1.7}$$

Als Partitionen π' und τ' betrachten wir die folgenden Partitionen der Zustandsmenge $S' = S_1 \times S_2$:

$$\begin{aligned} \pi' &= \{Q_s | s \in S_1\} \quad \text{mit} \quad Q_s = \{(s, u)|u \in S_2\} \text{ und} \\ \tau' &= \{R_u | u \in S_2\} \quad \text{mit} \quad R_u = \{(s, u)|s \in S_1\} \ . \end{aligned}$$

Ist die Kaskadenkomposition nicht trivial, so müssen die Zustandsmengen des SA A und des SA B mindestens zwei Elemente enthalten. Damit sind die Partitionen π' und τ' nicht trivial, und es gilt $0 < \pi', \tau' < 1$. Aus dem Gleichungssystem (5.1.7) folgt:

$$\sum_{u'} c'_{s,u,s',u'}(x) = a_{ss'}(x) \quad , \ u \in S_2 \ ; \tag{5.1.8}$$

$$\sum_{s'} c'_{s,u,s',u'}(x) = b_{uu'}(x, \delta_1(s, x)) \quad , \ s \in S_1 \ . \tag{5.1.9}$$

Wegen der Bedingung (5.1.8) gilt

$$\sum_{(s',u') \in Q_s} c'_{s,u,s',u'}(x) = \sum_{(s',u') \in Q_s} c'_{\overline{s},u,s',u'}(x) \quad , \ (s, u) \in Q_a \, , \ (\overline{s}, u) \in Q_a$$

d. h., die Matrizen $C(x)$ sind bezüglich der Partition π' erweiterbar, bzw. die Partition π' verfügt über die Substitutionseigenschaft bezüglich des SA C'.

Aus der Konstruktion der Partitionen π' und τ' folgt unmittelbar:

$$Q_{s'} \cap R_{u'} = \{(s', u')\} \ , \ \text{d. h.: } \pi'\tau' = 0 \ .$$

Aus den Bedingungen (5.1.7), (5.1.8) und (5.1.9) erhalten wir

$$\left(\sum_{Q_{s'}} c'_{s,u,s',u'}(x)\right)\left(\sum_{R_{u'}} c'_{s,u,s',u'}(x)\right) = c'_{s,u,s',u'}(x) \ ,$$

also die Unabhängigkeit der Partitionen π' und τ' bezüglich des SA C'.

Nach Voraussetzung ist der SA C ein Unterautomat des SA C'. Daher sind die Matrizen $C(x)$ des SA C Untermatrizen der Matrizen $C'(x)$ des SA C', die durch diejenigen Elemente bestimmt werden, die auf den Schnittstellen von Zeilen und Spalten mit Nummern aus S liegen. Hieraus folgt ferner, daß alle Elemente der Matrizen $C(x)$, die in Zeilen mit Nummern aus S und in Spalten mit Nummern aus $S' \setminus S$ liegen, Null sind. Nach Definition 5.1.4 des Unterautomaten müssen nämlich alle Zustände von C aus S erreichbar und folglich, wenn irgendeine Wahrscheinlichkeit in einer Zeile mit einer Nummer aus S nicht gleich Null ist, die Nummer dieser Spalte ein Element von S sein.

Wir betrachten jetzt die Partitionen π und τ auf der Menge $S \subset S'$ der Zustände des SA C, die auf folgende Weise definiert sind:

$$\pi = \{Q_s \cap S | s \in S'_1\} \quad \text{und} \quad \tau = \{R_u \cap S | u \in S'_2\} \ ,$$

wobei S'_1 und S'_2 die Teilmengen der Menge aller Elemente von S_1 bzw. S_2 sind, deren Paare Elemente von S sind. Die Partitionen π und τ genügen den Bedingungen des Theorems. Weil nämlich alle Wahrscheinlichkeiten in Spalten der Matrizen $C(x)$, deren Nummern nicht zu S gehören, gleich Null sind, gilt für jedes Paar $(s, u) \in S$, bei dem die entsprechenden Zeilennummern zu S gehören:

$$\begin{aligned} \sum_{(s',u') \in Q_s \cap S} c_{s,u,s',u'}(x) &= \sum_{(s',u') \in Q_s \cap S'} c'_{s,u,s',u'}(x) \\ &= \sum_{(s',u') \in Q_s} c'_{s,u,s',u'}(x) \ , \end{aligned}$$

$$\begin{aligned} \sum_{(s',u') \in R_u \cap S} c_{s,u,s',u'}(x) &= \sum_{(s',u') \in R_u \cap S'} c'_{s,u,s',u'}(x) \\ &= \sum_{(s',u') \in R_u} c'_{s,u,s',u'}(x) \ . \end{aligned}$$

Deshalb besitzt die Partition π die Substitutionseigenschaft, und π und τ erfüllen die Bedingung der wechselseitigen Unabhängigkeit bezüglich des SA

C. Da π und τ genau die Partitionen π' und τ' auf der Teilmenge S von S' sind, folgt aus $\pi'\tau' = 0$ auch $\pi\tau = 0$.

- Die Bedingungen sind hinreichend.

Sei ein SA C gegeben, für dessen Zustandsmenge S die Bedingungen 1, 2 und 3 erfüllt sind. Wir konstruieren SAs A_1 und A_2, deren Kaskadenkomposition einen zu C isomorphen Unterautomaten enthält.

Lemma 5.1.1 *Seien die Partitionen π und τ der Menge von Zeilen (Spalten) einer stochastischen Matrix C gegeben, so daß die Bedingungen 1, 2 und 3 des Theorems 5.1.1 erfüllt sind. Dann ist die Matrix C gleich einer geeigneten Untermatrix des Schiefproduktes von stochastischen Matrizen A und $B(i)$ (mit $i \in \pi$), wobei die Menge der Zeilen von A eineindeutig durch die Partition π und die Menge der Spalten der Matrizen $B(i)$ durch die Partition τ bestimmt sind.*

Beweis Seien Q_i ein Block der Partition π und R_j ein Block der Partition τ. Wegen Bedingung 3 wird jedes Element einer Zeile der Matrix C als Durchschnitt zweier geeigneter Blöcke Q_i und R_j bestimmt; wir bezeichnen ein solches Element als $P_{Q_i \cap R_j}$. Da die Partition π über die Substitutionseigenschaft bezüglich der Matrix C verfügt, sind für alle Zeilen die Summen der Elemente der Matrix über einen beliebigen Block Q_i gleich den Summen über einen beliebigen anderen Block Q_j.

Für das folgende halten wir eine beliebige Zeile von C fest und bezeichnen die Summe aller Elemente des Blockes Q_i von π in dieser festen Zeile mit P_{Q_i}. Jedes Element c des Blockes Q_i ist darstellbar durch genau einen der Blöcke von τ mit Hilfe der Beziehung $c = P_{Q_i \cap R_j}$. Deshalb kann die fest gewählte Zeile von Matrixelementen in der Form

$$P_{Q_1}\left(\frac{P_{Q_1\cap R_1}}{P_{Q_1}}, \dots, \frac{P_{Q_1\cap R_s}}{P_{Q_1}}\right), \dots, P_{Q_k}\left(\frac{P_{Q_k\cap R_1}}{P_{Q_k}}, \dots, \frac{P_{Q_k\cap R_s}}{P_{Q_k}}\right),$$

oder

$$P_{Q_1}\left(P^1_{R_1}, \dots, P^1_{R_s}\right), \dots, P_{Q_k}\left(P^k_{R_1}, \dots, P^k_{R_s}\right)$$

dargestellt werden, wobei alle vorkommenden Zahlen nicht-negativ sind und die Summe der Elemente innerhalb jeder Klammer, wie auch die Summe aller Elemente P_{Q_i} für $i \in \pi$ gleich Eins ist.

Wir zeigen, daß in jeder Klammer derselbe stochastische Vektor steht. Aus der Bedingung der wechselseitigen Unabhängigkeit der Partitionen π

und τ erhalten wir nämlich zu beliebigem j für zwei Elemente $P^1_{R_j}$ und $P^2_{R_j}$ die Gleichungen

$$P_{Q_1 \cap R_j} = P_{Q_1} P_{R_j} \text{ und } P_{Q_2 \cap R_j} = P_{Q_2} P_{R_j} ,$$

woraus $P^2_{R_j} = P_{R_j} = P^1_{R_j}$ folgt. Dies gilt für jede beliebige Zeile der Matrix C, weshalb diese in der Form

$$C = \begin{pmatrix} a_{11}B(1), & \dots & , a_{1k}B(1) \\ \dots\dots & \dots\dots & \dots\dots \\ a_{k1}B(k), & \dots & , a_{kk}B(k) \end{pmatrix}$$

darstellbar ist. Im allgemeinen entspricht nicht jeder Durchschnitt von Blöken Q_i und R_j der Partitionen π und τ einer Zeile von C. Die stochastische Matrix C' habe als Menge der Zeilen (Spalten) das kartesische Produkt der Partitionen $\pi \times \tau$, und die Elemente seien für eine festgelegte Zeile i (mit $\{i\} = Q_1 \cap R_1$) durch die Bedingung $C'^{(i)}_{Q_1 \cap R_1, Q_2 \cap R_2} = P_{Q_2 \cap R_2}$ definiert. Wie oben folgt, daß die Matrix C' genau dieselbe Form hat wie die Matrix C, jedoch ist sie vollständig durch das Produkt $\pi \times \tau$ bestimmt, wobei sie das Schiefprodukt von Matrizen der Form $C' = [A \otimes B(i)]$ darstellt mit

$$A = (a_{Q_iQ_j}) , \quad a_{Q_iQ_j} = \sum_{l \in Q_j} a_{kl} , \quad k \in Q_i ,$$

$$B(i) = (b_{R_rR_j}(i)) , \quad b_{R_rR_j}(i) = \sum_{l \in R_j} b_{kl}(i) , \quad k \in R_r .$$

Die Matrix C ist eine Untermatrix von C'. □

Aus Lemma 5.1.1 folgt nun: Die stochastischen Matrizen $C(x)$ des SA C können durch Untermatrizen eines Schiefproduktes stochastischer Matrizen $A(x)$ und $B(x,i)$ dargestellt werden, deren Ordnung gleich der Zahl der Elemente in den Partitionen π und τ ist. Wir betrachten die Kaskadenkomposition von

$$A = \langle X , \pi , \pi , \{ A(x) \mid x \in X \} , \{\delta_A(Q,x)\} \rangle$$

und

$$B(i) = \langle X , Y, \tau, \{ B(x,i) \mid x \in X, \ i \in \pi \} , \{\delta_i(R,x)\} \rangle ,$$

wobei

$$\delta_A(Q,x) = Q_j , \quad \delta_i(R,x) = \delta(s,x) \text{ und } \{s\} = Q_i \cap R$$

gelten. Nach Definition 5.1.3 hat der SA C' die Übergangsmatrizen $C'(x) = [A(x) \otimes B(x, i)]$, d. h.

$$c'_{ij}(x) = a_{Q_1 Q_2}(x) b_{R_1 R_2}(x, Q_1) \quad \text{mit} \quad \{i\} = Q_1 \cap R_1 \quad \text{und} \quad \{j\} = Q_2 \cap R_2 \,.$$

Ebenso wie im vorhergehenden Hilfssatz müssen nicht alle Durchschnitte von Blöcken der Partitionen π und τ existieren. Wir zeigen, daß es einen Unterautomaten C'' von C gibt, der isomorph zu C' ist. Für jede Zeile der Matrix $C(x)$, die einer Zeile $i \in Q_1 \cap R_1$ der Matrix $C'(x)$ entspricht, haben wir

$$\sum_{j=1}^{k} c'_{ij}(x) = \sum_{Q_2, R_2} a_{Q_1 Q_2}(x) b_{R_1 R_2}(x, Q_1) = 1 \,, \tag{5.1.10}$$

wobei die zweite Summe über alle die Durchschnitte von Blöcken Q_2 und R_2 der Partitionen läuft, die den Nummern der Zeilen von $C'(x)$ entsprechen. Die Matrix $C(x)$ ist jedoch stochastisch, deshalb sind alle übrigen Elemente der ausgewählten Zeile von $C(x)$ gleich Null. Da dies für alle Zeilen der Matrizen $C(x)$ gilt, definiert die Untermenge der Zustände von C, die der Zustandsmenge S von C' entsprechen, einen Unterautomaten von C'' im SA C. Aus (5.1.10) und der Definition der Ausgabefunktion von C' folgt, daß der Unterautomat C'' und der SA C isomorph sind. Damit ist das Theorem 5.1.1 bewiesen. □

Korollar 5.1.1 *Ein SA C läßt genau dann eine nicht-triviale, parallele Dekomposition zu, wenn es nicht-triviale Zerlegungen π und τ seiner Zustandsmenge gibt, die wechselseitig unabhängig sind, über die Substitutionseigenschaft bezüglich des Automaten C verfügen und für die $\pi\tau = 0$ gilt.*

Der Beweis folgt aus Theorem 5.1.1 mit dem Hinweis, daß in einer parallelen Komposition beide Automaten, die die Komposition darstellen, und folglich auch beide Partitionen π und τ gleichberechtigt sind.

Der Begriff der wechselseitigen Unabhängigkeit von Partitionen, wie er in Definition 5.1.8 formuliert worden ist, ist Voraussetzung dafür, daß ein SA sich zerlegen läßt. Aus der Erweiterbarkeit folgte von vornherein, daß bei der Dekomposition eines SA die Elemente der Partitionen π und τ die Rolle der Zustände der Automaten der Komposition übernehmen. In diesem Fall erhält man durch

$$\left\{ \sum_{s_j \in Q_k} a_{ij}(x) \quad , \; k = 1, \ldots, t \right\} \text{ und } \left\{ \sum_{s_j \in R_r} a_{ij}(x) \quad , \; r = 1, \ldots, h \right\}$$

die Wahrscheinlichkeitsverteilungen der Elemente von π und τ (bedingte Verteilungen für jede Zeilennummer der Matrix $A(x)$). Damit stellt (5.1.6) die wechselseitige Unabhängigkeit dieser Wahrscheinlichkeitsverteilungen sicher. Werden nun die Blöcke der Partitionen π und τ als Zustände der Automaten A_1 beziehungsweise A_2 interpretiert, die die Automatenkomposition A bilden (wobei die Zustandsmenge von A das kartesische Produkt der Zustandsmengen S_1 und S_2 der Automaten A_1 und A_2 ist), so ist (5.1.6) äquivalent zur folgenden Forderung: Die bedingten Variablen $s'(s_1, x)$ und $s'(s_2, x)$, die die Folgezustände dieser Automaten definieren, sind stochastisch unabhängig. Eine solche Bedingung ist ein natürlicher Zugang zum Begriff der Dekomposition eines SA, jedoch nicht die einzige Möglichkeit.

Man kann auf die Bedingung der wechselseitigen Unabhängigkeit der Partitionen π und τ verzichten, wenn man zuläßt, daß der SA so in eine Kaskadenkomposition zweier ihn darstellender Automaten zerlegt werden kann, daß das Verhalten des zweiten von dem Folgezustand des ersten Automaten abhängt. Um dieses graphisch darzustellen, führen wir in den Automaten ein Verzögerungselement ein, das einen endlichen Speicher realisiert (siehe Abbildung 5.4). Dabei dient der gegenwärtige Zustand als Ausgabe des Automaten.

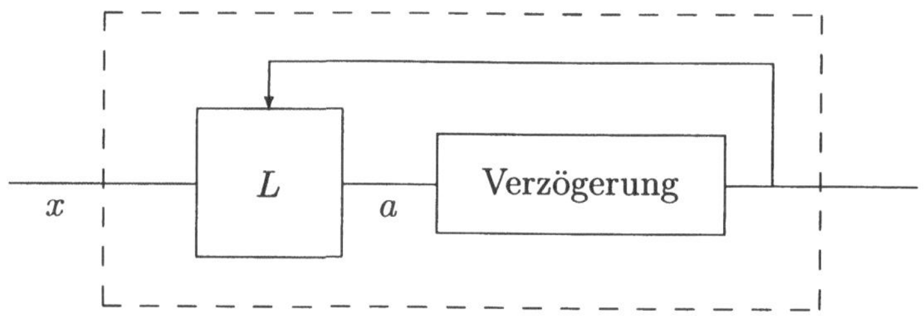

Abbildung 5.4

Definition 5.1.9 Ein SA ist *schwach zerlegt* in eine Kaskaden-, sequentielle oder parallele Komposition von zwei Automaten, wenn er äquivalent zu einem zusammenhängenden Unterautomaten dieser Kaskaden-, sequentiellen oder parallelen Komposition ist, wobei die Zustände des zweiten Automaten von der Ausgabe, dem gegenwärtigen und dem folgenden Zustand des ersten Automaten abhängen.

In Abbildung 5.5 ist eine schwache Kaskadenkomposition aus zwei Automaten dargestellt.

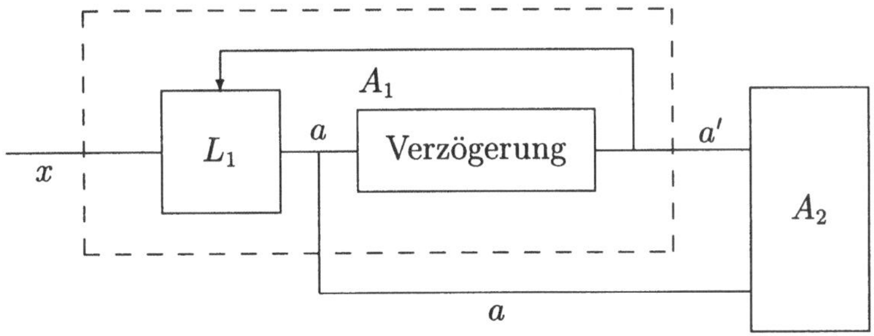

Abbildung 5.5

Natürlich kann bei einer schwachen Zerlegung eines SA nicht erwartet werden, daß die Partitionen π und τ wechselseitig unabhängig sind. In der Tat gilt das

Theorem 5.1.2 *Ein SA $C = \langle X, S, \{C(x)|x \in X\}\rangle$ ist genau dann schwach zerlegt in eine Kaskadenkomposition der SAs $A_1 = \langle X, \pi, \{A_1(x)|x \in X\}\rangle$ und $A_2 = \langle \pi \times \pi \times X, \tau, \{A_2(y)|y \in \pi \times \pi \times X\}\rangle$, wenn seine Zustandsmenge S Partitionen π und τ zuläßt, für die die folgenden Bedingungen gelten:*

1. *π verfügt über die Substitutionseigenschaft, und es gilt $0 < \pi, \tau < 1$;*

2. *$\pi\tau = 0$.*

Dabei sind die Übergangsmatrizen der SAs C, A_1 und A_2 durch die Beziehung

$$C(x) = \begin{pmatrix} a^1_{11}(x)A_2(y_{11}) & \dots & a^1_{k1}(x)A_2(y_{k1}) \\ \dots\dots\dots & & \dots\dots\dots \\ a^1_{1k}(x)A_2(y_{1k}) & \dots & a^1_{kk}(x)A_2(y_{kk}) \end{pmatrix}$$

verbunden, wobei $A_1(x) = (a^1_{ij}(x))$ und $y_{ij} = (Q_i, Q_j, x)$ gelten.

Beweis Wir zeigen zunächst, daß die Bedingungen des Theorems hinreichend sind. Sei s_i ein Zustand des SA C. Da $\pi\tau = 0$ ist, gibt es Blöcke $Q_1 \in \pi$ und $R_1 \in \tau$, so daß $\{s_i\} = Q_1 \cap R_1$ ist. Ferner folgt aus der Erweiterbarkeit der Matrizen $A(x)$ für $x \in X$ bezüglich der Partition π die Existenz des SA A_1. Für $s_j \in S$ gelte $\{s_j\} = Q_2 \cap R_2$ mit $Q_2 \in \pi$ und $R_2 \in \tau$. Dann ist

$$c_{ij}(x) = p(Q_2, R_2/Q_1, R_1, x)\,. \tag{5.1.11}$$

Andererseits gilt

$$p(Q_2, R_2/Q_1, R_1, x) = p(Q_2/Q_1, R_1, x)p(R_2/Q_1, Q_2, R_1, x) .$$

Aus der Erweiterbarkeit der Matrizen $A(x)$ folgt:

$$p(Q_2/Q_1, R_1, x) = p(Q_2/Q_1, x) = a^1_{Q_1Q_2}(x) .$$

Folglich kann die Beziehung (5.1.11) in die Form

$$c_{ij} = p(R_2/Q_1, Q_2^1, R_1, x)a_{Q_1Q_2}(x)$$

umgeschrieben werden. Das System der bedingten Wahrscheinlichkeiten $\{p(R_2/Q_1, Q_2, R_1, x)\}$ definiert einen SA A_2, dessen Zustände die Blöcke der Partition τ und dessen Eingabezeichen Tripel der Form (Q_1, Q_2, x) mit Blöcken Q_1 und Q_2 der Partition π und dem Eingabesymbol x des SA A sind. Mit der Bezeichnung

$$a^2_{R_1R_2}(Q_1, Q_2, x) =_{\text{df}} p(R_2/R_1, Q_1, Q_2, x)$$

gilt

$$a^2_{R_1R_2}(Q_1, Q_2, x)a^1_{Q_1,Q_2}(x) = c_{ij}(x) .$$

Wir betrachten die Abbildung $f : S \to \pi\tau$, wobei jedem Zustand des SA C der Durchschnitt derjenigen Blöcke Q und R von π und τ zugeordnet wird, der aus dem gegebenen Zustand besteht. Das Bild der Zustandsmenge S unter dieser Abbildung bildet eine Teilmenge T von $\pi \times \tau$, so daß der Unterautomat, der durch die Übergangswahrscheinlichkeiten

$$c_{R_1 \cap Q_1, R_2 \cap Q_2}(x) = c_{ij}(x)$$

auf der Zustandsmenge T definiert ist, isomorph zum SA C ist, weil alle entsprechenden Übergangswahrscheinlichkeiten übereinstimmen.

Zum Beweis der Notwendigkeit betrachten wir umgekehrt eine Kaskadenkomposition zweier SAs A_1 und A_2; es seien π und τ Partitionen der Zustandsmenge des SA C. Wir konstruieren einen SA C' mit der Zustandsmenge $\pi \times \tau$. Für jedes Paar Q_1, R_1 und Q_2, R_2 definieren wir Übergangswahrscheinlichkeiten

$$c'_{ij}(x) = a^1_{Q_1Q_2}(x)a^2_{R_1R_2}(Q_1, Q_2, x) ,$$

wobei $a^1_{Q_1Q_2}(x)$ und $a^2_{R_1R_2}(Q_1, Q_2, x)$ die Übergangswahrscheinlichkeiten von A_1 beziehungsweise A_2 sind. Nach Voraussetzung ist C isomorph zu einem

Unterautomaten des Automaten C', der eine Kaskadenkomposition der SAs A_1 und A_2 ist. Für jeden Zustand $\{s_i\} = Q_1 \cap R_1$ und jedes $Q_2 \in \pi$ erhalten wir

$$\sum_{j \in Q_2} c_{ij}(x) = \sum_{j \in Q_2} c'_{kj}(x) = a^1_{Q_1 Q_2}(x) ,$$

wobei k die Nummer der Zeile von $C(x)$ ist, die dem Paar Q_1, R_1 entspricht, und j in der zweiten Summe den Paaren Q_2, R_2 für solche R_2 entspricht, für die $Q_2 \cap R_2 \neq \emptyset$ ist. Der zweite Teil der Gleichung trifft zu, weil für die übrigen R_2 mit der Eigenschaft, daß $Q_2 \cap R_2 = \emptyset$ ist, $c'_{kj}(x) = 0$ gilt, da C zu einem Unterautomaten von C' isomorph ist.

Deshalb ist die Menge der Matrizen $\{C(x) | x \in X\}$ erweiterbar bezüglich der Partition π. Daß das Produkt der Partitionen π und τ die 0-Partition ergibt, folgt aus der Definition der Menge S. □

Den Zusammenhang zwischen der Zerlegbarkeit und der schwachen Zerlegbarkeit eines SA zeigt das folgende

Theorem 5.1.3 *Sei Q ein beliebiger Block einer Partition π; y_1 und y_2 bezeichnen Elemente der Menge $\pi \times \pi \times X$, und die Bedingungen 1 und 2 des Theorems 5.1.2 seien für den SA C erfüllt. Wir halten ein Paar $(Q_1, x) \in \pi$ fest. Die Partitionen π und τ sind genau dann wechselseitig unabhängig, wenn man den Automaten A_2 so wählen kann, daß für alle y_1 und y_2 der Form (Q_1, Q, x) mit $Q \in \pi$ die Bedingung*

$$A_2(y_1) = A_2(y_2)$$

erfüllt ist.

Beweis Wir setzen voraus, daß die Partitionen π und τ wechselseitig unabhängig sind. Wir benutzen dieselben Bezeichnungen wie im Theorem 5.1.2. Es gilt für jedes $\{i\} = Q_1 \cap R_1$ und alle Q_2, R_2 mit $Q_2 \cap R_2 \neq \emptyset$ die Beziehung

$$\sum_{j \in Q_2 \cap R_2} c_{ij}(x) = c_{ij}(x) = \sum_{j \in Q_2} c_{ij}(x) \sum_{j \in R_2} c_{ij}(x) = a^1_{Q_1 Q_2}(x) \sum_{j \in R_2} c_{ij}(x) ,$$

mit

$$a^2_{R_1 R_2}(Q_1, Q_2, x) = \sum_{j \in R_2} c_{ij}(x) .$$

Zu jedem $Q \in \pi$ gibt es einen Block R_2, so daß $Q \cap R_2 \neq \emptyset$ ist. Für diesen gilt

$$a^2_{R_1 R_2}(Q_1, Q, x) = \sum_{j \in R_2} c_{ij}(x) ,$$

so daß $A_2(y_1) = A_2(y_2)$ ist, möglicherweise mit Ausnahme der Zeilen, die den R_2 mit $Q \cap R_2 = \emptyset$ entsprechen. Aber für diese Zeilen können die Elemente der Matrizen $A_2(y_1)$ und $A_2(y_2)$ beliebig, also auch übereinstimmend, gewählt werden. Deshalb ist $A_2(y_1) = A_2(y_2)$, und $A_2(y)$ hängt nicht vom folgenden Zustand des SA A_1 ab.

Wir nehmen jetzt umgekehrt an, daß $A_2(y_1) = A_2(y_2)$ für alle $y_1 = (Q, Q_1, x)$ und $y_2 = (Q, Q_2, x)$ gilt, und betrachten beliebige Zustände i, j und k, die für geeignete R und R_1 den Paaren (Q, R), (Q_1, R_1) und (Q_2, R_1) entsprechen. Dann folgt

$$\frac{c_{ij}(x)}{a^1_{QQ_1}(x)} = \frac{c_{ik}(x)}{a^1_{QQ_2}(x)} .$$

Jedoch ist

$$\sum_{j \in R_1} c_{ij}(x) = \sum_{j \in R_1 \cap Q_1,\, Q_1 \in \pi} c_{ij}(x) = \sum_{Q_1 \in \pi} c_{ik}(x) \frac{a^1_{QQ_1}(x)}{a^1_{QQ_2}(x)} ,$$

und, da die Matrix $A_1(x)$ stochastisch ist:

$$\sum_{j \in R_2} a_{ij}(x) = \frac{a_{ij}(x)}{a^1_{Q_1Q_2}(x)} ,$$

was gleichbedeutend ist zur Bedingung der wechselseitigen Unabhängigkeit der Partitionen π und τ. □

Wir merken an, daß im Fall einer schwachen Zerlegung die zweite Partition τ in Theorem 5.1.2 überflüssig ist.

Lemma 5.1.2 *Seien eine endliche Menge S und eine Partition π dieser Menge mit $0 < \pi < 1$ gegeben. Dann gibt es stets eine Partition τ von S mit $0 < \tau < 1$, so daß die Bedingung $\pi\tau = 0$ erfüllt ist.*

Beweis Wir ordnen die Elemente in jedem Block der Partition π und numerieren sie durch. Der Algorithmus zur Konstruktion der Partition τ lautet: In den Block R_1 legen wir alle ersten Elemente von allen Blöcken von π. In den Block R_i von τ legen wir die i-ten Elemente aller Blöcke von π, wenn der entsprechende Block ein Element mit Nummer i enthält. Da der Algorithmus alle Elemente von S einem Block von τ zuordnet, erhalten wir eine Partition. Andererseits gehört nach Konstruktion von τ jedes Element von S genau einem Block von π und von τ an, das heißt $\pi\tau = 0$. □

Korollar 5.1.2 *Der SA* $C = \langle X, Y, S, \{A(x)|x \in X\}, \delta\rangle$ *ist genau dann schwach zerlegbar, wenn alle seine Übergangsmatrizen erweiterbar bezüglich ein und derselben nicht-trivialen Partition* π *(d. h.* $0 < \pi < 1$*) sind.*

5.2 Dekomposition durch Splitten der Zustände

Die Bedingungen für eine Kaskadenzerlegung eines SA sind ziemlich einschränkend und definieren nur eine kleine Klasse von Automaten. Die Forderung der schwachen Zerlegbarkeit, wie sie in Definition 5.1.9 formuliert wurde, schwächt diese Bedingungen etwas ab, hebt sie jedoch nicht auf. Wir wollen daher untersuchen, wie ein beliebiger SA in eine Menge einfacherer SAs zerlegt werden kann. Eine erste Möglichkeit besteht im Verzicht auf die Forderung nach Schleifenfreiheit der Dekomposition. Wir werden Zusammensetzungen von SAs betrachten, bei denen das Verhalten jedes einzelnen von jedem anderen abhängen kann. Eine andere Möglichkeit besteht in folgendem: Bereits früher wurde für die Zerlegbarkeit nicht stets gefordert, daß es einen Isomorphismus des zu zerlegenden Automaten auf eine Automatenkomposition gibt; vielmehr genügte es, daß er zu einem Unterautomaten isomorph sein soll. Eine weitere Abschwächung der Forderung wird darin bestehen, daß die Zerlegung nicht für den gegebenen Automaten vorgenommen wird, sondern für einen anderen SA, der zu dem gegebenen äquivalent ist und eine größere Anzahl von Zuständen besitzt. Der Übergang zu einem SA mit größerer Zustandszahl führt zu einer gewissen Freiheit bei der Auswahl von Parametern des Automaten, die effektiv für eine Zerlegung genutzt werden können. Der Übergang selbst wird mit Hilfe der Prozedur *Zustandssplitten* durchgeführt, die die Umkehrung des Zusammenklebens von Zuständen ist.

Definition 5.2.1 Als *Umrißvereinigung* von zwei SAs

$$A = \langle X \times U, S, \{A(x,u)|(x,u) \in X \times U\}\rangle \quad \text{und}$$
$$B = \langle X \times S, U, \{B(x,s)|(x,s) \in X \times S\}\rangle$$

wird der SA

$$C = \langle X, S \times U, \{C(x)|x \in X\}\rangle$$

bezeichnet, für den

$$p_{(s,u),(s',u')}(x) = p^1_{ss'}(x,u)p^2_{uu'}(x,s) \tag{5.2.1}$$

mit

$$A(x,u) = (p^1_{ss'}(x,u)) \ , \quad B(x,s) = (p^2_{uu'}(x,s)) \ \text{ und } \ C(x) = (p_{(s,u),(s',u')}(x))$$

gilt.

Somit hängt in einer Umrißvereinigung die Wahrscheinlichkeit eines Folgezustandes in jedem Automaten sowohl vom gegenwärtigen Zustand des anderen als auch von der gemeinsamen Eingabe ab. Die Umrißvereinigung stimmt mit der Kaskadenvereinigung überein, wenn alle Übergangsmatrizen eines oder möglicherweise beider Automaten, die von demselben Eingabewert x abhängen, untereinander gleich sind. Es ist deshalb zu erwarten, daß die Bedingungen für die Existenz einer Umrißvereinigung von SAs wesentlich schwächer sind als die Bedingungen einer Kaskadenvereinigung.

Definition 5.2.2 Ein SA A erlaubt eine *Umrißzerlegung* (ist *umrißzerlegbar*), wenn er determiniert-isomorph zu einem Unterautomaten einer Umrißvereinigung geeigneter SAs A_1 und A_2 ist, von denen jeder eine geringere Anzahl von Zuständen als A hat.

Theorem 5.2.1 *Ein endlicher SA A ist genau dann umrißzerlegbar, wenn es Zerlegungen π und τ seiner Zustandsmenge gibt, die den folgenden Bedingungen genügen:*

1. $\pi\tau = 0$ *und* $0 < \pi, \tau < 1$;
2. *Die Zerlegungen π und τ sind wechselseitig unabhängig bezüglich des SA A.*

Beweis Wenn solche Zerlegungen π und τ existieren, so bezeichnen wir das Element $a_{ij}(x)$ der Matrix $A(x)$ mit $\{s_i\} = Q_1 \cap R_1$ und $\{s_j\} = Q_2 \cap R_2$ durch

$$p_{Q_1R_1,Q_2R_2}(x) = p(Q_2, R_2/Q_1, R_1, x) .$$

Dann erhalten wir aus der wechselseitigen Unabhängigkeit der Zerlegungen π und τ, daß für jede Zeile i (das heißt für jedes festgelegte Paar von Blöcken Q_1 und R_1 der Zerlegungen π und τ) die Beziehung

$$p_{Q_1R_1,Q_2R_2}(x) = \sum_{R_2} p_{Q_1R_1,Q_2R_2}(x) \sum_{Q_2} p_{Q_1R_1,Q_2R_2}(x) \tag{5.2.2}$$

gilt. Wir führen die Bezeichnungen

$$\sum_{R_2} p_{Q_1R_1,Q_2R_2}(x) = p^1_{Q_1Q_2}(x, R_1) \quad \text{und}$$
$$\sum_{Q_2} p_{Q_1R_1,Q_2R_2}(x) = p^2_{R_1R_2}(x, Q_1) \tag{5.2.3}$$

ein, wobei diese Summen von der Zahl der Zeilen abhängen, also im ersten Fall von R_1 und im zweiten Fall von Q_1. Aus (5.2.2) und (5.2.3) erhalten wir

$$\sum_{R_2} p_{Q_1R_1,Q_2R_2}(x) = p^1_{Q_1Q_2}(x,R_1)p^2_{R_1R_2}(x,Q_1)\ . \tag{5.2.4}$$

Nach Definition 5.2.1 bestimmt diese Bedingung jedoch einen SA C, der eine Umrißvereinigung der SAs A_1 und A_2 bezüglich der Übergangsmatrizen

$$A_1(x,R) = (p^1_{Q_1Q_2}(x,R)) \quad \text{und} \quad A_2(x,Q) = (p^2_{R_1R_2}(x,Q)) \tag{5.2.5}$$

darstellt. Hieraus folgt, daß der SA A isomorph zu einem Unterautomaten der Umrißvereinigung der Automaten A_1 und A_2 mit den Übergangsmatrizen (5.2.5) ist.

Sei umgekehrt A umrißzerlegbar. Wir definieren die Zerlegungen π und τ auf dem kartesischen Produkt der Zustandsmengen von A_1 und A_2 wie im Theorem 5.2.1. Einerseits lassen sich die bedingten Wahrscheinlichkeiten, die die Arbeitsweise der Umrißvereinigung definieren, in der Form (5.2.4) schreiben. Andererseits erhalten wir, da der SA A isomorph zu einem Unterautomaten der Umrißvereinigung ist, für diejenigen Paare von Blöcken Q und R der Zerlegungen π und τ, die Zuständen des SA A bezüglich des Isomorphismus entsprechen:

$$a_{ij} \;=\; p_{Q_1R_1,Q_2R_2}(x) \;=\; p^1_{Q_1Q_2}(x,R_1)p^2_{R_1R_2}(x,Q_1) \;=$$

$$\sum_{R_2} p_{Q_1R_1,Q_2R_2}(x) \sum_{Q_2} p_{Q_1R_1,Q_2R_2}(x) \;=\; \sum_{a_j\in Q_2} a_{ij}(x) \sum_{a_j\in R_2} a_{ij}(x)\ ,$$

wobei $\{s_j\} = Q_2 \cap R_2$ gilt. Folglich sind die Zerlegungen π und τ wechselseitig unabhängig bezüglich des SA A. □

Dieses Theorem besagt insbesondere, daß die Klasse der nicht-umrißzerlegbaren endlichen SAs nicht leer ist. So folgt aus der Bedingung (5.2.1) der Umrißzerlegbarkeit eines SA: Wenn in einer Zeile seiner Übergangsmatrix ein Element gleich Null ist, das durch die Blöcke Q und R der Zerlegungen π und τ definiert wird, dann müssen entweder alle Elemente dieser Zeile, die zum Block Q gehören, oder alle Elemente dieser Zeile, die zum Block R gehören, gleich Null sein. Somit läßt bereits ein SA mit drei Zuständen, der als eine seiner Übergangsmatrizen eine Matrix der Form $(*0*)$ hat, wobei anstelle der Sterne Elemente ungleich Null stehen, keine Umrißvereinigung zu.

Um ein Zerlegungsprinzip für beliebige endliche Automaten zu formulieren, erlauben wir eine Zustandsaufspaltung beim Zerlegungsprozeß.

Theorem 5.2.2 *Für jeden SA* $A = \langle A(x) | x \in X \rangle$ *mit* n *Zuständen gibt es einen SA mit zwei Zuständen* $A_1 = \langle X \times \tau, \pi, \{A_1(x) | x \in X\} \rangle$, *einen SA mit* $n-1$ *Zuständen* $A_2 = \langle X \times \pi, \tau, \{A_2(x) | x \in X\} \rangle$ *und eine Zerlegung* ρ *der Zustandsmenge* $\pi \times \tau$ *seiner Umrißvereinigung* $C = \langle X, \pi \times \tau, \{C(x) | x \in X\} \rangle$, *so daß der SA, der entsteht, wenn alle Zustände eines jeden Blocks der Zerlegung* ρ *miteinander identifiziert werden, isomorph zum SA* A *ist.*

Beweis Die Zustandsmenge des SA A sei $S = \{s_1, \ldots, s_n\}$. Wir spalten den Zustand s_n in $n-1$ Zustände $s_n^1, \ldots, s_n^{n-1}$ auf und betrachten einen neuen SA A' mit der Zustandsmenge $S' = \{s_1, \ldots, s_{n-1}, s_n^1, \ldots, s_n^{n-1}\}$. Wir definieren zwei Zerlegungen auf S':

$$\pi = (\{s_1, \ldots, s_{n-1}\}, \{s_n^1, \ldots, s_n^{n-1}\}) \text{ und } \tau = (\{s_1, s_n^1\}, \ldots, \{s_{n-1}, s_n^{n-1}\}) \ .$$

Wir definieren die Matrizen $A'(x) = (a'_{ij}(x))$ des SA A' so, daß der SA A' als Umrißvereinigung des SA A_1 mit zwei Zuständen, die die Blöcke der Zerlegung π sind, und des SA A_2 mit $n-1$ Zuständen, die die Blöcke der Zerlegung τ sind, darstellbar ist. Ferner soll die Zerlegung $\rho = (\{s_1\}, \ldots, \{s_{n-1}\}, \{s_n^1, \ldots, s_n^{n-1}\})$ der Bedingung der Erweiterbarkeit bezüglich des SA A' genügen, so daß der SA, der durch das Identifizieren der Zustände entsteht, isomorph zum SA A ist. Um allen diesen Bedingungen zu genügen, muß gelten:

$$\sum_{a_j \in Q_k} a'_{ij}(x) \sum_{a_j \in R_l} a'_{ij}(x) = a'_{it}(x) \ , \quad \{s_t\} = Q_k \cap R_l \tag{5.2.6}$$

$$\sum_{j \geq n} a'_{ij}(x) = \begin{cases} a_{in}(x) & , \text{ für } i \leq n \\ a_{nn}(x) & , \text{ für } i > n \end{cases} \tag{5.2.7}$$

$$a'_{ij}(x) = \begin{cases} a_{ij}(x) & , \text{ für } i, j \leq n-1 \\ a_{nj}(x) & , \text{ für } i \geq n, \ j \leq n-1 \end{cases} \ . \tag{5.2.8}$$

Die Bedingungen (5.2.7) und (5.2.8) sind notwendig und hinreichend für die Erweiterbarkeit, während (5.2.6) äquivalent zur Definition der Umrißvereinigung (5.2.1) ist. Werden nämlich die Übergangswahrscheinlichkeiten der Automatenkomposition mit Hilfe der Blöcke der Zerlegungen π und τ folgendermaßen bezeichnet:

$$a'_{ij}(x) = C_{Q_1 R_1, Q_2, R_2}(x) \text{ mit } \begin{matrix} \{a_i\} = Q_1 \cap R_1 \text{ und} \\ \{a_j\} = Q_2 \cap R_2 \end{matrix} \ ,$$

so sind die Übergangsmatrizen A_1 und A_2 gleich $A_1(x,R) = (p^1_{Q_1Q_2}(x,R))$ beziehungsweise $A_2(x,Q) = (p^2_{R_1R_2}(x,Q))$, wobei

$$\begin{aligned} p^1_{Q_1Q_2}(x,R) &= \sum_{R_1} C_{Q_1R_1,Q_2R}(x) \quad \text{und} \\ p^2_{R_1R_2}(x,Q) &= \sum_{Q_1} C_{Q_1R_1,QR_2}(x) \end{aligned}$$

gelten. Deshalb sind die Bedingungen (5.2.6) und die Definition der Umrißvereinigung (5.2.1) gleichwertig.

Die Bedingungen (5.2.6) bis (5.2.8) definieren zu $A(x)$ eindeutig die Matrix $A'(x)$, $x \in X$. Für $1 \le k \le n-1$ folgt aus (5.2.6)

$$\left(\sum_{j\ge n} a'_{ij}(x)\right)(a'_{ik}(x) + a'_{i,k+n-1}(x)) = a'_{i,k+n-1}(x)\,. \tag{5.2.9}$$

Für $i \le n$ erhalten wir, indem wir (5.2.7) bis (5.2.9) benutzen

$$a_{in}(x)(a_{ik}(x) + a'_{i,k+n-1}(x)) = a'_{i,k+n-1}(x)\,,$$

wobei alle Komponenten außer $a'_{i,k+n-1}(x)$ bekannt sind, also

$$a_{in}(x)a_{ik}(x) = a'_{i,k+n-1}(x)(1 - a_{in}(x))\,. \tag{5.2.10}$$

Da $1 - a_{in}(x) = \sum_{j<n} a_{ij}(x) \ge a_{ik}(x)$ gilt, sind beide Seiten der Gleichung (5.2.10) nicht negativ. Ist $a_{in}(x) = 0$, so ist $a'_{i,k+n-1}(x) = 0$, und ist $a_{in}(x) = 1$, so kann $a'_{i,k+n-1}(x)$ so gewählt werden, daß $\sum_{k=1}^{n-1} a'_{i,k+n-1}(x) = 1$ ist und alle Summanden nicht negativ sind. Sind für $i \le n$, $k \le n-1$ die Werte $a'_{i,k+n-1}(x)$ entsprechend (5.2.10) gewählt, so sind die Bedingungen (5.2.6) bis (5.2.8) erfüllt. Aus (5.2.9) erhalten wir:

$$\begin{aligned} \left(\sum_{j<n} a'_{ij}(x)\right)(a'_{ik}(x) + a'_{i,k+n-1}(x)) &= \\ \left(1 - \sum_{j\ge n} a'_{ij}(x)\right)(a'_{ik}(x) + a'_{i,k+n-1}(x)) &= \\ a'_{ik}(x) + a'_{i,k+n-1}(x) - \left(\sum_{j\ge n} a'_{ij}(x)\right)(a'_{ik}(x) + a'_{i,k+n-1}(x)) &= \\ a'_{ik}(x) + a'_{i,k+n-1}(x) - a'_{i,k+n-1}(x) &= a'_{ik}(x)\,. \end{aligned}$$

Für $j > n$ folgt aus (5.2.8), daß die ersten $n-1$ Elemente in den zugehörigen Zeilen gleich den entsprechenden Elementen in der n-ten Zeile sind. Für $i \geq n$ erhalten wir deshalb als Folge von (5.2.7) aus (5.2.9) die Gleichung

$$a_{nn}(x)(a_{nk}(x) + a'_{i,k+n-1}(x)) = a'_{i,k+n-1}(x) \ .$$

Somit sind die übrigen $n-1$ Elemente der i-ten Zeile ($i > n$) gleich den entsprechenden Elementen der n-ten Zeile. Deshalb muß sich die n-te Zeile $(n-1)$-mal wiederholen. Aus der Konstruktion folgt, daß der SA A' in der Form einer Umrißvereinigung von SAs A_1 und A_2 darstellbar ist, die die Übergangsmatrizen $A_1(x, R)$ bzw. $A_2(x, Q)$ haben, wie dies oben definiert wurde. Andererseits ist für die Zerlegung $\rho = (\{s_1\}, \{s_2\}, \dots, \{s_n^1, \dots, s_n^{n-1}\})$ der SA, der nach dem Identifizieren der Zustände in den Blöcken entsteht, isomorph zum SA A. □

Korollar 5.2.1 *Zu jedem SA A mit n Zuständen gibt es SAs A_i für $i = 1, \dots, n-1$ mit zwei Zuständen, den Zustandsmengen S_i und eine Zerlegung ρ der Zustandsmenge $S = S_1 \times S_2 \times \dots \times S_{n-1}$ ihrer Umrißvereinigung C, so daß durch Identifizieren aller Zustände von C, die zu jedem Block der Zerlegung ρ gehören, ein zu A isomorpher SA entsteht.*

Beweis Wir gehen induktiv vor. Seien $S_i = \{s_1^i, s_2^i\}$ für $i = 1, \dots, n-1$. Dann hat der j-te Block der Zerlegung ρ die Form

$$R_j = \{ (s_1^1, \dots, s_1^{j-1}, s_2^j, s^{j+1}, \dots, s^{n-1}) \mid s^{j+1} \in S_{j+1}, \dots, s^{n-1} \in S_{n-1} \}$$

für $j < n-1$, während die beiden letzten Blöcke auf folgende Weise bestimmt werden:

$$R_{n-1} = \{(s_1^1, \dots, s_1^{n-2}, s_2^{n-1})\} \ \text{ und } \ R_n = \{(s_1^1, \dots, s_1^{n-1})\} \ .$$

Auf die Einzelheiten des Beweises wird hier nicht näher eingegangen. □

Wir wollen nun die Kaskadenzerlegung mit der Zustandszerlegung kombinieren und führen einige Definitionen ein.

Definition 5.2.3 Ein SA $A = \langle X, S, \{A(x) | x \in X\}\rangle$ *überdeckt* einen SA $B = \langle X, U, \{B(x) | x \in X\}\rangle$, wenn B determiniert-isomorph zu einem Unterautomaten $C = \langle X, G, \{C(x) | x \in X\}\rangle$ des SA A ist.

Wir erläutern diese Definition. Seien H_φ eine stochastische Matrix vollen Ranges aus Nullen und Einsen und $\varphi : G \to U$ ein Homomorphismus. Seien weiter $G = \{s_{i_1}, \ldots, s_{i_m}\}$ eine Teilmenge der Menge S und $E_G = (e_{ij})$ die Projektion der Einheitsmatrix der Ordnung $|S|$ auf die Menge G:

$$e_{ij} = \begin{cases} 1 & , \text{ für } i = j,\ s_i \in G \\ 0 & \text{sonst} \end{cases}$$

Wir bezeichnen mit H_G und H_G^T die Matrizen aus Nullen und Einsen vollen Ranges, so daß H_G genau $|G|$ Zeilen und $|S|$ Spalten sowie eine Eins in der i_k-ten Spalte der Zeile mit Nummer k hat, so daß

$$H_G H_G^T = E \text{ und } H_G^T H_G = E_G$$

gelten. Dann ist Definition 5.2.3 äquivalent zu den beiden Bedingungen:

$$\begin{aligned} &1) \quad H_G A(x) H_G^T = C(x)\ ; \\ &2) \quad C(x) H_\varphi = H_\varphi B(x)\ . \end{aligned} \tag{5.2.11}$$

Die Definition der Überdeckung kann auch durch nur eine Bedingung ähnlich der Bedingung für einen Homomorphismus formuliert werden. Hierzu sei

$$H = H_G^T H_\varphi\ .$$

Wir bemerken, daß

$$E_G H = H_G^T H_G H_G^T H_\varphi = H_G^T H_\varphi = H$$

gilt. Dann erhält (5.2.11) die folgende Form:

$$\begin{aligned} H_G A(x) H_G^T H_\varphi &= H_\varphi B(x)\ , \\ E_G A(x) H &= H B(x)\ . \end{aligned} \tag{5.2.12}$$

Hier hat die Matrix H ebenfalls vollen Rang. Gilt umgekehrt (5.2.12), so folgt $H_\varphi = H_G H$, da E_G die Matrizen H_G und H_G^T eindeutig bestimmt. Wir führen nun die stochastischen Matrizen $C(x)$ wie in der ersten Zeile der Bedingung (5.2.11) ein. Für jedes x erhalten wir dann

$$H_G E_G A(x) H = H_G H_G^T H_G A(x) E_G H =$$

$$H_G A(x) H_G^T H_G H = C(x) H_\varphi = H_\varphi B(x)\ ,$$

das heißt, die Definition 5.2.3 ist auch äquivalent zur Beziehung (5.2.12).

Die Überdeckung hat den folgenden Sinn: In der Zustandsmenge S wird eine Teilmenge G ausgewählt, die in durchschnittsfremde Blöcke aufgeteilt wird, welche die Zerlegung π definieren. Jedem Block entspricht eineindeutig ein Zustand des SA B. Jede Teilmatrix $C(x)$, die durch Einschränkung von $A(x)$ auf die Menge G entsteht, muß eine Erweiterung gemäß der Zerlegung π sein. Mit anderen Worten, der SA B ist isomorph zu dem Unterautomaten des SA A, der aus A durch Identifizierung aller Zustände jedes Blockes der Zerlegung π entsteht. Somit verallgemeinert der Begriff der Überdeckung sowohl die „Zerlegung" von Zuständen, als auch den Isomorphismus des zu zerlegenden Automaten zu einem Unterautomaten der Komposition von Automaten.

Definition 5.2.4 Ein SA heißt *einfach*, wenn es kein System von Kaskadenkompositionen von SAs gibt, das ihn überdeckt, außer einem System, das nur aus einem Automaten besteht und den ursprünglichen SA überdeckt.

Im deterministischen Fall gilt: Ein beliebiger endlicher DA wird durch eine geeignete Kaskadenkomposition einfacher Automaten überdeckt. Wir untersuchen diese Frage für SAs.

Definition 5.2.5 Sei der SA A ohne Ausgabe in der Form einer sequentiellen Vereinigung einer gesteuerten Quelle $\mathcal{G}(x) = \langle X, Z, \{p(z/x)\}\rangle$ mit N Zuständen und eines DA D entsprechend Theorem 1.2.3 dargestellt. Wir bezeichnen $p(z/x)$ auch durch $p_z(x)$. Dann heißt die Menge von Wahrscheinlichkeitsverteilungen

$$\mathcal{P}(A) = \{\boldsymbol{p}(x)|x \in X\} = \{(p_{z_1}(x), p_{z_2}(x), \ldots, p_{z_N}(x))|x \in X\} ,$$

wobei jede Wahrscheinlichkeitsverteilung $\boldsymbol{p}(x)$ eine implizierende Verteilung für die Familie aller Zeilen der stochastischen Matrix $A(x)$ ist, *erzeugende Wahrscheinlichkeitsverteilung des SA A*.

Der SA A kann verschiedene erzeugende Verteilungen in Abhängigkeit vom DA D_A in seiner sequentiellen Zerlegung haben. Eine erzeugende Verteilung $\mathcal{P}(A)$ und eine gesteuerte Quelle $\mathcal{G}_A(x)$ bestimmen einander eindeutig, deshalb werden wir im Text auch den Ausdruck „erzeugende Verteilung" in Bezug auf eine gesteuerte Quelle $\mathcal{G}_A(x)$ benutzen.

Bemerkung 5.2.1 Eine erzeugende Wahrscheinlichkeitsverteilung eines SA ist ein *System von Verteilungen*, und das daraus entstehende *System von Matrizen* $A(x)$ des SA A wird als parallele, „matrixmäßige" Operation für jedes $x \in X$ betrachtet. Dies wird durch die Formel (1.2.3) des ersten Kapitels definiert. Für den SA A hat sie die Form

$$A(x) = p_{z_1}(x)C_{z_1} + p_{z_2}(x)C_{z_2} + \ldots + p_{z_N}(x)C_{z_N} \qquad \text{für } x \in X\ ,$$

d. h., jedes Element $a_{ij}(x)$ der Matrix $A(x)$ kann als Summe geeigneter $p_z(x)$ dargestellt werden, wobei diejenigen genügen, bei denen die entsprechende einfache Matrix C_z eine Eins an der (i, j)-ten Stelle hat.

Wir formulieren nun Theorem 1.2.3 neu. Hierzu führen wir den Bernoulli-Automaten mit folgenden $N \times N$-Übergangsmatrizen $\Gamma(x)$ für $x \in X$

$$\Gamma(x) = \begin{pmatrix} p_1(x) & p_2(x) & \ldots & p_N(x) \\ p_1(x) & p_2(x) & \ldots & p_N(x) \\ & \ldots\ldots\ldots & & \\ p_1(x) & p_2(x) & \ldots & p_N(x) \end{pmatrix}$$

ein. Als Ausgabe dieses Automaten nehmen wir seinen Zustand, das heißt, beim Übergang in den Zustand $z \in \{1, \ldots, N\}$ gibt der Automat z aus. Dann kann Theorem 1.2.3 folgendermaßen umgeschrieben werden:

Theorem 5.2.3 *Sei $A = \langle X, Y, S, \{A(x)|x \in X\}\rangle$ ein SA mit k Zuständen. Dann gibt es einen Bernoulli-Automaten Γ mit N Zuständen $\Gamma = \langle X, Z, \{\Gamma(x)|x \in X\}\rangle$, wobei*

$$N \le k^2 - k + 1$$

ist, und einen deterministischen Automaten D mit k Zuständen, so daß der SA A als sequentielle Vereinigung des SA Γ und des DA D darstellbar ist.

Der Beweis bleibe dem Leser überlassen.

Lemma 5.2.1 *Zu jedem endlichen stochastischen Bernoulli-Automaten Γ gibt es einen stochastischen Bernoulli-Automaten Γ', der ihn überdeckt.*

Beweis Für die Überdeckung kann man einen beliebigen stochastischen Bernoulli-Automaten Γ' wählen, der sich determiniert-homomorph auf den

SA Γ abbilden läßt. Beispielsweise kann der erste Zustand von Γ in zwei Zustände „zerlegt" werden, und wir erhalten

$$\Gamma'(x)\begin{pmatrix} 10\ldots0 \\ E \end{pmatrix} = \begin{pmatrix} 10\ldots0 \\ E \end{pmatrix}\Gamma(x) \qquad \text{für } x \in X\,.$$

Man beachte, daß hier die Bedingung des Homomorphismus (oder der Überdeckung) der Meßbarkeit der Wahrscheinlichkeitsverteilungen, die durch die Zeilen der Übergangsmatrizen von Γ definiert sind, bezüglich der Wahrscheinlichkeitsverteilungen, die in den entsprechenden Zeilen von Γ′ definiert sind, entspricht. □

Lemma 5.2.2 *Wenn der stochastische Bernoulli-Automat Γ einen SA A überdeckt, so ist A ebenfalls ein stochastischer Bernoulli-Automat.*

Beweis Sofern es zu einem stochastischen Bernoulli-Automaten einen Unterautomaten gibt, ist dieser ebenfalls ein Bernoulli-Automat; daher reicht es aus, die zweite der Bedingungen von (5.2.11) zu untersuchen. Aus der Beziehung $\Gamma(x)H_\varphi = H_\varphi A(x)$ folgt: Da H_φ vollen Rang hat, gibt es für jede Zeile der Matrix $A(x)$ ein i, so daß diese Zeile gleich $\boldsymbol{g}_i(x)H_\varphi$ ist, wobei $\boldsymbol{g}_i(x)$ die i-te Zeile von $\Gamma(x)$ ist. Da alle Zeilen der Matrix $\Gamma(x)$ gleich sind, sind auch alle Zeilen der Matrix $A(x)$ gleich. □

Lemma 5.2.3 *Überdeckt ein endlicher DA einen endlichen SA, so ist dieser ebenfalls deterministisch.*

Beweis Sofern es zu einem endlichen DA einen Unterautomaten gibt, ist dieser ebenfalls ein endlicher DA. Deshalb reicht es, die zweite Bedingung von (5.2.11) zu untersuchen. Aus der Beziehung $D(x)H_\varphi = H_\varphi A(x)$ folgt: Da H_φ und $D(x)$ stochastische Matrizen mit Nullen und Einsen sind, können die Zeilen der stochastischen Matrizen $A(x)$ ebenfalls nur aus Nullen und Einsen bestehen. Also ist A ein DA. □

Korollar 5.2.2 *Mit Ausnahme von DAs und stochastischen Bernoulli-Automaten gibt es keine SAs, die im Sinne der Definition 5.2.4 einfach sind.*

Die Behauptung folgt aus dem Theorem 5.2.3 und den Lemmata 5.2.2 und 5.2.3. Für jeden endlichen SA A ohne Ausgabe, der nichtdeterministisch und kein Bernoulli-Automat ist, kann ein endlicher SA A' angegeben werden, der eine (sogar sequentielle) Kaskadenkomposition zweier Automaten Γ' und D ist, die diesen Automaten überdeckt, wobei jeder Automat der Komposition für sich allein A nicht überdeckt.

Somit erweist sich die Definition 5.2.4 der Einfachheit eines DA in der Anwendung auf SAs als nicht hinreichend weit gefaßt. Tatsächlich charakterisiert sie praktisch nicht Struktureigenschaften einer Komposition von SAs, sondern ist die Folge der unbegrenzten Aufteilbarkeit einer erzeugenden Wahrscheinlichkeitsverteilung des SA. Deshalb muß der Begriff der Überdeckung so eingeschränkt werden, daß die Meßbarkeit von Wahrscheinlichkeitsverteilungen hierbei keine Rolle spielt.

Bemerkung 5.2.2 Der SA $C = (\mathcal{G}, D_C)$, der eine sequentielle Vereinigung einer gesteuerten Quelle $\mathcal{G}$ und eines DA D_C ist, überdecke den SA A. Dann sind die Wahrscheinlichkeitsverteilungen in den Zeilen der stochastischen Matrizen $A(x)$ meßbar bezüglich der erzeugenden Verteilung von $\mathcal{G}$.

Nach Definition sind die Zeilen der stochastischen Matrizen $C(x)$ meßbar bezüglich der erzeugenden Verteilung von $\mathcal{G}$. Da andererseits die Matrizen $A(x)$ aus Untermatrizen der Matrizen $C(x)$ durch Erweiterung erhalten werden, ist jede Zeile einer Matrix $A(x)$ meßbar bezüglich der entsprechenden Zeile der Matrix $C(x)$. Aufgrund der Transitivität der Meßbarkeitsbeziehung erhalten wir die Aussage der Bemerkung 5.2.2. Weiterhin gilt:

Korollar 5.2.3 *Impliziert die erzeugende Verteilung $\mathcal{G}$ des SA C nicht alle Matrizen $A(x)$ des SA A, so überdeckt der SA C den SA A nicht.*

Bei der Dekomposition eines SA zerfällt der ursprüngliche Automat in Automaten, die im allgemeinen keine Unterautomaten des ursprünglichen Automaten sind. Wir werden diese Automaten *Subautomaten* nennen. Die zusammengesetzten Automaten A und B mögen aus einer Komposition von Subautomaten $A_1, \dots, A_n$ bzw. $B_1, \dots, B_n$ bestehen.

Definition 5.2.6 Die Kompositionen A und B heißen *strukturisomorph*, wenn es eine bijektive Beziehung zwischen den Mengen der Subautomaten $\{A_1, \dots, A_n\}$ und $\{B_1, \dots, B_n\}$, den Mengen aller Eingaben und den Mengen aller Ausgaben dieser Subautomaten gibt, wobei die Eingaben und Ausgaben der entsprechenden Subautomaten aufeinander abgebildet werden.

Mit einem Strukturisomorphismus können also die Subautomaten so numeriert werden, daß, wenn die Ausgaben der Automaten $A_{i_1}, \ldots, A_{i_k}$ (oder die Eingabe von A) gleich der Eingabe von A_i sind, die Eingabe von B_i gleich den Ausgaben von $B_{i_1}, \ldots, B_{i_k}$ (bzw. gleich der Eingabe von B) ist.

Als *Struktur* einer Automatenkomposition wird die Klasse aller dazu strukturisomorphen Automatenkompositionen bezeichnet.

Definition 5.2.7 Die Struktur einer Kaskadenkomposition eines SA A heißt *determiniert erzeugend*, wenn es eine Darstellung des SA A als sequentielle Vereinigung einer gesteuerten Quelle $\mathcal{G}$ und eines DA D gibt, dessen Kakadenkomposition in der Vereinigung der deterministischen Subautomaten strukturisomorph zur Kaskadenkomposition des SA A ist.

Theorem 5.2.4 *Die Struktur jeder Kaskadenkomposition eines endlichen SA ist determiniert erzeugend.*

Beweis Wir führen den Beweis durch Induktion über die Tiefe der Kaskadenkomposition.

Aus Theorem 1.2.3 folgt das Theorem 5.2.4 für den Fall der Tiefe 0 der Kaskadenkomposition. Der SA sei eine Kaskadenkomposition der SAs A und B. Wir zeigen, daß diese Komposition immer determiniert erzeugend ist, wobei wir uns auf den folgenden Hilfssatz stützen:

Lemma 5.2.4 *Ein beliebiger endlicher SA $\langle X, S, \{A(x)|x \in X\}\rangle$ kann als sequentielle Vereinigung einer automatischen Quelle von Zufallsvariablen $\mathcal{G}$ und eines DA D mit zwei Eingaben und der gleichen Anzahl von Zuständen, wie sie auch der ursprüngliche SA besitzt, dargestellt werden. Die eine Eingabe des Automaten ist die Ausgabe der Quelle $\mathcal{G}$, und als andere Eingabe dient die Komposition der Quelle und des DA.*

Beweis Wir benutzen Theorem 1.2.3. Die Übergangsmatrizen des SA A, $A(x) = (p_{ss'}(x))$, sind in der Form

$$A(x) = \sum_{z \in Z} p_z(x) D(z)$$

darstellbar, wobei die $D(z) = (\sigma_{ss'}(z))$ einfache Matrizen sind, für deren Elemente die Gleichung

$$p_{ss'}(x) = \sum_{z \in Z} p_z(x) \sigma_{ss'}(z) \tag{5.2.13}$$

gilt. Wir betrachten die stochastischen Vektoren

$$\boldsymbol{\alpha}_x = (p_{z_1}(x), \ldots, p_{z_N}(x)) \,, \tag{5.2.14}$$

die eine allgemeine Wahrscheinlichkeitsverteilung des SA A definieren. Nach Lemma 1.2.1 gibt es einen stochastischen Vektor $\boldsymbol{\alpha} = (\alpha(y_1), \ldots, \alpha(y_r))$, $Y = \{y_1, \ldots, y_r\}$, der jeden Vektor des Systems (5.2.14) impliziert, und eine Implikationsfunktion $z = \varphi(x, y)$, so daß für jedes $x \in X$ die Gleichung

$$p_z(x) = \sum_{z=\varphi(x,y)} \alpha(y)$$

gilt. Folglich kann (5.2.13) in die Form

$$p_{ss'}(x) = \sum_{z \in Z} \sum_{z=\varphi(x,y)} \alpha(y) \sigma_{ss'}(z) \tag{5.2.15}$$

gebracht werden. Wir setzen

$$\sigma_{ss'}(x, y, z) = \begin{cases} \sigma_{ss'}(z) & \text{für } z = \varphi(x, y) \,, \\ 0 & \text{sonst} \end{cases}$$

und führen die Bezeichnung

$$\sigma_{ss'}(x, y) = \sum_{z \in Z} \sigma_{ss'}(x, y, z)$$

ein. Aus (5.2.15) erhalten wir dann

$$\begin{aligned} p_{ss'}(x) &= \sum_{z \in Z} \sum_{z=\varphi(x,y)} \alpha(y) \sigma_{ss'}(z) &= \\ &\sum_{z \in Z} \sum_{y \in Y} \alpha(y) \sigma_{ss'}(x, y, z) &= \sum_{y \in Y} \alpha(y) \sigma_{ss'}(x, y) \,. \end{aligned}$$

Die Menge der Koeffizienten $\sigma_{ss'}(x, y)$ definiert hier einen DA mit zwei Eingängen und der Anzahl $|S|$ von Zuständen, und der stochastische Vektor $\boldsymbol{\alpha} = (\alpha(y_1), \ldots, \alpha(y_r))$ ist eine automatische Quelle von zufälligen Eingängen, deren Ausgang ein Eingang des DA $D = \langle X \times Y, \{\sigma_{ss'}(x, y)\} \rangle$ ist. □

Wir nutzen dieses Lemma nun für den Beweis des Theorems 5.2.4. Seien also die SAs A, B und C durch die Beziehung

$$C(x) = [A(x) \circ B(x, s)]_s$$

verbunden, deren Elemente die Form

$$p^C_{su,s'u'}(x) = p^A_{ss'}(x) p_{uu'}(x,s)\,, \quad x \in X,\ \ s,s' \in S,\ \ u,u' \in U \qquad (5.2.16)$$

haben. Nach Lemma 5.2.4 können die Matrizen der SAs A und B in der Form

$$\begin{aligned} p^A_{ss'}(x) &= \sum_{y_1 \in Y_1} \alpha(y_1)\sigma^A_{ss'}(x,y_1) \text{ und} \\ p^B_{uu'}(x) &= \sum_{y_2 \in Y_2} \beta(y_2)\sigma^B_{uu'}(x,s,y_2) \end{aligned}$$

dargestellt werden. Für die Übergangsmatrizen des SA C erhalten wir deshalb

$$p^C_{su,s'u'}(x) = \sum_{y_1 \in Y_1} \sum_{y_2 \in Y_2} \alpha(y_1)\beta(y_2)\sigma^A_{ss'}(x,y_1)\sigma^B_{uu'}(x,s,y_2)\,.$$

Um in dieser Formel das von uns angestrebte Ergebnis zu erkennen, führen wir die Variable $z = (\overline{x}, y_1, y_2)$ mit $z \in Z = (X \times Y_1 \times Y_2)$ ein und setzen

$$\begin{aligned} D_A(z) &= (\sigma^A_{ss'}(\overline{x}, y_1)) = (\sigma^A_{ss'}(z))\,, \\ D_B(z,s) &= (\sigma^B_{uu'}(\overline{x}, s, y_2)) = (\sigma^B_{uu'}(z,s))\,, \\ \alpha(x,z) &= \alpha(y_1)\beta(y_2)\delta_{x\overline{x}}\,, \end{aligned}$$

wobei $z = (\overline{x}, x_1, x_2)$ und $\delta_{x\overline{x}}$ das Kroneckersymbol seien. Mit den neuen Bezeichnungen erhalten wir

$$p^C_{su,s'u'}(x) = \sum_{z \in Z} \alpha(x,z)\sigma^A_{ss'}(z)\sigma^B_{uu'}(z,s)\,.$$

Für die deterministischen Automaten $D_A = \langle Z, \{\sigma^A_{aa'}(z) | z \in Z\}\rangle$ und $D_B = \langle Z \times S, \{\sigma^B_{bb'}(z,s) | (z,s) \in Z \times S\}\rangle$ erhalten wir somit, daß der DA $D_C(z) = [D_A(z) \circ D_B(z,s)]_s$ eine Kaskadenkomposition des DA A und des DA B ist, wobei der SA C eine sequentielle Vereinigung der gesteuerten Quelle $\mathcal{G}(x)$, die durch das System der stochastischen Wahrscheinlichkeitsverteilungen $\boldsymbol{\alpha}(x) = (p_{z_1}(x), \ldots, p_{z_N}(x))$ definiert ist, und des DA C ist.

Der SA C sei jetzt eine Kaskadenkomposition der SAs $A_1, \ldots, A_n$ (mit $n > 2$). Wir zerlegen diese Menge von Subautomaten in zwei Teilmengen: Die Kaskadenkomposition der einen von ihnen ergebe A, die der zweiten B, und die Kaskadenkomposition von A und B ergebe C. Für jede der Teilmengen ist der Satz nach Induktionsannahme wahr. Deshalb gilt er auch für C. Damit ist Theorem 5.2.4 bewiesen. □

5.3 Dekomposition mit Zufallsverteilung Synthese eines implizierenden Vektors

In diesem Abschnitt wird ein endlicher SA zerlegt durch Bestimmung einer Zufallsquelle und eines SA, der als sequentielle Komposition einer gesteuerten Quelle von Zufallsvariablen und eines geeigneten endlichen DA dargestellt wird. Eine Aussage über eine solche Zerlegung wurde schon in Kapitel 1 bewiesen (Theorem 1.2.3). In diesem Abschnitt werden wir diese Aufgabe untersuchen, indem wir einen implizierenden Vektor finden. Um einen ESA $A = \langle X, Y, S, \{p(s', y/s, x)\}\rangle$ als sequentielle Komposition einer gesteuerten Quelle von Zufallsvariablen und eines DA zu konstruieren, muß nach Theorem 1.2.3 eine Zufallsvariable existieren, die jede Zufallsvariable aus der endlichen Familie von Zufallsvariablen

$$\{\zeta_{s,x} \,|\, s \in S, x \in X\} \tag{5.3.1}$$

impliziert, wobei $p(\zeta_{s,x} = (s', y)) = p(s', y/s, x)$ für alle $s \in S$ und $x \in X$ ist. Unsere Aufgabe reduziert sich nun darauf, einen implizierenden Vektor $\boldsymbol{q}$ zu konstruieren für die endliche Menge stochastischer Vektoren, die durch die Wahrscheinlichkeitsverteilungen jeder Zufallsvariablen der Familie (5.3.1) definiert wird: $\sum_A = \{\boldsymbol{p}_{s,x} | s \in S, x \in X\}$, wobei

$$\boldsymbol{p}_{s,x} = \Big(p(s_1, y_1/s, x), p(s_2, y_1/s, x), \ldots, p(s_k, y_m/s, x)\Big) \tag{5.3.2}$$

gleich der bedingten Wahrscheinlichkeit $p(s', y/s, x)$ in expandierter Form, als stochastischer Vektor $\boldsymbol{p}_{s,x}$ geschrieben, ist. Einen implizierenden Vektor gibt es immer für eine endliche Familie stochastischer Vektoren mit einer endlichen Anzahl von Koordinaten, die ungleich Null sind (siehe Lemma 1.2.1), wobei der implizierende Vektor nicht eindeutig bestimmt ist. Impliziert beispielsweise ein stochastischer Vektor $\boldsymbol{q}$ eine Familie stochastischer Vektoren Σ, so impliziert auch jeder stochastische Vektor $\boldsymbol{q}'$, der $\boldsymbol{q}$ impliziert, die gesamte Familie Σ. Wir werden nun versuchen, einen implizierenden Vektor mit einer möglichst geringen Anzahl von Komponenten, die ungleich Null sind, also einen *minimalen implizierenden Vektor* der Familie Σ, zu konstruieren.

Diese Aufgabe ist, obwohl sie einfach aussieht, bisher in voller Allgemeinheit noch nicht gelöst. Es gibt naheliegende Algorithmen, die im allgemeinen aber zu keiner minimalen Lösung führen. Eine Möglichkeit ist die Zerlegung stochastischer Matrizen in konvexe Linearkombinationen einfacher Matrizen, wie sie im Beweis des Theorems 1.2.4 beschrieben worden ist. Daß dieser Algorithmus nicht unbedingt zu einer minimalen Lösung führen muß, zeigt das folgende Beispiel einer stochastischen Matrix:

$$A = \frac{1}{10926}\begin{pmatrix} 8705 & 2057 & 129 & 35 \\ 8195 & 2081 & 513 & 137 \\ 8321 & 2049 & 545 & 11 \\ 8021 & 2051 & 641 & 33 \end{pmatrix}.$$

Der erwähnte Zerlegungsalgorithmus ergibt als Lösung einen stochastischen Vektor, der neun Koordinaten ungleich Null enthält, obgleich der stochastische Vektor

$$\boldsymbol{q} = \frac{1}{10926}\begin{pmatrix} 8192,5 & 2048,5 & 512,5 & 128,5 & 32,5 & 8,5 & 2,5 & 0,5 \end{pmatrix}$$

jede Zeile der stochastischen Matrix A impliziert und nur acht Koordinaten ungleich Null besitzt. Möglicherweise gibt es keinen Algorithmus, der einen minimalen implizierenden Vektor ohne überflüssige Koordinaten für eine beliebige endliche Familie stochastischer Vektoren konstruiert.

Trotzdem gilt das folgende

Theorem 5.3.1 *Für eine endliche Familie stochastischer Vektoren mit endlich vielen nicht überflüssigen Koordinaten kann ein minimaler implizierender Vektor konstruiert werden.*

Wenn die Familie n Vektoren mit jeweils $k_1, \ldots,$ beziehungsweise k_n Koordinaten ungleich Null enthält, beträgt die Anzahl zusätzlich durchzuführender Operationen nicht mehr als

$$C_k^{k_0} + C_k^{k_0+1} + \ldots + C_k^{k^0} .$$

Dabei sind

$$k = k_1 \cdot \ldots \cdot k_n, \quad k_0 = \max_i\{k_i\}, \quad k^0 = \sum_{i=1}^{n} k_i .$$

Beweis Die stochastischen Vektoren seien in der Form $\Sigma = \{\boldsymbol{p}_1, \ldots, \boldsymbol{p}_n\}$ gegeben, wobei der Vektor $\boldsymbol{p}_i$ genau k_i Koordinaten ungleich Null habe. Ein minimaler implizierender Vektor hängt nicht von überflüssigen Koordinaten ab. Deshalb kann ohne Einschränkung angenommen werden, daß jeder Vektor $\boldsymbol{p}_i$ nur Koordinaten ungleich Null und folglich die Länge k_i hat. Wir bezeichnen den gesuchten implizierenden Vektor als

$$\boldsymbol{q} = (q_1, \ldots, q_m) \text{ mit } \max_i\{k_i\} \leq m \leq \sum_{i=1}^{n} k_i .$$

Für die Bestimmung der Implikation eines jeden Vektors $\boldsymbol{p}_i$ existiert eine stochastische Matrix H_i der Dimension $n \times k_i$, die nur aus Nullen und Einsen besteht, so daß

$$\boldsymbol{q}H_i = \boldsymbol{p}_i \quad \text{für } i = 1, \ldots, n \tag{5.3.3}$$

gilt.

Wir fassen alle Vektoren $\boldsymbol{p}_i$ zu einem Zustandsvektor $\boldsymbol{p}^* = (\boldsymbol{p}_1 \ldots \boldsymbol{p}_n)$ zusammen. Ebenso setzen wir $H = (H_1 \ldots H_n)$. Jetzt wird (5.3.3) durch eine Matrizenbedingung beschrieben:

$$\boldsymbol{q}H = \boldsymbol{p}^* \tag{5.3.4}$$

Nach Lemma 5.3.1 (s. u.) hat H vollen Rang. Wenn das System (5.3.3) für den Vektor $\boldsymbol{q}$ eine Lösung haben soll, so ist es notwendig und hinreichend, daß die Matrix $H' = \binom{H}{\boldsymbol{p}^*}$ denselben Rang wie die Matrix H hat. Damit bleibt folgendes zu tun:

1. Wir bezeichnen als $\mathcal{K}$ die Menge derjenigen Ecken des k^0-dimensionalen Hyperkubus, die durch Vektorkoordinaten, bestehend nur aus Nullen und Einsen, beschrieben werden. Die Koordinaten der Vektoren, die diesen Ecken entsprechen, werden mit Doppelindizes durchnumeriert:

   $$t = (\sigma_{11}, \ldots, \sigma_{1k_1}, \ldots, \sigma_{n1}, \ldots, \sigma_{nk_n})$$

   Dabei gehört der erste Index zum Koordinatenbereich des Vektors $\boldsymbol{p}_i$ in $\boldsymbol{p}^*$. Unter den Koordinaten $\sigma_{i1}, \ldots, \sigma_{ik_i}$ gibt es für jedes i genau eine, die gleich Eins ist. Insgesamt gibt es deshalb genau $k_1 \cdot \ldots \cdot k_n = k$ solcher Vektoren.

2. In der Eckenmenge $\mathcal{K}$ muß nun eine minimale Menge $\mathcal{L}$ so gewählt werden, daß der Vektor $\boldsymbol{p}^*$, der ja in dem k^0-dimensionalen Hyperkubus liegt, zu der von $\mathcal{L}$ aufgespannten linearen Hülle gehört.

3. Wir bezeichnen als H die Matrix, die aus den Vektoren in $\mathcal{L}$ gebildet wird. Für diese Matrix H hat (5.3.4) die Lösung $\boldsymbol{q}$; und dieses ist ein minimaler implizierender Vektor der Menge Σ.

Die Anzahl der zusätzlichen Operationen ist leicht abzuschätzen: Die Bedingung 2 muß für jede Gruppe von Ecken aus $\mathcal{K}$ nachgeprüft werden, beginnend mit k_0 Ecken, und im ungünstigsten Falle bis zu k^0 Ecken. Die Gesamtzahl ist dann $C_k^{k_0} + C_k^{k_0+1} + \ldots + C_k^{k^0}$. □

Lemma 5.3.1 *Ist der stochastische Vektor $\boldsymbol{q}$ ein minimaler implizierender Vektor des Systems Σ, so hat die Matrix H vollen Rang.*

Beweis Wegen $m \leq \sum_{i=1}^{n} k_i$ hat H nicht mehr Zeilen als Spalten. H hat also genau dann vollen Rang, wenn die Zeilen linear unabhängig sind. Sei für einen Widerspruchsbeweis die erste Zeile eine Linearkombination der übrigen Zeilen. Wir erinnern daran, daß die Zeilen von H dadurch entstehen, daß die Zeilen der Matrizen H_i aneinander geheftet werden. Zu jeder Zeile einer Matrix H_i gehört nur ein Element ungleich Null. Lineare Abhängigkeit ist also nur möglich, wenn die erste Zeile von H_i mit einer anderen Zeile übereinstimmt. Ist nun die erste Zeile von H linear abhängig von den übrigen, so gibt es eine weitere, etwa die j-te, die mit der ersten übereinstimmt. Dann aber gehen die entsprechenden Koordinaten des implizierenden Vektors $\boldsymbol{q}$ gemeinsam in die Summen ein, die die Koordinaten der stochastischen Vektoren von Σ bilden. Damit kann die erste Zeile von H weggelassen und die j-te Koordinate des implizierenden Vektors durch die Summe $q_1 + q_j$ ersetzt werden. Somit erhalten wir einen implizierenden Vektor für Σ, der eine Koordinate weniger hat als $\boldsymbol{q}$. □

Die Frage, ob es einen implizierenden Vektor gibt, ist gleichwertig zu dem Problem, ob eine spezielle Algebra endlich erzeugt ist. Bevor wir solche Algebren betrachten, leiten wir einige Formeln für die deterministische Transformation von Zufallsvariablen her.

Sei $\Sigma = \{\xi_1, \ldots, \xi_n\}$ eine endliche Familie von Zufallsvariablen, wobei jede von ihnen die Werte 0 oder 1 jeweils mit den Wahrscheinlichkeiten p_i^0 und p_i^1 für $i = 1, \ldots, n$ annimmt, und es sei

$$y = f(x_1, \ldots, x_n) \tag{5.3.5}$$

eine beliebige Funktion der Aussagenlogik (bzw. der Algebra $\mathbb{Z}_2$ (modulo 2)). Wenn die Zufallsvariablen ξ_i für $i = 1, \ldots, n$ Argumente der Funktion (5.3.5) sind, so definiert diese Funktion selber eine Zufallsvariable η, deren Werte Wahrscheinlichkeiten haben, die entsprechend der Formel

$$P(\eta = 1) = \sum_{\sigma_1, \ldots, \sigma_n} P(\xi_1 = \sigma_1, \ldots, \xi_n = \sigma_n) f(\sigma_1, \ldots, \sigma_n) \tag{5.3.6}$$

berechnet werden können. Sind die Variablen der Famile Σ unabhängig, so nimmt (5.3.6) die Form

$$P(\eta = 1) = \sum_{\sigma_1, \ldots, \sigma_n} p_1^{\sigma_1} \ldots p_n^{\sigma_n} f(\sigma_1, \ldots, \sigma_n) \tag{5.3.7}$$

an. Für (5.3.7) schreiben wir abkürzend:

$$\sum_{\sigma_1,\ldots,\sigma_n} p_1^{\sigma_1} \ldots p_n^{\sigma_n} f(\sigma_1,\ldots,\sigma_n) = f^*(p_1,\ldots,p_n) . \tag{5.3.8}$$

Sei F eine Teilmenge der Menge von Funktionen der Aussagenlogik. Wir bezeichnen mit $[F]$ den algebraischen Abschluß von F (also die Menge aller Funktionen, die man durch Hintereinanderausführung aus F gewinnen kann).

Definition 5.3.1 Sei Σ eine Familie von Zufallsvariablen, die nur die beiden Werte 0 oder 1 annehmen. Eine Familie von Zufallsvariablen Σ_F genüge den folgenden Bedingungen:

1. $\Sigma \subseteq \Sigma_F$;

2. wenn $f(x_1,\ldots,x_n) \in F$ und $\xi_i \in \Sigma_F$ für alle $i = 1,\ldots,n$ ist, dann ist auch $f(\xi_1,\ldots,\xi_n) \in \Sigma_F$.

(Σ_F ist der *algebraische Abschluß von* Σ *bezüglich der Signatur* F.)

Die Famile Σ_F zusammen mit der Signatur F heißt *Algebra von Zufallsvariablen* und wird mit $\langle\Sigma, F\rangle$ bezeichnet.

Wir bilden $\mathcal{P}(\Sigma) = \{P(\xi = 1) | \xi \in \Sigma\}$ und führen auf der Menge Σ eine Äquivalenzrelation ρ ein, indem wir $\xi_1 \rho \xi_2$ genau dann setzen, wenn $P(\xi_1 = 1) = P(\xi_2 = 1)$ gilt. Unser Interesse richtet sich auf die Zerlegung von Σ_F in Äquivalenzklassen Z_p für $p \in \mathcal{P}(\Sigma_F)$ bezüglich der Relation ρ. Wir werden nun diejenigen endlichen Mengen $B \subseteq \mathcal{P}(\Sigma_F)$ betrachten, für die die Menge der Zufallsvariablen

$$\left\{ \bigcup_{p \in B} Z_p \right\}_F$$

mindestens eine Variable aus jeder Klasse Z_q für $q \in \mathcal{P}(\Sigma_F)$ enthält. Inhaltlich bedeutet dieses, eine Quelle von Zufallsvariablen mit Ausgabe η, $P(\eta = 1) = q$ für jedes $q \in \mathcal{P}(\Sigma_F)$, zu konstruieren, wobei Quellen von Zufallsvariablen mit Ausgaben ξ, $P(\xi = 1) \in B$ und Mengen deterministischer Transformatoren existieren, die die Funktionen aus $[F]$ darstellen. Wir fordern für die Familie Σ:

A. Alle Zufallsvariablen in Σ sind unabhängig.

B. Wenn die Familie Σ eine Zufallsvariable ξ enthält, so können beliebig viele Kopien dieser Zufallsvariable verwendet werden, wobei diese Kopien unabhängig von der gegebenen Variable und unabhängig untereinander sind.

Definition 5.3.2 Seien $\mathcal{P}$ eine Teilmenge des Intervalls $(0,1)$ und F^* eine Menge von multilinearen Funktionen des Typs (5.3.8), die von Funktionen der Aussagenlogik aus F erzeugt werden. Eine Menge von Zahlen $\mathcal{P}_{F^*} \subseteq (0,1)$ genüge den folgenden Bedingungen:

1. $\mathcal{P} \subseteq \mathcal{P}_{F^*}$;
2. sind $p_i \in \mathcal{P}_{F^*}$ für $i = 1, \ldots, n$ und $f^* \in F^*$, so ist $f^*(p_1, \ldots, p_n) \in \mathcal{P}_{F^*}$, wobei $f^*(p_1, \ldots, p_n)$ entsprechend der Formel (5.3.8) berechnet wird.

($\mathcal{P}_{F^*}$ ist der *funktionale Abschluß von* $\mathcal{P}$ *bezüglich der Familie* F^*.)

Die Menge der Zahlen $\mathcal{P}_{F^*}$ zusammen mit der darauf definierten Menge multilinearer Funktionen F^* wird mit $\langle \mathcal{P}_{F^*}, F^* \rangle$ bezeichnet und heißt *Verteilungsalgebra mit Signatur* F^*.

Zwischen den Algebren $\langle \Sigma_F, F \rangle$ und $\langle \mathcal{P}(\Sigma)_{[F^*]}, [F] \rangle$ gibt es eine enge Beziehung, die das folgende Theorem ausdrückt.

Theorem 5.3.2 *Für eine beliebige Familie von Zufallsvariablen, die die Werte* 0 *oder* 1 *annehmen und den Bedingungen A und B genügen, und eine beliebige Familie F von Funktionen der Aussagenlogik gilt die Gleichung*

$$\mathcal{P}(\Sigma)_{[F]^*} = \mathcal{P}(\Sigma_F) \,.$$

Beweis Sei $\eta \in \Sigma_F$. Dieses bedeutet, daß entweder $\eta \in \Sigma$ und

$$P(\eta = 1) \in \mathcal{P}(\Sigma)_{[F]^*}$$

sind oder die Zufallsvariable η durch eine Formel Φ von Basisfunktionen $f \in F$ und Zufallsvariablen $\xi_i \in \Sigma$ für $i = 1, \ldots, n$ dargestellt wird. Indem wir in der Formel Φ die Zufallsvariable ξ_i durch eine Variable χ_i ersetzen, erhalten wir eine Formel Φ_i, die eine Funktion $g \in [F]$ darstellt. Es ist leicht zu sehen, daß

$$g^*(P(\xi_1 = 1), \ldots, P(\xi_n = 1)) \;=\; P(\eta = 1)$$

gilt. Da die Wahl der Zufallsvariable η beliebig war, erhalten wir $\mathcal{P}(\Sigma_F) \subseteq \mathcal{P}(\Sigma)_{[F]^*}$.

Sei umgekehrt $q \in \mathcal{P}(\Sigma)_{[F]^*}$. Dann ist entweder $q \in \mathcal{P}(\Sigma)$ und es gibt eine Zufallsvariable $\eta \in \Sigma_F$ mit $P(\eta = 1) = q$, oder die Zahl q läßt sich aus einer Formel Φ_2 mit Funktionen f^*, $f \in [F]$ und $p_i \in \mathcal{P}(\Sigma)$ für $i = 1, \ldots, m$ berechnen. In der Formel Φ_2 ersetzen wir jedes Auftreten des Terms f^* durch f, und das j-te Auftreten der Variable p_i ersetzen wir entsprechend durch die Variable χ_{ji}. Indem wir in der jetzt erhaltenen Formel Φ_3 jedes Auftreten der Variablen χ_{ji} durch unabhängige Zufallsvariablen $\xi_{ji} \in \Sigma$ mit $P(\xi_{ji} = 1) = p_i$ für alle $j = 1, \ldots$ ersetzen, erhalten wir eine Formel, die die Zufallsvariable η mit $P(\eta = 1) = q$ darstellt. Da die Funktion f als Superposition von Funktionen des Systems F dargestellt werden kann, haben wir $\eta \in \Sigma_F$. Folglich ist $\mathcal{P}(\Sigma)_{[F]^*} \subseteq \mathcal{P}(\Sigma_F)$. □

Aus Theorem 5.3.2 folgt: Wenn die Familie von Funktionen F abgeschlossen ist, dann existiert für jede Zahlenmenge $B \subset [0,1]$, die die Verteilungsalgebra $\langle G, F^* \rangle$ erzeugt, eine Menge von Zufallsvariablen Σ, so daß $\mathcal{P}(\Sigma) = B$ und $\mathcal{P}(\Sigma_F) = G$ ist, und umgekehrt ist für jede Menge von Zufallsvariablen Σ, die eine Algebra von Zufallsvariablen $\langle \Xi, F \rangle$ erzeugt, die Menge $B = \mathcal{P}(\Sigma)$ eine erzeugende Menge für die Verteilungsalgebra $\langle G, F^* \rangle$, wobei $G = \mathcal{P}(\Xi)$ gilt. In diesem Sinne sind unter der Bedingung $F = [F]$ die Fragestellungen in den Algebren $\langle \Sigma_F, F \rangle$ und $\langle \mathcal{P}(\Sigma)_{F^*}, F^* \rangle$ äquivalent. Für den Fall, daß $F \neq [F]$ ist, gilt die Inklusion $\mathcal{P}(\Sigma)_F \subseteq \mathcal{P}(\Sigma_F)$.

Uns interessiert das Problem, Algebren von Verteilungen auf endliche Weise zu erzeugen. Aus Mächtigkeitsüberlegungen folgt: Wenn die Verteilungsalgebra $\langle G, F^* \rangle$ mit einer Menge von Funktionen F der Aussagenlogik endlich erzeugt ist, dann kann die Menge G höchstens abzählbar sein. Daher wird man die Klassen betrachteter Algebren darauf begrenzen, daß die Menge G eine Teilmenge der Menge der rationalen Zahlen im Intervall $(0,1)$ ist.

Wir bezeichnen die Menge aller rationalen Zahlen im Intervall $(0,1)$ mit B. Seien r_i für $i = 1, \ldots, t$ Primzahlen mit $1 < r_1 < \ldots < r_t$. Wir führen die folgenden Bezeichnungen für Zahlenmengen ein:

$$R(r) = \{j \mid 1 \leq j < r, \, \mathsf{ggT}(j,r) = 1\} \tag{5.3.9}$$

$$G(r_1, \ldots, r_t) = \left\{ \frac{j}{r_1^{\varphi_1} \ldots r_t^{\varphi_t}} \,\middle|\, j \in R(r_1^{\varphi_1} \ldots r_t^{\varphi_t}), \; \varphi_i \in \mathbb{N}_0, \; i = 1, \ldots, t, \; \sum_{i=1}^{t} \varphi_i \geq 1 \right\} \tag{5.3.10}$$

$$G_1(r_1,\dots,r_t) = G(r_1,\dots,r_t) \cup \{0,1\}\ . \tag{5.3.11}$$

Bemerkung 5.3.1 Ist $\mathcal{P}$ eine Menge von Erzeugenden der Verteilungsalgebra $\langle G(r_1,\dots,r_t), F^*\rangle$, so enthält diese für jedes i mit $1 \le i \le t$ eine rationale Zahl der Form $\frac{k_i}{(r_i \cdot l_i)}$, wobei k_i und l_i ganze Zahlen sind. Der Beweis hierfür folgt unmittelbar aus der Formel (5.3.7).

Es sei $I\!P_2$ die Menge der Funktionen der Aussagenlogik.

Theorem 5.3.3 *Die Verteilungsalgebren $\langle B, F^*\rangle$ mit $F \subseteq I\!P_2$ haben kein endliches Erzeugendensystem.*

Beweis Aus der Bedingung $F_1 \subseteq F_2$ folgt $\mathcal{P}_{F_1^*} \subseteq \mathcal{P}_{F_2^*}$, und daher reicht es, das Theorem für den Fall $F = I\!P_2$ zu beweisen. Wir nehmen das Gegenteil an. Sei $Q = \{q_1,\dots,q_s\}$ ein endliches Erzeugendensystem der Algebra $\langle B, I\!P_2^*\rangle$. Dann muß es für jede Zahl $q \in B$ eine Funktion $f \in I\!P_2$ geben, so daß $q = f^*(p_1,\dots,p_n)$ mit $p_i \in Q$ ist. Aus der Bemerkung 5.3.1 folgt, daß für jede Primzahl r eine rationale Zahl $\in Q$ der Form $\frac{k}{rl}$ existieren muß, wobei k und l ganzzahlig sind. Dieses ist jedoch unmöglich, da es unendlich viele Primzahlen gibt. □

Als nächsten Schritt zur Beschreibung einer maximalen endlich erzeugten Teilalgebra in der Algebra der rationalen Verteilungen betrachten wir eine Algebra $\langle G(r_1,\dots,r_k), F\rangle$ mit $F \subseteq I\!P_2$. Wir untersuchen diese Frage zuerst für den Fall von Algebren der Form $\langle G(r), F\rangle$, wobei r eine Primzahl ist. Als $\Phi(n)$ bezeichnen wir die Klasse aller Formeln über der monotonen Basis $F = \{\vee, \wedge\}$, also über OR und AND, die von n Variablen abhängen. Sei $f(x_1,\dots,x_n)$ eine Funktion, die durch eine Formel der Klasse $\Phi(n)$ realisiert wird.

Theorem 5.3.4 *Für jede rationale Zahl t, in deren Dualdarstellung höchstens die ersten n Ziffern nach dem Komma von 0 verschieden sind und die n-te Ziffer 1 ist, gibt es eine Formel $\Phi_1 \in \Phi(n)$, so daß die aussagenlogische Funktion $f(x_1,\dots,x_n)$, die durch diese Formel realisiert wird, die Gleichung*

$$f^*\left(\frac{1}{2},\frac{1}{2},\dots,\frac{1}{2}\right) = t \tag{5.3.12}$$

erfüllt und keine Formel existiert, die von weniger Variablen abhängt und die gleiche Eigenschaft hat.

Beweis Aus den Bedingungen des Theorems folgt, daß t die Form $t = \frac{s}{2^n}$ mit $\mathsf{ggT}\,(s, 2) = 1$ hat. Sei $f(x_1, \ldots, x_{n_1})$ eine Funktion von n_1 Variablen mit $n_1 < n$, die in der Klasse der Formeln $\Phi(n_1)$ realisiert wird. Aus der Formel (5.3.8) folgt, daß

$$f^*\left(\frac{1}{2}, \ldots, \frac{1}{2}\right) = \frac{s}{2^{n_1}}$$

mit einem ganzzahligen s ist, woraus die zweite Behauptung des Theorems folgt. Ist $t = 0, \alpha_1 \ldots \alpha_n$ mit $\alpha_i \in \{0, 1\}$ für $i = 1, \ldots, n-1$ und $\alpha_n = 1$, so setzen wir

$$\Phi_t(x_1, \ldots, x_n) = x_1 \odot \alpha_1(x_2 \odot \alpha_2(\ldots(x_{n-1} \odot \alpha_{n-1} x_n))\ldots)\,, \qquad (5.3.13)$$

wobei die Operation $\odot\alpha_i$ als

$$\odot\alpha_i = \begin{cases} \wedge & , \text{ für } \alpha_i = 0, \\ \vee & , \text{ für } \alpha_i = 1 \end{cases}$$

definiert ist. Wir zeigen durch Induktion über n, daß für die Funktion $f_t(x_1, \ldots, x_n)$, die durch die Formel (5.3.13) realisiert wird, die Formel (5.3.12) erfüllt ist. Für $n = 1$ ist die Behauptung offensichtlich. Sei (5.3.12) für $t = 0, \alpha_1 \ldots \alpha_n$ wahr. Wir zeigen sie für $t' = 0, \alpha_0\alpha_1 \ldots \alpha_n$. Aus der Induktionsvoraussetzung folgt, daß es eine Funktion $f_t(x_1, \ldots, x_n)$ gibt, so daß $f_t^*(\frac{1}{2}, \ldots, \frac{1}{2}) = t$ ist. Wegen

$$\Phi_{t'}(x_1, \ldots, x_n) = x_1 \odot \alpha_0 \Phi_t(x_2, \ldots, x_n)$$

ist

$$f_{t'}^*\left(\frac{1}{2}, \ldots, \frac{1}{2}\right) = \begin{cases} \frac{1}{2} f_t^*\left(\frac{1}{2}, \ldots, \frac{1}{2}\right) & , \text{ für } \alpha_0 = 0, \\ \frac{1}{2} + \frac{1}{2} f_t^*\left(\frac{1}{2}, \ldots, \frac{1}{2}\right) & , \text{ für } \alpha_0 = 1. \end{cases}$$

Ist $\alpha_0 = 0$, so ist

$$f_{t'}^*\left(\frac{1}{2}, \ldots, \frac{1}{2}\right) = \frac{1}{2} t = 0, 0\alpha_1 \ldots \alpha_n\,.$$

Ist $\alpha_0 = 1$, so gilt

$$f_{t'}^*\left(\frac{1}{2}, \ldots, \frac{1}{2}\right) = \frac{1}{2}(1{+}t) = 0, 1\alpha_1 \ldots \alpha_n\,.$$

□

Korollar 5.3.1 *Die Algebra* $\langle G(2), F^* \rangle$ *mit* $F = \{\vee, \wedge\}$ *ist endlich erzeugt.*

Wir setzen $\mathcal{P}(r) = \left\{ \frac{1}{r}, \frac{2}{r}, \ldots, \frac{(r-1)}{r} \right\}$.

Korollar 5.3.2 *Es gilt*

$$[\mathcal{P}(r)]_{F^*} = G(2) \ , \quad [\mathcal{P}(3)]_{F^*} = G(3) \ .$$

Die Beweise überlassen wir den Lesern als Übungsaufgaben.

Im allgemeinen Fall gibt es für Primzahlen $r > 3$ keine Beziehungen der in Korollar 5.3.2 angegebenen Form.

Die Frage, ob die Algebren $\langle G(r), F^* \rangle$ mit der monotonen Basis $F = \{\vee, \wedge\}$ und einer Primzahl $r \geq 5$ endlich erzeugt werden können, ist noch immer offen. Im Fall $F = \mathbb{P}_2$ gilt jedoch das folgende

Theorem 5.3.5 *Sei* $r \geq 2$ *eine Primzahl. Dann ist*

$$[\mathcal{P}(r)]_{\mathbb{P}_2^*} = G_1(r) \ .$$

Beweis Für $r = 2$ und $r = 3$ ist das Theorem eine Folgerung aus Theorem 5.3.3. Deshalb können wir $r \geq 5$ annehmen. Bevor wir zum Beweis des Theorems kommen, führen wir einige Hilfskonstruktionen durch. Wir betrachten die Formel (5.3.7) unter der Bedingung, daß

$$p_i = P(\xi_i = 1) = \frac{s_i}{r}$$

mit $s_i \in R(r)$ für alle $i = 1, \ldots, n$ gilt (vgl. (5.3.9)). Ist $f^*(p_1, \ldots, p_n) = \frac{s}{r^n}$, so ist die Darstellung (5.3.7) äquivalent zur Darstellung

$$s = \sum_{\alpha_1, \ldots, \alpha_n} s_1^{\alpha_1} \ldots s_n^{\alpha_n} f(\alpha_1, \ldots, \alpha_n) \ , \tag{5.3.14}$$

wobei

$$s_i^{\alpha_i} = \begin{cases} s_i & , \text{ für } \alpha_i = 1 \\ r - s_i & , \text{ für } \alpha_i = 0 \end{cases}$$

gesetzt wird. Es gebe eine beliebige Darstellung von $s \in R(r^n)$ in der Form

$$s = \sum_{i=1}^{M} j_{1i} \ldots j_{ni} \ , \tag{5.3.15}$$

wobei $j_{mi} \in \mathcal{I}_m$ mit $\mathcal{I}_m \subseteq R(r)$ für $m = 1, \ldots, n$ ist. Indem wir die Darstellung (5.3.15) für ein ganzzahliges $l \geq 1$ ausnutzen, werden wir eine Darstellung der Zahl sr^l in der Form (5.3.14) konstruieren. Für jedes ganzzahlige $d \leq [\frac{r}{2}]$ bezeichne $N_i(d)$ die Anzahl der Zahlen j_{ti} in (5.3.15), die gleich d oder gleich $r-d$ sind mit $1 \leq t \leq n$ und $1 \leq i \leq M$. Wir setzen $N(d) = \max N_i(d)$. Als N bezeichnen wir die Zahl

$$N = \sum_{d=1}^{[\frac{r}{2}]} N(d) , \tag{5.3.16}$$

wobei $[x]$ den ganzzahligen Anteil der Zahl x bezeichnet. Aus den Zahlen j_{mi} mit $1 \leq m \leq n$ und $1 \leq i \leq M$ und dem Symbol $\emptyset$ konstruieren wir eine $M \times N$-Matrix $B(s)$ auf die folgende Weise: Die erste Zeile von $B(s)$ habe die Form

$$j_{11}, j_{21}, \ldots, j_{n1}, \emptyset, \emptyset, \ldots, \emptyset \, .$$

Wir nehmen an, es seien schon $l-1$ Zeilen mit $2 \leq l \leq M$ konstruiert worden. Dann betrachten wir das l-te Glied der Summe (5.3.15). Für ein t mit $1 \leq t \leq n$ sei $j_{tl} \in \{d, r-d\}$. Nun suchen wir in den Zeilen mit Nummern von 1 bis $l-t$ die erste Spalte mit der Nummer z, in der sich mindestens eine Zahl aus der Menge $\{d, r-d\}$ befindet und das Element $b_{l,z}$ nicht definiert ist. Wenn eine solche Spalte existiert, setzen wir $b_{l,z} = j_{tl}$, wenn nicht, so wählen wir die erste Spalte mit Nummer z_1, so daß $b_{i,z_1} = \emptyset$ mit $1 \leq i \leq l-1$ ist und das Element $b_{l,z}$ nicht definiert ist, und setzen $b_{l,z} = j_{tl}$. Aufgrund der Wahl von N gibt es immer eine solche Spalte. Nachdem alle Zahlen j_{tl} mit $t = 1, 2, \ldots, n$ untergebracht worden sind, werden alle übriggebliebenen nichtdefinierten Elemente der l-ten Zeile der Matrix $B(s)$ gleich $\emptyset$ gesetzt. Durch Permutation der Elemente derjenigen Zeilen von $B(s)$, die zu derselben Menge $\{d, r-d\}$ gehören, erhalten wir eine Klasse von Matrizen eines Typs $B_1(s)$, die wir mit $\mathcal{B}(s)$ bezeichnen werden.

Lemma 5.3.2 *Die natürliche Zahl s habe eine Darstellung (5.3.15). Die Zahl sr^{N-r}, wobei N wie in (5.3.16) definiert ist, kann genau dann in der Form (5.3.14) dargestellt werden (wobei $f(x_1, \ldots, x_n)$ eine Funktion der Aussagenlogik ist), wenn es in der Menge $\mathcal{B}(s)$ eine Matrix B gibt, in der es für ein beliebiges Paar von Zeilen mit Nummern i_1 und i_2 eine Spalte mit Nummer j gibt, so daß $b_{i_1,j} = r - b_{i_2,j}$ ist.*

Beweis Wir nehmen an, daß es eine solche Matrix B gibt. Aus den Bedingungen des Hilfssatzes folgt, daß alle ihre Zeilen verschieden sind. Falls

$N_i(\alpha) < N(\alpha)$ ist, dann multiplizieren wir in der Darstellung (5.3.15) den Summanden mit Nummer i mit dem Produkt

$$\prod_{d=1}^{[\frac{r}{2}]} (\alpha + (r-\alpha))^{N(\alpha)-N_i(\alpha)} .$$

Als Ergebnis erhalten wir

$$sr^{N-n} = \sum_{i=1}^{M} j_{1i} \dots j_{ni} \prod_{\alpha=1}^{[\frac{r}{2}]} (\alpha + (r-\alpha))^{N(\alpha)-N_i(\alpha)} . \qquad (5.3.17)$$

Diese Darstellung enthält $M2^{N-n}$ Summanden. Wir zeigen, daß wir eine Darstellung des Typs (5.3.14) erhalten können, indem wir die Faktoren in den Summanden von (5.3.17) geeignet umstellen. Zu diesem Zwecke führen wir eine Numerierung der Faktoren ein. Wir betrachten das l-te Glied aus (5.3.17), das die Form

$$j_{1l} \dots j_{nl} \prod_{\alpha=1}^{[\frac{r}{2}]} (\alpha + (r-\alpha))^{N(\alpha)-N_l(\alpha)} \qquad (5.3.18)$$

hat. Für jedes l mit $1 \leq l \leq M$ halten wir für die Elemente j_{ml} mit $m = 1, \dots, n$ die Nummern der Spalten fest, die sie in der Matrix B haben, und führen die folgende Prozedur aus: Falls für ein d die Bedingung $N(d) > N_l(d)$ erfüllt ist, wählen wir aus der l-ten Zeile der Matrix B genau $N(\alpha) - N_l(\alpha)$ Elemente $b_{l,t} = \emptyset$, so daß sich in den Spalten mit Nummern t nur Elemente der Menge $\{d, r-d\}$ befinden. Die Menge dieser Nummern bezeichnen wir mit $T(d)$. Elemente d oder $r-d$, die sich in der Darstellung (5.3.18) befinden und von j_{ml} für $1 \leq m \leq n$ verschieden sind, erhalten folglich Nummern t aus der Menge $T(d)$. Indem wir diese Prozedur für jede Zahl d mit $1 \leq d \leq [\frac{r}{2}]$ durchführen, entsteht eine vollständige Numerierung der Faktoren in (5.3.18).

Werden die Faktoren jedes Summanden (5.3.18) in der Darstellung (5.3.17) entsprechend dieser Numerierung angeordnet, so erhalten wir eine Darstellung der Form (5.3.14). Hat nämlich in der neuen Anordnung das l-te Glied von (5.3.17) die Form $z_1 \dots z_N$, dann konstruieren wir ein N-Tupel $\alpha' = (\alpha_1, \dots, \alpha_N)$ in Dualdarstellung, indem wir

$$\alpha_i = \begin{cases} 0 & , \text{ für } z_i \leq \frac{r}{2} \\ 1 & , \text{ für } z_i > \frac{r}{2} \end{cases}$$

setzen. Wir bezeichnen die Menge derjenigen N-Tupel α', die (5.3.18) entsprechen, als C_l. Jede Menge C_l mit $l = 1, \ldots, M$ enthält genau 2^{N-n} verschiedene Tupel. Da sich in der Matrix B für jedes Paar von Zeilen i_1 und i_2 eine Spalte j befindet, so daß $b_{i_1 j} = r - b_{i_2 j}$ ist, gilt $C_i \prod_{i \neq j} C_j = \emptyset$. Werden die Werte der aussagenlogischen Funktion $f(x_1, \ldots, x_n)$ so festgelegt, daß sie auf den N-Tupeln der Menge $\bigcup_{j=1}^{M} C_j$ gleich Eins sind und nur dort, so erhalten wir die gewünschte Darstellung

$$sr^{N-n} = \sum_{\alpha_1, \ldots, \alpha_N} z_1^{\alpha_1} \ldots z_N^{\alpha_N} f(\alpha_1, \ldots, \alpha_N) . \tag{5.3.19}$$

□

Wir kommen jetzt zum Beweis des Theorems 5.3.5. Es genügt zu zeigen, daß es zu jeder Zahl $n > 1$ und $j \in R(r^n)$ eine Funktion $f(x_1, \ldots, x_m)$ mit $m \geq n$ der Aussagenlogik gibt, so daß

$$f^*(p_1, \ldots, p_m) = \frac{j}{r^n} \tag{5.3.20}$$

für $p_i \in \mathcal{P}(r)$ gilt. Da die Funktion $f(x) = \overline{x}$ zu $I\!P_2$ gehört, reicht es, dieses für $n > 1$ und $1 \leq j \leq \frac{r^n}{2}$ zu zeigen. Wir konstruieren eine Darstellung von j ähnlich der in (5.3.15), indem wir die folgenden Algorithmen anwenden:

Algorithmus 1 Sei $(r-1)^n > j$. Indem wir die Zahl j im Zahlensystem zur Basis $(r-1)$ darstellen, erhalten wir

$$j = \sum_{i=1}^{n} (r-1)^{n-i} 1^i a_i ,$$

wobei $0 \leq a_i \leq r - 2$ für $i = 1, \ldots, n$ gilt. Wir stellen die Matrix $B(j)$ für die Summanden mit $a_i > 0$ auf. Offensichtlich genügt $B(j)$ den Bedingungen des Lemmas 5.3.2; deshalb gibt es eine Funktion $f(x_1, \ldots, x_n)$, so daß

$$jr^{N-n} = \sum_{\alpha_1, \ldots, \alpha_N} j_1^{\alpha_1} \ldots j_N^{\alpha_N} f(\alpha_1, \ldots, \alpha_N) \tag{5.3.21}$$

mit $j_i \in R(r)$ gilt. Wir teilen beide Seiten von (5.3.21) durch r^N und setzen $p_i = j_i / r$. Somit erhalten wir

$$\frac{j}{r^n} = \sum_{\alpha_1, \ldots, \alpha_N} p_1^{\alpha_1} \ldots p_N^{\alpha_N} f(\alpha_1, \ldots, \alpha_N) ,$$

mit

$$p_i^{\alpha_i} = \begin{cases} p_i & , \text{ für } \alpha_i = 1 \\ 1 - p_i & , \text{ für } \alpha_i = 0 . \end{cases}$$

Algorithmus 2 Sei $(r-1)^n \leq j$. Dann beginne mit Schritt 0.

Schritt 0 **:** Setze $j_1 = j - (r-1)^n$. Gehe zu Schritt 1.

Schritt t für $1 \leq t < n$ **:** Ist $j_t \geq j - (r-1)^{n-t}$, so setzen wir $z_t = j_t/(r-1)^{n-t}$. Ist $z_t > C_n^t$, wobei C_n^t wiederum die Binomialkoeffizienten bezeichnen, so setzen wir $j_{t+1} = j_t - C_n^t(r-1)^{n-t}$ und gehen zum Schritt $t+1$ über. Ist $z_t < C_n^t$, so setzen wir $j_{t+1} = j_t - z_t(r-1)^{n-t}$ und gehen zum Schritt $t+1$ über. Ist $j_t < (r-1)^{n-t}$, so gehen wir zum Schritt $n+1$ über.

Schritt n **:** Gehe unmittelbar zu Schritt $n+1$.

Schritt $n+1$ **:** Auf das übriggebliebene j_m wenden wir Algorithmus 1 an.

Da

$$\sum_{j=0}^{n-1} C_n^j (r-1)^{n-j} > \frac{r^n}{2}$$

für jede Zahl $j < \frac{r^n}{2}$ gilt, geht der Algorithmus bei einem geeigneten Schritt m in den Schritt $n+1$ über und terminiert.

Unter der Annahme, daß der Algorithmus im Schritt m mit $1 \leq m \leq n-1$ in den Schritt $n+1$ übergegangen ist, erhalten wir

$$j = \sum_{i=0}^{m-1} C_n^i (r-1)^{n-i} + z_m (r-1)^{n-m} + \sum_{i=m+1}^{n} (r-1)^{n-i} a_i \,, \qquad (5.3.22)$$

wobei $0 < z_m < C_n^m$ und $0 \leq a_i < r-1$ für $i = m+1, \ldots, n$ gelten. Für die Matrix $B(j)$ ist nun dafür zu sorgen, daß ihre Zeilen der Bedingung des Lemmas 5.3.2 genügen. Beispielsweise können die n Zeilen, die dem zweiten Glied in (5.3.22) entsprechen, in der Form

$$\begin{pmatrix} r-1 & r-1 & \ldots & r-1 & 1 & 0 & \ldots & 0 \\ r-1 & r-1 & \ldots & 1 & r-1 & 0 & \ldots & 0 \\ \multicolumn{8}{c}{\dotfill} \\ r-1 & 1 & \ldots & r-1 & r-1 & 0 & \ldots & 0 \\ 1 & r-1 & \ldots & r-1 & r-1 & 0 & \ldots & 0 \end{pmatrix}$$

dargestellt werden. Hierbei genügen alle Zeilen von $B(j)$ den Bedingungen des Lemmas, nach dessen Anwendung wir die gesuchte Darstellung erhalten.

□

Korollar 5.3.3 *Die Algebra $\langle C_1(r), \mathbb{P}_2^*\rangle$ ist für jede Primzahl r endlich erzeugt.*

Wir betrachten ein Beispiel für die Synthese einer Funktion f.

Seien $r = 7$, $n = 3$ und $j = 157$. Nach Anwendung des Algorithmus 1 erhalten wir die Darstellung

$$j = 157 = 6 \times 6 \times 4 \times 6 \times 1 \times 2 \times 1 \times 1 \times 1 \,.$$

Wegen $M = 3$, $N_1(1) = N_2(1) = 2$ und $N_3(1) = 3$ folgt $N(1) = 3$. Entsprechend ergibt sich $N(2) = N(3) = 1$. Folglich ist $N = 5$ und die Matrix $B(157)$ hat die Form

$$B(157) = \begin{pmatrix} 6 & 6 & 4 & 0 & 0 \\ 6 & 1 & 0 & 2 & 0 \\ 1 & 1 & 0 & 0 & 1 \end{pmatrix} .$$

Indem wir das erste Glied der Darstellung mit $(6+1)(2+5)$, das zweite mit $(6+1)(4+3)$ und das dritte mit $(2+5)(3+4)$ multiplizieren, erhalten wir

$$\begin{aligned} j7^2 \quad = & \quad 6 \times 6 \times 4 \times (2+5) \times (6+1) \\ + & \quad 6 \times 1 \times (4+3) \times 2 \times (6+1) \\ + & \quad 1 \times 1 \times (3+4) \times (2+5) \times 1 \,. \end{aligned}$$

Die Menge der 5-Tupel, auf denen die Funktion $f(x_1, \ldots, x_5)$ den Wert 1 annimmt, hat das folgende Aussehen:

$$\begin{aligned} C_1 &= \{(11100), (11101), (11110), (11111)\} \,, \\ C_2 &= \{(10000), (10100), (10001), (10101)\} \,, \\ C_3 &= \{(00000), (00010), (00100), (00110)\} \,. \end{aligned}$$

Wir verallgemeinern Korollar 5.3.3 auf die Algebra $\langle G_1(r_1, \ldots, r_t), \mathbb{P}_2\rangle$, wobei die r_i Primzahlen sind.

Korollar 5.3.4 *Seien $r \geq 2$ eine Primzahl und r_i Primzahlen, die für $i = 1, \ldots, t$ von r verschieden sind. Dann ist*

$$T_r \cup G_1(r_1, \ldots, r_t)_{\mathbb{P}_2} = G_1(r, r_1, \ldots, r_t) \,.$$

Beweis Es reicht zu zeigen, daß für jedes $n \geq 1$ und alle $\alpha_i \geq 0$ für $i = 1, \ldots, t$, die der Bedingung $\sum_{i=1}^{t} \alpha_i \geq 1$ genügen, und für jedes $j \in R(r^n, r_1^{\alpha_1}, \ldots, r_t^{\alpha_t})$ eine Funktion $f(x_1, \ldots, x_n) \in I\!P_2$ existiert, so daß für $p_i \in T_r \cup G(r_1, \ldots, r_t)$ die Gleichung

$$f^*(p_1, \ldots, p_n) = \frac{j}{r^n r_1^{\alpha_1} \ldots r_t^{\alpha_t}} \tag{5.3.23}$$

erfüllt ist. Da die Funktion $f(x) = \overline{x}$ in $I\!P_2$ liegt, reicht es, (5.3.23) für $j \leq \frac{1}{2} \cdot r^n r_1^{\alpha_1} \ldots r_t^{\alpha_t}$ zu zeigen. Wir setzen $A(r) = \{0, 1, \ldots, r-2\}$, halten die Zahlen n, α_i für $i = 1, \ldots, t$ und j fest und setzen $r_1^{\alpha_1} \ldots r_t^{\alpha_t}$ gleich m. Sei $(r-1)^n m > j$.

Algorithmus 3 Die Zahl j/m habe im $(r-1)$-adischen Zahlensystem die Form

$$j/m = \sum_{i=1}^{n} a_i (r-1)^{n-i} \quad \text{mit } a_i \in A(r) .$$

Mit $j - m \frac{j}{m} =_{\text{df}} a_{n+1}$ erhalten wir

$$j = m \sum_{i=1}^{n} (r-1)^{n-i} a_i + a_{n+1} .$$

Da $\text{ggT}(j, m) = 1$ ist, ist auch $\text{ggT}(a_{n+1}, m) = 1$. Wird m in der Form $m = a_{n+1} + m - a_{n+1}$ dargestellt, so folgt

$$j = \sum_{i=1}^{n-1} (r-1)^{n-i} a_i a_{n+1} + (a_n + 1) a_{n+1} + \sum_{i=1}^{n} (r-1)^{n-i} a_i (m - a_{n+1}) .$$

Die zu dieser Darstellung konstruierte Matrix $B(j)$ genügt den Bedingungen von Lemma 5.3.2. Deshalb gibt es eine Funktion

$$f(x_1, \ldots, x_n) \in I\!P_2 ,$$

für die

$$j r^{N-n-1} = \sum_{\alpha_1, \ldots, \alpha_N} j_1^{\alpha_1} \ldots j_N^{\alpha_N} f(\alpha_1, \ldots, \alpha_N) \tag{5.3.24}$$

mit $j_i \in R(r)$ für $i = 1, \ldots, N-1$ und $j_N \in R(m)$ gilt. Indem wir beide Seiten von (5.3.24) durch $r^{N-1} m$ teilen, erhalten wir die gesuchte Darstellung. □

Ist $(r-1)^n m \leq j$, so muß für eine Zerlegung von j ein Algorithmus 4 angewandt werden, der analog zu Algorithmus 2 im Beweis des Theorems 5.3.5 konstruiert wird, wobei die Besonderheiten der Darstellung berücksichtigt werden müssen.

Korollar 5.3.5 *Die Algebra* $\langle G_1(r_1, \ldots, r_t), I\!P_2\rangle$*, wobei die* r_i *Primzahlen sind, ist endlich erzeugt.*

Beweis Entsprechend Theorem 5.3.5 und Korollar 5.3.4 kann als Erzeugendensystem der Algebra $\langle G_1(r_1, \ldots, r_t), I\!P_2\rangle$ das System $\bigcup_{j=1}^{t} T_{r_j}$ gewählt werden. □

5.4 Übungen und zusätzliche Theoreme

1. Ein geordnetes Paar von Zerlegungen (π, τ) der Zustandsmenge eines SA A heißt *Paar von Zerlegungen*, wenn für alle Blöcke π_t und τ_r von π beziehungsweise τ und für alle Zustände $s_i, s_k \in \pi_t$ und alle Eingabesymbole $x \in X$ gilt:

$$\sum_{s_j \in \tau_r} a_{ij}(x) = \sum_{s_j \in \tau_r} a_{kj}(x) .$$

   Seien $\tau + \pi$ die kleinste obere und $\tau \cdot \pi$ die größte untere Schranke von τ und π. Dann gilt:

   (a) $(\pi, 1)$ und $(0, \tau)$ sind Paare von Zerlegungen.

   (b) Sei (π, τ) ein Paar von Zerlegungen. Ist $\tau \leq \eta$, so ist (π, η) ein Paar von Zerlegungen, und ist $\eta \leq \pi$, so ist (η, τ) ein Paar von Zerlegungen.

   (c) Ist (π, τ) ein Paar von Zerlegungen, so sind auch $(\pi, \tau + \eta)$ und $(\pi \cdot \eta, \tau)$ Paare von Zerlegungen.

   (d) Sind (π, τ) und (π', τ') Paare von Zerlegungen, so ist dies auch $(\pi + \pi', \tau + \tau')$.

2. Der Markov-SA $A = \langle X, Y, S, \{A(x) | x \in X\}, \delta\rangle$ heißt *streng periodisch*, wenn die Zustandsmenge in eine direkte Summe von Teilmengen S_i

zerlegt werden und die Übergangsmatrizen auf folgende Weise definiert werden können:

$$A(x) = A_0(x) \cup A_1(x) \cup \ldots \cup A_{T-1}(x) .$$

Dabei definiert die Matrix $A_t(x)$ der Ordnung $n_t \times n_{t+1 (\mathsf{mod}\ T)}$ die Übergangswahrscheinlichkeit aus den Zuständen der Menge S_t in die Zustände der Menge $S_{t+1(\mathsf{mod}\ T)}$. Die deterministische Ausgabefunktion sei ebenfalls in der Form

$$\delta = \{\delta_0, \delta_1, \ldots, \delta_{T-1}\} \text{ mit } \delta_t : X \times S_t \to Y$$

angegeben.

Aus [293] stammt die folgende Definition. Der SA

$$A = \langle X, Y, S, \{A(x) | x \in X\}, \delta \rangle$$

ist eine Kaskadenkomposition des autonomen DA $D = \langle Z, U, \lambda, \delta_0 \rangle$ und des SA $A_1 = \langle X_1, Y_1, S_1, \{A_1(x_1) | x_1 \in X_1\}, \delta \rangle$, wenn $S = U \times S_1$, $X_1 = X \times Z$ und $Y = Y_1$ gelten und für

$$A(x) = (a_{ij}(x)) , \quad A_1(x_1) = (a'_{ij}(x_1))$$

aus $s_i = (u_r, s'_l)$ und $s_j = (u_k, s'_k)$ folgt, daß $x_1 = (x, \delta_0(u_r))$ gilt. Ferner folge dann

$$\lambda(u_r) = u_k \text{ aus } a_{ij}(x) = a'_{rk}(x_1) \text{ und}$$
$$\lambda(u_r) \neq u_k \text{ aus } a_{ij}(x) = 0 .$$

Ein streng periodischer SA läßt sich in eine Kaskadenkomposition eines autonomen DA und eines SA zerlegen. [293]

3. Die Zerlegungen π und τ der Zustandsmenge eines SA A mögen die folgenden Bedingungen erfüllen:

   (a) (π, τ) und (τ, π) sind Paare von Zerlegungen;

   (b) $\pi\tau = 0$ und $0 < \pi, \tau < 1$;

   (c) π und τ sind wechselseitig unabhängig.

   Dann läßt sich A in eine Kaskadenkomposition eines autonomen DA mit der Periode 2 und einer parallelen Komposition zweier isomorpher SAs zerlegen. [293]

4. Der RSA $A(n, m, e)$ habe n Zustände und m Eingabesymbole, und der Hauptnenner der Übergangsmatrizen sei e. $E(n, m, e)$ sei die durchschnittliche Zahl nichttrivialer Zerlegungen der Zustandsmenge von SAs, die die Substitutionseigenschaft besitzen, und $\beta[A(n, m, e)]$ die Zahl der nichttrivialen Zerlegungen des SA $A(n, m, e)$, die die Substitutionseigenschaft haben.

   (a) Seien $m(n)$ und $e(n)$ ganzzahlige Funktionen mit

   $$\lim_{n\to\infty} \frac{m(n)e(n)}{\ln n} < 1 .$$

   Dann ist $\lim_{n\to\infty} E(n, m(n), e(n)) = \infty$, und für jede ganze Zahl $k > 0$ gilt

   $$\lim_{n\to\infty} p\{\beta[A(n, m(n), e(n))] \leq k\} = 1 .$$

   (b) Sind $m(n)$ und $e(n)$ so gewählt, daß

   $$\lim_{n\to\infty} \frac{\ln n}{m(n)e(n)} = 0$$

   gilt, so gilt $\lim_{n\to\infty} E(n, m(n), e(n)) = 0$ und

   $$\lim_{n\to\infty} p\{\beta[A(n, m(n), e(n))] \leq k\} = 0 .$$

   Der Sinn dieser beiden Ergebnisse besteht in Folgendem: Ist (a) erfüllt, so sind zufällig ausgewählte SAs aus der Klasse (n, m, e) asymptotisch in eine sequentielle Komposition von Automaten zerlegbar. Ist (b) erfüllt, so ist asymptotisch für jeden SA aus der Klasse (n, m, e) eine solche Dekomposition unmöglich. [67]

5. Ein entsprechendes Ergebnis gilt für die parallele Dekomposition:

   (a) Für die ganzzahligen Funktionen $m(n)$ und $e(n)$ gelte

   $$\lim_{n\to\infty} \frac{m(n)e(n)}{\ln n} = c \text{ mit } 0 < c < 1 .$$

   Es seien $E(n, m(n), e(n))$ die durchschnittlichen Zahlen nichttrivialer Paare (π_1, π_2) von Zerlegungen der Zustandsmenge von SAs $A(n, m, e)$, die gleichzeitig die Substitutionseigenschaft haben, und $\beta[A(n, m, e)]$ die Zahl nichttrivialer Paare (π_1, π_2) von

Zerlegungen, die die Subsitutionseigenschaft für einen zufällig ausgewählten SA $A(n, m, e)$ haben. Dann gilt

$$\lim_{n\to\infty} E(n, m(n), e(n)) = \infty \text{ und}$$

$$\lim_{n\to\infty} p\{\beta[A(n, m(n), e(n))] \geq k\} = 1 .$$

(b) Ist

$$\lim_{n\to\infty} \frac{\ln n}{m(n)e(n)} = 0 ,$$

so sind

$$\lim_{n\to\infty} E(n, m(n), e(n)) = 0 \text{ und}$$

$$\lim_{n\to\infty} p\{\beta[A(n, m(n), e(n))] = 0\} = 1 . \quad [67]$$

5.5 Bibliographischer Kommentar zum Kapitel 5

Der Begriff „Dekomposition" wurde in seiner stochastischen Variante früher (D. Blackwell, K. Breimann und N. Thomasian, 1958) als in seiner deterministischen Variante (A. Gill, 1962) untersucht. Neuartige Ideen und wichtige Sätze über die Dekomposition von deterministischen Automaten wurden von J. Hartmanis und R. Stearns formuliert. Hier wurden Dekompositionen des Systems in isolierte Untersysteme hergeleitet, von denen nur eines zu jedem Zeitpunkt den gegenwärtigen Zustand des Systems beschreibt (formale Dekomposition). Die Theorie der Dekomposition von J. Hartmanis für den Fall einer Zerlegung des Systems in miteinander verbundene und gleichzeitig arbeitende Teilsysteme (strukturelle Dekomposition) wurde auf SAs durch G. C. Bacon [243] verallgemeinert (Theorem 5.1.1). Die erste Art der Dekomposition kann ebenfalls mit Methoden von Hartmanis und Bacon untersucht werden. Die Eigenschaft der „Vergrößerbarkeit" einer Matrix, die von G. C. Bacon in der schleifenfreien Dekomposition angewandt wurde, wurde von J. Kemeni und J. Snell für Markov-Ketten eingeführt. Eine Definition der Substitutionseigenschaft für Zerlegungen der Zustandsmenge eines SA, die die Definition von J. Hartmanis verallgemeinert, stammt von G. C. Bacon. Theorem 5.1.2, das die schwache Dekomposition eines SA betrifft, wurde von S. Gallenby [296] bewiesen, der den Terminus „starke" Dekomposition (strong) verwendet. Wir benutzen den Terminus „schwach", da die Bedingungen von Gallenby eine Abschwächung der Forderung an die Zerlegbarkeit eines Automaten darstellt und die Klasse der Automaten, die in diesem Sinne zerlegbar sind, größer ist als die Klasse der Automaten, die im Sinne von Bacon zerlegbar sind.

Die Definition der Dekomposition eines SA mit Zerlegung der Zustände führte A. Paz [393] bei der Dekomposition in ein Produkt von Automaten mit Rückkopplungen ein. Diese Art der Zerlegung, die A. Paz „Wirbel" (whirl) genannt hat, sollte besser als „Konturendekomposition" bezeichnet werden. Den Begriff der Kaskadenkomposition mit Zerlegung der Zustände betrachtete A. Ch. Giorgadse [70]. Er untersuchte Analoga zur Theorie von Krohn und Rhodes für SAs und erhielt das in Korollar 5.2.2 vorgestellte negative Ergebnis.

Der Begriff des implizierenden Vektors stammt von R. G. Bukharaev, der auch erstmals die Frage nach einem minimalen implizierenden Vektor stellte [25]. Dort findet sich auch die Formel (5.3.7) für die Berechnung der Wahrscheinlichkeit, und er bemerkte, wie diese Formel über der Aussagenlogik interpretiert werden kann.

Algebren von Wahrscheinlichkeitsverteilungen wurden in allgemeiner Form von F. I. Salimow eingeführt. Allerdings wurde das Vollständigkeitsproblem erstmals für solche Algebren in einem überaus speziellen Fall von R. L. Schirtladse [183] in der Sprache von π-Schemata gelöst. Die Formel (5.3.1) schlug A. D. Sakpewskij vor. Die grundlegenden Theoreme 5.3.2–5.3.5 über die endliche Erzeugbarkeit der Algebren $\langle \mathcal{P}_{F^*}, F^* \rangle$ stammen von F. I. Salimow.

Literatur

1. Ablajew F. M. Wlijanije stepeni isolirowannosti totschki setschenija na tschislo sostojanij werojatnostnogo awtomata. (Der Einfluß der Stufe der Isoliertheit eines Schnittpunktes auf die Zahl der Zustände eines stochastischen Automaten) Mat. Sametki, 1988, 44, N3, S. 289–297.

2. Ablajew F. M. K woprosu o slodschnosti werojatnostnych awtomatow s isolirowannoj totschkoj setschenija (Fragen der Komplexität stochastischer Automaten mit einem isolierten Schnittpunkt). Isw. WU-Sow, Matematika, 1988, N7, S. 88–89.

3. Ablajew, F. M. The complexity properties of probabilistic automata with isolated cut point. Theor. Comput. Sci., 1988, 57, N1, p. 88–95.

4. Ablajew F. M. Srawnitelnaja slodschnost predstawlenija jasykow w werojatnostnych awtomatach (Die relative Komplexität der Darstellung von Sprachen durch stochastische Automaten). Kibernetika (Kiew), 1989, N3, S. 21–25.5.

5. Agasandjan G. A., Sragowitsch W. G. O strukturnom sintese werojatnostnych awtomatow (Über die Struktursynthese stochastischer Automaten). — Isw. AN SSSR. Techn. kibernetika, 1971, N6, S. 121–125.

6. Agafonow W. N., Barsdin Ja. M. O mnodschestwach, swjasannych s werojatnostnymi maschinami (Über Mengen, die mit stochastischen Maschinen zusammenhängen). — Z. math. Log. und Grundl. Math., 1974, 20, N6, S. 481–498.

7. Alperowitsch I. W. Kwasikonetschnost mnodschestwa stochastitscheskich matriz (Die Quasi-Endlichkeit der Menge der stochastischen Matrizen). — Kibernetika, 1980, N1, S. 82–87.

8. Alpin Ju. A. O rasbijenijach, proiswodimych werojatnostnymi awtomatami (Über Zerlegungen, die durch stochastische Automaten hergestellt werden können). — In: Werojatnostnye awtomaty i ich primenenije. Riga, Sinatne, 1971, S. 23-26.

9. Alpin Ju. A. Uslowije ustojtschiwosti werojatnostnogo awtomata (Eine Bedingung für die Hartnäckigkeit eines stochastischen Automaten). — Werojatnostnye metody i kibernetika. Wyp. 9. Kasan, KGU, 1971, S. 3–5.

10. Alpin Ju. A. Definitnye werojatnostnye awtomaty (Definite stochastische Automaten). — Werojatnostnye metody i kibernetika, Wyp. 12-13, Kasan, KGU, 1976, S. 3–10.

11. Alpin Ju. A. O bulewych matrizach, swjasannych s zepjami Markowa i werojatnostnymi awtomatami (Über boolesche Matrizen, die mit Markov-Ketten und stochastischen Automaten verbunden sind). — Werojatnostnye metody i kibernetika, Wyp. 12-13, Kasan, KGU, 1976, S. 103–108.

12. Alpin Ju. A., Bukharaev R. G. Ob odnom dostatotschnom prisnake nepredstawimosti jasykow w konetschnych werojatnostnych awtomatach (Über eine hinreichende Bedingung für die Nicht-Darstellbarkeit von Sprachen durch endliche stochastische Automaten). — DAN SSSR, 1976, 223, N4.

13. Alpin Ju. A., Bukharaev R. G. O strukture slowarnych funkzij, predstawimych w konetschnomernych linejnych awtomatach (Über die Struktur von Wortfunktionen, die durch endlich-dimensionale lineare Automaten dargestellt werden können). — Isw. wyssch. utscheb. sawedenij. Matematika, 1975, N7, S. 3–9.

14. Alpin Ju. A., Kotschkarew B. S., Mubaraksjanow R. G. Ob ustojtschiwosti generirowanija slutschajnych posledowatelnostej werojatnostnymi awtomatami (Über die Hartnäckigkeit der Erzeugung von Zufallsvariablen durch stochastische Automaten). — Werojatnostnye metody i kibernetika, Wyp. 23, Kasan, KGU, 1987, S. 3–22.

15. Alpina W. S. Klassifikazija sostojanij werojatnostnogo awtomata, orientirowannaja na isutschenije jego ergoditscheskich swojstw (Klassifizierung der Zustände eines stochastischen Automaten, orientiert an

ihren ergodischen Eigenschaften). — Werojatnostnye metody i kibernetika. Wyp. 17, Kasan, KGU, 1980, S. 15–22.

16. Areschjan G. D., Maranddschjan G. B. O nekotorych woprosach teorii werojatnostnych awtomatow (Über einige Fragen der Theorie der stochastischen Automaten). — Tr. WZ AN Arm. SSR i Erew. un-ta, 1964, 2, S. 73–81.

17. Afanasew Ju. M., Krysanow A. M., Letunow Ju. P. Posledowatelnaja dekomposizija werojatnostnych awtomatow (Sequentielle Dekomposition stochastischer Automaten). — Awtomatika i telemechanika, 1973, N3, S. 84–88.

18. Baraschko A. S., Bogomolow A. M. Ob eksperimentach s awtomatami s istotschnikom slutschajnych signalow na wchode (Über Experimente mit Automaten mit einer Quelle von Zufallssignalen an der Eingabe). — Awtomatika i wytschisl. Technika, 1969, N3, S. 6–14.

19. Baraschko A. S. O statistitscheskoi ekwiwalentnosti awtomatow po wchodu i wychodu (Über die statistische Äquivalenz von Automaten gemäß Eingabe und Ausgabe). — Awtomatika i telemechanika, 1987, N9, S. 144–150.

20. Barsdin Ja. M. O wytschislimosti na werojatnostnych maschinach (Über die Aufzählbarkeit auf stochastischen Maschinen). — DAN SSSR, 1969, 189, N4, S. 699–702.

21. Belokon O. S. Issledowanije prozessow s'chodimosti w prostejschej sisteme werojatnostnych awtomatow (Untersuchung von Ähnlichkeitsprozessen im einfachsten System von stochastischen Automaten). — Kibernetika (Kiew), 1972, N1, S. 46–50.

22. Bogomolow A. M., Twerdochlebow W. A. K eksperimentam s werojatnostnymi awtomatami (Zu Experimenten mit stochastischen Automaten). — In: Kibernetika (Kybernetik). Tr. seminara. Wyp. 1. Kiew, 1969, S. 34–40.

23. Buj Min Tschi. Ob ustojtschiwosti werojatnostnych awtomatow (Über die Hartnäckigkeit stochastischer Automaten). — Wytschislitelnaja technika i woprosy kibernetika, 1979, N16, S. 146–158.

24. Bukharaev R. G. Ob imitazii werojatnostnych raspredelelenij (Über

die Imitation von Wahrscheinlichkeitsverteilungen). — Us. sapiski Kasan. un-ta, 1963, 123, N6, S. 56–67.

25. Bukharaev R. G. Ob uprawljajemych generatorach slutschajnych welitschin (Über gesteuerte Generatoren von zufälligen Größen). — Us. Sapiski Kasan. un-ta, 1963, 123, N6, S. 68–87.

26. Bukharaev R. G. Nekotorye ekwiwalentnosti w teorii werojatnostnych awtomatow (Einige Äquivalenzen in der Theorie der stochastischen Automaten). — Us. sapiski Kasan. un-ta, 1964, 124, N2, S. 45–65.

27. Bukharaev R. G. Kriterij predstawimosti sobytij w konetschnych werojatnostnych awtomatach (Ein Kriterium für die Darstellbarkeit von Ereignissen in stochastischen Automaten). — DAN SSSR, 1965, 164, N2, S. 289–291.

28. Bukharaev R. G. Awtomatnoe preobrasowanije werojatnostnych posledowatelnostej (Automatische Umwandlung stochastischer Folgen). — Us. sapiski Kasan. un-ta, 1966, 125, N6, S. 24–33.

29. Bukharaev R. G. Dwe poprawki k statje „Nekotorye ekwiwalentnosti w teorii werojatnostnych awtomatow“ (Zwei Berichtigungen zum Artikel „Einige Äquivalenzen in der Theorie der stochastischen Automaten“). Us. sapiski Kasan. un-ta, 1966, 125, N6, S. 110.

30. Bukharaev R. G. O predstawimosti sobytij w werojatnostnych awtomatach (Über die Darstellbarkeit von Ereignissen in stochastischen Automaten). — Us. sapiski Kasan. un-ta, 1967, 127, N13, S. 7–20.

31. Bukharaev R. G. Teorija werojatnostnych awtomatow (Die Theorie der stochastischen Automaten). — Kibernetika (Kiew), 1968, N2, S. 6–23.

32. Bukharaev R. G. K sadatsche minimisazii wchoda awtomata, generirujuschtschego odnorodnuju konetschnuju zep Markowa (Zur Aufgabe der Minimierung der Eingabe eines Automaten, der eine homogene endliche Markov-Kette erzeugt). — Us. sapiski Kasan. un-ta, 1969, 129, N4, S. 3–11.

33. Bukharaev R. G. Uprawljajemye generatory slutschajnych welitschin (Gesteuerte Generatoren von Zufallsgrößen). — In: Werojatnostnye

metody i kibernetika (Stochastische Methoden und Kybernetik), wyp. 2. Kasan: Isd-wo KGU, 1963.

34. Bukharaev R. G. Kriterij predstawimosti sobytij w konetschnych werojatnostnych awtomatach (Kriterien der Darstellbarkeit von Ereignissen in endlichen stochastischen Automaten). — Kibernetika (Kiew), 1969, N1, S. 8–17.

35. Bukharaev R. G. Werojatnostnye awtomaty (Stochastische Automaten). — Kasan: KGU, 1970, 187S.

36. Bukharaev R. G. Abstraktnaja teorija werojatnostnych awtomatow (Abstrakte Theorie der stochastischen Automaten). — In: Werojatnostnye awtomaty i ich primenenenije (Stochastische Automaten und ihre Anwendung). Riga: Sinatne, 1971, S. 9–22.

37. Bukharaev R. G. Problemy sintesa werojatnostnych preobrasowatelej (Probleme der Synthese stochastischer Umformer). — In: Werojatnostnye awtomaty i ich primenije (Stochastische Automaten und ihre Anwendung). Riga: Sinatne, 1971, S. 61–75.

38. Bukharaev R. G. Awtomatnyj sintes uprawljajemogo generatora slutschajnych kodow (Automatische Synthese eines gesteuerten Generators von Zufallsvariablen). — In: Werojatnostnye awtomaty i ich primenenije (Stochastische Automaten und ihre Anwendung). Riga: Sinatne, 1971, S. 97–101.

39. Bukharaev R. G. Prikladnye aspekty werojatnostnych awtomatow (Angewandte Gesichtspunkte von stochastischen Automaten). — Awtomatika i telemechanika, 1972, N9, S. 76–86.

40. Bukharaev R. G. Teorija abstraktnych werojatnostnych awtomatow (Theorie der abstrakten stochastischen Automaten). — In: Problemy kibernetiki (Probleme der Kybernetik). Wyp. 30. M., Nauka, 1975.

41. Bukharaev R. G. Werojatnostnye awtomaty (Stochastische Automaten). — Kasan: KGU, 1977, 247S.

42. Bukharaev R. G., Bukharaev R. R. Topologitscheskij metod redukzii awtomatow (Eine topologische Methode der Reduktion von Automaten). — Isw. wyssch. utscheb. sawedenij. Matematika, 1974, N5, S. 31–39.

43. Bukharaev R. G., Jewdokimowa T. I. Kontinualnoje semejstwo jasykow, nepredstawimych w konetschnych werojatnostnych awtomatach (Eine kontinuierliche Familie von Sprachen, die nicht durch endliche stochastische Automaten dargestellt werden können). — Werojatnostnye metody i kibernetika, Wyp. 12–13, Kasan, KGU, 1976, S. 103–119.

44. Wajsbrod S. M., Rosenschtejn G. Sch. O wremeni „dschisni" stochastitscheskich awotmatow (Über die „Lebenszeit" stochastischer Automaten). — Isw. AN SSSR. Techn. kibernetika, 1965, N4, S. 52–59.

45. Wajser A. W. Slodschnost wytschislenij i ustojtschiwost otdelenija jasykow konetschnymi werojatnostnymi awtomatamy (Die Schwierigkeit der Aufzählung und die Hartnäckigkeit der Absonderung von Sprachen mit Hilfe stochastischer Automaten). — In: Sistemy uprawlenija (Steuerungssysteme). Wyp. 1. Tomsk: TGU, 1975, S. 172–181.

46. Wajser A. W. Sametschanija o signalisirujuschtschich werojatnostnych wytschislenijach (Bemerkungen über signalisierende stochastische Aufzählungen). — In: Sistemy uprawlenija (Steuerungssysteme). Wyp. 1. Tomsk: TGU, 1975, S. 182–196.

47. Wajser A. W. Ob otdelenii jasykow konetschnymi werojatnostnymi awtomatami (Über die Absonderung von Sprachen mit Hilfe endlicher stochastischer Automaten). — Matem. sb. Tomsk. un-ta, 1975, N2, S. 242–251.

48. Wajser A. W. Stochastitscheskie jasyki i slodschnost wytschislenij na werojatnostnych maschinach Tjuringa (Stochastische Sprachen und die Schwierigkeit der Aufzählung durch stochastische Turing-Maschinen). — Kibernetika, 1976, N1, S. 21–25.

49. Walach B. Ja. Optimisazija powedenija konetschnych i stochastitscheskich awtomatow w slutschajnych sredach (Optimierung des Verhaltens endlicher und stochastischer Automaten in zufälligen Umgebungen). — In: Teorija optimalnych reschenij (Die Theorie der optimalen Entscheidungen). Tr. seminara. Wyp. 3. Kiew, 1967, S. 3–29.

50. Walach W. Ja. Wremja prebywanija stochastitscheskogo awtomata w mnodschestwe sostojanij s minimalnym schtrafom (Aufenthaltszeit eines stochastischen Automaten in einer Zustandsmenge mit minimaler Strafe). — In: Teorija awtomatow i metody formalnogo sintesa wytschislitelnych maschin i sistem (Automatentheorie und eine Methode

der formalen Synthese abzählbarer Maschinen und Systeme), Tr. seminara. Wyp. 7. Kiew, 1969, S. 62–75.

51. Walach W. Ja. K woprosu ob optimalnosti stochastitscheskogo awtomata w sostawnoj srede (Zur Frage der Optimalität eines stochastischen Automaten in zusammengesetzter Umgebung). — In: Teorija optimalnych reschenij (Die Theorie der optimalen Entscheidungen). Tr. seminara. Wyp. 4. Kiew, 1969, S. 53–62.

52. Warschawskij W. I., Woronzowa I. P. O powedenii stochastitscheskich awtomatow s peremennoj strukturoj (Über das Verhalten von stochastischen Automaten mit einer variablen Struktur). — Awtomatika i telemechanika, 1963, 24, N33, S. 353–360.

53. Warschawskij W. I., Woronzowa I. P. Stochastitscheskije awtomaty s peremennoj strukturoj (Stochastische Automaten mit einer variablen Struktur). — In: Teorija konetschnych i werojatnostnych awtomatow (Die Theorie der endlichen und stochastischen Automaten). M., Nauka, 1965, S. 301–308.

54. Warschawskij W. I., Woronzowa I. P. Ispolsowanije stochastitscheskich awtomatow s peremennoj strukturoj dlja reschenija nekotorych sadatsch powedenija (Anwendung stochastischer Automaten mit einer Strukturvariablen für die Lösung einiger Aufgaben des Verhaltens). — In: Samoobutschajuschtschijesja awtomatisirowannye sistemy (Selbstlernende automatische Systeme). M., Nauka, 1966, S. 158–164.

55. Warschawskij W. I., Woronzowa I. P., Zetlin M. L. Obutschenije stochastitscheskich awtomatow (Das Lernen stochastischer Automaten). — In: Biologitscheskije aspekty kibernetiki (Biologische Aspekte der Kybernetik). M., AN SSSR, 1962, S. 192–197.

56. Waserschtejn L. N. Markowskije prozessy na sujetnom proiswedenii prostranstw, opisywajuschtschije bolschije sistemy awtomatow (Markov-Prozesse für die Erzeugung von Räumen, die große Systeme von Automaten beschreiben). Problemy peredatschi informazii, 1965, 5, N3, S. 64–72.

57. Woronzowa I. P. Algoritmy ismenenija perechodnych werojatnostij stochastitscheskich awtomatow (Algorithmen für die Änderung von Übergangswahrscheinlichkeiten von stochastischen Automaten). — Problemy peredatschi informazii, 1965, 1, N3, S. 122–126.

58. Gabbasow N. S. K charakteristike sobytij, predstawljajemych konetschnymi werojatnostnymi awtomatami (Charakteristik von Ereignissen, die durch endliche stochastische Automaten dargestellt werden können). — Utsch. sapiski Kasan. un-ta, 1970, 130, N3, S. 18–27.

59. Gabbasow N. S. K teorii predstawlenija sobytij konetschnymi werojatnostnymi awtomatami (Zu einer Theorie der Darstellung von Ereignissen durch endliche stochastische Automaten). — Werojatnostnye metody i kibernetika, — Wyp. 12-13, Kasan, KGU, 1976, S. 120–123.

60. Gabbasow N. S., Kotschkarew B. S. O nekotorych resultatach otnositelno strukturnych awtomatow (Über einige Ergebnisse betreffend Strukturautomaten). Isw. WUSow, Matematika, 1990, N1, S. 3–9.

61. Gabbasow N. S., Murtasina T. A. Ulutschschenije ozenki teoremy redukzii Rabina (Eine Verbesserung der Abschätzung im Reduktionstheorem von Rabin). — In: Algoritmy i awtomaty (Algorithmen und Automaten). Kasan, 1978, S. 7–10.

62. Gejnz, B.P. Stochastitscheskaja wytschislitelnaja maschina (Die stochastische aufzählbare Maschine). — Elektronika, 1967, N14.

63. Gessel M., Mondrow Ch. D. K woprosu obrabotki slutschajnych posledowatelnostej abstraktnymi awtomatami (Zur Frage der Transformation von Zufallsfolgen durch abstrakte Automaten). — In: Diskretnye sistemy (Diskrete Systeme). Riga, Sinatne, 1980, S. 7–12.

64. Giorgadse A. Ch. Metod postrojenija matriz perechodow awtomata so stochastitscheskimi elementami saderdschek (Eine Methode, Übergangsmatrizen für Automaten mit stochastischen Verzögerungselementen zu konstruieren). — Soobschtsch. AN Grus. SSR, 1969, 54, N1, S. 49–52.

65. Giorgadse A. Ch. Ob odnom podchode k sadatsche dekomposizii werojatnostnych awtomatow (Über eine Methode für die Dekomposition stochastischer Automaten). — Problemy uprawlenija i teorii informazii, 1976, 5, N4, S. 321–327.

66. Giorgadse A. Ch. Ob analoge teoremy Krona-Roudsa dlja werojatnostnych awtomatow (Über ein Analogon zum Satz von Kron und Rhodes für stochastische Automaten). — DAN SSSR, 1977, 233, N1, S. 18–20.

67. Giorgadse A. Ch., Burschtejn L. W. Statistitscheskije ozenki dekomposizii werojatnostnych awtomatow (Statistische Abschätzungen für die Dekomposition stochastischer Automaten). — Isb. AN SSSR. Technitscheskaja kibernetika 1974, N1, S. 138–145.

68. Giorgadse A. Ch., Burschetejn L. W. Uslowija suschtschestwowanija dekomposirujemogo awtomata, realisujuschtschego sadannoje wchodnowychodnoje sootnoschenije (Bedingungen für die Existenz der Dekomposition eines Automaten, der eine gegebene Ein-/Ausgabebeziehung realisiert). — Soobschtsch. AN Grus. SSR, 1976, 82, N3, S. 565–567.

69. Giorgadse A. Ch., Ddschebaschwili T. I. K woprosu dekomposizii werojatnostnogo awtomata (Zur Frage der Dekomposition eines stochastischen Automaten). — Soobschtsch. AN Grus. SSR, 1974, 76, N2, S. 321–323.

70. Giorgadse A. Ch., Ddschebaschwili T. I. Dekomposizija awtomata s rasscheplenijem sostojanij (Dekomposition eines Automaten mit Zerlegung der Zustände). — Soobschtsch. AN Grus. SSR, 1977, 87, N1, S. 60–64.

71. Giorgadse A. Ch., Kistauri S. I. S'chemnaja dekomposizija werojatnostnogo awtomata (Schematische Dekomposition eines stochastischen Automaten). — Isb. AN SSSR. Techn. kibernetika, 1976, N6, S. 155–159.

72. Giorgadse A. Ch., Kistauri S. I., Safiullina A. G. Petelnaja dekomposizija stochastitscheskich sistem (Dekomposition stochastischer Systeme mit Schleifen). — Kibernetika (Kiew), 1977, N2, S. 142–143.

73. Giorgadse A. Ch., Makarow S. B. Ob odnom metode analisa werojatnostnych awtomatow (Über eine Methode der Analyse stochastischer Automaten). — In: Metody modelirowanija slodschnych proiswodstwennych sistem i neprerywnych technologitscheskich prozessow (Methoden zur Modellierung komplizierter Produktionsysteme und ununterbrechbarer technologischer Prozesse). Tomsk, 1978, S. 92–102.

74. Giorgadse A. Ch., Matewosjan A. A. K woprusu ob uniwersalnom kletotschnom werojatnostnom awtomate (Zur Frage nach einem universellen stochastischen Zellenautomaten). — Soobschtsch. AN Grus. SSR, 1976, 81, N2, S. 321–324.

75. Giorgadse A. Ch., Safiullina A. G. Ob iterativnoj dekomposizii konetschnych werojatnostnych awtomatow (Über eine iterative Dekomposition endlicher stochastischer Automaten). — Awtomatika i telemechanika, 1974, N9, S. 81–85.

76. Giorgadse A. Ch., Safiullina A. G. Metodi dekomposizii werojatnostnych awtomatow (Methoden der Dekomposition stochastischer Automaten). — Awtomatika i telemechanika, 1974, N5, S. 1–5.

77. Giorgadse A. Ch., Safiullina A. G. O dekomposizii werojatnostnych awtomatow (Über die Dekomposition stochastischer Automaten). — Kibernetika (Kiew), 1975, N2, S. 6–11.

78. Giorgadse A. Ch., Jakobson G. E., Burschtejn L. W. Bespetelnaja dekomposizija werojatnostnogo awtomata (Schleifenfrie Dekomposition stochastischer Automaten). — Problemy peredatschi informazii, 1976, 12, N4, S. 88–94.

79. Gladkij B. Tsch. Ob obraschtschenii matriz na werojatnostnych awtomatach (Über die Umwandlung von Matrizen in stochastische Automaten). — In: Werojatnostnye awtomaty i ich primenenije (Stochastische Automaten und ihre Anwendungen). Riga: Sinatne, 1971, S. 131–141.

80. Golowtschenko W. B. Samoorganisazija kollektiwa werojatnostnych awtomatow s dwumja prostejschimi „motiwami" powedenija (Selbstorganisation des Kollektivs der stochastischen Automaten mit zwei einfachsten „Motiven" des Verhaltens). — Awtomatika i telemechanika, 1974, N4, S. 151–156.

81. Gorbatow W. A., Krysanow A. M., Letunow Ju. P. Parallelnaja dekomposizija werojatnostnych awtomatow (Parallele Dekomposition stochastischer Automaten). — Isb. AN SSSR. Techn. kibernetika, 1972, N5, S. 112–120.

82. Gorjaschko A. G. „Diffusionnaja" model funkzionirowanija werojatnostnogo awtomata (Ein „Diffusionsmodell" für die Funktionsweise eines stochastischen Automaten). — Isb. AN SSSR. Techn. kibernetika, 1972, N4, S. 133–136.

83. Grigorenko W. B., Rapoport A. N., Ronin E. I. Issledowanije obutschajuschtschichsja sistem, realisowannych w wide werojatnostnych awtomatow (Untersuchung von lernenden Systemen, die in der Form

stochastischer Automaten dargestellt sind). — Isb. wyssch. utscheb. sawedenij. Radiofisika, 1971, 14, N7, S. 1026–1034.

84. Dimitrow D. A. Otnositelno njakoi kategorii na stochastitschni awtomati. — Godischn. wyssch. utschebni sawed. Prilodsch. matem., 1975 (1977), 11 N4, S. 9–15.

85. Dubrow Ja. I. K teorii neinizialnych werojatnostnych awtomatow (Zur Theorie nichtinitialer stochastischer Automaten). — In: Teorija awtomatow i metody formirowanija sintesa wytschislitelnych maschin i sistem (Automatentheorie und Methoden zur Synthese aufzählbarer Maschinen und Systeme). Tr. seminara. Wyp. 5. Kiew, 1969, S. 33–39.

86. Iwanow W. A. O werojatnostnych preobrasowateljach (Über stochastische Transformatoren). — Tr. MIEM, 1975, 44, S. 151–159.

87. Inagawa Jasujesi. Werojatnostnye awtomaty (Stochastische Automaten). — Bull. Elektrotechn. Lab., 1965, 29, N6.

88. Inagawa Jasujesi. Werojatnostnye awtomaty (Stochastische Automaten). — Suri katscheku. Math. Sci., 1971, 9, N8, S. 39–40, 42–47.

89. Kanep Ja. Ja. Stochastitschnost jasykow, rasposnawajemych dwustoronnimi konetschnymi werojatnostnymi awtomatami (Über die Frage, ob Sprachen stochastisch sind, die durch zweiseitige endliche stochastische Automaten unterschieden werden können). Diskretnaja matematika, 1989, 1, N4, S. 63–77.

90. Kandelaki N. P., Zerzwadse G. N. O powedenii nekotorych klassow stochastitscheskich awtomatow w slutschajnych sredach (Über das Verhalten einiger Klassen von stochastischen Automaten in zufälliger Umgebung). — Awtomatika i telemechanika, 1966, 24, N6, S. 115–119.

91. Kelmans A. K. O swjasnosti werojatnostnych s'chem (Über den Zusammenhang von stochastischen Schemata). — Awtomatika i telemechanika, 1967, N3, S. 98–116.

92. Kirjanow B. F. Ekwiwalentnost sistem, realisujuschtschich stochastitscheskij prinzip wytschislenij (Die Äquivalenz von Systemen, die das stochastische Prinzip der Aufzählbarkeit realisieren). — Isb. AN SSSR. Techn. kibernetika, 1972, N5, S. 121–128.

93. Kowalenko I. N. Sametschanije o slodschnosti predstawlenija sobytij w werojatnostnych i determinirowannych awtomatach (Eine Bemerkung über die Schwierigkeit der Darstellung von Ereignissen in stochastischen deterministischen Automaten). — Kibernetika (Kiew), 1965, N2, S. 35–36.

94. Koroljuk W. S., Platonow A. I., Ejdelman S. D. Analis funkzionirowanija markowskich awtomatow w slutschajnych sredach (Analyse der Funktionsweise Markovscher Automaten in zufälliger Umgebung). — DAN SSSR, 1986, 287, N6, S. 1084–1086.

95. Kotschkarew B. S. K woprusu ob ustojtschiwosti werojatnostnych awtomatow (Zur Frage der Hartnäckigkeit stochastischer Automaten). — Utsch. sapiski Kasan. un-ta, 1967, 127, N3, S. 82–87.

96. Kotschkarew B. S. Ob ustojtschiwosti werojatnostnych awtomatow (Über die Hartnäckigkeit stochastischer Automaten). — Kibernetika (Kiew), 1968, N2, S. 24–30.

97. Kotschkarew B. S. O prowerke wypolnimosti odnogo dostatotschnogo uslowija ustojtschiwosti werojatnostnych awtomatow (Über den Nachweis, daß eine hinreichende Bedingung für die Hartnäckigkeit stochastischer Automaten erfüllt ist). — In: Teorija awtomatow (Automatentheorie). Tr. seminara. Wyp. 4. Kiew: AN USSR, 1967, S. 79–90.

98. Kotschkarew B. S. O tschastitschnoj ustojtschiwosti werojatnostnych awtomatow (Über die teilweise Hartnäckigkeit stochastischer Automaten). — DAN SSSR, 1968, 182, N5, S. 1022–1025.

99. Kotschkarew B. S. Odno dostatotschnoje uslowije definitnosti sobytija, predstawlennogo werojatnostnym awtomatom (Eine hinreichende Bedingung für die Definitheit eines Ereignisses, das durch einen stochastischen Automaten dargestellt wird). — Utsch. sapiski Kasan. un-ta, 1969, 129, N4, S. 12–20.

100. Krysanow A. I. Algoritmy parallelnoj dekomposizii werojatnostnych awtomatow (Algorithmen für die parallele Dekomposition stochastischer Automaten). — In: Ekon.-matem. metody i programmirowanije planowo-ekonomitscheskich sadatsch (Wirtschaftsmathematische Methoden und die Programmierung planwirtschaftlicher Aufgaben). M., 1972, S. 126–134.

101. Kuklin Ju. I. Dwustoronnije werojatnostnye awtomaty (Zweiseitige stochastische Automaten). — Awtomatika i wytschislitelnaja technika, 1973, N5, S. 35–36.

102. Keewalik A. E., Jakobson G. E. Ob odnom sposobe dekomposizii awtonomnych werojatnostnych awtomatow (Über eine Methode der Dekomposition autonomer stochastischer Automaten). — Tr. Tallinskogo politechnitscheskogo un-ta, 1973, N350, S. 53–59.

103. Keewalik A. E., Jakobson G. E. Metod dekomposizii werojatnostnych awtomatow (Eine Methode der Dekomposition stochastischer Automaten). — In: Diskretnye systemy (Diskrete Systeme). Riga, Sinatne, 1974, S. 13–21.

104. Lasarew W. G., Tschenzow W. M. K woprusu polutschenija priwedennoj formy stochastitscheskogo awtomata (Zur Frage nach reduzierten Formen eines stochastischen Automaten). — In: Sintes diskretnych awtomatow i uprawljajuschtschich ustrojstw (Synthese diskreter Automaten und steuernder Konstruktionen). M.: Nauka, 1968.

105. Lasarew W. G., Tschenzow W. M. O minimisazii tschisla wnutrennich sostojanij stochastitscheskogo awtomata (Über die Minimierung der Zahl innerer Zustände eines stochastischen Automaten). — In: Sintes diskretnych awtomatow i uprawljajuschtschich ustrojstw (Synthese diskreter Automaten und steuernder Konstruktionen). M.: Nauka, 1968, S. 150–159.

106. Lapinsch Ja. K. Minimisazija werojatnostnych awtomatow, predstawljajuschtschich konetschnye informazionnye sredy (Minimierung stochastischer Automaten, die eine endliche Informationsumgebung darstellen). — Awtomatika i wytschislitelnaja technika, 1973, N1, S. 7–9.

107. Lapinsch Ja. K. O nestochastitscheskich jasykach, polutschajemych kak ob'jedinenije ili peresetschenije stochastitscheskich jasykow (Über nichtstochastische Sprachen, die als Vereinigung oder Durchschnitt stochastischer Sprachen erhalten werden können). — Awtomatika i wytschislitelnaja technika, 1974, N4, S. 6–13.

108. Lapinsch Ja. K. Ob odnom klasse determinirowannych awtomatow, ispolsujemych pri strukturnom sintese werojatnostnych awtomatow

(Über eine Klasse deterministischer Automaten, die bei der Struktursynthese stochastischer Automaten benutzt werden kann). — Awtomatika i wytschislitelnaja technika, 1976, N6, S. 1–5.

109. Lapinsch Ja. K., Metra I. A. Ob odnom metode sintesa preobrasowatelei werojatnostnych raspredelenij (Über eine Synthesemethode für Transformatoren von Zufallsverteilungen). — Awtomatika i wytschislitelnaja technika, 1973, N4, S. 32–37.

110. Larin, A. A. Osnownye ponjatija teorii werojatnostnych zifrowych awtomatow (Grundbegriffe der Theorie der stochastischen Ziffernautomaten). — In: Kibernetika i awtomatitscheskoje uprawlenije (Kybernetik und automatische Steuerung). Tr. seminara. Wyp. 2. Kiew, 1968, S. 3–8.

111. Larin, A. A. Informazionnye problemy teorii werojatnostnych zifrowych awtomatow (Informationsprobleme der Theorie der stochastischen Ziffernautomaten). — In: Awtomaty, gibridnye i uprawljajuschtschije maschiny (Automaten, hybride Maschinen und Steuerungsmaschinen). M., 1972, S. 59–65.

112. Lewin, W. I. Opredelenije charakteristik werojatnostnych awtomatow s obratnymi swjasjami (Definition von Charakteristika für stochastische Automaten mit umgekehrten Zusammenhängen). — Isb. AN SSSR. Techn. kibernetika, 1966, N3, S. 107–110.

113. Lewin, W. I. Operazionnyj metod isutschenija werojatnostnych awtomatow (Operationelle Methode für die Untersuchung stochastischer Automaten). — Awtomatika i wytschislitelnaja technika, 1967, N1, S. 18–25.

114. Lewin, W. I. Mnogoswjasnye werojatnostnye awtomaty (Mehrfach zusammenhängende stochastische Automaten). — Isb. AN SSSR. Techn. kibernetika, 1968, N6, S. 63–64.

115. Lew K., Moore E. F., Shannon C. E., Shapiro N. Wytschislimost na werojatnostnych maschinach (Aufzählbarkeit in stochastischen Maschinen). — In: Awtomaty (Automaten). M., IL, 1956, S. 281–305.

116. Lorenz A. A. Nekotorye woprosy konstruktiwnoj teorii konetschnych werojatnostnych awtomatow (Einige Fragen der konstruktiven Theorie endlicher stochastischer Automaten. — Awtomatika i wytschislitelnaja technika, 1967, N5, S. 57–80.

117. Lorenz A. A. Obobschtschenno kwasidefininitnye konetschnye werojatnostnye awtomaty i nekotorye algoritmitscheskije problemy (Verallgemeinert quasidefinite, endliche stochastische Automaten und einige algorithmische Probleme). — Awtomatika i wytschislitelnaja technika, 1968, S. 1–8.

118. Lorenz A. A. Woprosy swodimosti konetschnych werojatnostnych awtomatow (Fragen der Reduzierbarkeit endlicher stochastischer Automaten). — Awtomatika i wytschislitelnaja technika, 1969, N7, S. 4–13.

119. Lorenz A. A. Sintes ustojtschiwych werojatnostnych awtomatow (Synthese hartnäckiger stochastischer Automaten). — Awtomatika i wytschislitelnaja technika, 1969, N4, S. 90–91.

120. Lorenz A. A. Ekonomija sostojanij konetschnych werojatnostnych awtomatow (Zustandsökonomie endlicher stochastischer Automaten). — Awtomatika i wytschislitelnaja technika, 1969, N2, S. 1–9.

121. Lorenz A. A. O charaktere sobytij, predstawimych w konetschnych werojatnostnych awtomatach (Über den Charakter von Ereignissen, die durch endliche stochastische Automaten dargestellt werden können). — Awtomatika i wytschislitelnaja technika, 1971, N3, S. 91–93.

122. Lorenz A. A. Elementy konstruktiwnoj teorii werojatnostnych awtomatow (Elemente einer konstruktiven Theorie stochastischer Automaten). — Riga, Sinatne, 1972.

123. Lorenz A. A. Problemy konstruktiwnoj teorii werojatnostnych awtomatow (Probleme einer konstruktiven Theorie stochastischer Automaten). — In: Werojatnostnye awtomaty i ich primenenije (Stochastische Automaten und ihre Anwendung). Riga: Sinatne, 1971, S. 37–53.

124. Lorenz A. A. Sintes nadjodschnych werojatnostnych awtomatow (Synthese zuverlässiger stochastischer Automaten). — Riga, Sinatne, 1975.

125. Lorenz A. A. Ob ustojtschiwosti konetschnych werojatnostnych awtomatow (Über die Hartnäckigkeit endlicher stochastischer Automaten). — In: Teorija konetschnych awtomatow i jejo prilodschenija (Die Theorie endlicher Automaten und ihre Anwendung). Wyp. 7. Riga, Sinatne, 1976, S. 3–12.

126. Lorenz A. A. Linejnye awtomaty s additiwno-werojatnostnym wchodom (Lineare Automaten mit additiv-stochastischer Eingabe). — In: Teorija konetschnych awtomatow i jejo prilodschenija (Die Theorie endlicher Automaten und ihre Anwendungen). Wyp. 7. Riga, Sinatne, 1976, S. 3–12.

127. Makarewitsch L. W. O dostidschimosti w werojatnostnych awtomatow (Über die Erreichbarkeit in stochastischen Automaten). — Soobsch. AN Grus. SSR, 1969, 53, N2, S. 293–296.

128. Makarewitsch L. W. O realisujemosti werojatnostnych operatorow w logitscheskich setjach (Über die Darstellbarkeit stochastischer Operatoren in logischen Netzen). — In: Diskretnyj analis (Diskrete Analyse). Wyp. 15. Nowosibirsk, 1969, S. 35–56.

129. Makarewitsch L. W. Problema polnoty w strukturnoj teorii werojatnostnych awtomatow (Das Vollständigkeitsproblem in der Strukturtheorie der stochastischen Automaten). — Kibernetika, 1971, N1, S. 17–30.

130. Makarewitsch L. W. Ob obschtschem podchode k strukturnoj teorii werojatnostnych awtomatow (Über einen allgemeinen Zugang zur Strukturtheorie stochastischer Automaten). — In: Werojatnostnye awtomaty i ich primenenije (Stochastische Automaten und ihre Anwendung). Riga, Sinatne, 1971.

131. Makarewitsch L. W., Giorgadse A. Ch. K woprosu o strukturnoj teorii werojatnostnych awtomatow (Zur Frage nach einer Strukturtheorie stochastischer Automaten). — Soobschtsch. AN Grus. SSR, 1968, 50, N1, S. 37–42.

132. Makarewitsch L. W., Matewosjan A. A. Preobrasowanije slutschajnych posledowatelnostej w awtomatach (Transformation von Zufallsfolgen in Automaten). — Awtomatika i wytschislitelnaja technika, 1970, N5, S. 8–13.

133. Makarewitsch L. W., Matewosjan A. A. Ustanowotschnye eksperimenty s konetschnymi werojatnostnymi awtomatami (Einjustierungsexperimente mit endlichen stochastischen Automaten). — Awtomatika i telemechanika, 1972, N8, S. 88–92.

134. Makarewitsch L. W., Matewosjan A. A. Ergoditscheskije awtomaty (Ergodische Automaten). — Soobschtsch. AN Grus. SSR, 1975, 78,

N2, S. 313–315.

135. Makarow S. W. O realisazii stochastitscheskich matriz konetschnymi awtomatami (Über die Realisierung stochastischer Matrizen durch endliche Automaten). — In: Wytschislitelnye sistemy (Rechensysteme). Wyp. 9. Nowosibirsk, 1963, S. 65–70.

136. Mamatow Ju. A. Ob odnom klasse stochastitscheskich awtomatow (Über eine Klasse stochastischer Automaten). — Westnik Jaroslaw. un-ta, 1975, N9, S. 92–98.

137. Maslow A. N. Werojatnostnye maschiny Tjuringa i rekursiwnye funkzii (Stochastische Turingmaschinen und rekursive Funktionen). — DAN SSSR, 1972, 205, N5, S. 1018–1020.

138. Matewosjan A. A. Realisazija werojatnostnych otobradschenij na kletotschnych awtomatach (Realisierung stochastischer Darstellungen in Zellenautomaten). — Soobschtsch. AN Grus. SSR, 1976, 84, N2, S. 333–336.

139. Matewosjan A. A. Realisazija werojatnostnych otobradschenij na kletotschnych awtomatach (Realisierung stochastischer Darstellungen in Zellenautomaten). — Tr. IK AN Grus. SSR, 1977, 1 S. 207–218.

140. Matewosjan A. A. K woprosu ob uniwersalnom kletotschnom werojatnostnom awtomate (Zur Frage nach einem universellen stochastischen Zellenautomaten). Kibern. sistemy. Tbilisi, 1980, S. 35–44.

141. Matjuschkow L. P. O realisazii awtonomnych stoachastitscheskich awtomatow (Über die Realisierung autonomer stochastischer Automaten). — In: Tr. I Respubl. konferenzii matematikow Belorussii, 1964. Minsk, Wysschaja schkola, 1965, S. 166–170.

142. Mazewityj L. W. O nekotorych informazionnych swojstwach rastuschtschich awtomatow (Über einige Informationseigenschaften wachsender Automaten). Kibernetika. (Kiew), 1985, N2, S. 102–104.

143. Mazewityj L. W. Primenenije rastuschtschich werojatnostnych awtomatow dlja matematitscheskogo modelirowanija (Die Anwendung wachsender stochasticher Automaten für die mathematische Modellierung). Kibernetika. (Kiew), 1989, N1, S. 88–90.

144. Matschak K. Ob alfawitnych otobradschenijach, induzirowannych awtomatnymi werojatnostnymi otobradschenijami (Über alphabeti-

sche Darstellungen, die durch automatische stochastische Darstellungen induziert werden). — In: Wytschislitelnaja technika i woprosy kibernetiki (Computertechnik und Fragen der Kybernetik). Wyp. 12. L., Isd-wo LGU, 1975, S. 124–134.

145. Matschak K. O predstawimosti stochastitscheskich jasykow determinirowannymi awtomatami s peremennoj strukturoj (Über die Darstellbarkeit stochastischer Sprachen durch deterministische Automaten mit einer variablen Struktur). — In: Metody wytschislenij (Methoden der Datenverarbeitung). Wyp. 10. L.: Isd-wo LGU, 1976, S. 151–164.

146. Matschak K. O predstawimosti jasykow nestazionarnymi werojatnostnymi awtomatomi (Über die Darstellbarkeit von Sprachen durch nichtstationäre stochastische Automaten). — Wytschislitelnaja technika i woprosy kibernetiki, 1977, N4, S. 120–129.

147. Matschak K. Ob isomorfnych otobradschenijach stochastitscheskich jasykow (Über isomorphe Darstellungen stochastischer Sprachen). — Sb. ved. Pr. VVs. sk. strojni a text. Liberci, 1971, 12, S. 69–76.

148. Matschak K., Tschirkow M. K. O predstawimosti reguljarnych jasykow werojatnostnymi awtomatami (Über die Darstellbarkeit regulärer Sprachen durch stochastische Automaten). Wytschisl. techn. i wopr. kibern. Leningrad, 1981, N17, S. 87–92.

149. Metew B. Nekotorye werojatnostnye awtomaty s peremennoj strukturoj (Einige stochastische Automaten mit variabler Struktur). — In: Tr. medschdunarodnogo seminara po prikladschnym aspektam teorii awtomatow (Internationales Seminar über Anwendungsaspekte der Automatentheorie). Warna, 1971.

150. Metra I. A. Srawnenije tschisla sostojanij werojatnostnych i determinirowannych awtomatow, predstawljajuschtschich sadannye sobytija (Vergleich der Zahl der Zustände von stochastischen und deterministischen Automaten, die vorgegebene Ereignisse darstellen). — Awtomatika i wytschislitelnaja technika, 1971, N5, S. 94–96.

151. Metra I. A. Stochastitscheskij stschottschik (Ein stochastischer Zähler). — In: Werojatnostnye awtomaty i ich primenenije (Stochastische Automaten und ihre Anwendung). Riga, Sinatne, 1971, S. 33–36.

152. Metra I. A. Ob ukrupnjajemosti proiswedenij stochastitscheskich matriz (Über die Vergrößerbarkeit des Produkts stochastischer Matrizen).

— Awtomatika i wytschislitelnaja technika, 1972, N3, S. 20.

153. Metra I. A., Smilgajs A. A. O definitnosti i reguljarnosti sobytij, predstawlennych werojatnostnymi awtomatami (Über die Definitheit und Regularität von Ereignissen, die durch stochastische Automaten dargestellt werden). — Awtomatika i wytschislitelnaja technika, 1968, N4, S. 1-7.

154. Metra I. A., Smilgajs A. A. O nekotorych wosmodschnostjach predstawlenija nereguljarnych sobytij werojatnostnymi awtomatami (Über einige Möglichkeiten der Darstellung nichtregulärer Ereignisse durch stochastische Automaten). - In: Latw. matematiktscheskij jedschegodnik (Lettisches mathematisches Jahrbuch). Wyp. 3. Riga: Sinatne, 1968, S. 253–261.

155. Mubaraksjanow R. G. Awotmat, ostawljajuschtschij inwariantnym klass slutschajnych posledowatelnostej s konetschnym mnodschestwom sostojanij (Ein Automat, der eine Klasse von Zufallsfolgen mit endlicher Zustandsmenge invariant läßt). — Iswestija wusow. Matematika, 7(278), 1985, S. 21–25.

156. Mubaraksjanow R. G. Konetschnost mnodschestwa nekollinearnych wektorow, porodschdajemogo semejstwom linejnych operatorow (Die Endlichkeit einer Menge nichtkolinearer Vektoren, die durch eine endliche Familie linearer Operatoren erzeugt wird). — Iswetija wusow. Matematika, 4, 1987, S. 82–84.

157. Mubaraksjanow R. G. K ε-modelirowaniju powedenija werojatnostnych awtomatow (Zu einer ε-Modellierung des Verhaltens stochastischer Automaten). — Iswestija wusow. Matematika, 4, 1991, S. 48–57.

158. Mutschnik A. A, Maslow A. N. Reguljarnye, linejnye i werojatnostnye sobytija (Reguläre, lineare und stochastische Ereignisse). — Tr. Matem. un-ta AN SSSR, 1973, 133, S. 149–168.

159. Muchin W. I. O primenenije werojatnostnych awtomatow k rescheniju sadatsch klassifikazii (Über die Anwendung stochastischer Automaten bei Klassifizierungsaufgaben). Werojatnostnye metody i kibernetika. Wyp. 17, Kasan, KGU, 1980, S. 72–78.

160. Parschenkow N. Ja., Tschenzow W. M. K woprosu minimisazii stochastitscheskogo awtomata (Zur Frage der Minimierung eines stocha-

stischen Automaten). — Problemy peredatschi informazii, 1969, 5, N4, S. 81–83.

161. Parschenkow N. Ja., Tschenzow W. M. Ustojtschiwost wnutrennich sostojanij werojatnostnogo awtomata (Die Hartnäckigkeit innerer Zustände eines stochastischen Automaten). — Kibernetika, 1970, N6, S. 47–52.

162. Parschenkow N. Ja., Tschenzow W. M. O teorii stochastitscheskich awtomatow (Über die Theorie stochastischer Automaten). — In: Diskretnye awtomaty i seti swjasi (Diskrete Automaten und Zusammenhangsnetze). M., Nauka, 1970, S. 141–184.

163. Parschenkow N. Ja., Tschenzow W. M. Nekotorye woprosy teorii werojatnostnych awtomatow (Einige Fragen zur Theorie stochastischer Automaten). — In: Tr. Medschdunarod. simposiuma po prikladnym aspektam teorii awtomatow (Internationales Symposium über Anwendungsaspekte der Automatentheorie). Warna, 1971, S. 454–463.

164. Parschenkow N. Ja., Tschenzow W. M. Woprosy teorii werojatnostnych awtomatow (Fragen der Theorie der stochastischen Automaten). — In: Awtomaty i uprawlenije setjami swjasi (Automaten und Steuerung von Zusammenhangsnetzen). M., Nauka, 1971, S. 180–202.

165. Pirogow S. A. Klasternye raslodschenija dlja sistem awtomatow (Zerlegungen von Systemen von Automaten in Cluster). Problemy peredatschi informatzii. 1986, 22, N4, S. 60–66.

166. Pletnjow F. I. Stochastitscheskije awtomaty w sadatschach adaptiwnogo wybora wariantow (Stochastische Automaten bei der adaptiven Auswahl von Varianten). Kibernetika (Kiew), 1990, N1, S. 88–94.

167. Podnijeks K. M. O totschkach setschenija nekotorych werojatnostnych awtomatow (Über Schnittpunkte einiger stochastischer Automaten). — Awtomatika i wytschislitelnaja technika, 1970, N5, S. 90–91.

168. Posdnjak A. S. Issledowanije s'chodimosti algoritmow funkzionirowanija obutschajuschtschichsja stochastitscheskich awtomatow (Untersuchung der Ähnlichkeit von Algorithmen für die Funktion lernender stochastischer Automaten). — Awtomatika i telemechanika, 1975, N1, S. 88–103.

169. Pokrowskaja I. A. O nekotorych ozenkach tschisla sostojanij werojatnostnych awtomatow, predstawljajuschtschich reguljarnye sobytija (Über einige Abschätzungen der Zustandszahl stochastischer Automaten, die reguläre Ereignisse darstellen). — Westnik MGU, 1977, N4, S. 28–35.

170. Pokrowskaja I. A. Nekotorye ozenki tschisla sostojanij werojatnostnych awtomatow, predstawljajuschtschich reguljarnye sobytija (Einige Abschätzungen der Zustandszahl stochastischer Automaten, die reguläre Ereignisse darstellen). — In: Probelmy kibernetiki (Probleme der Kybernetik). Wyp. 36. M., Nauka, 1979, S. 181–194.

171. Pjatkin Wal. P., Pjatkin Wjatsch. P., Romanow A. K. Ob odnoj sadatsche sintesa werojatnostnych awtomatow (Über eine Syntheseaufgabe von stochastischen Automaten). — Isw. AN SSSR. Techn. kibernetika, 1972, N4, S. 130–132.

172. Pastrigin L. A., Ripa K. K. Statistitscheskij poisk kak werojatnostnyj awtomat (Über die statistische Suche als stochastischer Automat). — Awtomatika i wytschislitelnaja technika, 1971, N1, S. 50–55.

173. Ripa K. K. Algoritmy samoobutschenija pri slutschajnom poiske kak werojatnostnye awtomaty (Algorithmen des Selbstlernens unter Zufallssuche als stochastische Automaten). — In: Problemy slutschajnogo poiska (Probleme der zufälligen Suche). Wyp. 2. Riga, Sinatne, 1973, S. 99–126.

174. Roginskij W. N. Ob odnom tipe werojatnostnych diskretnychtsch awtomatow (Über einen Typ stochastischer diskreter Automaten). — In: Problemy peredatschi informazii (Probleme der Informationsübertragung). Wyp. 17. M., Nauka, 1964, S. 85–90.

175. Rotenberg A. R. Asimptotitscheskoje ukrupnenije sostojanij nekotorych stochastitscheskich awtomatow (Asymptotische Vergrößerung der Zustände einiger stochastischer Automaten. — Problemy peredatschi informazii, 1973, 9, N4.

176. Rjabinin A. W. Stochastitscheskije funkzii konetschnych awtomatow (Stochastische Funktionen endlicher Automaten). Algebra, logika i teorija tschisel. 7-ja temat. konf. mechmata MGU, fewr.-mart 1985, M., 1986, S. 77–80.

177. Rjabinin A. W. Approksimazija neprerywnych funkzij posredstwom stochastitscheskich funkzij konetschnych awtomatow (Approximation stetiger Funktionen durch stochastische Funktionen endlicher Automaten). Institut problem informazii AN SSSR, M., 1977, Dep. WINITI, 10.06.87, N 4230-1387, 37S.

178. Silwestrowa E. M. Konetschnye markowskije stochastitscheskije awtomaty s diskretnym wremenem (Endliche Markovsche stochastische Automaten mit diskreter Zeit). — Kibernetika (Kiew), 1972, N3, S. 122–133.

179. Silwestrowa E. M. Konetschnye markowskije stochastitscheskije awtomaty s diskretnym wremenen. Tsch. II (Endliche Markovsche stochastische Automaten mit diskreter Zeit, Teil II). — Kibernetika (Kiew), 1972, N4, S. 26–30.

180. Silwestrowa E. M. Ob optimalnom konstruirowanii werojatnostnych awtomatow s alternatiwnoj pamjatju (Über eine optimale Konstruktion stochastischer Automaten mit alternativem Gedächtnis). — In: Matem. modeli i slodschnost sistem (Mathematische Modelle und die Komplexität von Systemen). Kiew, 1973, S. 169–173.

181. Sotschalow Ju. A. O werojatnostnych awtomatach, obladajuschtschich boleje obschtschimi swojstwami, tschem definitnost i kwasidefinitnost (Über stochastische Automaten, die allgemeinere Eigenschaften haben als Definitheit und Quasidefinitheit). — Werojatnostnye metody i kibernetika, 1976, NN12-13, S. 11–23.

182. Sragowitsch W. G., Flerow Ju. A. Ob odnom klasse stochastitscheskich awtomatow (Über eine Klasse stochastischer Automaten). — Isb. AN SSSR. Techn. kibernetika, 1965, N2, S. 66–73.

183. S'chirtladse R. L. O sintese r-s'chemy is kontaktow so slutschajnymi diskretnymi sostojanijami (Über die Synthese eines r-Schemas aus Kontakten mit zufälligen diskreten Zuständen). — Soobschtsch. AN Grus. SSR, 1961, 26, N2, S. 181–186.

184. S'chirtladse R. L. Wyrawniwanije raspredelenij dwoitschnych slutschajnych posledowatelnostej funkzijami algebry logiki (Der Ausgleich dyadischer Zufallsfolgen durch Funktionen der Logikalgebra). — Soobschtsch. AN Grus. SSR, 1965, 37, N1, S. 37–44.

185. S'chirtladse R. L. Ob optimalnom wyrawniwanii raspredelenij bulewych slutschajnych welitschin (Über einen optimalen Ausgleich von Verteilungen boolescher Zufallsgrößen). — Soobschtsch. AN Grus. SSR, 1965, 40, N3, S. 559–566.

186. S'chirtladse R. L. O metode postrojenija bulewoj welitschiny s sadannym raspredelenijem werojatnostej (Über eine Methode der Konstruktion einer booleschen Größe mit vorgegebener Zufallsverteilung). — In: Diskretnyj analis (Diskrete Analyse). Wyp. 7. Nowosibirsk, 1966, S. 71–80.

187. S'chirtladse R. L. Ob odnom sposobe sintesa markowskogo awtomata (Über eine Methode der Synthese eines Markov-Automaten). — Soobschtsch. AN Grus. SSR, 1969, 55, N3, S. 549–552.

188. S'chirtladse R. L. Sintes werojatnostnych preobrasowatelej w kode „diagonalnych" wektorow (Synthese stochastischer Transformatoren in der Form „diagonaler" Vektoren). — In: Issledowanija nekotorych woprosow matem. kibernetiki (Untersuchungen einiger Fragen der mathematischen Kybernetik). Tbilisi, TGU, 1973.

189. S'chirtladse R. L., Tschawtschanidse W. W. K woprosu sintesa diskretnych stochastitscheskich ustrojstw (Zur Frage der Synthese diskreter stochastischer Konstruktionen). — Soobschtsch. AN Grus. SSR, 1961, 27, N5.

190. S'chirtladse R. L., Tschawtschanidse W. W. Teorija konetschnych i werojatnostnych awtomatow (Die Theorie endlicher und stochastischer Automaten). — In: Tr. Medschdunarod. simposiuma po teorii relejnych ustrojstw i konetschnych awtomatow (IFAK) (Veröffentlichungen des internationalen Symposiums über die Theorie von Konstruktionen mit Relais und endlichen Automaten). M., Nauka, 1965, S. 403.

191. Topentscharow W. W., Arnautow Ja. I. O predstawlenii stochastitscheskich awtomatow (Über die Darstellung stochastischer Automaten). Godischn. Wissch. utschebn. sawed. Prilodsch. mat., 1978 (1979), 14, N1, S. 43–56 (bulg., russ., engl.).

192. Trachtenbrot B. A. Sametschanija o slodschnosti wytschislenij na werojatnostnych maschinach (Bemerkungen über die Komplexität der Aufzählungen auf stochastischen Maschinen). — In: Teorija algorit-

mow i matem. logika. M. (Theorie der Algorithmen und der mathematischen Logik), Isd-wo BZ AN SSSR, 1974, S. 159–176.

193. Phan Dinh Dieu. Kriterii predstawimosti jasykow w werojatnostnych awtomatach (Ein Kriterium für die Darstellbarkeit von Sprachen durch stochastische Automaten). — Kibernetika (Kiew), 1977, N3, S. 39–50.

194. Farago T. K postanowke sadatschi o predskasywanii s pomoschtschju werojatnostnogo awtomata (Zur Aufgabe der Vorhersage mit Hilfe stochastischer Automaten). — In: Wytschislitelnaja technika i woprosy kibernetika (Computertechnik und Fragen der Kybernetik). Wyp. 10. L., Isd-wo LGU, 1974, S. 46–61.

195. Flerow Ju. A. Ob igrach stochastitscheskich awtomatow (Über die Spiele stochastischer Automaten). — In: Issledowanija po teorii samonastraiwajuschtschichsja sistem. M. (Untersuchungen zur Theorie selbstorganisierender Systeme), Isd-wo WZ AN SSSR, 1967, S. 97–114.

196. Flerow Ju. A. Predelnoe powedenije odnogo klassa stochastitscheskich awtomatow s peremennoj strukturoj (Extremalverhalten einer Klasse stochastischer Automaten mit variabler Struktur). — In: Woprosy kibernetiki. Adaptiwn. sistemy. M. (Fragen der Kybernetik. Adaptive Systeme), 1974, S. 140–145.

197. Frejwald R. W. K srawneniju wosmodschnostej werojatnostnych i tschastotnych algoritmow (Zum Vergleich der Möglichkeiten von stochastischen und Häufigkeitsalgorithmen). — In: Diskretnye sistemy (Diskrete Systeme). Riga, Sinatne, 1974, S. 280–287.

198. Frejwald R. W. O werojatnostnom rasposnawanii s isolirowannoj totschkoj setschenija determinirowanno nerasposnawaemych mnodschestw (Über das stochastische Erkennen mit isoliertem Schnittpunkt von determiniert unscharfen Mengen). — Isb. wyssch. utscheb. sawedenij. Matematika, 1977, N1, S. 100–107.

199. Frejwald R. W. Rasposnawanije jasykow s wysokoj werojatnostju na raslitschnych klassach awtomatow (Das Erkennen von Sprachen mit hoher Wahrscheinlichkeit in verschiedenen Klassen von Automaten). — DAN SSSR, 1978, 239, N1, S. 60–62.

200. Frejwald R. W. Rasposnawanije jasykow na werojatnostnych maschinach Tjuringa w realnoje wremja i awtomatach s magasinnoj pamjaty (Das Erkennen von Sprachen in stochastischen Turingmaschinen

mit Realzeit und in Automaten mit Magazingedächtnis). — Problemy peredatschi informazii, 1979, 15, N4, S. 96–101.

201. Frejwald R. W. Rasposnawanije jasykow na konetschnych mnogogolowotschnych werojatnostnych i determinirowannych awtomatach. — Awtomatika i wytschislitelnaja technika, 1979, N3, S. 15–20.

202. Frejwald R. W. Uskorenije rasposnawanija nekotorych mnodschestw primenenijem dattschika slutschajnych tschisel. — In: Problemy kibernetiki. Wyp. 36. M., Nauka, 1979, S. 209–224.

203. Frejwald R. W., Ikaunijeks E. A. O nektorych preimuschtschestwach nedeterminirowannych maschin pered werojatnostnymi (Über einige Vorteile nichtdeterministischer Maschinen gegenüber stochastischen Maschinen). — Isw. wyssch. utscheb. sawedenij. Matematika, 1977, N2, S. 118–123.

204. Frejwald R. W. Wosmodschnosti raslitschnych modelej odnostoronnich werojatnostnych awtomatow (Die Möglichkeiten verschiedener Modelle einseitiger stochastischer Automaten). Isw. WUSow, Matematika, 1981, N5, S. 26–34.

205. Fudsimato Sinti, Fukao Takesi. Analis werojatnostnogo awtomata (Analyse eines stochastischen Automaten). — Bjull. Elektr. techn. laboratorii, 1966, 30, N8.

206. Chunjadwari L. W. Werojatnostnye awtomaty s peremennoj strukturoj w sadatsche o predskasywanii (Stochastische Automaten mit einer variablen Struktur bei der Vorhersageaufgabe). — In: Wytschislitelnaja technika i woprosy kibernetiki (Computertechnik und Fragen der Kybernetik). Wyp. 12. L., Isd-wo LGU, 1975, S. 134–148.

207. Zerzwadse G. N. Nekotorye swojstwa i metody sintesa stochastitscheskich awtomatow (Einige Eigenschaften und Synthesemetoden stochastischer Automaten). — Awtomatika i telemechanika, 1963, 24, N3, S. 341–352.

208. Zerzwadse G. N. Stochastitscheskije awtomaty i sadatscha postrojenija nadjodschnych awtomatow is nenadjodschnych elementow (Stochastische Automaten und die Konstruktion zuverlässiger Automaten aus nichtzuverlässigen Komponenten). — Awtomatika i telemechanika, 1964, 25, N2, S. 213–226.

209. Zerzwadse G. N. O stochastitscheskich awtomatach, asimptotitscheski optimalnych w slutschajnoj srede (Über stochastische Automaten, die in Zufallsumgebung asymptotisch optimal sind). — Soobschtsch. AN Grus. SSR, 1966, 43, N2, S. 433–438.

210. Zerzwadse G. N. Stochastitscheskij awtomat s gisteresisnoj taktikoj (Ein stochastischer Automat mit Hysterese-Taktik). — Tr. Tbilis. unta, 1970, 135, S. 57–61.

211. Zetlin M. L., Ginsburg S. L. Ob odnoj konstrukzii stochastitscheskich awtomatow (Über eine Konstruktion stochastischer Automaten). — In: Problemy kibernetiki (Probleme der Kybernetik), Wyp. 20. M., Nauka, 1968, S. 19–26.

212. Tschenzow W. M. Sintes stochastitscheskogo awtomata (Synthese stochastischer Automaten). — In: Problemy sintesa zifrowych awtomatow (Probleme der Synthese von Ziffernautomaten). M., Nauka, 1967, N13, S. 135–144.

213. Tschenzow W. M. Ob odnom metode sintesa awtonomnogo stochastitscheskogo awtomata (Über eine Methode der Syntese eines autonomen stochastischen Automaten). — Kibernetika, 1968, N3, S. 32–35.

214. Tschenzow W. M. Issledowanije powedenija stochastitscheskich awtomatow s peremennoj strukturoj (Untersuchung des Verhaltens von stochastischen Automaten mit einer variablen Struktur). - In: Informazionnye seti i kommutazija (Informationsnetze und Kommutation). M., Nauka, 1968.

215. Tschetwerikow W. N., Bakanowitsch E. A., Menkow A. W. Issledowanija uprawljajemych werojatnostnych elementow i ustrojstw (Untersuchungen gesteuerter stochastischer Elemente und Konstruktionen). — In: Diskretnye sistemy (Diskrete Systeme). Riga, Sinatne, 1974, S. 57–66.

216. Tschirkow M. K. K analisu werojatnostnych awtomatow (Zur Analyse stochastischer Automaten). — In: Wytschislitelnaja technika i woprosy programmirowanija (Computertechnik und Fragen der Programmierung). Wyp. 4. L., Isd-wo LGU, 1965, S. 100–103.

217. Tschirkow M. K. Komposizija werojatnostnych awtomatow (Komposition stochastischer Automaten). — In: Wytschislitelnaja technika i

woprosy kibernetiki (Computertechnik und Fragen der Kybernetik). Wyp. 5. Isd-wo LGU, 1968, S. 31–59.

218. Tschirkow M. K. Werojatnostnye awtomaty i werojatnostnye otobradschenija (Stochastische Automaten und stochastische Darstellungen). — In: Diskretnyj analis (Diskrete Analyse). Wyp. 7. Nowosibirsk, 1966, S. 61–70.

219. Tschirkow M. K. Ekwiwalentnost werojatnostnych konetschnych awtomatow (Äquivalenz stochastischer endlicher Automaten). — In: Wytschislitelnaja technika i woprosy kibernetiki (Computertechnik und Fragen der Kybernetik). Wyp. 5. L., Isd-wo LGU, 1968, S. 3–30.

220. Tschirkow M. K. O werojatnostnych konetschnych awtomatow (Über stochastische endliche Automaten). — In: Wytschislitelnaja technika i woprosy programmirowanija (Computertechnik und Fragen der Programmierung). Wyp. 3. L., Isd-wo LGU, 1964, S. 44–57.

221. Tschirkow M. K. O minimalisazii werojatnostnych awtomatow (Über die Minimierung stochastischer Automaten). — In: Wytschislitelnaja technika i woprosy kibernetiki (Computertechnik und Fragen der Kybernetik). Wyp. 9. L., Isd-wo LGU, 1972, S. 88–99.

222. Tschirkow M. K. O tschisle sobytij, predstawimych s interwalom setschenija (Über die Zahl der Ereignisse, die durch ein Schnittintervall dargestellt werden können). — Metody wytschislenij, 1978, N11, S. 174–178.

223. Tschirkow M. K., Buj-Min Tschi. Priwedennye formy tschastitschnych werojatnostnych awtomatow (Reduzierte Formen teilweiser stochastischer Automaten). — In: Wytschislitelnaja technika i woprosy kibernetiki (Computertechnik und Fragen der Kybernetik). Wyp. 11. L., Isd-wo LGU, 1974, S. 80–93.

224. Tschirkow M. K., Schilkewitsch T. P. O realisujemosti werojatnostnych awtomatow awtomatami so slutschajnymi wchodami (Über die Realisierung stochastischer Automaten durch Automaten mit Zufallseingabe). — In: Metody wytschislenij (Rechenmethoden) Wyp. 6. L., Isd-wo LGU, S. 127–136.

225. Schmukler Ju. I. O poiske uslownogo ekstremuma werojatnostnym awtomatom (Über die Suche eines bedingten Extremums mit Hilfe eines stochastischen Automaten). — In: Issledowannija po teorii samo-

nastraiwajuschtschichsja sistem (Untersuchungen zur Theorie selbstorganisierender Systeme). M., Isd-wo WZ AN SSSR, 1967, S. 115–137.

226. Schrejder Ju. A. Modeli obutschenija i uprawljajuschtschije sistemy (Lernmodelle und Steuerungssysteme). — In: Busch R., Mosteller F. Stochastitscheskije modeli obutschajemosti (Stochastische Lernmodelle). M., Nauka, 1958.

227. Schtorm J. Dekomposizija stochastitscheskich grafow i awtomatow. Tsch. 1 (Dekomposition stochastischer Graphen und Automaten, Teil I) . — Isw. Sew.-Kawkas. nautschnogo zentra wysschej schkoly, 1975, N4, S. 27–31.

228. Schtorm J. Dekomposizija stochastitscheskich grafow i awtomatow. Tsch. 2 (Dekomposition stochastischer Graphen und Automaten, Teil II). — Isw. Sew.-Kawkas. nautschnogo zentra wysschej schkoly, 1976, N1, S. 44–47.

229. Schtorm J. Dekomposizija stochastitscheskich grafow i awtomatow. Tsch. 3 (Dekomposition stochastischer Graphen und Automaten, Teil III). — Isw. Sew.-Kawkas. nautschnogo zentra wysschej schkoly, 1976, N2, S. 12–15.

230. Jarowizkij N. W. Werojatnostno-awtomatnoje modelirowanije diskrestnych sistem (Stochastisch-automatische Modellierung diskreter Systeme). — Kibernetika (Kiew), 1966, N5, S. 35–43.

231. Jarowizkij N. W. Teorema suschtschestwowanija ergoditscheskich raspredelenij dlja odnoj tschastnoj sistemy awtomatow (Ein Existenzsatz für ergodische Verteilungen bei einem besonderen System von Automaten). — In: Teorija awtomatow (Automatentheorie). Tr. seminara. Wyp. 1. Kiew: Naukowa dumka, 1966, S. 22–23.

232. Adam A. On stochastic truth functions. — Colog. Inform. Th. Debrecen, 1967, Abstracts, Budapest, p. 1–2.

233. Adomian G. Linear stochastic operators. — Revs. Mod. Phys., 1963, 35, p. 185–207.

234. Aleksic Tihomar Z. On near optimal decomposition of stochastic matrices. — Publ. Electrotehn. fak. univ. Beogradu. Ser. Math. i fiz, 1969, N274–301, p. 135–138.

235. Alpin J. A., Kotchkarev B. S., Mubarakzjanov R. G. On a stable generating of random sequences by probabilistic automata. — Lecture Notes in Computer Science. International Conference FCT-87. — N278. p. 17–20.

236. Arbib M. Realisation of stochastic systems. — Ann. Math. Statist., 1967, 38, N3, p. 927–933.

237. Baba N. Learning behaviour of stochastic automata in the last stage of learning. — Inform. Sci., 1975, 9, N4, p. 315–328.

238. Baba N. Theoretical consideration of the parameter selfoptimisation by stochastic automata. — Int. J. Contr., 1978, 27, N2, p. 271–276.

239. Baba N., Samaragi Y. Consideration on the learning behaviours of stochastic automata. Kejsoku dsido sejge gakkaj rombunsju. — Trans. Soc Instrum. and Contr. Eng., 1974, 10, N1, p. 78–85.

240. Baba N., Soeda T., Sawargi Y. An application of the stochastic automaton to the inverstment game. Int. J. Syst, Sci., 1980, 11, N12, p. 1447–1457.

241. Baba Norio. Learning behaviour of stochastic automata under unknown nonstationary multi-teacher environment and its application to economic problems. „Proc. Int. Conf. Syst. Man and Cybern. Vol. 1. Bombay, Dec. 29, 1983–Jan. 7, 1984.“ New York, N. Y. 1983, p. 607–613.

242. Baba Norio. Use of learning automata for stochastic games with incomplete information. Int. J. Syst. Sci., 1986, 17, N1, p. 129–139.

243. Bacon G. C. The decomposition of stochastic automata. — Inform. and Contr., 1964, 7, N3, p. 320–339.

244. Bacon G. C. Minimal-state stochastic finite-state system. — IEEE Trans. Circuit Th., 1964, CT-11.

245. Bancilhon F. A geometric model for stochastic automata. — IEEE Trans. Comput., 1974, 23, N12, p. 1290–1299.

246. Barto Andrew G., Anandan P. Pattern recognizing stochastic learning automata. IEEE Trans. Systems Sci. and Cybern., 1985, 15, N3, p. 360–375.

247. Baztoszynski R. Some remarks on extension of stochastic automata. — Bull. Acad. Pol. Sci. Ser. Scimath. astrom. et phys, 1970, 18, N9, p. 511–556.

248. Bertoni A. T. The solution of problems relative to probabilistic automata in the frame of the formal language theory. — Lect. Notes Comput. Sci., 1975, 26, p. 107–112.

249. Bertoni A. T. Mathematical methods of the theory of stochastic automata. — Lect. Notes Comput. Sci., 1975, 28, p. 9–22.

250. Bertoni A. T. Complexity problems related to the approximation of probabilistic languages and events by deterministic machines. — Automata, Languages and Program. Amsterdam, 1973, p. 507–516.

251. Bertoni A. T., Mauri G., Torelli M. Some recursively unsolvable problems relating to isolated cutpoints in probabilistic automata. — Lect. Notes Comput. Sci., 1977, 52, p. 87–94.

252. Blackwell, D., Koopmans L. On the identifiability problem for functions of finite Markov chains. — Ann. Math. Statist., 1957, 28, N4, p. 1011–1015.

253. Booth T. L. Probabilistic automata and system models. - In: An overview „5-th Asimolar Conf. Circuits and Syst.", Pacific Grove Calif., 1971. Conf. Rec. Calif., 1972, p. 1–4.

254. Böhling K. H., Dittrich G. Endliche stochastische Automaten. B. I. — Hochschulskripten, 1972, 766a, N6, S. 138.

255. Böhme J. F. Einfache diagnostische Vorgabeexperimente mit stochastischen Automaten. — Ber. Math. Forschungsinst. Oberwolfach, 1970, N3, S. 117–127.

256. Böhme J. F. Diagnostische Vorgabeexperimente mit stochastischen Automaten. — Computing, 1971, 8 N2, S. 2.

257. Böhme J. F. Experimente mit stochastischen Automaten. — Diss. Doct. — Nürnberg, 1970, S. 95.

258. Böttcher G., Nawrotzki K. Stationäre Anfangsverteilungen stochastischer Automaten II. — Elektron. Informationsverarb. und Kybern., 1976, 12 N10, S. 459–470.

259. Carlyle J. W. Reduced forms for stochastic sequential machines. — J. Math. Analysis and Applic., 1963, 7, p. 167–175.

260. Carlyle J. W. On the external probability structure of finite state channels. — Inform. and Contr., 1964, 7, N3, p. 385–397.

261. Carlyle J. W. State-calculable stochastic sequential machines, equivalences, smf. events. — IEEE Conf. Rec. Switch. Circuit Th. and Logic Design, Ann. Arbor. Mich., 1965, p. 258–263.

262. Carlyle J. W. Stochastic finite-state system theory. „System Theory". — McGraw-Hill, 1969, N4, p. 387–424.

263. Carlyle J. W., Paz A. Realizations by stochastic finite automata. — J. Comput. and Syst. Sci., 1971, 5 N1, p. 26–40.

264. Cerny J. Note on stochastic transformers. — Mat. cas, 1970, 20, N2, p. 101–108.

265. Cerny J., Vinaz J. On simple stochastic models. — Mat. cas., 1970, 20, N4, p. 293–303.

266. Chandrasekaran B., Shen D. W. Adaptation of stochastic automata in nonstationary environments. — Proc. Nat. Electron. Conf. Chicago III, 1967, 23, p. 39–44.

267. Chandrasekaran B., Shen D. W. Stochastic automata games. — IEEE Trans. Syst. Sci. and Cybernet., 1969, 5, N2, p. 145–149.

268. Chen I-Ngo, Sheng C. L. The decision problems of definite stochastic automata. — SIAM J. Control., 1970, 8, N1, p. 124–134.

269. Chen Kuo An, Hu Ming Kuei. A finite state probabilistic automaton that accepts a context sensitive language that is not context free. — Inform. and Contr., 1977, 35, N3, p. 196–208.

270. Claus V. Ein Reduktionssatz für stochastische Automaten. — Z. angew. Math. und Mech., 1968, 48, N8, S. 115–117.

271. Cleave J. P. The synthesis of finite homogeneous Markov chains. — Cybernetica, 1962, p. 15.

272. Davis A. S. Markov chains as random input automata. — Amer. Math. Monthly, 1961, 68, N3, p. 264–267.

273. Daduna H. Stochastic algebras and stochastic automata over general measurable spaces: algebraic theory and a decomposition theorem. — Lect. Notes Comput. Sci., 1977, 56, p. 72–77.

274. Doberkat E. Convergence theorems for stochastic automata and learning systems. — Math. Syst. Theory, 1979, 12, N4, p. 247–359.

275. Doberkat E. On a representation of measurable automaton-transformations by stochastic automata. — J. Math. Anal. and Appl., 1979, 69, N2, p. 455–468.

276. Ecker K., Ratschek H. Eigenschaften der von linearen Automaten erkennbaren Worte. — Acta Inform., 1974, 3, N4, S. 365–383.

277. Edmundson H. P., Tung I. I. The notion of a probabilistic cellular acceptor. — Int. Comput. and Inform. Sci., 1979, 8, N3, p. 181–208.

278. El-Choroury H. N., Gurta S. C. Convex stochastic sequential machines. — Int. J. Sci. System., 1971, 2, N1, p. 97–112.

279. El-Choroury H. N., Gurta S. C. Realization of stochastic automata. — IEEE Trans. Comput., 1971, 20, N8, p. 889–893.

280. El-Fattah Y. M. A model of many goal–oriented stochastic automata with application on a marketing problem. — Lect. Notes Comput. Sci., 1976, 40.

281. Ellis C. A. Probabilistic languages and automata. — Ph. D. Diss. Univ. of Illionis, 1969.

282. Ellis C. A. Probabilistic tree automata. — Inform. and Contr., 1971, 19, N5, p. 405–416.

283. Engelbert H. J. Zur Reduktion stochastischer Automaten. — Elektron. Informationsverarb. und Kybernet., 1968, 4, N2, S. 81–92.

284. Even S. Comments on the minimization of stochastic machines. — IEEE. Trans. Electron. Comput., 1965, 14, N4, p. 634–637.

285. Feichtinger G. Zur Theorie abstrakter stochastischer Automaten. — Z. Wahrscheinlichkeitstheorie und verw. Geb., 1968, 9, N4, S. 341–356.

286. Feichtinger G. Stochastische Automaten als Grundlage linearer Lernmodelle. — Statistisches Heft, 1969, 10, N1.

287. Feichtinger G. Ein Markoffsches Lernmodell für Zwei-Personen-Spiele. — Elektron. Datenverarb., 1969, 11, N7, S. 322–325.

288. Feichtinger G. Lernprozesse in stochastischen Automaten. — Lect. Notes Oper. Res. and Math. Syst., 1970, 24, S. 66.

289. Feichtinger G. Gekoppelte stochastische Automaten und sequentielle Zwei-Personen-Spiele. — Unternehmensforsch., 1970, 14, N4, S. 249–258.

290. Feichtinger G. Stochastische Automaten mit stetigem Zeitparameter. — Angew. Inform., 1971, 13, N4, S. 156–164.

291. Fischer K., Lindner R., Thiele H. Stabile stochastische Automaten. — Elektron. Informationsverarb. und Kybern., 1967, 3, N4, S. 201–213.

292. Fox M. Conditions under which a given process is a function of a Markov Chain. — Ann. Math., Statist., 1962, 33, N3.

293. Fujimoto Sinti. On the partition pair and the decomposition by partition pair for stochastic automata. Densi zusin gakkaj rombunsi. — Trans. Inst. Electron. and Commun. Eng. Jap., 1973, 56, N11, p. 615–622.

294. Fu King-Sun, Li T. J. On stochastic automata and languages. — Inform. Shi., 1969, 1, N4, p. 403–419.

295. Gaines B. R. Memory minimazation in control with stochastic automata. — Electron. Lett., 1971, 7, N24, p. 710–711.

296. Gelenbe S. E. On the loop-free decomposition of stochastic finite state systems. — Inform. and contr., 1970, 10, N5, p. 474–484.

297. Gelenbe S. E. On probabilistic automata with structural restrictions. — IEEE Conf. Rec. 10th. Annal. Sympos. Switch and Automata Th. Waterloo, 1969, N. Y., 1969, p. 90–99.

298. Gelenbe S. E. A realizable model for stochastic sequential machines. — IEEE Trans. Comput., 1971, 20, N2, p. 199–204.

299. Gelenbe S. E. On languages defined by probabilistic automata. — Inform. and Contr., 1970, 16, N5, p. 487–501.

300. Gilbert E. J. On the identifiability problem for functions of finite Markov chains. — Am. Math. Statist., 1959, 30.

301. Gill A. On a weight distribution problem with application to the design of a statistic generators. — J. Assoc. Comput. Math., 1963, 10, N1, p. 110–121.

302. Gill A. Systhesis of probability transformers. — J. Franklin Inst., 1962, 274, N1, p. 1–19.

303. Gill A. Computational complexity of probabilistic Turing machines. — SIAM J. Comput., 1977, 6, N4, p. 675–695.

304. Glorioso R. M. Learning in stochastic automata. — 5-th Asilomer Conf. Circuits and Syst., Pazific Grove, Calif., 1971, Conf., 1971, Conf. Rec. Calif., 1972, p. 11–15.

305. Goscinski A., Jacubowski R. Automat stochastyczny jako model programowania dynamicznego. — Podst. sterow, 1972, N2, S. 147–162.

305. Gould Jerren. On stability of probabilistic automata in environments. Ann. Soc. math. pol. Ser. 4, Fundam. inform., 1980, 3, N2, 117–134.

306. Gould Jerren, Wegman Edward J. On probabilistic automata in deterministic environment. Ann. Soc. math. pol. Ser. 4, Fundam. inform., 1980, 3, N1, 1–13.

307. Guiasu S. On codification in abstract random automata. — Inform. and Cjntr., 1968, 13, N4, p. 277–283.

308. Havranek T. An application of logical probabilistic automata. — Kybernetica, 1974, 10, N3, p. 241–257.

309. Heinz M. Stochastische Automaten als Grundlage stochastischer Lernmodelle. — Wiss. Z. Humboldt-Univ. Berlin. Math.-naturwiss. R., 1975, 24, N6, S. 742–744.

310. Heller A. Probabilistic automata and stochastic transformations. — Math. Syst. Theor., 1967, 1, N3, p. 197–208.

311. Homuth H. H. A type of stochastic automation applicable to the communication channel. — Angew. Inform., 1971, N8, p. 362–372.

312. Horvath W. J. Stochastic models of behaviour. — Manag. Sci., 1966, 12, N12, p. 513–518.

313. Janicki S. Sets generated by stochastic automata. — Bull. Acad. pol. sci. Ser. sci. math., astron. et phys., 1975, 23, N7, p. 795–798.

314. Janicki S. Niejednorodne automaty stochastyczne i pewne ich własności. — Pr. CO PAN, 1976, N272, S. 62.

315. Janicki S. O zbiorach generowanych przez automaty stochastyczne tyru jednorodnego łancucha Markova. — Pr. CO PAN, 1977, N276, S. 1–34.

316. Janicki S., Szynal D. On extension of stochastic K-automata. — Pr. CO PAN, 1975, N216, p. 24.

317. Janicki S., Szynal D. Some remarks on the extension of a finite set of stochastic automata. — Zast. math., 1975, 14, N4, p. 549–564.

318. Janicki S., Szynal D. Some remarks on extension of a finite set of stochastic automata. — Bull. Acad. pol. sci. Ser. sci. math., astron. et phys., 1975, 23, N2, p. 183–187.

319. Janicki Slawomir. Direct sum of stochastic automata. Bull. Pol. Acad. Sci. Math., 1987, 35, N1–2, p. 117–131.

320. Jürgensen H., Tikovski H.-D. Abgeschwächte Observabilitätsbegriffe für stochastische Automaten. — Kybernetica, 1979, 15, N5, S. 388–397.

321. Jarvis R. A. Adaptive global search in time-variant environment using a probabilistic automation with pattern recognition supervision. — IEEE Trans. Systems Sci. and Cybern., 1970, 6, N3, p. 209–217.

322. Karpinski M. Equivalence results on probabilistic tree languages. — Rocz. Pol. tow. math., 1977, Ser. 1, 20, N1, p. 111–131.

323. Kasabow N. K. Strukturna realisazija na edin klass werojatnostni awtomati. — Tr. 5 Mudschdunar. seminar pridodsch. aspekti teor. awtomatite. 1. Warna, 1979.

324. Kashyap R. L. Optimization of stochastic finite-state systems. — IEEE Trans. Automat. Control., 1966, 11, N4, p. 685–692.

325. Kfoury D. I. Synchronizing sequence for probabilistic automata. — Stud. Appl. Math., 1970, 49, N1, p. 101–103.

326. Kfoury D. I., Liu Chung I. Definite stochastic sequential machines and definite stochastic matrices. IEEE Conf. Roc. 10th Ann. Sympos. Switch and Automata Th. Waterloo, 1969, p. 100–105.

327. Knast R. On a certain possibility of structural synthesis of probabilistic automata (polish). — Place komisji budowy maszyn i electrotechniki (posnanskie towarz. przyjaciol nauk), 1967, 1, N5, p. 57–67.

328. Knast R. Representability of nonregular languages in finite probabilistic automata. — Inform. and contr., 1970, 16, N3, p. 285–302.

329. Knast R. Continuous-time probabilistic automata. — Inform. and Contr., 1969, 15, N4, p. 335–352.

330. Knast R. Linear probabilistic sequential machines. — Inform. and Contr., 1969, 15, N2, p. 111–129.

331. Knast R. Finite-State probabilistic languages. — Inform. and Contr., 1969, 21, N2, p. 148–170.

332. Komiya Noriaki. Nekotorye swojstwa werojatnostnych awtomatow s puschdaun-lentoj (Einige Eigenschaften stochastischer Automaten mit einem push down-Band). Dempa kenkjuse kicho. — Rev. Radio. Res. Lab., 1971, 17, N90, S. 236–243.

333. Komota Y., Kimura M. A characterization of the class of structurally stable probabilistic automata. I. Discrete-time case. — Int. J. Syst. Sci., 1978, 9, N4, p. 369–394.

334. Komota Y., Kimura M. A characterization of the class of structurally stable probabilistic automata. II. Continuous-time case. — Int. J. Syst. Sci., 1978, 9, N4, p. 395–424.

335. Kosaraju S. R. Probabilistic automata — a problem of Paz. — Inform. and Contr., 1973, 23, N1, p. 97–104.

336. Kosaraju S. R. A note on probabilistic input-output relations. — Inform. and Contr., 1974, 26, p. 194–197.

337. Kuich W., Walk K. Block-stochastic matrices and associated finite-state languages. — Computing, 1966, 1, N1, p. 50–61.

338. Künstler H. Algebren endlicher stochastischer Automaten und ihrer Verhaltensfunktionen. I. — Elektron. Informationsverarb. und Kybern., 1975, 11, N1–2, S. 61–116.

339. Künstler H. Algebren endlicher stochastischer Automaten und ihrer Verhaltensfunktionen. II. — Elektron. Informationsverarb. und Kybern., 1975, 11, N3, S. 165–186.

340. Kutsuwa Toshiro, Kosako Hideo, Kojima Yoshiaki. Nekotorye woprosy analisa stochastitscheskich posledowatelnostnych maschin (Einige Fragen der Analyse stochastischer sequentieller Maschinen). — Trans. Inst. Electron. and commun. Eng. Jap., 1973, A56, N1, S. 1–8.

341. Lakshmivarahan S., Thathacher M. A. L. Optimal nonlinear reinforcement schemes for stochastic automata. — Inform. Sci., 1972, 4, N2, p. 121–128.

342. Lakshmivarahan S. Absoluteley expedient learning algorithms for stochastic automata. — IEEE Trans. Systems Sci. and Cybern., 1973, 3, N3, p. 281–286.

343. Lakshmivarahan S. Bayasian learning and reinforcement schemes for stochastic automata. — Proc. Int. Conf. Cybern. and Soc. N. Y., 1972, p. 369–372.

344. Langholz G. Interaction between stochastic automata and random environment. — Int. J. Man-Mach. Stud., 1977, 9, N2, p. 223–231.

345. Lanterbach L., Stutzer H.-J. Zur Realisierung stochastischer Automaten durch gestörte Automaten. — Elektron. Informationsverarb. und Kybern., 1978, 14, N9, S. 463–474.

346. Latikka E. On density of output probabilistic in ergodic probabilistic automata. — Turun yliopiston julkaisuja, 1973, Ser. Al. N158, p. 11.

347. Lewis W. E. Stochastic sequential machines; theory and applications. — Doct. diss. Northwest Univ., 1966, 98. — Dissert. Abstrs., 1967, B27, N8, p. 2782–2783.

348. Lindner R. Zufällig akzeptierte Sprachen. — Elektron. Informationsverarb. und Kybern., 1975, 11, N10–12, S. 617–620.

349. Liu C. L. A note of definite stochastic sequential machines. — Inform. and Contr., 1969, 14, N4, p. 407–421.

350. Lovell B. W. The incompletely-specified finite state stochastic sequential machine equivalence and reduction. — IEEE Conf. Rec. 10th Annual Sympos. Switch and Automata Theory. Waterloo, 1969, p. 82–89.

351. Maclaren R. W. A stochastic model for the synthesis of learning system. — IEEE Trans. Systems Sci. and Cybern., 1966, N2.

352. Magidor M., Moran G. Probabilistic tree automata and context free languages. — Isr. J. Math., 1970, 8, N4, p. 340–348.

353. Martin Louise, Reischer Corine. Sur une application du principe pour minimiser l'interdependance dans les automates probabilistes. Combinatorics 89. Part 1. Amsterdam e. a., 1980, 189–193.

354. Matluk M. M., Gill A. Decomposition of linear sequential circuits residue classrings. — J. Franklin Inst., 1972, 294, N3, p. 167–180.

355. Mitulla B. Über relative Äquivalenz von zufälligen Zuständen eines stochastischen Automaten. — Elektron. Informationsverarb. und Kybern., 1978, 14, N1–2, S. 35–42.

356. Mubarakzjanov R. G. Metric properties of random sequence. — Lecture Notes in Computer Science. International Conference FCT-87. — N278.–332–333pp.

357. Narendra Kupati S., Thatchachar M. A. L. Learning Automata — a survey. — IEEE Trans. Systems Sci. and Cybern., 1974, 4, N4, p. 323–324.

358. Narendra Kupati S., Viswanathan R. A two-level system of stochastic automata for periodic random environments. — IEEE Trans. Systems Sci. and Cybern., 1972, 2 N2, p. 285–289.

359. Narendra Kupati S., Viswanathan R. A note on the linear reinforcement scheme for variable structure stochastic automata. — IEEE Trans. Systems Sci. and Cybern., 1972, 2, N2, p. 292–294.

360. Narendra Kupati S., Viswanathan R. Stochastic automata model with applications to learning systems. — IEEE Trans. Systems Sci. and Cybern., 1973, 3, N1, p. 107–111.

361. Narendra Kupati S., Viswanathan R. On variable-structure stochastic automata models and optimal convergence. — Proc. 5-th Ann. Princeton Conf. Inform. Sci. and Syst. N. Y., 1971, p. 410–414.

362. Nasu Masakazu, Honda Namio. Fuzzy events realized by finite probabilistic automata. — Inform. and Contr., 1968, 12, N4, p. 284–303.

363. Nasu Maskazu, Honda Namio. A context-free language which ist not accepted by a probabilistic automaton. — Inform. and Contr., 1971, 18, N3, p. 233–236.

364. Nawrotzki K. Eine Bemerkung zur Reduktion stochastischer Automaten. — Elekron. Informationsverarb. und Kybern., 1966, 2, N3.

365. Nawrotzki K. Minimalisierung stochastischer Automaten. — Elektron. Informationsverarb. und Kybern., 1972, 8, N10, S. 623–631.

366. Nawrotzki K. Stationäre Anfangsverteilungen stochastischer Automaten III. — Elektron. Informationsverarb. und Kybern., 1978, 14, N3, S. 115–134.

367. Nawrotzki K. Stationäre Verteilungen endlicher offener Systeme. — Elektron. Informationsverarb. und Kybern., 1980, 16, N7, 345–357.

368. Nawrotzki K., Richter D. Eine Bemerkung zum allgemeinen Reduktionsproblem von P. H. Starke. — Elektron. Informationsverarb. und Kybern., 1974, 10, N8–9, S. 481–487.

369. Nieh T. T. Stochastic sequential machines with prescribed performance criteria. — Inform. and Contr., 1968, 13, N2, p. 99–113.

370. Nieh T. T., Carlyle J. W. On the deterministic realization of stochastic finite-state machines. — Proc. 2-nd Ann. Princeton Conf. Inform. Sci. and Systems, 1960.

371. Nihoul C. J. La transformée stochastique et l'étude des systems non lineares. — Bull. scient. A. I. M., 1963, 76, N8–9, p. 803–817.

372. Okamura Konshiro Taiho, Okada Toshihiko, Tonima Shingo. Learning behaviour of variable structure stochastic automata in a three-person zero-sum game. IEEE Trans. Systems Sci. and Cybern., 1984, 14, N6, p. 924–932.

373. Onicescu O., Gujasu S. Finite abstract random automata. — Z. Wahrscheinlichkeitstheor. und Geb., 1965, 3, N4, p. 279–285.

374. Ostojic B. Teorija stochastickoga automata zasnovanana heformalnim neuronskim mrezama. — Dokt. dis. Sveuciliste u Rijeci. — Rijeka, 1974.

375. Ott E. H. Theory and application of stochastic sequential machines. — Sperry Rand. Res. Center. Research Pap. Sudbung Mass., 1966.

376. Ott E. H. Reconsider the state minimization problem for stochastic finite-state systems. — IEEE Conf. Rec. of the 7th Ann. Sympos. of Switch. Circuit and Automata Th., 1966.

377. Page C. V. Equivalences between probabilistic and deterministic sequential machines. — Inform. and Contr., 1966, 9, N5, p. 469–520.

378. Page C. V. Strong stability problems for probabilistic sequential machines. — Inform. and Contr., 1969, 15, N6, p. 487–509.

379. Page C. V. The search for a definition of partition pair for stochastic automata. — IEEE Trans. Comput., 1970, 19, N2, p. 1222–1223.

380. Pan Anthony C. State Identification and homing experiments for stochastic sequential machines. — Proc. 4th Haw. Int. Conf. Syst. Sci. Honolulu Haw., 1971, p. 498–500.

381. Paredaens J. J. Finite stochastic automata with variable transition probabilities. — Computing, 1973, 11, N1, p. 1–20.

382. Paredaens J. J. A general definition of stochastic automata. — Computing, 1974, 13, N2, p. 93–105.

383. Parhami Behrooz. Stochastic automata and the problems of reliability of sequential machines. — IEEE Trans. Comput., 1972, 21, N4, p. 388–391.

384. Paz A. Some aspects of probabilistic automata. — Inform. and Contr., 1966, 9, N1, p. 26–60.

385. Paz A. Minimization theorems and techniques for sequential stochastic machines. — Inform. and Contr., 1967, 11, N1–2, p. 155–166.

386. Paz A. Homomorphism between stochastic sequential machines and related problems. — Math. Syst. Th., 1968, 2, N3, p. 223–245.

387. Paz A. Introduction to probabilistic automata. — N. Y.: Acad. Press, 1971.

388. Paz A. Definite and quasi-definite sets of stochastic matrices. Proc. Amer. Math. Soc., 1965, 16, p. 634–641.

389. Paz A. Fuzzy star functions, probabilistic automata and their approximation by non-probabilistic automata. — IEEE Conf. Rec. 8th. Annual. Sympos. Switch and Automata Th. N. Y., 1967, p. 2.

390. Paz A. A finite set of n×n stochastic matrices, generating all n-dimensional probability vectors whose coordinated have finite expansion. — SIAM J. contr., 1969, 5 N4, p. 545–554.

391. Paz A. Regular events in stochastic sequential machines. — IEEE Trans. Comput., 1970, 19, N5, p. 456–457.

392. Paz A. Formal series finiteness, properties and decision problems. — Ann. Acad. Scient. Fennicae Suomalais. tiedeakat. toimituks, 1971, A-1, N493, p. 16.

393. Paz A. Whirl decomposition of stochastic systems. — IEEE Trans. Comput., 1971, 20, N10, p. 1208–1211.

394. Paz A., Reichard M. Ergodic theorem for sequences of infinite stochastic matrices. — Proc. Cambridge Philos. Soc., 1967, 63.

395. Peeva K. G. W'echu kategorijata na stochastitschnite awtomati. — Godischn. wissch. utschbni sawed. Pridodsch. mat., 1974 (1975), 10, N3, S. 19–28.

396. Phan Dinh Dieu. On a necessary condition for stochastic languages. — Elektron. Informationsverarb. und Kybern., 1972, 8, N10.

397. Phan Dinh Dieu. On a class of stochastic languages. — Z. f. math. Logik und Grundl. Math., 1971, 17, p. 421–425.

398. Phan Dinh Dieu. On the languages represenatable by finite probabilistic automata. — Z. f. math. Logik und Grundl. Math., 1971, 17, p. 427–442.

399. Phan Dinh Dieu, Phan Tra An. Probabilistic automata with a time-variant structure. — Elektron. Informationsverarb. und Kybern., 1976, 12, N1–2, p. 3–27.

400. Piech Henryk. Wielowejs'ciowy stochastyczny komparator. Post. cybern., 1984, N4, S. 59–65.

401. Rabin M. O. Probabilistic automata. — Inform. and Contr., 1963, 6, N3, p. 230–245.

402. Rabin M. O. Lectures on classical and probabilistic automata. — Automata theory. N. Y. — L.: Acad. Press, 1966, p. 304–313.

403. Rennae S. G. A theorem on state reduction of synthesized stochastic machines. — IEEE Trans. Comput., 1969, 18, N5, p. 473–474.

404. Rennae S. G. Random-pulse machines. — IEEE Trans. Electron. Comput., 1967, 16, N3, p. 216–276.

405. Richardt I. Zur Analyse und Synthese asynchroner stochastischer Automaten. — Elektron. Informationsverarb. und Kybern., 1974, 10, N2-3, S. 123–132.

406. Riordan J. S. Optimal feedback characteristics from stochastic automaton models. — IEEE Trans. Automat. Control., 1969, 14, N1, p. 89–92.

407. Rytter W. The strong stability problem for stochastic automata. — Bull. Acad. pol. Sci. math., astron. et phys., 1973, 21, N3, p. 271–275.

408. Rytter W. The dimension of strong stability of minimalstate stochastic automata. — Bull Acad. pol. Sci. math., astron. et phys., 1973, 21, N3, p. 277–279.

409. Rytter W. Zagadnienie stabilności skonczonych stochastycznych. — Pr. CO PAN, 1972, N6, 38.

410. Rytter W. The dimension of stability of stochastic automata. — Inform. and Contr., 1974, 24, N3, p. 201–211.

411. Salomaa A. On probabilistic automata with one input letter. — Turun yliopiston julkaisuja, 1965, Ser. Al, N85, p. 16.

412. Salomaa A. On m-adic probabilistic automata. — Inform. and Contr., 1967, 10, N2, p. 215–219.

413. Salomaa A. On events represented by probabilistic automata of different types. — Canad. J. Math., 1968, 20, N1, p. 242–251.

414. Salomaa A. On Languages accepted by probabilistic and timevariant automata. — Proc. 2-nd Ann., Princeton Conf. Inform. Sci. Systems, 1968.

415. Salomaa A. Probabilistic and weighted grammars. — Inform. and Contr., 1970, 15, N6, p. 529–544.

416. Santos E. S. Probabilistic Turing machines and computability. — Proc. Amer. Math. Soc., 1969, 22, N3, p. 704–710.

417. Santos E. S. Computability by probabilistic turing machines. — Trans. Amer. Math. Soc., 1971, 159, p. 165–184.

418. Santos E. S. Algebraic structure theory of stochastic machines. — Cjnf. Rec. 3d Annu. ACM Symp. Th. Comput., N. Y., 1971, p. 219–243.

419. Santos E. S. First and second covering problem of quasi stochastic systems. — Inform. and Contr., 1972, 20, N1, p. 20–37.

420. Santos E. S. Probabilistic grammars and automata. — Inform. and Contr., 1972, 21, N1.

421. Santos E. S. Identification of stochastic finite-state systems. — Inform. and Contr., 1972, 21, N1.

422. Santos E. S. A note on probabilistic grammars. — Inform. and Contr., 1974, 25, N4, p. 393–394.

423. Santos E. S. Realizaton of fuzzy languages by probabilistic, maxproduct and maximin automata. — Inform. Sci., 1975, 8, N1, p. 39–53.

424. Santos E. S. State-splitting for stochastic machines. — SIAM J. Comput., 1975, 4, N1, p. 85–96.

425. Santos E. S. Probabilistic Machines and Languages. — J. Cybern., 1979, 9, N2, p. 185–204.

426. Sawaragi Yoshikazu, Baba Norio. Two E-optimal nonlinear reinforcement schemes for stochastic automata. — IEEE Trans. Systems Sci. and Cybern., 1974, 4, N1, p. 126–131.

427. Sawaragi Yoshikazu. A note on the learning behaviour of variable-structure stochastic automata. — IEEE Trans. Systems Sci. and Cybern., 1973, 3, N6, p. 644–647.

428. Schmitt A. Vorhersage der Ausgabe Stochastischer Automaten. — Mitt. Ges. Math. und Datenverarb., 1970, N8, S. 36–38.

429. Schmitt A. Optimale Vorhersage der Ausgabe Stochastischer Automaten über lange Zeiten. — Arbeitsber. Inst. math. Masch. und Datenverarb., 1971, 3, N6.

430. Shapiro J., Narendra Kumpati S. Use of stochastic automata for parameter. Self-optimisation with multimodal performance criteria. — IEEE Trans. Systems Sci. and Cybern., 1969, 5, N4.

431. Sheng C. L. Threshold logic elements used as a probability transformer. — J. Assoc. Comput. Math., 1965, 12, N2, p. 262–276.

432. Silio Ch. B. Synthesis of simplicial covering machines for stochastic finite state systems. — 6th Asilomar Conf. Circuits and Syst., Pacific Grive, Calif, 1972, Calif, 1973, p. 202–208.

433. Soittola M. On stochastic and Q-stochastic Languages. — Ann. acad. sci. fenn., 1976, Ser. AI, N7, p. 43.

434. Souza Celso de Renna. Probabilistic automata with monitored final state sets. — IEEE Trans. Comput., 1971, 20, N4, p. 448–450.

435. Shragowitz Eugene, Lin Rung-Bin. Combinatorial optimization by stochastic automata. — Ann. Oper. Res., 1990, 83, N1, p. 95–103.

436. Stanciulescu F., Oprescu F. A. A mathematical model of finite random sequential automata. — IEEE Trans. Comput., 1968, C817, N1, p. 28–31.

437. Stanciulescu F., Oprescu F. A., Francisc M. Probabilisation de l'algebre sequentielle et simulation mathematique des automates sequentiels aleatoires. — Bull. math. Soc. Sci. Rsr, mat. RSF, 1968, 12, N1, p. 123–132.

438. Starke P. H. Theorie Stochastischer Automaten. I, II. — Elektron. Informationsverarb. und Kybern., 1965, 1, N2.

439. Starke P. H. Stochastische Ereignisse und Wortmengen. — Z. f. math. Logik und Grundl. Math., 1966, 12, N1–2, S. 61–68.

440. Starke P. H. Stochastische Ereignisse und stochastische Operatoren. — Elektron. Informationsverarb. und Kybern., 1966, 2, N3.

441. Starke P. H. Die Reduktion von stochastischen Automaten. — Elektron. Informationsverarb. und Kybern., 1968, 4, N2, S. 93–99.

442. Starke P. H. Theory of stochastic automata. Kybernetika, 1966, 2, p. 475–482.

443. Starke P. H. Über die Minimalisierung von stochastischen Rabin-Automaten. — Elektron. Informationsverarb. und Kybern., 1969, 5, N3, S. 153–170.

444. Starke P. H. Abstrakte Automaten. — Berlin: VEB Deutsch. Verl. Wiss., 1969.

445. Starke P. H. Schwache Homomorphismen für stochastische Automaten. — Z. f. math. Logik und Grundl. Math., 1969, 15, N5, S. 421–429.

446. Starke P. H. Einige Bemerkungen über asynchrone stochastische Automaten. — Suomalais, tiedeakat. toimituks, 1971, Ser. AI. N491, 21.

447. Starke P. H., Thiele H. Zufällige Zustände in stochastischen Automaten. — Elektron. Informationsverarb. und Kybern., 1967, 3, N1.

448. Starke P. H., Thiele H. On asynchronous stochastic automata. — Inform. and Contr., 1970, 17, N3, p. 265–293.

449. Starke P. H., Thiele H. Über asynchrone stochastische Automaten. — Ber. Math. Forschungsinst. Oberwolfach., 1970, 3, N3, S. 129–142.

450. Sugino K., Inagaki Y., Fukumura T. On analysis of probabilistic automata by its state characteristic equation. — Trans. Inst. Electr. and Commun. Eng. Jap., 1968, 51-c, N1, p. 29–36.

451. Sustal J. The degree of distinguishability of stochastic sequential machines and related problems. — Elektron. Informationsverarb. und Kybern., 1974, 10, N4, p. 203–214.

452. Sustal J. On the size of the set of all reducible stochastic sequential machines. — Inform. and Contr., 1974, 26, p. 301–311.

453. Sustal J. Comments on the structural synthesis of stochastic automata. — Knizn. odbor. a ved. spisu VUT Brne, 1975, Ser., B-56, 1, p. 217–223.

454. Szynal P., Janicki S. Some remarks on extension of a finite set of stochastic automata. — Bull. Acad. Pol. Sci. math., astron. et phys., 1975, 23, N2, p. 183–187.

455. Takeuschi Akihiro. Interaction between random media and stochastic automata. Densi zusin gakkaj rombunsi. — Trans. Inst. Electron. and Commun. Eng. Jap., 1972, A55, N10, p. 569–570.

456. Takeuschi Akihiro, Kitahashi Tadahiro. On the behaviour of stochastic automata in environments reacting to those outputs in random fashion. Densi zusin gakkaj rombunsi. — Trans. Inst. Electron. and Commun. Eng. Jap., 1972, 550, N9, p. 587–593.

457. Takeuschi Akihiro, Kitahashi Tadahiro, Tanaka Kohkichi. Random environments and automata. — Inform. Sci., 1975, 8, N2, p. 141–154.

458. Takeuschi Akihiro, Kitahashi Tadahiro, Tanaka Kohkichi. Powedenie stochastitscheskogo awtomata w slutschajnoj srede (Das Verhalten eines stochastischen Automaten in zufälliger Umgebung). Densi zusin

gakkaj rombunsi. — Trans. Inst. Electron. and Commun. Eng. Jap., 1971, C54, N10, S. 949–950.

459. Tan Choon Peng. On two-state isolated probabilistic automata. — Inform. and Contr., 1972, 21, N5, p. 483–495.

460. Tandareanu N. Functions associated to a partition on a state set of a probabilistic automaton. — Inform. and Contr., 1975, 28, N4, p. 304–313.

461. Thathachar Mandayan A. L., Sastry P. S. A new approach to the design of Reinforcement schemes for learning automata. IEEE Trans. Systems Sci. and Cybern., 1985, 15, N1, p. 168–175.

462. Thathachar Mandayan A. L., Sastry P. S. Relaxation labeling with learning automation. IEEE Trans. Pattern Anal. and Mach. Intel., 1986, 8, 2, p. 256–268.

463. Thomasian A. J. A finite criterion for indecomposible channels. — Ann. Math. Statistics, 1963, 34, N1, p. 337–338.

464. Topencarov V. V., Peeva K. G. A reflexive subcategory of stochastic automata. — Bull. Inst. politehn. Iasi, 1977, Ser. 1, 23, N3–4, p. 21–28.

465. Topencarov V. V., Peeva K. G. Algebraic theory of stochastic automata — a categroical approach. — Serdika. B'lg. mat. spisanie, 1978, 4, N4, p. 277–288.

466. Topencarov V. V., Peeva K. G. P'lna redukzija pri stochastitschni awtomati. — Tr. 5 Medschunar. seminar prilodsch aspekti teor. awtomatite. Warna, 1979, 1.

467. Tries B. Über die Zerlegung stochastischer Automaten. — Angew. Inform., 1975, 17, N12, S. 514–516.

468. Tries B. Stochastische Automaten und sequentielle Spiele. — Angew. Inform., 1977, 19, N5, S. 210–212.

469. Turakainen P. On non-regular events representable in probabilistic automata with one input letter. — Turun yliopiston julk., 1966, Ser. AI, N90, p. 14.

470. Turakainen P. Aarellisista ja stokastisista automaateista. — Arkhimedes, 1967, N2, S. 16–20.

471. Turakainen P. On m-adic stochastic languages. — Inform. and Contr., 1976, 17, N4, p. 410–415.

472. Turakainen P. On probabilistic automata and their generalizations. — Suomalais, tiedeakat. toimituks, 1968, 53.

473. Turakainen P. On time-variant probabilistic automata with monitors. — Turun yliopiston julk, 1969, Ser. A, N130.

474. Turakainen P. The family of stochastic languages is closed neither under catenation nor under homomorphism. — Turun yliopiston julkaisuja, 1970, Ser. AI, N133, p. 6.

475. Turakainen P. On stochastic languages. — Inform. and Contr., 1968, 12, N4, p. 304–313.

476. Turakainen P. On languages representable in rational probabilistic automata. — Suomalais, tiedeakat. toimituks, 1969, 10, Ser. AI, N439.

477. Turakainen P. Generalised automata and stochastic languages. — Proc. Amer. Math. Soc., 1969, 21, M2, p. 303–309.

478. Turakainen P. On multistochastic automata. — Inform. and Contr., 1973, 23, N2, p. 183–203.

479. Turakainen P. Some closure properties of the family of stochastic languages. — Inform. and Contr., 1971, 18, N3, p. 253–256.

480. Turakainen P. Some remarks on multistochastic automata. — Inform. and Contr., 1975, 27, N1, p. 75–86.

481. Turakainen P. Word-functions of stochastic and pseudo-stochastic automata. — Ann. acad. sci. fenn., 1975, Ser. A1, 1, N1, p. 27–37.

482. Turakainen P. On homomorphic images of rational stochastic languages. — Inform. and Contr., 1976, 30, N1, p. 96–105.

483. Turakainen P. A note on noncontext-free rational stochastic languages. — Inform. and Contr., 1979, 39, N2, p. 225–226.

484. Tyc O. K otazce vytvareni substochastickych overatorn ve stochastickych automatach. — Knizn. odbor. a ved. spisu VUT Brne, 1976, A-12, S. 173–183.

485. Tzafestas S. G. State estimation algorithms for nonlinear stochastic sequential machines. — Comput. J., 1973, 16, N3, p. 245–253.

486. Viswanathan R., Narendra Kumpati S. Convergence rates of optimal variable structure stochastic automata. — Syst. Seventies Proc. — IEEE Syst. Sci. and Cybern. Conf. Pittsburgh, 1970, p. 147–153.

487. Viswanathan R., Narendra Kumpati S. Games of stochastic automata. — IEEE Trans. Systems Sci. and Cybern., 1974, 4, N1, p. 131–135.

488. Warfield J. N. Synthesis of switching circuits to yield prescribed probability relations. — IEEE Conf. Rec. Switch. Circuit Th. and Logic. Design. Ann.-Arbor, 1965.

489. White G. M. Penny matching machines. — Inform. and Contr., 1959, 2, N4, p. 349–363.

490. Willis D. G. Computational complexity and probability constructions. — J. Assoc. Comput. Mach., 1970, 17, N2, p. 241–259.

491. Winkowski J. A method of realisation of Markov chain. — Algorythmy, 1968, N9.

492. Yasui T., Yajima S. Two-state two symbol probabilistic automata. — Inform. and Contr., 1970, 16, N3, p. 203–224.

493. Yasui T., Yajima S. Some algebraic properties of sets of stochastic matrices. — Inform. and Contr., 1969, 14, N4.

494. Yeh Hsi-Han. Parameter optimization of stochastic automata operating in random environments. — Int. J. Comput. and Inform. Sci., 1975, 4, N3, p. 247–263.

495. Zadeh A. L. Fuzzy sets. — Inform. and Contr., 1965, 8, p. 338–353.

496. Zadeh A. L. Communication: fuzzy algorithms. — Inform. and contr., 1968, 12, N2, p. 94–102.

497. Zech K.-A. Homomorphe Dekomposition stochastischer und nicht deterministischer Automaten. — Elektron. Informationsverarb. und Kybern., 1971, 7, N5–6, S. 297–315.

498. Zech K.-A. Eine Bemerkung über stochastische Wahrheitsfunktionen und ihre Automaten. — Elektron. Informationsverarb. und Kybern., 1971, 7, N8, S. 505–512.

499. Zühlke H. Ersetzbarkeit von stochastischen Automaten. — Wiss. Z. Friedrich Schiller-Univ. Jena. Math.-Naturwiss. Reihe. 1969, 18, N2, S. 279–283.

Symbolverzeichnis

$A = \langle X, S, \delta \rangle$, 5
$\delta : S \times X \to S$, 5
$A(x)$, 5
$\langle X, S, \{p(s'/s, x) \mid x \in X,$
$s, s' \in S\} \rangle$, 7
$p(s'/s, x)$, 7
$A(x)$, 7
$\boldsymbol{\mu}_0$, 8
$(A, \boldsymbol{\mu}_0)$, 8
X^*, 8
e, 8
$|w|$, 8
$\boldsymbol{\mu}(x)$, 8
$\boldsymbol{\mu}(w)$, 8
E, 8
$\boldsymbol{\mu}(e)$, 9
$\langle X, Y, S, \{p(s', y/s, x)\} \rangle$, 9
$A(y/x)$, 9
$A(x)$, 10
$A(v/w)$, 10
$\boldsymbol{\mu}(y/x)$, 10
$\boldsymbol{\mu}_0$, 11
$\boldsymbol{\mu}(e/e)$, 11
$\boldsymbol{\mu}(e)$, 11
$\boldsymbol{\varepsilon}$, 11
$\tau(v/w)$, 11
$\boldsymbol{\tau}(v/w)$, 12
F, 12
$\boldsymbol{\tau}_F$, 12
$\chi(w)$, 12
$\boldsymbol{\tau}(w)$, 13
L_A, 13
$\mathcal{L}_A$, 13
E_A, 14
$\mathcal{E}_A$, 14
Lin, 14
E^k, 14
$E^{(k)}$, 14
$M(v/w)$, 15
$N(v/w)$, 15
$\Gamma(A)$, 16
$p(s'/s, x)$, 17
$p(y/s, x)$, 17
$p(y/s, x, s')$, 18
$U = \langle X, Y, \{p(y/x)\} \rangle$, 19
$D = \langle X, \{D(x) | x \in X\} \rangle$, 19
ALA, 20
$L = \langle X, Y, \boldsymbol{\mathcal{A}}, \{\delta(x) | x \in X\},$
$\{\lambda(x) | x \in X\} \rangle$, 20
k, 21
n, 21
LA, 21
$B \subset A$, 23
$A|B$, 23
$\Gamma = \langle X, Z, \{p(z/x)\} \rangle$, 27
$D(v'/w')$, 52
(w', v')-Drehung, 52
$R\langle X^* \rangle$, 64
$R^+\langle X^* \rangle$, 64
$(\varphi + \psi)$, 66

$\varphi\psi$, 66
$\varphi \circ \psi$, 67
$\oplus$, 67
$\otimes$, 67
$L_1 \oplus L_2$, 68
$L_1 \otimes L_2$, 68
$L_1 \circ L_2$, 68
χ_e, 70
$\mathsf{mi}(w)$, 72
$(a\varphi)$, 72
φ^T, 72
φ^+, 72
χ_W, 75
$K\langle X^*\rangle$, 79
$\gamma(x)$, 79
κ, 80
E_φ, 80
$K\langle\langle X^*\rangle\rangle$, 82
$\mathbb{E}$, 82
$\mathbb{E}^\infty$, 82
$\overline{\varphi}\mathbb{E}^\infty$, 82
$\widehat{\varphi}_w$, 83
$E_{\widehat{\varphi}}$, 83
E/R, 85
$\mathbb{E}/\equiv_\varphi$, 85
$B \subseteq A$ (für Automaten), 95
$R^{(k)}$, 107
$\Delta^{(k)}$, 107
$T(A, \boldsymbol{\mu}, \boldsymbol{\tau}, \lambda)$, 129
$T(\varphi, \lambda)$, 130
$T(A, \boldsymbol{\mu}, y, \lambda)$, 130
$T(L, \boldsymbol{a}, \eta)$, 135
$\mathsf{mi}(W)$, 141
W^*, 146
Γ_Σ, 153
$\sigma_\Sigma(W)$, 154
$\gamma_{\Sigma_1}(w)$, 154
$n(\Sigma, \sigma_\Sigma)$, 156
$\Sigma_w(W)$, 158
$\equiv_\pi (\Sigma, W)$, 159
${}_\pi\!\equiv (\Sigma, W)$, 159
$R_{W,\Sigma,k}(w_1, w_2)$, 161
$L_{W,\Sigma,k}(w_1, w_2)$, 161
$r_R(W, \Sigma, k)$, 161
$r_L(W, \Sigma, k)$, 161
$G = \langle V, \Sigma, P, \sigma\rangle$, 164
$\equiv_W$, 168
$A^R(x)$, 171
K_W, 171
K_φ, 173
$\equiv_R$, 175
$\mathcal{L}_{\mathsf{st}}$, 184
$\mathcal{L}_{\mathsf{rat}}(\nabla)$, 184
$\mathcal{L}_{\mathsf{det}}$, 184
$\mathcal{L}_{\mathsf{int}}(\nabla)$, 185
C_k^s, 191
$\rho(A)$, 231
$\delta(A)$, 231
$\mathsf{Han}(\varphi)$, 233
$\mathbb{P} = \langle S, P, \boldsymbol{\mu}\rangle$, 236
$\mathsf{rg}\, A$, 240
$\mathsf{rg}(f)$, 241
$\mathsf{rg}\, x$, 246
$\mathsf{rg}_G\, p$, 246
$J = \langle p(w, v), \ (w, v) \in (X \times Y)^*\rangle$, 248
$d^{\,\mathrm{lt}}(J)$, 249
J_{w_1, v_1}, 251
$n(J)$, 251
$A \otimes B$, 265
$[A \otimes B(i)]$, 266
1-Partition, 269
0-Partition, 269
$[F]$, 299
$\langle \Sigma, F\rangle$, 299
$\mathcal{P}_{F^*}$, 300
$\Phi(n)$, 302

Stichwortverzeichnis

abgestimmte Basismatrizen, 111
abgestimmte Menge von Matrizen, 191
ableitbar, 164
äquivalent eingebettet, 95
äquivalente Automaten, 23, 98
äquivalente Wörter, 168
äquivalente Zustände, 23, 92
Äquivalenz, 23, 92, 98, 106, 159
akzeptierte Sprache, 129
Algebra von Zufallsvariablen, 299
algebraischer Abschluß, 299
allgemeiner linearer Automat (ALA), 20
Anfangssegment, 45
Anfangsverteilung, 13
assoziierter ALA, 22
assoziierter direkter stochastischer Operator, 249
aufgebauter LA, 67
ausgabedeterministischer Automat, 19
Ausgabedimension, 21
Automat
  ausgabedeterministischer, 19
  Bernoulli-, 19
  deterministischer, 5
    Mealy-, 35, 36, 254
    Moore-, 35, 36
  initialer, 5
  $(\mathcal{K}, \mathcal{K}')$-, 215
  linearer, 21, 22, 170
    allgemeiner, 20
    ganzzahliger, 184
    universeller, 80
  Markov-, 19
  pseudostochastischer, 58, 117
  stochastischer, 5–23
    autonomer, 213, 238
    Bernoulli-, 19, 289, 290
    einfacher, 288
    freier, 19
    freier halbdeterministischer, 20
    freier observabler, 20
    halbdeterministischer, 18
    homogener, 126, 193
    homomorpher, 106
    initialer, 7, 8
    m-adischer, 215
    Mealy-, 17, 35
    minimaler, 101
    Moore-, 18, 134
    observabler, 18
    rationaler, 179, 180, 260
    reduzierter, 101, 121
    streng periodischer, 312
    zusammenhängender, 99, 214
  Umbenennungs-, 255
  Unter-, 268
automatisch-äquivalent, 255

automatischer Simplexautomorphismus, 227
Automorphismus, 85
autonomer SA, 190, 210, 213, 238

Basismatrix, 14
Bernoulli-Automat, 19, 289, 290
Bezeichnung einer Menge, 156
Binomialkoeffizient, 191
Block, 269

charakteristische Funktion, 13, 64, 75, 130
charakteristische Wurzel, 203

δ-Erweiterung, 232
dargestellte Folge von Paaren, 250
dargestellte Sprache, 129, 135
dargestellter Operator, 40
darstellbare Sprache, 130
Darstellbarkeit, 135, 185–187, 250
Darstellbarkeit von Sprachen, 129, 135, 138, 158
definite Sprache, 213
definite Wortfunktion, 125
Dekomposition, 275
Determinator, 249
determiniert erzeugend, 292
determiniert isomorph, 27
determinierter Isomorphismus, 27
deterministischer Automat (DA), 5
deterministischer Homomorphismus, 109
deterministischer Isomorphismus, 109
Dimension des ALA, 21
direkte Summe, 67, 68
direktes Produkt, 67, 68
Drehung, 91

dyadischer Logarithmus, 226

ε-Inhalt, 226
Ein-Ausgabe-Beziehung, 11
einfach, 30
einfache Form eines SA, 115
einfacher SA, 288
endliche Höhe, 124
endlicher SA-Operator, 51
Endvektor, 129
Endzustandsmenge, 13, 129
entsprechend, 193
EPSA-Operator, 58
Erreichbarkeit, 99, 231
Erweiterbarkeit, 270
erzeugende Wahrscheinlichkeitsverteilung, 288
erzeugter Operator, 40
ESA-Operator, 51

Faktoralgebra, 87, 88
Faktorraum, 85
Faltung, 67, 68
Folge von Paaren von Zufallsvariablen, 248
Folge von Zufallsvariablen, 236
formales Polynom, 82
freier halbdeterministischer SA, 20
freier observabler SA, 20
freier stochastischer Automat, 19
Funktion einer Markov-Kette, 237, 238

ganzzahlig linearer LA, 184
gespiegeltes Wort, 72
gesteuerte Quelle, 19
gesteuerte Quelle von Zufallsvariablen, 19, 27–29
Grammatik, 164

halbdeterministischer SA, 18, 55, 125
Halbordnung, 269
hankelsche Matrix, 233
homogen, 126, 193
homogene Sprache, 206
homogene stochastische Sprache, 205
homomorpher SA, 106
Homomorphie von SA, 110, 112
Homomorphismus, 150

Ideal, 87
Identifizierung, 230
implizierende Funktion, 26
implizierender Vektor, 296
impliziert, 26, 27
impliziert automatisch, 255
initial-äquivalent, 23
initial-äquivalent eingebettet, 23
initial-äquivalenter PSA, 117
initiale Äquivalenz, 23
initiale Reduktion, 101
initialer Automat, 5
initialer SA, 7, 8
innere Richtung, 179
innerlich, 176
Inversion einer Wortfunktion, 72
Inversion eines LA, 73
isolierte Wortfunktion, 124
isolierter Schnittpunkt, 220, 222
Iteration durch Faltung eines LA, 73
Iteration einer Wortfunktion, 72

Jordan-Zelle, 197
Jordansche Normalform, 191

k-äquivalent, 92, 125
Kaskadendekomposition, 292
Kaskadenkomposition, 266, 312
Kette von Mengen, 157
$(\mathcal{K}, \mathcal{K}')$-Automat, 215
kommutative Sprache, 207
kompakte Basis, 153
komplexe Wurzel, 201
Konkatenation, 67, 145
kontextfreie Sprache, 164–166
Kontinuum von Sprachen, 158
konvex, 89
konvexe Linearkombination, 30, 123
konvexe Wortfunktion, 89
Kronecker-Produkt, 265

lehrender Operator, 139
lineare Äquivalenz, 84, 85, 169, 171
  stabile, 85
lineare Hülle, 14
linearer Automat (LA), 21, 22, 170
  aufgebauter, 67
linearer Operator, 79
linearer Raum, 14, 83
linke x-Drehung, 80
linke Folge von Zufallsvariablen, 249
linke w-Projektion, 142
linker Determinator, 249
linksseitige Basis, 153

m-adische Sprache, 215
m-adischer SA, 215
Markov-Automat, 19
Markov-Kette, 236, 258
Matrixspektrum, 192
Matrizenform, 141
maximal, 192

Mealy-Automat, 17
Mealy-Automat mit zufälligen Störungen, 35
minimaler implizierender Vektor, 295
minimaler SA, 101, 125
Minimierung eines SA, 101
Modul, 84
Moore-Automat, 18, 134
Moore-Automat mit Zufallseingabe, 36
Multiplikation einer Wortfunktion, 72

nilpotente Matrix, 204

observabler SA, 18

Paar von Zerlegungen, 311
parallele Komposition, 267
Partition, 269
positiv-rationale Wortfunktion, 64, 124, 175, 214
Produkt, 67
Produkt der Partitionen, 269
Produkt eines LA, 73
Projektion einer Sprache, 142
PSA, 58
Pseudo-Markov-Kette, 247
pseudostochastischer Automat (PSA), 58

R-Äquivalenzklasse, 85
Rückführung, 221, 225
Rang, 57, 240, 241, 246
Rang einer Äquivalenz, 159
rationale Sprache, 180, 185
rationale stochastische Sprache, 189, 190
rationale Wortfunktion, 64, 71, 168, 173, 174
rationaler stochastischer Automat (RSA), 179, 180, 260
rechte Folge von Zufallsvariablen, 249
rechte w-Projektion, 142
rechter Determinator, 249
rechts unverkürzbare Wörter, 249
rechtsseitige Basis, 152
Reduktion, 101
reduzierter SA, 101, 121
reguläre Sprache, 140, 141, 152, 173, 180, 189, 210, 222, 227
rekursive Sprache, 163, 164
relativ konvex, 52
Richtung in einem Simplex, 176
Ring von Wortmatrizen, 75
RSA, *siehe* rationaler stochastischer Automat

SA, *siehe* Automat, stochastischer
SA-Operator, 40, 43, 53, 55, 122
  endlicher, 51
  relativ konvexer, 52
  wesentlicher, 43
Schiefprodukt, 266
schleifenfreie Dekomposition, 265
Schnittpunkt, 129
Schritt, 8
schwach äquivalent, 109
schwach homomorph, 107
schwache Äquivalenz, 109, 118, 122
schwache Reduktion, 101
schwache Zerlegung, 276

schwacher Homomorphismus, 110, 113, 118
sequentiell, 45
sequentielle Kombination, 27
sequentielle Komposition, 266
Signatur, 154, 299
Signatur eines Wortes, 154
Simplex, 98, 107
Simplexautomorphismus, 227
skalare Wortfunktion, 174
Spaltenvektor, 12
    End-, 12
Spaltung der k-Äquivalenzklassen, 126
Spaltung von Äquivalenzklassen, 126
Spiegelbild einer Sprache, 141
Spiegelung einer Sprache, 141
Sprache, 129
stabile Äquivalenz, 85
stabile lineare Äquivalenz, 171
stark minimaler SA, 104
stationär mit unabhängigen Werten, 256
stationäre Folge, 256
stochastische Matrix, 6, 10
stochastische Sprache, 135, 138, 140–142, 145, 150, 152, 160, 161, 164–166, 168, 171, 194, 205, 214
    berechenbare, 216
stochastischer Automat (SA), *siehe* Automat, stochastischer
stochastischer Operator, 39, 43, 123, 249, 253
    endlich pseudostochastischer, 58
    Rang, 57
    sequentieller, 45
stochastischer Vektor, 6
streng äquivalent, 214
streng periodisch, 311
streng periodischer Markov-SA, 311
Struktur, 292
Struktur einer Automatenkomposition, 292
strukturisomorph, 291
Stufe der Erreichbarkeit, 231
Stufe der Unterscheidbarkeit, 231
Subautomat, 291
Substitution, 269
Substitutionseigenschaft, 269
Summe, 67

Takt, 8
Träger, 53, 123

Überdeckung, 288
Überdeckung eines SA, 286
Umbenennungsautomat, 255
Umrandung, 153
Umrißvereinigung, 281
Umrißzerlegung, 282
umwandeln, 253
Unabhängigkeit, 270
unimodular, 240
universeller LA, 80
Unterautomat, 268
unterscheidbare Zustände, 231
unveränderliche Determinante, 240

Vektoroperator, 51
Verteilungsalgebra, 300, 302

w-Projektion, 145

Wahrscheinlichkeitsverteilung, 26, 43, 288
wechselseitig unabhängig, 164
wesentliche bedingte Verteilung, 41
wesentlicher SA-Operator, 43
wesentlicher Zustand, 251
Wort
  gespiegeltes, 72
Wortfunktion, 51, 64
  Faltung, 67, 72
  Inversion, 72
  Iteration, 72
  Konkatenation, 67
  Multiplikation, 72
  Produkt, 67
  Summe, 67
Wortfunktion von endlicher Höhe, 124
(w, v)-Drehung, 124

x-Drehung, 80

Zerlegbarkeit, 281
Zerlegung
  schwache, 276
Zerlegung eines SA, 268, 276
Zerlegungsalgebra, 309
Zufallsvariable, 28, 236, 249, 254
Zufallsvariable über einer Menge, 27
zulässige Zustandsmenge, 97
zusammengesetzte Folgematrix, 57
zusammenhängender SA, 99, 214
Zustand einer Folge, 251
zustandsdeterministisch, 18
Zustandsmenge, 251, 252
Zustandsmenge des SA-Operators, 44
Zustandsmenge einer Folge, 251
Zustandsvektor, 12
zustandszusammenhängend, 99
zweiseitiges Ideal, 87